胖头泡蓄滞洪区运用与调控关键技术研究

王志兴　吉祖稳　管功勋　王党伟　丁昌春　著

U0294482

中国水利水电出版社
www.waterpub.com.cn
·北京·

内 容 提 要

本书是以胖头泡蓄滞洪区运用调度为切入点，针对胖头泡蓄滞洪区面临的难点问题，通过现场调研、资料分析、数学模型计算及实体模型模拟等研究方法相结合，系统研究了不同洪峰过程作用下蓄滞洪区的分洪能力、灾情损失及对哈尔滨防洪的影响，提出了蓄滞洪区分洪优化方案、快速分洪通道和应急管理预案，建立了蓄滞洪区实时分洪调度和管理系统，为胖头泡蓄滞洪区的科学运用提供了技术支撑。

本书可供从事防洪减灾、水库调度等方面的研究、规划、设计和管理人员及高等院校相关专业的师生参考。

图书在版编目（CIP）数据

胖头泡蓄滞洪区运用与调控关键技术研究 / 王志兴等著. -- 北京 : 中国水利水电出版社, 2021.7
ISBN 978-7-5226-0352-0

Ⅰ. ①胖… Ⅱ. ①王… Ⅲ. ①蓄洪－分洪－水库调度－研究－哈尔滨 Ⅳ. ①TV872②TV697.1

中国版本图书馆CIP数据核字(2022)第005661号

书　　名	**胖头泡蓄滞洪区运用与调控关键技术研究** PANGTOUPAO XU-ZHI HONGQU YUNYONG YU TIAOKONG GUANJIAN JISHU YANJIU
作　　者	王志兴　吉祖稳　管功勋　王党伟　丁昌春　著
出版发行	中国水利水电出版社 （北京市海淀区玉渊潭南路1号D座　100038） 网址：www. waterpub. com. cn E-mail：sales@waterpub. com. cn 电话：(010) 68367658（营销中心）
经　　售	北京科水图书销售中心（零售） 电话：(010) 88383994、63202643、68545874 全国各地新华书店和相关出版物销售网点
排　　版	中国水利水电出版社微机排版中心
印　　刷	北京印匠彩色印刷有限公司
规　　格	184mm×260mm　16开本　19.25印张　422千字
版　　次	2021年7月第1版　2021年7月第1次印刷
定　　价	**128.00**元

凡购买我社图书，如有缺页、倒页、脱页的，本社营销中心负责调换

版权所有·侵权必究

前　言

哈尔滨市防洪标准问题一直备受各界关注，针对如何突破堤、库、蓄滞洪区等联合调度面临的关键科学理论障碍和工程技术难题，保障哈尔滨江段200年一遇洪水防洪安全，攻克蓄滞洪区优化调度方案等关键技术问题，开展了蓄滞洪区优化调度削减洪水的效果专题研究。哈尔滨市防洪体系包括白山、丰满、尼尔基水库，胖头泡、月亮泡蓄滞洪区，江南、江北两岸堤防，哈尔滨公路大桥、滨洲、滨北铁路桥梁扩孔结合北岔河道疏浚，河道滩岛整治等。胖头泡、月亮泡蓄滞洪区需承担哈尔滨市100～200年一遇之间的部分防洪任务。

1998年特大洪水过程中，肇源县的胖头泡堤防决口，包括上游堤防决口分洪在内，形成了一次被动的分洪过程，胖头泡蓄洪64.4亿m^3，约为总蓄滞洪量的2/3，大幅度削减了大赉站以下的洪峰流量。若不分洪，哈尔滨市区洪峰流量将达到23500m^3/s，相当于200年一遇。分洪后实测洪峰流量为16600m^3/s，将哈尔滨市区流量降至相当于60～70年一遇。同时，这次被动分洪也给胖头泡蓄滞洪区内造成了23.0亿元的经济损失。鉴于此，2000年国务院转发的水利部《关于加强嫩江松花江近期防洪建设的若干意见》提出，根据嫩江、松花江洪水峰高量大、高水位持续时间长的特点，在哈尔滨以上地区辟建包括胖头泡在内的蓄滞洪区，变被动分洪为主动分洪，配合堤防、水库等工程承担哈尔滨等重点城市和重点地区的防洪任务，提高松花江干流的防洪能力，减少各方面的人员和财产损失。

胖头泡蓄滞洪区位于嫩江、松花江干流的左岸，肇源县的西北部，总规划面积 1994km^2。胖头泡蓄滞洪区是松花江干流防洪体系的重要组成部分，是《松花江流域近期防洪规划》确定的干流骨干调蓄工程，其主要作用是在松花江干流和嫩江干流发生大洪水时，即哈尔滨江段流量达到 17900m^3/s，而且江水继续上涨的情况下，启动胖头泡蓄滞洪区分洪，将哈尔滨市城市防洪标准由 100 年一遇提高到 200 年一遇，有效减轻下游江段的防洪压力，确保省城哈尔滨和大庆油田安全度汛，变被动防洪为主动防洪，促进蓄滞洪区区域经济可持续发展。胖头泡蓄滞洪区区内人口较为密集，有较丰富的耕地和油气资源，分布有不少集镇和企业，是区内居民生存和发展的基础。鉴于胖头泡蓄滞洪区的实际情况，区内居民不可能全部迁出，其经济社会发展还要依赖于蓄滞洪区内的资源利用。胖头泡蓄滞洪区承担着防洪保安和生产生活基地的双重任务。胖头泡蓄滞洪区在运用年份应做好洪水资源化的利用，变水害为水利。目前，胖头泡蓄滞洪区已基本建成，分洪进口选在老龙口，进口采用闸堤集合的布置方式，其中闸净宽 204m，裹头宽度 175m，已经确定基本的运用原则，但工程建成后，与分洪相关的管理和调控方案仍需要做进一步研究。

本书采用资料分析、理论分析、模型计算等技术手段对胖头泡蓄滞洪区建成后的运用和调控的关键问题进行了研究，按照外江与蓄滞洪区一体统筹的研究思路，主要回答了蓄滞洪区建成后外江怎么变、洪水怎么分、分后怎么走以及蓄滞洪区内部怎么管四个方面的问题，取得的主要研究成果包括：

一是嫩干老龙口河段演变未来 30 年内不会对老龙口分洪造成不利影响。通过对 1960—2010 年共 51 年的资料分析，对比江桥水文站至大赉水文站区间水流、泥沙过程，套绘水文大断面，可以看出该河段的总体处于微淤状态，年均淤积量约为 90 万 t，河道年均淤积不足 1cm。采用平面二维数学模型计算了未来 30 年老龙口附近嫩干河段的泥沙冲淤，结果显示未来一段时期内老龙口附近河段的总体呈淤积状态，30 年老龙口闸附近河道最大淤积厚度约 10cm，淤积造成整个河段水位略有上升，对于保障老龙口分洪流量有一定的好处。

二是分洪造成的嫩干老龙口断面的横比降不会对整个断面的平均水位造成显著影响，可以采用断面平均水位作为行进水头。老龙口分洪会对分洪口形成一定横比降，分洪后的大部分时间里老龙口横断面平均水位略高于闸上行进水位，且高出的幅度随时间逐渐减小，横断面平均水位比闸上行进水位最大高出约 7cm，且持续时间较短，开始分洪的 15h 后，平均水位比行进水位高出不足 2cm。

三是蓄滞洪区实时分洪模型可以作为老龙口分洪调度的依据。蓄滞洪区实时分洪模型基于一维非恒定流模型基本原理开发，以嫩干作为干流，加入了支流、节点等处理方式，考虑老龙口分洪过程，以及老坎子、二松和拉林河入汇过程，将松花江流域作为整体进行计算。计算结果表明，实施分洪模型计算得到的嫩干水位和流量过程与实测值基本吻合，该模型计算得到的老龙口分洪量与设计分洪量也吻合良好，充分证明了模型计算结果的可靠性和准确性。模型计算一次分洪过程所需时间不足十分钟，能够满足实时预报所需要的效率和精度。

四是编制了胖头泡蓄滞洪区洪水风险图，评估了洪灾损失。洪灾影响淹没面积、淹没农田面积、淹没房屋面积、受影响公路长度、受影响铁路长度、受影响人口总数、受影响 GDP 等各项淹没影响随着洪水重现期的增大而增加。根据洪水风险图编制片区不同淹没方案灾情统计，造成洪灾损失最大可达 33.17 亿元。

五是制定了胖头泡蓄滞洪区运行管理预案。胖头泡蓄滞洪区运用与调控关键在于如何将洪水“分得准、分得走、分得稳”。依据分洪过程和洪水淹没风险，结合实际地形、土地利用以及产业和人口分布将蓄滞洪区内按照淹没程度划分为四级：一级是无淹没风险的区域、二级是低淹没风险区域、三级是中度淹没风险区域和四级是高度淹没风险区域，最大程度上减少蓄滞洪区内部的洪水淹没损失，为蓄滞洪区内的可持续发展提供支撑。

本书是在国家重点研发计划课题“松花江重点河段防洪安全和滩区稳定治理技术”（2018YFC0407305）、国家自然科学基金面上项目“冲积河流滩槽水沙配置机理研究”（51879282）、黑龙江省应用技术研究与开发计划项目“胖头泡蓄滞洪区运用与调控关键技术研究”（GZ16B011）等课题研究成果的基础上，总结提炼而形成的。全书共分7章，各章主要编写人员如下：第1章由吉祖稳、刘俊秀执笔，第2章由王志兴、管功勋、王波执笔，第3章由王党伟、温州执笔，第4章由董占地、吉祖稳、丁昌春执笔，第5章由王志兴、宋长虹、马奎兴执笔，第6章由王党伟、吉祖稳、马锡铭执笔，第7章由吉祖稳、刘俊秀、王党伟执笔；全书由王志兴、吉祖稳审定统稿。

特别需要说明的是，本专著是在黑龙江省水利水电勘测设计研究院和中国水利水电科学研究院等单位共同努力下完成的，参加单位和主要完成人有：黑龙江省水利水电勘测设计研究院的王志兴、管功勋、丁昌春、王波、周光涛、于景弘、陈玉芳、姬忠光、马奎兴、马锡铭、宋长虹、张勇、温州、王影桃、宋晨、李海兵、傅航、王天祎、杨晓玉、刘明岗、顾晓、曹越、陈龙威；中国水利水电科学研究院的吉祖稳、王党伟、董占地、刘俊秀、胡海华。在研究过程中，全体编写人员密切配合，相互支持，圆满完成了研究任务，在此对他们的辛勤劳动表示诚挚的感谢！

蓄滞洪区建设和运行管理一直是随着科学技术进步和社会经济发展而不断调整变化的，书中涉及的一些内容仍需要不断完善和深入研究。书中存在欠妥和不足之处敬请读者批评指正。

2020年6月

目 录

第1章 蓄滞洪区发展及现状

1.1 洪水管理体系的建立与完善

1.1.1 洪水管理研究的意义

洪水是由暴雨、急骤融冰化雪、风暴潮等自然因素引起的江河湖海水量迅速增加或水位迅猛上涨的水流现象。自古以来，洪水就被列为世界上最为严重的自然灾害之一，有数据统计显示，在自然灾害造成的人员伤亡中，仅因洪水造成的伤害就占到了3/4。中国和孟加拉国是世界上洪水灾害发生最频繁的国家，美国、日本、印度和欧洲的洪水灾害也较严重。从洪涝灾害发生的机制来看，洪水灾害具有明显的季节性、区域性和可重复性。洪水灾害同气候变化一样，有其自身的变化规律，这种变化由各种长短周期组成，使洪水灾害循环往复发生。

中国幅员辽阔，地形复杂，季风气候显著，是世界上水灾频发且影响范围较广泛的国家之一。我国的洪水灾害主要发生在4—9月，如长江中下游地区的洪水几乎都发生在夏季。对于发生区域来说，我国洪涝一般是东部多、西部少；沿海地区多，内陆地区少；平原地区多，高原和山地少。全国约有35%的耕地、40%的人口和70%的工农业生产基地经常受到江河洪水的威胁，因洪水灾害所造成的财产损失也居各种灾害之首。根据史料统计，从公元前206年至今的两千多年当中，全国各地发生较大的洪涝灾害达一千多次，平均约每两年发生1次。1954年是1949年以来长江全流域洪涝灾害最严重的一年，全国受灾农作物面积达24亿亩，约33万人死亡；1998年长江、嫩江、松花江流域的特大洪水，受灾面积334亿亩，受灾18亿人（次），死亡4150人。洪水灾害带来的损失是巨大的，因而防汛工作是各国政府的重要工作之一，在此过程中，人们不断地总结研究防汛工作中的经验，制定合理的防汛政策，从而达到减小洪灾损失的目的。

尽管人类最早记录洪水是在公元前3500年至公元前3000年左右的尼罗河流域，在此过程中，全世界的国家和人民都饱受这一灾害带来的痛苦与损失，但无论国内还是国外，对于洪水灾害的科学研究一直十分滞后，真正的洪水研究工作直到20世纪60年代才初步形成体系，甚至成为一门学科。

尽管人类目前已在全球范围内兴起规模空前的防洪工程体系，已经具备控制常遇洪水的能力，但是洪水引发的损失却仍呈现上升趋势。人口增加、城市化进程、资产密度增大，都被认为是全球水灾损失的内在因素，而中国也正处于这些因素和矛盾急剧产生的社会环境中。如何在这些因素的影响下有效缓解人与水之间的矛盾是我们面临和需要解决的问题之一。

对洪水灾害全方位研究符合“科学发展观”与“可持续发展”的思想，不仅能够科学地引导洪水，帮助决策分析，指导防灾减灾救灾工作，还能有效减少因洪水造成的经济财产损失，更能有效减少因洪水灾害造成的人员伤亡，稳定社会，对灾后重建起到指导作用，对生态和自然环境可以进行最大程度上的保护，从而有利于实现“中国梦”和中华民族的伟大复兴。因此，无论从个人角度或是国家角度，无论是对经济或是社会层面，无论是立足现在还是放眼未来，对于洪水灾害的研究都具有深远意义。

1.1.2　洪水管理体系的形成与完善

1.1.2.1　国外洪水管理体系

20 世纪 90 年代，欧洲多次发生大洪水，因洪灾导致欧洲约 500 人丧生，50 万人流离失所，为此欧盟在 2000 年通过了《水框架指令》，这一指令引入了“洪水控制转变为洪水管理”的新观念[1]，这一思想是人类处理洪水问题的革命性变革，其主要目标是管理洪水并降低洪水给人类健康、环境、文化遗产和经济活动带来的风险，欧盟期望在这一理念的指导下完成三个目标：①对洪水风险进行评估；②绘制洪水风险图；③完成洪水风险管理计划。

英国、美国由于其地形、气候等自然条件的影响，防汛形势也非常严峻。从 20 世纪初就开始建立洪灾风险管理体系，经验较为丰富，经历了由简单工程措施为主逐步向工程措施与非工程措施相结合的转变，然后再到洪水社会化的过程。总体来看，任何阶段的防洪中心思想都是以人的生命安全为第一位，这是社会对人性的要求和尊重。西方国家在洪水风险管理体系的构建、防洪工程的运行、洪水预警预报以及洪水保险的实施等方面对我国防洪体系建设具有非常重要的借鉴作用[2]。

与我国同为发展中国家的印度，在洪水管理方面也十分重视，先后成立了全国防洪委员会及一系列机构，主要运用洪水预警这一非工程措施，同时辅以洪水保险、洪泛区规划、制作洪水风险图等进行洪水管理[3]。

1.1.2.2　国内洪水管理体系

早在 2003 年，水利部与国家防汛抗旱总指挥部办公室就已经明确提出我国的防洪“要从控制洪水向洪水管理转变”，这一思想上的“转变”是我国新时期治水思路调整的重要里程碑。程晓陶[4]对洪水管理的基本理念曾经进行过深入研究，分析了我国选择洪水风险管理的必要性，提出洪水管理中的各个环节及其后果图、洪涝灾害可管理性的框架图。此外，程晓陶[6-7]和洪文婷[8]结合 2002 年欧洲大洪水的经验，针对我国国情，提出了结合高新技术进一步健全水灾应急管理体系、防汛预案以及具有中国特色的有风险的洪水管理制度。在此基础上，万洪涛等[9]学者开发了我国第一个基于GIS技术的流域级洪水管理系统并成功应用到我国松花江流域。该管理平台利用人机交互方式，基于MIKE模型，按照统一标准进行流域洪水管理，包含了基础信息管理、洪水监视预警、洪水预报调度等功能，建立了水文-水力学耦合模型、全流域洪水预报模型与调度模型，系统侧重在汛前为防汛决策提供准确、实时信息。

向立云[10-12]在这一方面也做了大量的工作，他阐明了洪水管理的基本原理，认为洪水管理应针对洪水、土地和人等三方面，最终寻求洪水的开发、保护和可持续性的最佳平衡。由于洪水管理的措施不仅会对现有系统进行调整，同时还受到法律、行政等多方面的制约，因此他对洪水管理的约束条件进行了详细的阐述。在此基础上，向立云提出了洪水资源化的概念，提倡将常规排泄入海或泛滥洪水部分储存为可供利用的内陆水，提出洪水蓄于地表和补于地下的资源化途径。改革开放后，我国逐步调整人与洪水的关系，尽管已经逐渐形成工程措施与非工程措施相结合的防洪体系，但目前的防洪工作对于决策阶段仍难以进行准确的定性和定量的分析。

1.1.3 洪水管理政策

国外的防汛政策和措施因地区差异而存在不同，美国受其地形气候的影响，容易发生洪水，因而其洪水管理工作较具有代表性。美国国会在20世纪先后四次修订《防洪法》(*Flood Control Act*)，每次都明确要求所有允许通航的河流必须制定和实施防洪计划。1938年以来，美国国会委托陆军工程兵团承担防洪工程的建设任务，该兵团是美国联邦政府和地方政府的主要工程力量。20世纪50年代中期后，美国联邦政府逐渐将重点转移到洪泛区的管理上，其防洪政策也做出了很大的调整，出台了一系列诸如《洪水损失管理的全国统一计划》(*A Unified National Program for Managing Flood Losses*，1966)、《洪泛区管理的全国统一计划》(*A Unified National Program for Flood Plain Management*，1975)、《洪水灾害防御法》(*Flood Disaster Protection Act*，1973) 等计划和法规。美国目前的洪水管理政策重视结果导向和分级管理，一般量级的洪水由各州分别管理，而大量级的洪水则由联邦政府实施管理，同时，美国提倡洪水风险社会化的观念，其首要目标是保证人的安全。除此之外，美国土壤保持局 (SCS) 为其洪泛区的管理提供了有利帮助，具体负责确定洪灾范围、编制洪泛区自然财产清单等工作[13]。

我国在新中国成立初期，由于特定的历史环境，在洪水管理方面受到"人定胜天"的思想影响，防汛政策主要以工程措施为主导，其目的是消除洪水，存在一定的功利性。改革开放后，随着思想的逐步解放和科技的飞速发展，防洪工作在思想上也有了本质的转变，从工程措施主导逐步开始关注和研究非工程措施。20世纪90年代以来，我国洪水灾害频发，更引发了国家对这一问题的深入思考，但由于对洪水管理政策的评价和认识仍缺乏一定的统一标准，存在一定的主观性。目前，在防洪决策系统方面，尽管结合Web信息与软件技术，开发出了基于B/S结构的松辽流域防洪决策支持系统，但是随着计算机发展与实际需求的增加，该系统仍然存在一些问题[14]：

①已有系统未采用统一的标准与技术架构，系统开发与不同系统集成有难度；②受已开发框架和技术的限制，系统的技术更新、功能升级和调度方案扩充变得困难；③已有系统是针对各大流域的某个水库单独开发的，难以集成调度全流域洪水。在此基础上，王洪等针对松辽流域对防洪决策支持系统的构建技术进行了研究，通过设置单元属性存储调度流程树，设计解析程序，获取每个节点的详细信息，通过节点的入流和出流类型确定节点间的相互关系，从而实现整个流域和流域局部范围内的灵活调度和系统的可扩展[15]。

综上所述，对于洪水管理政策，国内外存在不同的认识机制。一种是美国以“结果导向”为主，强调政策对防洪结果的影响，不计投入，这种方法容易造成人力物力财力的浪费，在过程中也容易产生形式主义和腐败情况；另一种是以“过程导向”为主，强调整个决策过程的严谨性，但这种方法容易造成经验主义和教条主义，在此过程中也不利于发挥主观能动性，所达到的结果并不一定理想。不同的防洪目的决定了不同的防洪政策，其优势和弊端显而易见。而我国仍处于社会主义初级阶段，生产力水平还不够发达，因此我国洪水管理政策的目标是同时保障人民群众及其财产安全，在1997年及其后3次《中华人民共和国防洪法》的修订中都坚持了这一原则，但在具体的政策决策过程中，对于指标的定量分析及各指标的权重确定等方面仍需要进行深入研究[16]。

1.1.4　洪水管理措施

无论是国内还是国外，其洪水管理的措施都包括工程措施和非工程措施。工程措施主要包括堤防、水库、河道整治、蓄滞洪区以及城市排洪等工程。非工程措施根据其内容大体包括洪水预报及警报、洪水风险分析、防洪区管理、洪水保险、自适应设施及防洪决策等[17]。

随着洪水管理思想的不断变化，人们意识到根除洪水是不可能的，目前多数研究主要针对洪水管理的非工程措施，特别是结合一些最新技术，杨太萌[18]于2016年将杭州市作为研究对象，以杭州的雨、水情历史数据为基础，利用大数据技术，建立了一个水位预测模型，预测未来6h的水位，从而为城市防洪决策系统提供决策基础；李志平[19]阐述了数字流域技术在现代流域洪水管理中的应用前景，同时集合数据库管理、洪水实时监测、洪水预警预报、洪水情景模拟等多方面功能应用于松花江流域洪水管理系统（SFMS）。顾晓蓉[20]针对大黄堡蓄滞洪区编制了洪水风险图，开发了包括工情、社会经济、综合信息等三个基础信息数据库的风险管理信息系统。

随着防洪思想的转变，人们逐渐认识到防洪不仅是工程措施或是非工程措施的单一作用，而应是在防洪工程基础上形成全面的防洪减灾工作体系。张景[21]对汾河流域下游防洪能力进行了分析，针对汾河下游（赵城水文站—入黄口）防洪工程体系单一的问题，开展的主要工作包括：①建立汾河干流一维水动力学模型模拟洪水演进过程，利用实测水文资料计算不同量级洪水的演进过程；②采用一维、二维水动力学耦合模型模拟溃堤水流特性，确定重点防护区域、可能溃堤位置及溃口大小，模拟溃堤后不同时间内的淹没范围、水深等；③分析汾河流域下游建立蓄滞洪区的必要性，规划蓄滞洪区大小，并对其防洪效果进行分析；④提供了汾河下游可选用的防洪工程及非工程措施。王凤[22]从水文的角度分析了鄱阳湖洪水的成因、规律、影响因素、灾害管理的系统级措施等，主要认识有：①鄱阳湖洪水具有长期性，不可避免；②三峡工程对鄱阳湖防洪弊大于利；③鄱阳湖区圩堤质量偏低，存在普遍安全隐患；④鄱阳湖洪灾管理制度存在弊端。作者重点放在了水文分析洪水上，对于防洪工作的建议较少。陈建等[23]认为黄河下游滩区土壤肥沃，资源丰富，在枯水期发展生产，洪水期滞纳洪水，是黄河滩区发展的一个思路。作者以兰考和长垣滩区为研究对象，基于MIKE21软件模拟了其洪水演进过程，主要分析滩区内生产堤的存在是否对分滞洪区的防洪产生影响。作者选取夹河滩断面和高村断面作为模型上下边界，选取“96·8”洪水为计算条件，模拟了自然工况、现状工况、蓄滞工况三种情况下的滩区淹没面积、流量变化及洪水位变化。通过比较发现，蓄滞工况下，下游淹没面积和洪峰流量都大大减小，洪水位也有所下降，滩区削峰滞洪作用明显。

1.2 蓄滞洪区研究进展

1.2.1 我国蓄滞洪区概况

蓄滞洪区是指河堤外洪水临时贮存的低洼地区及湖泊等，其中历史上多数是江河洪水淹没和蓄洪的场所，包括行洪区、分洪区、蓄洪区和滞洪区。水利部在2009年颁布了《全国蓄滞洪区建设与管理规划》（以下简称《规划》），其中对我国蓄滞洪区的基本情况进行了详细统计，主要内容及数据包括如下。

1.2.1.1 数量、规模及分布

我国主要江河流域综合规划和防洪规划根据流域防洪安全保障的需要设置了一批蓄滞洪区，其中列入《蓄滞洪区运用补偿暂行办法》国家蓄滞洪区名录中的有97处，其中长江流域40处，黄河流域5处，淮河流域26处，海河流域26处。蓄滞洪区总面积31708.7km^2、总容积1098.4亿m^3，区内现状人口1661.4万人，耕地2585.1万亩，GDP 1113.9亿元。97处蓄滞洪区的基本情况见表1.2-1。

经过多年的江河治理和防洪建设，我国主要江河流域的防洪形势较以往发生了较大变化，为适应各流域防洪减灾的新要求，1998年长江和松花江大水后，在全国范围内组织开展了流域防洪规划的编制工作，对主要江河流域的防洪减灾体系进行了全面系统规划，根据流域防洪总体要求构建了流域防洪体系，调整设置的蓄滞洪区都是流域防洪体系的重要组成部分，是达到流域防洪标准不可缺少的重要措施。七大江河流域防洪规划在深入分析了流域洪水情况、工程情况的基础上，根据流域防洪形势的变化、流域防洪安全保障的实际需要和流域目标洪水的处置安排，对蓄滞洪区设置进行

了适当调整。

根据国务院已批复的“七大江河防洪规划”，调整完成后各流域设置的蓄滞洪区共计94处。流域防洪规划调整后的94处蓄滞洪区基本情况见表1.2－2。规划调整后的94处蓄滞洪区总面积33716.5万km^2，总蓄洪容积1073.5亿m^3，区内现状总人口1656.4万、耕地2589.9万亩、GDP总量1089.9亿元、固定资产2055.6亿元。此外，淮河流域在流域防洪规划中初步拟定将原规划设置的上六坊堤、下六坊堤、洛河洼、石姚湾、方邱湖、临北段、香浮段、潘村洼等8处蓄滞洪区调整为防洪保护区、部分退堤还河后调整为防洪保护区、废弃蓄滞洪区退堤后还给河道，在调整方案实施完成前，仍是淮河流域防洪体系的组成部分，遇大洪水时还将启用。松花江流域在调整前后由原来的没有蓄滞洪区到调整后增加了胖头泡、月亮泡两处蓄滞洪区[24]。

2010年1月水利部公布了国家蓄滞洪区修订名录，修订后的国家蓄滞洪区名录共有98处，比原名录增加1处，比《规划》名录增加4处。其中较原名录长江流域由40处增加为44处，黄河流域由5处核减为2处，海河流域由26处增加为28处，淮河流域由26处核减为21处，松花江流域增加2处，珠江流域增加1处。修订后名录见表1.2－3。

表1.2－1　97处蓄滞洪区基本情况

流域	长江	黄河	淮河	海河
蓄滞洪区名录	荆江分洪区、涴市扩大区、虎西备蓄区、人民大垸、围堤湖、六角山、九垸、西官垸、安澧垸、澧南垸、安昌垸、安化垸、南顶垸、和康垸、南汉垸、民主垸、共双茶、城西垸、屈原农场、义和垸、北湖垸、集成安合、钱粮湖、建设垸、建新农场、君山农场、大通湖东、江南陆城、洪湖分洪区、杜家台、西凉湖、东西湖、武湖、张渡湖、白潭湖、康山圩、珠湖圩、黄湖圩、华阳河、方洲斜塘	北金堤、东平湖、北展宽区、南展宽区、大功	濛洼、城西湖、城东湖、瓦埠湖、老汪湖、泥河洼、老王坡、蛟停湖、黄墩湖、南润段、邱家湖、姜家湖、唐垛湖、寿西湖、董峰湖、上六坊堤、下六坊堤、石姚湾、洛河洼、汤渔湖、荆山湖、方邱湖、临北段、花园湖、香浮段、潘村洼	永定河泛区、小清河分洪区、东淀、文安洼、贾口洼、兰沟洼、宁晋泊、大陆泽、良相坡、长虹渠（柳围坡）、白寺坡、大名泛区、恩县洼、盛庄洼、青甸洼、黄庄洼、大黄堡洼、三角淀、白洋淀、小摊坡、任固坡、共渠西、广润坡、团泊洼、永年洼、献县泛区
数量/处	40	5	26	26
面积/km^2	12189.3	5212.3	3688.2	10618.9
容积/亿m^3	626.7	120.4	141.7	209.6
人口/万人	632.5	348.1	166.5	514.3
耕地/万亩	711.8	532.5	322.1	1018.7
GDP/亿元	278.5	200.8	52.2	582.4

表 1.2-2　　规划 94 处蓄滞洪区基本情况

流域	长江	黄河	淮河	海河	松花江	珠江
蓄滞洪区名录	荆江分洪区、涴市扩大区、虎西备蓄区、人民大垸、围堤湖、六角山、九垸、西官垸、安澧垸、澧南垸、安昌垸、安化垸、南顶垸、和康垸、南汉垸、民主垸、共双茶、城西垸、屈原农场、义和垸、北湖垸、集成安合、钱粮湖、建设垸、建新农场、君山农场、大通湖东、江南陆城、洪湖分洪区、杜家台、西凉湖、东西湖、武湖、张渡湖、白潭湖、康山圩、珠湖圩、黄湖圩、方洲斜塘、华阳河	北金堤、东平湖	濛洼、南润段、城西湖、城东湖、瓦埠湖、老汪湖、泥河洼、老王坡、蛟停湖、黄墩湖、邱家湖、姜唐湖、寿西湖、董峰湖、汤渔湖、荆山湖、花园湖、杨庄、大逍遥、南四湖湖东滞洪区、洪泽湖周边圩区（含鲍集圩）	永定河泛区、小清河分洪区、东淀、文安洼、贾口洼、兰沟洼、宁晋泊、大陆泽、良相坡、长虹渠、柳围坡、白寺坡、大名泛区、恩县洼、盛庄洼、青甸洼、黄庄洼、大黄堡洼、三角淀、白洋淀、小摊坡、任固坡、共渠西、广润坡、团泊洼、永年洼、献县泛区、崔家桥	胖头泡、月亮泡	潖江
数量/处	40	2	21	28	2	1
面积/km^2	12036.0	2943.0	5283.8	10693.4	2680.0	80.3
容积/亿 m^3	589.7	51.2	165.8	197.9	64.8	4.1
人口/万人	632.5	211.8	268.6	521.2	16.4	5.9
耕地/万亩	711.8	286.8	448.6	1026.0	110.0	6.7
GDP/亿元	278.5	93.7	121.5	584.6	7.0	4.6
工业产值/亿元	367.7	76.9	65.9	887.8	5.3	3.6
农业产值/亿元	210.9	59.9	78.7	167.2	5.9	1.6
粮食产量/万 t	358.1	134.5	301.3	448.2	26.0	3.6
固定资产/亿元	811.3	170.8	255.1	747.9	68.5	2.0

表 1.2-3 修订后98处蓄滞洪区名录

流域	长江	黄河	淮河	海河	松花江	珠江
蓄滞洪区名录	荆江分洪区、涴市扩大区、虎西备蓄区、人民大垸、围堤湖、六角山、九垸、西官垸、安澧垸、澧南垸、安昌垸、安化垸、南顶垸、和康垸、南汉垸、民主垸、共双茶、城西垸、屈原农场、义和垸、北湖垸、集成安合、钱粮湖、建设垸、建新农场、君山农场、大通湖东、江南陆城、洪湖分洪区、杜家台	北金堤、东平湖	濛洼、南润段、城西湖、城东湖、瓦埠湖、老汪湖、泥河洼、老王坡、蛟停湖、黄墩湖、邱家湖、姜唐湖、寿西湖、董峰湖、汤渔湖、荆山湖、花园湖、杨庄、大逍遥、南四湖湖东滞洪区	永定河泛区、小清河分洪区、东淀、文安洼、贾口洼、兰沟洼、宁晋泊、大陆泽、良相坡、长虹渠、柳围坡、白寺坡、大名泛区、恩县洼、盛庄洼、青甸洼、黄庄洼、大黄堡洼、三角淀、白洋淀、小摊坡、任固坡、共渠西、广润坡	胖头泡、月亮泡	潖江
蓄滞洪区名录	西凉湖、东西湖、武湖、张渡湖、白潭湖、康山圩、珠湖圩、黄湖圩、方洲斜塘、华阳河、荒草二圩、荒草三圩、汪波东荡、蒿子圩		洪泽湖周边圩区（含鲍集圩）	团泊洼、永年洼、献县泛区、崔家桥		

1.2.1.2 建设历史

新中国成立后，国家十分重视防洪建设，我国主要江河蓄滞洪区的建设大致经历了以下三个阶段：

（1）第一阶段，1988年以前。20世纪50年代初期制订的长江、黄河、淮河等流域治理方案，按照“蓄泄兼筹”的治理方针，在规划建设治理河道增大江河行洪能力、修建山谷水库调蓄洪水的同时，规划安排了江河两岸一些湖泊、洼地作为行洪、滞洪的蓄洪区，与水库和河道共同组成防洪工程体系。1950年政务院颁发的《关于治理淮河的决定》中，在上游建设蓄洪量超过20亿m^3的低洼地区作为临时蓄滞洪工程；中游建设蓄洪量50亿m^3的湖泊洼地蓄洪工程。为防御黄河1933年型大洪水，1951年政务院发出《关于预防黄河异常洪水的决定》中，在利用东平湖自然分洪外，设置沁黄滞洪区、北金堤滞洪区来分滞黄河洪水。1952年荆江分洪总指挥部编制了荆江分洪工程计划，上报中央批准实施，确定了建设荆江分洪区和虎西备蓄区。1985年国务院批转了《关于黄河、长江、淮河、永定河防御特大洪水方案》，明确了蓄滞洪区在防御主要江河特大洪水中的作用和运用方式。

根据我国洪水特点和土地利用现状，在制定主要江河流域综合规划、防洪规划和特大洪水防御方案时，都把蓄滞洪区作为江河防洪工程体系的重要组成部分，同时，在制定大江大河主要支流和区域防洪规划中，还设置了一批以分蓄当地洪涝水为主的蓄滞洪区，基本形成了我国主要江河蓄滞洪区的总体格局。我国主要的蓄滞洪区在设置初期，主要以蓄洪围堤工程建设为主，由于区内人口较少，工矿企业很少，经济比较落后，蓄滞洪区启用较为顺利，分蓄洪水时造成的损失相对较小。

（2）第二阶段，1988—1998年。在主要江河防洪减灾体系初步形成的情况下，针对蓄滞洪区人口增加、经济发展和分蓄洪水时区内居民的安全保障问题，在开展蓄滞洪工程建设的同时开始重视蓄滞洪区安全建设，以保障蓄滞洪区能够有效运用，在确保大江大河重点地区防洪安全的同时，保障蓄滞洪时区内居民生命财产的安全。1988年国务院批转了水利部关于《蓄滞洪区安全与建设指导纲要》，确定了以“撤退转移为主、就地避洪为辅”的安全建设方针，对蓄滞洪区的通信与预报警报、人口控制、土地利用、产业活动、就地避洪措施、安全撤离措施、试行防洪基金或洪水保险制度、宣传与通告等方面作出了原则规定。《纲要》的颁布实施，为合理和有效地运用蓄滞洪区、指导区内居民生产生活和经济建设以及适应新形势下防洪要求发挥了重要的作用，有力地促进了蓄滞洪区的建设与管理，逐步实现了制度化和规范化，推进了全国蓄滞洪区的安全建设工作。1991年淮河大水后，国家防总办公室组织长江委、黄委、淮委、海委等编制了流域蓄滞洪区安全建设规划，在部分蓄滞洪区安排建设了一些安全设施，并逐步开展了建立蓄滞洪区管理体制和机制等问题的研究。

由于蓄滞洪区建设投入严重不足，仅安排修建了一些蓄滞洪区围堤和部分进退洪口门以及少量围村埝、安全台（庄台）、避水房、避水台等低标准的安全设施。随着蓄滞洪区人口增长和经济发展，区内防洪安全设施越显匮乏，居民生命财产安全得不到有效保障，致使决策启用蓄滞洪区特别困难，运用时需转移大量居民，转移安置难度大。由于安全建设严重滞后，加之无序开发问题突出，蓄滞洪区内的居民生命安全保障、民生状况和发展条件的改善在很大程度上受到制约，分蓄洪水、保障居民生命财产安全和地区经济发展的矛盾越来越突出。

（3）第三阶段，1998年以后。1998年长江、松花江大洪水后，针对蓄滞洪区存在的突出问题和矛盾，党和国家领导人多次强调了加强蓄滞洪区工作的重要性，水利部认真贯彻落实中央领导的指示精神，在进一步加强主要江河防洪工程建设的同时，以科学发展观为指导，按照建设和谐社会的新要求，积极调整治水思路，突出了给洪水以出路，加强防洪管理，防洪减灾战略逐步从控制洪水向洪水管理转变的新理念，把蓄滞洪区建设和管理作为在江河堤防、控制性枢纽工程建设取得重大进展之后水利建设的重要而紧迫的任务之一，对蓄滞洪区建设和管理工作进行了全面部署。

1998年长江大水、2003年淮河和黄河洪水后，国家有关部门在湖南、湖北、江西、安徽、江苏、河南、山东等省的洪泛区和部分蓄滞洪区实施了以“退人不退耕”为主要形式的“平垸行洪、退田还湖、移民建镇”等工程建设，为蓄滞洪区安全提供了有力的保障。

此外，为合理补偿蓄滞洪区内居民因分蓄洪水遭受的经济损失，2000 年 5 月，国务院颁发了《蓄滞洪区运用补偿暂行办法》，建立了蓄滞洪区运用补偿政策，明确了蓄滞洪区运用的补偿对象、范围和标准。补偿政策实施后，国家已对 12 处蓄滞洪区 15 次分洪运用后进行了运用补偿，为蓄滞洪区内群众灾后重建、恢复生产提供了必要的扶持、救助，为蓄滞洪区的正常运用创造了有利条件。

同时，为加快蓄滞洪区建设和切实加强蓄滞洪区管理，在系统总结多年来蓄滞洪区建设与管理经验和深入分析存在问题的基础上，2006 年 6 月，国务院办公厅批转了（国办发〔2006〕45 号）水利部联合国家发展和改革委员会、财政部提出的《关于加强蓄滞洪区建设与管理的若干意见》，进一步明确了蓄滞洪区建设与管理的指导思想和原则、目标和任务，为推进蓄滞洪区建设与管理工作提供了重要的政策依据，对指导蓄滞洪区建设管理发挥了重要作用。

1.2.1.3　建设现状

截至 2009 年，结合江河堤防建设和河道整治，已经规划的 94 处蓄滞洪区共修建围堤和隔堤 7617.0km，穿堤建筑物 3020 座，建有进退洪控制设施的蓄滞洪区 46 处，共建有进退水闸 105 座，修建口门 36 处，具体工程建设情况见表 1.2－4。94 处蓄滞洪区内共有人口 1656.3 万人，其中居住在分洪蓄水影响范围内的居民有 1491.9 万人，占蓄滞洪区总人数的 90％。通过已建安全区（围村埝）、安全台（村台、顺堤台）、避水楼（房）以及救生台等安全设施安置居民 344.1 万人，但大部分建设标准偏低，若按规划确定的各类安全设施建设标准统计，现有各类安全设施安排的达标人数仅为 144.8 万人，没有或基本没有可靠安全保障的居民人数占蓄滞洪区总人数的 81％，居民现状安置情况见表 1.2－5。

表 1.2－4　　蓄滞洪区现状工程建设情况

流域名称	堤防工程			进退洪控制工程		
	堤防数/处	堤防长度/km	穿堤建筑物/座	有进退洪控制设施的蓄滞洪区/处	进退水闸/座	口门/处
长江	102	2764.1	960	6	8	
黄河	9	447.6	33	2	10	
淮河	110	1451.6	733	13	23	
海河	141	2656.6	1234	24	60	36
松花江	26	241.6	22	1	4	
珠江	17	55.5	38			
合计	405	7617.0	3020	46	105	36

表 1.2-5　　蓄滞洪区居民现状安置情况

流域	人口/万人			已安置居民/万人	
	总数	自然岗地、高地	淹没区	安置总数	达标安置
长江	632.5		632.5	39.23	29.4
黄河	211.8	85.5	126.3	50.81	0.02
淮河	268.6	3. 3	265.3	84.9	41.2
海河	521.1	6.3	452.1	169.1	74.2
松花江	16.4	69.1	10.1		
珠江	5.9	0.3	5.6		
合计	1656.3	164.3	1491.9	344.1	144.8

注　安置总人数为安全设施内现有人数；达标安置人数指按规划标准统计现有各类安全设施能达标安置的人员。

目前已规划的94处蓄滞洪区内共建有安全台（村台、顺堤台）7409.2万 m^2，安全区（围村埝）29175.4万 m^2，救生台273.3万 m^2，避水楼和避水平房153.3万 m^2，撤退转移道路4504.0km，安全设施建设情况表见表1.2-6。

表 1.2-6　　蓄滞洪区安全设施建设现状情况统计

流域	安全台（村台、顺堤台）/万 m^2	安全区（围村埝）/万 m^2	救生台/万 m^2	避水平房/万 m^2	避水楼/万 m^2	撤退转移道路/km
长江	411.4	2824.7			62.8	1882.7
黄河	301.8		152.4			476.3
淮河	487.1	21315.1		13.7	1.9	1079.6
海河	6208.9	5035.6	120.9	45.7	29.2	1065.4
合计	7409.2	29175.4	273.3	59.4	93.9	4504.0

1.2.1.4 历史上分洪运用情况

据不完全统计，在1950—2004年的55年间，规划范围内的蓄滞洪区运用达到了近400次，蓄滞洪水总量近1400亿 m^3，其中长江流域共启用58次，荆江分洪区于1954年3次开闸，杜家台分洪区自1956年设置以来共启用过20次；黄河流域东平湖老湖区1982年分洪一次；淮河流域的蓄滞洪区运用最为频繁，1950—2004年共运用过200次；海河流域的蓄滞洪区共运用过128次，有3处蓄滞洪区运用次数超过10次；珠江流域的蓄滞洪区天然溃堤进洪6次；松花江流域2处蓄滞洪区启用过2次，但财产损失十分严重，蓄滞洪区分洪运用及损失统计情况见表1.2-7。

表1.2-7　　1950—2004年蓄滞洪区分洪运用及损失统计

流域	分蓄洪水次数/次	蓄滞洪总量/亿 m^3	平均历时/(d/次)	平均伤亡人数/(人/次)	平均财产损失/(亿元/次)
长江	58	512.2	25	123	13.09
黄河	1	4.0	72		2.60
淮河	200	311.0	18	45	0.35
海河	128	450.1	33	146	0.77
松花江	2	77.9	70		11.87
珠江	6		20	2.8	0.84
合计	395	1355.2	25	79	4.92

1.2.2　蓄滞洪区研究现状

1.2.2.1　蓄滞洪区存在的意义与价值

在认识到蓄滞洪区可能产生的损失以及所起的作用后，越来越多的学者开始对相关问题开展研究。早在1998年4月，王章立[25]就从河流特性与流域防洪两方面论述了我国建设蓄滞洪区的重要性和必要性，重点从三方面论述了蓄滞洪区在防洪工作中所起的作用：①蓄滞洪区的科学运用可以有效降低江河洪峰水位，保证地方的安全；②蓄滞洪区有计划性的运用能够有效减少洪灾造成的损失；③有计划地运用可以避免因防御能力不足造成巨大损失后的不良影响。同时在蓄滞洪区建设管理的发展趋势、政策法规制定等层面都提供了良好的思路。

1998年长江、松花江及嫩江流域的大洪水进一步引发了社会对防汛工作的关注，以松花江流域为例，尽管1998年后整个松花江流域的防洪工程体系有了整体框架，但是仍存在诸多问题。连金海[26]指出了松花江流域河道堤防险工险段多、水库病险多、堤防标准偏低等问题需要解决；在非工程措施领域，水文测报与通信系统、防汛指挥系统以及流域超标准洪水防御预案等方面都存在不足之处。

洪水灾害带给我们的不应仅仅是损失和伤痛，更多的应是启示和思考。赵伟民[27]在1998年松嫩大洪水后进行了深入的思考研究，针对当时黑龙江水利建设暴露出的防洪工程基础设施建设不足、缺乏调节松嫩干流及其支流较大洪水的能力，以及缺乏有效而完整的防洪工程体系等问题，提出了意见和建议。在防洪工程体系方面，提出全面规划防洪工程体系，蓄泄兼顾，消除病险水库与堤防；在依法管理方面，强调严格依据《中华人民共和国水法》《中华人民共和国防洪法》等法律及地方性法规办事，执法必严；在非工程措施方面，提出深入和细化以下三方面的工作：①完善防洪预案的编制；②健全抗洪指挥系统；③结合国外经验，研究和注重洪水保险的政策与实施。在时隔13年后，王晓妮等[28]再次针对松辽流域就提高其防洪减灾能力指出了存在问题并提出建议。从2007年的数据分析结果来看，松辽流域存在的问题与之前类似，在具体措施上应当坚持“蓄泄兼顾、防用结合、综合治理”的防洪方针，防洪工程体系依旧由堤防、尼尔基、丰满、白山等控制性水库和胖头泡与月亮泡等流域性蓄滞洪区构成。在这以后，国家对蓄滞洪区存在的突出问题加强了管理，2006年和2009年，国务院先后批复了水利部等部门起草的《关于加强蓄滞洪区建设与管理的若干意见》和《全国蓄滞洪区建设与管理规划》，这些规划的出台不仅能够合理利用蓄滞洪区分蓄洪水，保障防洪安全，还能够妥善安排区内群众的生产生活，因而具有十分重要的意义。规划强调了蓄滞洪区的重要性，明确了其建设管理的目标与任务，对我国原有的蓄滞洪区重新进行了分类与调整，对原有和新规划的蓄滞洪区都进行了深入细致的调研工作，并针对各流域的具体情况做出工程布置与人员避洪安排，更具有科学性、针对性与适用性。此外，规划中提出了蓄滞洪区社会管理和专业化管理相结合的管理框架，主张按照不同风险程度对蓄滞洪区内的人口、经济、产业进行分区管理，这与发达国家洪水社会化管理的防洪思想以及分级管理模式具有异曲同工之处[30]。经调整和修订后，我国在七大流域设置了98处蓄滞洪区，其中松花江流域2处。孟熊等[31]依据该项规划内容，综合考虑蓄滞洪区运用标准和蓄洪淹没水深以及蓄洪淹没历时长短、启用标准与运用标准之间的差异等因素，分析确定了洪水风险度(R)，并根据洪水风险度的分布，将洪水风险程度分为重度、中度和轻度风险3个等级。经测算分析后确定了洪水风险程度的评价标准：$R \geqslant 1.5$为重度风险区，$0.5 \leqslant R < 1.5$为中度风险区，$R < 0.5$为轻度风险区。从洞庭湖蓄滞洪区的洪水风险评价结果来看，该蓄滞洪区内重、中度风险区人口和面积约占总数的99%。

蓄滞洪区作为一种国内外通用的防洪形式，在经济较为发达、人口密度较大的国家更为有效。马治人[32]曾对国内外蓄滞洪区的现状与特点进行过总结。总体而言，国外蓄滞洪区面积相对较小，一般不允许人口居住，原居民由国家给予一次性补偿；在非汛期，蓄滞洪区一般作为自然保护区供旅游休闲使用，同时具备完善的预警机制。尽管国外的洪水保险制度比较完善，但由于蓄滞洪区内无人居住，人员财产方面的赔偿也就很少。而我国的蓄滞洪区面积一般较大，区内居住人口较多，尽管有安全台、避水楼等设施，但覆盖人口仅占1/5左右，对于蓄滞洪区的运用机制、补偿机制以及相关法律法规建设都比较匮乏，蓄滞洪区的经济发展和实际运用都受到了严重制约。

目前，国内有关蓄滞洪区方面的研究主要集中在蓄滞洪区的地位和作用、可持续发展、补偿问题、运用时和运用后策略研究等几个方面，但在投入产出分析、与周边地区相比仍有较大缺失，解决实际问题比较困难[33]。在蓄滞洪区的建设总体思路与对策研究方面，强调应由原来的单一性防洪向防洪、经济发展和生态保护等多功能方面转变；在规划设置上，应从原来几十年不变向因地制宜地合理调整转变；在建设方式上，应从原来单一设施向生产、生活基础建设综合管理的方向转变；建设安排上，从原来分散应急向重点突出、统筹安排转变；在建设投入上，从原来单一由国家投入向多元投资转变[34]。总体来看，国内蓄滞洪区普遍存在建设管理滞后、区内群众生产生活环境差、补偿与保障机制不完善等问题，但大多数研究工作提出的解决对策都侧重在管理层面上，强调应该编制蓄滞洪区建设管理规划、设立专门的蓄滞洪区管理部门、加大蓄滞洪区安全建设力度、完善补偿机制、开展洪水保险等，主要研究成果偏向宏观规划，而对蓄滞洪区控制工程体系、洪水演进、优化调度及运行管理等方面的研究仍需要进一步强化和完善，确保蓄滞洪区在防洪关键时刻能够起到削减洪峰、蓄滞超额洪水的作用。

1.2.2.2　蓄滞洪区存在的优势及作用

我国各大流域蓄滞洪区的设置是根据全流域洪水出路的总体安排和建立防洪减灾体系的要求确定的，在防御历史大洪水过程中发挥了不可取代的重要作用，蓄滞洪区是我国各大流域防灾减灾体系的重要组成部分，在今后相当长的时间内，仍然是十分重要的防洪减灾措施；蓄滞洪区不仅具有防洪功能，还是区内居民赖以生存的家园。蓄滞洪区的建设管理工作是贯彻落实科学发展观，构建社会主义和谐社会和建设生态文明，实现人与自然、人与水、人与地和谐发展的重要体现。

（1）蓄滞洪区是防洪体系的重要组成部分。根据我国防洪规划成果，七大江河主要控制站的设计流量与其多年平均年径流量的比值平均高达60%，而江河洪水量级一般较大，其泄洪通道多流经人口稠密的中下游平原区，泄洪能力受到一定的限制，大多数江河控制站设计洪峰流量都大于下游相应河道的泄流能力。这意味着七大流域都存在超额洪水需要通过水库、湖泊、蓄滞洪区和洪泛区等拦蓄、滞蓄。目前我国各大流域均需要配合蓄滞洪区运用才能防御超大洪水。

（2）蓄滞洪区是人与自然和谐发展的体现。蓄滞洪区历史上往往是调蓄洪水的天然场所，但是随着我国人口的增加与经济发展，人与水争地，大量的湖泊、洼地被围垦或开发，洪水调蓄能力急剧下降。尽管完全消除洪水是不可能的，但人类在开发利用土地时应当适当节制，给洪水以出路，主动而有计划地让出一定规模的土地，能够为洪水提供足够的蓄滞空间，避免发生影响全局的重大灾害，更能保障社会经济的可持续发展。由此可见，蓄滞洪区是人类在协调与水、与自然之间关系时保护自己的一种有效方式，也是人与自然和谐相处的体现。

（3）蓄滞洪区是区内居民赖以生存的家园。由于蓄滞洪区多处于河流中下游，部分蓄滞洪区启用概率低，且蓄滞洪区地势多较为平缓，有较为丰富的耕地资源，适合人类居住。长期以来，区内聚集了大量人口生活，也有不少乡镇和工业企业，部分蓄滞洪区内还有油田、煤炭等自然资源，建设有交通、通信等大量基础设施，是区内居民长期赖以生存和发展的家园。大多数蓄滞洪区都属于具有洪水风险的农村，是农业、农村、农民等“三农”问题的聚焦区，但鉴于我国人多地少的情况，区内居民完全迁出也难以实现，在今后相当长的一段时间内，蓄滞洪区仍是区内居民的安置方式之一，对区内土地的利用将直接决定当地的社会经济发展状况。因此，加强蓄滞洪区的建设和管理，妥善处理好蓄滞洪区洪水分蓄、居民生命安全保障以及社会经济发展的矛盾，实现蓄滞洪区分洪、安全与发展的协调发展，不仅是流域防洪建设的需要，也是新时期解决“三农”问题的重要举措，是建设“生产发展、生活宽裕、乡风文明、村落整洁、管理民主”的社会主义新农村、构建社会主义和谐社会的需要。

1.2.2.3 蓄滞洪区成功运用案例

尽管我国开展蓄滞洪区建设管理工作相对较晚，且目前仍存在一些问题，但是在我国众多蓄滞洪区中，也取得了一些相对比较成功的案例，如荆州分洪区、恩县洼蓄滞洪区等。

(1) 荆江分洪区的运用情况。荆江分洪区地处长江的荆江河段，位于湖北省公安县境内，面积 921.34km²，黄金口设计蓄洪水位 42.0m，设计蓄洪容量 54 亿 m³。历史上于 1954 年运用过一次，1998 年备用一次，有效处置了长江超额洪水，为确保荆江大堤、江汉平原和武汉市的安全，发挥了重要作用。

(2) 管理体制。在管理体制上，湖北荆江分洪区由湖北省荆江分洪区工程管理局管理，其业务主管部门为湖北省水利厅，省防办具体实施管理，行政关系隶属于湖北省荆州市。实行省—市—蓄滞洪区管理局—管理所的管理体制，为专门管理机构，负责荆江分洪区、涴市扩大区、虎西备蓄区、人民大垸分洪区的安全设施与日常管理工作，编制安全建设规划，负责安全工程的实施和管理，制定分洪区运用预案和组织区内的分洪转移。

(3) 社会经济发展状况。近年来，蓄滞洪区内社会经济不断发展，已成为湖北省重要的粮棉油和水产养殖基地，荆江分洪区已经成为公安县政治、经济、文化中心所在地；现有耕地面积 55.7 万亩，水产面积 10 余万亩。区内固定资产约为 90 亿元，国内生产总值 86.66 亿元，第一、第二、第三产业比值为 37.4∶60.2∶2.4。区内现有城镇人口 22.4 万人，城镇居民人均可支配收入 13363 元/a；农村人口 39.2 万人，农村居民人均纯收入 7846.75 元/a。全县超过一半的规模企业分布在分洪区内，其中包括 2 家上市企业和 4 家年产值过亿元的大型企业，荆州市江南新区、孱陵工业新区、青吉工业园区也位于分洪区内。2012 年是荆江分洪工程建成 60 周年，湖北省防汛抗旱指挥部召开了荆江分洪主体工程建成 60 周年座谈会，总结了荆江分洪区的经验和启示[35]，主要包括：

1) 治水必须先行。万里长江，险在荆江。新中国成立之初，为增强荆江洪患的可控性，1952 年 3 月，中央决定新建荆江分洪工程，1954 年特大洪水的抗御实践，充分证明了治水先行决策的正确性、前瞻性。

2) 设计必须求实。新中国成立之初，水利队伍残缺、专业技术能力不强、工程建设资料缺乏，加上荆江分洪工程建设时间紧，对设计勘测工作提出了很高的要求。正因为有这样一套优质方案，为工程建设提供了科学的施建蓝图。现在人才条件、设施条件、资料条件，都远远好于新中国成立之初，身为水利人，更应当充分利用现状的条件，从源头上保证水利工程的选址优化、标准适度、质量可靠。

3) 调度必须科学。1954 年，荆江河段 3 次出现洪峰，荆江大堤多处出现险情。在事关荆江大堤安全、减轻洞庭湖区洪水负担、保卫荆北平原和延缓武汉洪峰、减少洞庭湖灾情的危急时刻，必须把握规律、遵循规律，两害相权取其轻，两利相权取其重。经中央批准，先后于7月22日、7月29日、8月1日3次调度运用荆江分洪工程，蓄纳超额洪水122.6亿m^3，最大削峰率14.9%，有效降低沙市水位0.96m。这3次调度实践，充分体现了在大洪水压境、险情频现、危机四伏的关键节点上，荆江分洪工程削减洪峰的及时性、处置超额洪水的科学性。

4）坚持建管并重。坚持责任管理，对安置房、船舶、码头等专管工程加强维修养护，控制或消除安全隐患。坚持创新管理，积极探索以租赁制的形式，对部分分洪安置工程、船舶实行管理，保证国有资产良性运行，服务于分洪运用的需要。

5）优化运用预案。建立和完善逐年修订分洪运用预案的机制，随时掌握分洪区内人口、道路、桥梁、码头等方面的变化情况。将优化的分洪运用预案纳入数据库管理，务必保证分洪运用时，应对有据。

6）要力争双赢发展。荆江分洪工程南北两闸早在1997年就被国务院批准为国家级文物保护单位。公安县坐拥的"一河两宝"，要把握这个优势，把生态农业和水文化旅游结合起来，努力打造县域经济新的增长点。

1.2.2.4　蓄滞洪区存在的问题

蓄滞洪区不仅是具有防洪功能的蓄滞超额洪水的场所，也是区内人民群众赖以生存和发展的基地，分蓄洪水与区内发展都是蓄滞洪区的发展要求。随着我国人口的增加和社会经济的发展，蓄滞洪区的发展和开发出现了一些无序的现象，降低了蓄滞洪区调蓄洪水的能力，蓄滞洪区运用的难度加大，防洪安全与区内发展的矛盾日益突出。

（1）政策法规不健全，风险管理制度不完善。蓄滞洪区的特殊性，要求区域内的土地利用、人口管理、经济发展等风险管理工作都需要考虑其自身特点，建立与之相适应的管理制度和特定政策来进行调节。目前我国蓄滞洪区的法律法规政策体系还不是很完善，仍然缺乏对蓄滞洪区社会经济行为具有法律效力的具体规定和约束条文，蓄滞洪区所在地的各级政府和管理部门缺乏具体的配套法规和制度，部分现有政策起不到很好的调节各项经济社会活动的作用，也难以达到减少和规避洪水风险的目的。此外，对于蓄滞洪区受灾后如何解决善后的问题，长期缺失政策法规，致使受灾后区内人员生活难以维持，恢复原状困难，当地政府灾后重建工作负担严重。

（2）工程措施建设不到位、工程体系不完善。长期以来，我国对于蓄滞洪区的关注度不够，对其建设投入的资金有限，工程建设不到位，部分蓄滞洪区的堤防工程、进退洪控制设施等都不完善。全国大部分蓄滞洪区内已有围堤高度不够、行洪断面不足；有的蓄滞洪区围堤质量达不到要求，险情和安全隐患多，在遇大洪水高水位长时间浸泡的情况下，极易造成蓄滞洪区堤防的溃决；目前仍有许多蓄滞洪区未建设进退洪控制工程或口门，且大部分控制闸设备存在老化问题，启用不方便，一旦需要启用进行分洪，难以按照规划的要求适时适量启用，不仅会影响分洪的效果，甚至可能影响整个流域的防汛工作。

（3）安全建设严重不足，区内居民缺乏安全保障。蓄滞洪区内的安全设施建设滞后，数量上安全区、安全台、避水楼等设施远远不足，区内大部分居民处于无安全设施保护的状态，一旦出现大洪水启用蓄滞洪区，需要大量转移区内居民，影响社会稳定，也大幅增加了防汛工作的工作量；质量上部分安全设施由于建设时间早，存在建设标准偏低、质量损坏等问题，安置面积过小，往往仍需要人员转移或二次援助。除此之外，蓄滞洪区的通信、预警措施少，区内人员避难迁安路径缺乏规划，撤退道路和临时避难场所不足，这在一定程度上都会影响防洪决策的实施，甚至可能错过最佳分洪时机，从而造成更大的人员和财产损失。

（4）蓄滞洪区内产业结构单一，布局不合理。我国大部分蓄滞洪区划定于20世纪五六十年代，主要是为满足防洪要求设置的。自划定以来，对蓄滞洪区的定位缺乏适时调整，大部分蓄滞洪区只发挥了防洪功能，而忽视了当地的社会经济发展，更没有发挥蓄滞洪区改善区域生态和区域气候的功能。随着我国社会经济的发展和人口的增加，各大流域的防洪形势也出现了新的问题和变化，对于蓄滞洪区的地位和作用也需要进行实时的调整和改变。有些蓄滞洪区启用频率较低，而流域整体的防洪能力通过这些年的努力有了很大的提高，这样的蓄滞洪区如果仍然划定为蓄滞洪区不仅会浪费社会、政府的资源，也会制约当地经济和社会的发展，不管从流域角度还是地方角度都是不利的。另外，地区社会经济的发展对防洪工作也提出了更高的要求，二者存在辩证统一而又相互依存的关系，为确保重点区域的安全，需要重新开辟和设置一些新的蓄滞洪区。此外，我国大部分蓄滞洪区的产业结构比较单一，多数以第一产业为主，第二、第三产业对其GDP贡献比例低于全国平均水平。

（5）区域内社会经济发展缓慢。由于历史和我国国情的客观情况，尽管蓄滞洪区内居住着大量居民，但是受到分蓄洪水的影响，蓄滞洪区内的社会经济发展受到一定程度的限制，加上区内的发展多以第一产业为主，没有协调好与其他产业之间的关系，无序发展使得区内居民的生活水平不高，与周边地区相比，经济发展相对缓慢，特别是对启用频率较高的蓄滞洪区，居民的生活水平更低。

（6）区内管理机制不健全，管理水平低下。由于蓄滞洪区独特的防洪需求和经济社会状况，对蓄滞洪区的管理提出了更高的要求，其管理任务也和一般区域有差别，不仅要对防洪工程进行日常管理，还要对区内生产活动等进行管理。但是由于多年来对蓄滞洪区建设与管理不够重视，我国蓄滞洪区的社会管理工作较薄弱，缺乏完善的法律法规，管理制度不健全，缺乏强有力的管理政策，管理技术水平较低，而这直接导致了区内社会经济的无序发展和盲目开发，使得蓄滞洪区防洪功能的启用越来越困难。

（7）社会保障体系不完善。2000年国务院颁布了《蓄滞洪区运用补偿暂行办法》，其中对区内常住人口蓄滞洪损失给予了一定的补偿，但是对区内因洪水损坏的机关、医院、学校等基础设施没有相应的补偿规定。长期以来，蓄滞洪区只是单纯地发挥防洪作用，忽视了区内居民的生活生产活动，没有形成全面而系统的救助补偿机制和社会保障体系；洪水保险未推行或推行效果不佳，直接导致灾后重建地方政府财政承担压力大，居民生活难以摆脱贫困，不利于社会和谐和稳定。

（8）区内缺乏生态保护。我国很多蓄滞洪区都是天然湖泊、沼泽、湿地等构成的，但是由于长期以来蓄滞洪区单一的防洪功能，社会经济发展缓慢不说，由于区内的无序开发，加之蓄滞洪区缺乏法律法规的有力管理，对于天然生态的保护力度远远不够，没有充分发挥蓄滞洪区作为天然湿地改善区域气候和环境的功能。

1.2.2.5　蓄滞洪区问题的解决对策

依据蓄滞洪区的功能和现状需求，针对存在的问题，我国很多研究都提出了很好的解决办法和建设性的意见[29,36-46]。

（1）建立健全蓄滞洪区的法律法规。对于蓄滞洪区的立法工作，应以科学发展观为统领，以保障流域的防洪安全和蓄滞洪区内人民群众生命安全、促进蓄滞洪区社会经济协调发展为目的，按照全面推进依法治国，全面建成小康社会的要求，坚持以人为本，统筹考虑，突出重点，坚持法制统一，依法行政，分级负责，分类分区管理，合理补偿，由政府主导公众参与，规范蓄滞洪区的安全建设和经济社会发展。在立法形式上，地方先于中央。由于我国在法治管理方面还存在部分制度的位阶效力、可操作性都亟待加强、时效性差、制度缺失等问题，建立健全蓄滞洪区的管理体制不仅是区内管理的客观要求，也是社会管理的迫切需求，提倡建立《蓄滞洪区管理条例》，内容框架应广泛涉及区内安全设施的建设和维护、蓄滞洪区调度运用、人口控制和外迁、区内土地利用和产业发展等方面。

（2）进行风险分类规划，调整蓄滞洪区布局。尽管我国蓄滞洪区存在一些共性问题，但是对于规模大小不同、启用频率不同的蓄滞洪区使用完全一样的洪水管理政策也是不可取的，因而对蓄滞洪区的分类工作就显得十分重要。目前主要依据《全国蓄滞洪区建设与管理规划》中的分类，根据蓄滞洪区在防洪体系中的地位、作用、运用频率、调度权限，在防洪规划确定的蓄滞洪区运用标准、分洪量等指标基础上，进行风险分析，从而将全国蓄滞洪区分为三类：蓄滞洪区保留区、重要蓄滞洪区和一般蓄滞洪区。除此之外，将原先一些运用概率特别低、风险较低的蓄滞洪区不再划分为新的蓄滞洪区。蓄滞洪区的重新布局和分类规划能够最大程度上合理利用人力、物力和财力，从无秩序、无节制地与洪水争地转变为有序、可持续地利用水土资源。

（3）建立可靠而完备的防洪工程控制体系。按照国家防洪和流域防洪的整体要求，对于蓄滞洪区洪水管控，需要结合水资源利用和改善生态的要求，进行分蓄洪工程的建设，重点加强蓄滞洪区围堤、分区隔堤、进退洪设施等控制措施的加固工作，弥补缺少而又必要的进退洪工程、围堤等。对于不同运用概率的蓄滞洪区按照规范标准对工程措施进行新建、加固，对于运用概率较小的蓄滞洪保留区原则上可不再进行工程建设。

（4）建立高效的生命财产安全保障体系。建立生命财产安全保障体系，需要根据蓄滞洪区的分类和不同区域的洪水风险状况，结合当地实际的经济社会条件，因地制宜地分别采取区外安置、区内安置、临时避洪等安全措施，同时进行安全区、安全台、避水楼等安全设施建设，逐步将居住在高风险区的群众转移。加强蓄滞洪区洪水的预警预报、应急管理等设施的建设，制定各项应急管理预案。

（5）建立完善的风险管理体系。建立健全蓄滞洪区的风险管理体系是完善蓄滞洪区社会管理方面法律法规工作的一部分。对区内人口、土地、生产等经济发展活动进行分类和分区相结合的风险管理，规范区内各项社会经济活动与行为；正确评估蓄滞洪区的洪水灾害风险，并向社会公布，提高全民防范意识；加强土地开发利用管理，合理利用土地资源；加强区内人口管理，鼓励居民外迁，控制区内人口增长。通过相关控制措施对蓄滞洪区进行综合管理，同时结合专业管理，合理调度洪水，维护蓄滞洪区安全运行，建立相对完善的蓄滞洪区风险管理体系。

（6）根据蓄滞洪区特点调整产业结构。对蓄滞洪区进行分类分区之后，结合不同蓄滞洪区的特点，政府应研究确定与之相适应的经济发展模式，制定产业结构调整的相关政策，鼓励、引导当地群众外出务工，鼓励发展第二、第三产业，引导企业由洪水高风险区向低风险区或区外转移，确保区内整体产业布局更加合理。

参 考 文 献

[1] R 特伯. 欧洲洪水管理 [J]. 水利水电快报，2012，33 (1)：31-34.

[2] 向飞，洪文婷. 中国洪水灾害风险管理体制创新研究（兼论英美洪水灾害风险管理的发展、困境及启示）[J]. 保险职业学院学报，2011，25 (5)：89-96.

[3] R Jeyaseelan，M K Sharma，S K Agrawal. 洪水管理、风险评估和洪泛区区划 [J]. 中国水利，2005 (20)：52-54.

[4] 程晓陶. 关于洪水管理基本理念的探讨 [J]. 中国水利水电科学研究院学报，2004，2 (1)：36-43.

[5] 中国洪水管理战略研究项目组. 中国洪水管理战略框架和行动计划 [J]. 中国水利，2006 (2) 3：17-23.

[6] 程晓陶. 2002 年 8 月欧洲特大洪水概述——兼议我国水灾应急管理体制的完善 [J]. 中国水利水电科学研究院学报，2003，1 (4)：247-254.

[7] 程晓陶. 新时期大规模的治水活动迫切需要科学理论的指导（论有中国特色的洪水风险管理）[J]. 水利发展研究，2001 (4)：1-6.

[8] 洪文婷. 洪水灾害风险管理制度研究 [D]. 武汉：武汉大学，2012：11-14.

[9] 万洪涛，程晓陶，胡昌伟. 基于 WebGIS 的流域级洪水管理系统集成与应用 [J]. 地球信息科学学报，2009，11 (3)：363-369.

[10] 向立云. 洪水管理的基本原理 [J]. 水利发展研究，2007 (7)：19-23.

[11] 向立云. 洪水管理的约束分析 [J]. 水利发展研究，2004 (6)：22-26.

[12] 向立云. 洪水资源化：概念、途径与策略 [J]. 中国三峡，2013 (5)：18-23.

[13] 王章立（摘译）. 美国洪泛区管理 [J]. 中国水利，1995 (6)：52.

[14] 王洪. 松辽流域防洪调度系统技术研究与应用 [D]. 大连：大连理工大学，2016：3-4.

[15] 王洪. 防洪决策支持系统调度体系自动构建技术研究 [J]. 水电能源科学，2017，35 (1)：57-63.

[16] 张海斌. 防汛决策分析、评价及案例研究 [D]. 长沙：国防科技大学，2004：2-5.

[17] 洪小康．流域洪水管理理论及方法研究［D］．西安：西安理工大学，2003：4-6．
[18] 杨太萌．基于大数据的城市防洪决策支持系统研究［D］．杭州：浙江大学，2016．
[19] 李志平．数字流域技术在松花江流域洪水管理中的应用［J］．中国防汛抗旱，2010（3）：47-52．
[20] 顾晓蓉．大黄堡蓄滞洪区风险管理系统设计［D］．天津：天津大学．2010：62．
[21] 张景．汾河流域下游防洪能力分析与对策研究［D］．太原：太原理工大学，2016：12-21．
[22] 王凤．鄱阳湖区洪水灾害与综合管理研究［D］．南昌：江西师范大学，2006：1-5，37
[23] 陈建，贾蕾，邹战洪，等．黄河下游滩区分滞洪对河段的防洪作用［J］．武汉大学学报（工学版），2014，47（1）：8-11．
[24] 中华人民共和国水利部．全国蓄滞洪区建设与管理规划［R］．北京：水利部，2009．
[25] 王章立．浅谈蓄滞洪区在防洪减灾中的作用［J］．水利管理技术，1998，18（4）：13-15．
[26] 连金海．"98"松嫩大水后的反思与风险管理对策［J］．中国水利，2006（17）：25-26．
[27] 赵伟民．1998年嫩江、松花江干流特大洪水的启示［J］．湖北水力发电，2000（1）：22-24．
[28] 王晓妮，侯琳，尹熊锐．蓄泄兼筹防用结合提高松辽流域防洪减灾能力［J］．东北水利水电，2013（7）：28-31．
[29] 郎劢贤，刘小勇，刘定湘，等．蓄滞洪区管理问题与对策初探——以荆江分洪区与瓦埠湖蓄洪区为例［J］．农业与生态环境，2015（31）：107-108．
[30] 王艳艳，向立云．《全国蓄滞洪区建设与管理规划》解读［J］．水利规划与设计，2013（6）：6-8，38．
[31] 孟熊，傅臻炜，廖小红．洞庭湖蓄滞洪区风险评价［J］．湖南水利水电，2013（1）：39-41．
[32] 马治人．国内外蓄滞洪区现状与特点［J］．黑龙江水利科技，2006，6（34）：90-91．
[33] 陈爱萍，徐静．国内蓄滞洪区研究文献综述［J］．中国科技信息，2009（2）2：22-23．
[34] 王翔，罗小青．蓄滞洪区建设思路与对策探讨［J］．中国水利，2008（1）：54-56．
[35] 孙又欣．湖北省荆江分洪工程建设60周年启示［J］．中国防汛抗旱，2012（5）：52-54．
[36] 邓命华，段炼中，黄昌林．洞庭湖蓄滞洪区建设管理问题与对策研究［J］．中国农村水利水电，2009（11）：40-42．
[37] 屈伟，李迎春．海河流域蓄滞洪区安全建设与管理［J］．河南水利与南水北调，2011（14）：47-49．
[38] 申继先．河南省海河流域蓄滞洪区有关问题的探讨［J］．中国新技术新产品，2013（2）：167-168．
[39] 罗小青．淮河流域蓄滞洪区调度与运用初探［J］．中国水利，2006（23）：33-35．
[40] 索晓波，樊红霞．基于珠江蓄滞洪区建设与管理规划［J］．黑龙江水利科技，2008，36（6）：5-7．
[41] 徐军，李庆安．黄河东平湖蓄滞洪区近期治理方案研究［J］．黄河水利职业技术学院学报，2016，28（4）：24-26．
[42] 荣海北，刘立品，钱宽，等．江苏泗阳县洪泽湖蓄滞洪区运行存在问题及对策［J］．中国防汛抗旱，2014，24（3）：66-68．
[43] 张岳松，胡昆．天津市蓄滞洪区安全建设和管理存在问题及建议［J］．海河水利，2006（12）：24-26．
[44] 韩智娟．湛江蓄滞洪区建设与管理初探［J］．广东水利水电，2016（10）：59-61．
[45] 郎劢贤，刘定湘，王贵作，等．蓄滞洪区管理立法总体思路初探［J］．科技创新导报，2015（32）：186-187．
[46] 刘定湘，刘小勇，郎劢贤．加快制定"蓄滞洪区管理条例"的认识与思考［J］．水利发展研究，2015（9）：11-14．

第 2 章　胖头泡蓄滞洪区的规划建设

2.1　流域自然概况

2.1.1　地理地貌概况

2.1.1.1　地理位置

松花江流域位于我国东北地区北部，是我国七大江河之一，有南北两源，北源嫩江发源于大兴安岭伊勒呼里山，南源第二松花江（以下简称二松）发源于长白山天池，两江在三岔河汇合后称松花江干流（以下简称松干），向东北流经黑龙江省肇源、哈尔滨、木兰、通河、依兰、佳木斯、桦川、富锦、同江等市县，至同江市汇入黑龙江。松花江流域地理坐标为北纬 41°42′～51°38′，东经 119°52′～132°31′，流域东西宽 920km，南北长 1070km，跨内蒙古、黑龙江、吉林和辽宁四省（自治区），流域总面积 56.12 万 km^2，其中嫩江 29.85 万 km^2，二松 7.34 万 km^2，松干 18.93 万 km^2。从行政区划来看，吉林省 13.17 万 km^2，黑龙江省 27.04 万 km^2，辽宁省 0.05 万 km^2，内蒙古自治区 15.86 万 km^2。

松花江流域西北部以大兴安岭与额尔古纳河（黑龙江南源）分界，北部以小兴安岭与黑龙江为界，东南部以张广才岭、老爷岭、完达山脉与乌苏里江、绥芬河、图们江和鸭绿江等流域为界，西南部为松花江和辽河的分水岭。胖头泡蓄滞洪区位于松花江干流的上游左岸，行政区划属黑龙江省大庆市肇源县。

2.1.1.2　地形地貌

松花江流域三面环山，西部和北部为大兴安岭和小兴安岭，东部与东南部为完达山脉、老爷岭、张广才岭和长白山脉。流域西部和东部有著名的松嫩平原和三江平原，在嫩江下游两岸、二松下游右岸和松干下游，有大片湿地和闭流区。流域内山区面积占流域总面积的 61%，丘陵区面积占 15%，平原面积占 23.9%，其他占 1.0%。

嫩江流域地形总体上呈北高南低趋势，在黑龙江省嫩江县以上属山区，山高林密，植被良好，森林覆盖度高；嫩江县至内蒙古莫力达瓦旗之间，地势逐渐由山区过渡到丘陵地带；以下逐渐进入平原区，向南直到松花江干流为广阔的松嫩平原区，是防洪重点地区。嫩江下游区域地势低平，有乌裕尔河、双阳河、霍林河等内陆无尾河汇集，形成大片湿地和湖泡，月亮泡和胖头泡蓄滞洪区均位于此区域。

第二松花江地形总体趋势为东南高、西北低，形成一个长条形倾斜面，东南部为高山区和半山区，植被良好，森林覆盖面积大；在吉林省桦甸县以下进入山区和平原区过渡地带，其中辉发河和拉法河为较为广阔的河谷平原；河流过京哈铁路以下为平原区，是二松的主要农业区，为防洪重点区域。

松花江干流哈尔滨市以上为松嫩平原的组成部分，是防洪重点区段；哈尔滨市至佳木斯市江段两岸地势为丘陵和河谷平原相间；佳木斯市以下进入平原区，为三江平原的组成部分。

2.1.2　气候条件

松花江流域地处中温带大陆性季风气候区，大陆性气候特点十分明显，冬季严寒漫长，春季干燥多风，夏秋炎热多雨，秋季降温急剧[1-2]。流域内温差较大，多年平均气温变化为－3～5℃，西南部平均气温较高，大兴安岭较低。年内 7 月最热，平均气温达20～25℃，极端最高气温为 45℃（抚松站）；1 月最冷，平均气温在－20℃以下，极端最低气温－47.3℃（嫩江站）。冻土深 1.5～2.5m，最深可达 4m。

流域内多年平均降水量为 400～900mm，一般地区在 500mm 左右[3]。降水量的总体变化趋势为由东南向西北递减，山丘区大，平原区小，二松及拉林河降水量最多，可达 900mm，松嫩平原较少，为 400mm 左右。本流域属于季风降雨地区，降雨多集中在夏季，年内分配不均，汛期 6—9 月降雨量占年降水量的 60%～80%，其中 7 月、8 月两月降水量占年降水量的 50%以上，冬季 12 月至次年 2 月降水量仅为全年的 5%左右；流域降水在多年之间有明显的丰、枯交替变化特点，据统计，60～80 年为大周期，20 年左右为一个小周期，年最大与年最小年降水量之比在 3 倍左右，连续数年多雨和连续数年少雨的情况时有出现，使本流域成为洪灾、涝灾、旱灾多发地区。

流域内多年平均水面蒸发量一般 500～850mm，地理分布是自西南向东北递减，山区低于平原。蒸发量的高值区为松嫩平原，年值达 1200mm。

流域地面环流季节性明显，冬季盛行偏西或偏北气流，夏季盛行偏南及东南气流，间或也有东北及偏东气流，年平均风速以松嫩平原最大，可达 4m/s 以上，最大风速达 40m/s，山区较小，为 2～3m/s；年内各月风速以春季最大，其中又以 4 月、5 月风速最大。

流域内年相对湿度变化在 70%左右，山区较大，可达 75%，西南地区较小，在 65%左右。相对湿度年内的变化是春季 3—5 月最小，为 40%～70%，其中 4 月最低，可降到 60%以下，夏季 7—8 月最大，可达 80%以上，其余各月相对湿度变化 60%～75%。

2.1.3　流域水系分布

松花江流域水系发育，支流众多，流域面积大于 1000km^2 的河流有 86 条，大于 10000km^2 的河流有 16 条。河流上游区分别受大兴安岭和长白山山地的控制和影响，水系发育呈树枝状的河网，各支流河道长度较短；在中下游的丘陵和平原区内，河流较弯曲，且长度较长。

嫩江干流河道全长1370km，两岸的支流较多，水系呈不对称扇形分布，右岸支流较多，左岸水系不发育，左右岸支流均发源于大、小兴安岭各支脉，且顺着大、小兴安岭的坡面形成东北至西南或西北至东南向汇入干流。流域面积大于或等于50km^{2}的河流有229条，其中流域面积50～300km^{2}的河流有181条，300～1000km^{2}的有32条，1000～10000km^{2}的有20条，10000km^{2}以上的有8条。嫩江右岸从上至下较大支流有那都里河、多布库尔河、甘河、诺敏河、阿伦河、音河、雅鲁河、绰尔河、洮儿河、霍林河等；左岸从上至下主要支流为门鲁河、科洛河、讷谟尔河、乌裕尔河等。面积大于10000km^{2}支流包括右岸的甘河、诺敏河、雅鲁河、绰尔河、洮儿河、霍林河和左岸的讷谟尔河、乌裕尔河。

第二松花江干流全长958km，江道随地形走向由东南流向西北。干流两岸水系呈不对称扇形分布，左岸支流较多，右岸支流较少。右岸从上至下汇入的较大支流有五道白河、古洞河和蛟河；左岸从上至下汇入的主要支流为头道松花江、辉发河、温德河、鳌龙河、沐石河和饮马河。流域面积大于10000km^{2}以上河流有2条，分别为辉发河和饮马河。

松花江干流全长939km，流向总体上为由西向东北，基本上属于平原型宽浅河流。干流两岸河网较发育，支流众多，集水面积大于或等于50km^{2}的河流有794条，其中50～300km^{2}的河流有646条，300～1000km^{2}的有104条，1000～10000km^{2}的有37条，10000km^{2}以上的有6条。松干右岸从上至下汇入的较大支流依次为拉林河、阿什河、蚂蚁河、牡丹江和倭肯河等；左岸从上至下汇入的主要支流有呼兰河、木兰达河、岔林河、巴兰河、汤旺河、梧桐河、都鲁河和蜿蜒河等。集水面积大于10000km^{2}支流包括右岸的拉林河、蚂蚁河、牡丹江、倭肯河和左岸的呼兰河、汤旺河。

2.1.4 泥沙与冰情

松花江流域内河流每年10月下旬至11月上旬封冻，第二年4月上中旬解冻，冰厚1.0～1.5m，封冻天数140～150d；封冻期流冰天数一般为13d，开江期为7d[4-5]。流域内无霜期100～150d，南部地区稍长；全年日照时数2400～2800h。嫩江干流江桥水文站多年平均封冻天数为151d，多年平均封冻日期为11月10日，最早封冻日期为10月29日；多年平均开河日期为4月19日，最晚开河日期为4月9日。多年平均最大冰厚1.10m。最大冰块尺寸为650m×300m，多年平均最大冰块尺寸为490m×180m。哈尔滨站多年平均封冻日期为11月24日，最早封冻日期为11月8日；多年平均开河日期为4月9日，最晚开河日期为4月16日，多年平均封冻天数为135d，多年平均流冰天数15d，多年平均畅流期天数208d。多年平均年最大冰厚为0.92m。哈尔滨站最大冰块尺寸为650m×300m，多年平均最大冰块尺寸为490m×180m。

从嫩江干流大赉水文站的实测资料来看[6-8]，年平均输沙率为58.1kg/s，年平均输沙量为 183.2×10^4t，年平均含沙量为 0.085kg/m^3，最小含沙量为 0.029kg/m^3。松花江干流哈尔滨水文站的多年平均悬移质输沙量为 678×10^4t，多年平均悬移质含沙量为 0.187kg/m^3，年侵蚀模数为 19.1t/km^2。悬移质输沙量的年内分配与水量的年内分配基本一致，一般集中在汛期，尤其是 7 月、8 月，且沙量比水量更为集中，哈尔滨站汛期输沙量占年输沙量的 70%。

2.2 流域防洪现状与调度

2.2.1 洪水特性

2.2.1.1 暴雨特性

暴雨是形成松花江流域洪水的主要因素，暴雨成因有冷锋、气旋、蒙古低压、贝加尔湖低压、台风等天气系统。暴雨大致可分为三个区[9]：

第一区位于松花江流域的东南部，包括二松、拉林河、牡丹江等松干以南一些支流流域，大部分为山区，地理位置偏南，主要受华北气旋、江淮气旋及台风影响，水汽来源充沛，且大部分地带在迎风坡，有较好的地形抬升条件，因此，暴雨次数较多，笼罩范围广，雨量大而集中。一次天气过程的降雨历时约 3d，暴雨主要集中在 24h 内，如 1953 年、1956 年、1957 年、1960 年，最大 1 日雨量占最大 3 日雨量的 55%～94%。

第二区为嫩江流域，嫩江汛期多受北来系统影响，如蒙古低压、贝加尔湖低压、冷涡等系统。这些系统降雨特点是连续降雨，雨强不大，但持续时间长、覆盖范围广，也能造成大洪水或特大洪水，如 1998 年嫩江及松干特大洪水。

第三区为小兴安岭的东南坡和松干北岸的一些河流，如呼兰河、汤旺河等，该区主要受南来和北来的天气系统以及本地区地形条件影响产生降雨，由于地处西风带的背风坡，西南来的气流难以形成大暴雨，因此，暴雨笼罩范围小、强度不大。

2.2.1.2 洪水特性

松花江流域洪水分为春汛和夏汛，春汛洪水一般发生在 4—5 月，由融雪融冰形成，量级较小，一般不会形成洪水灾害；夏汛洪水主要由暴雨产生，多发生在 7—9 月，尤以 8 月洪水最多，约占 40%。松花江流域大洪水多由连续几场暴雨洪水叠加形成[10-11]。松花江流域洪水特性如下：

(1) 洪水发生时间。松花江流域的洪水多发生在 7—9 月，少数发生在 5 月、6 月或 10 月，其中嫩江流域洪水发生在 7—9 月的次数占整个系列的 84.8%；二松洪水发生在 7—8 月的次数占 80%；松干洪水发生在 7—9 月的次数占 83.7%。

(2) 洪水发生频率及历时。根据实测资料分析，嫩江各支流洪峰年内发生次数较少，一般为 1～2 次；第二松花江暴雨出现次数较多，洪峰年内可出现 2～3 次，个别年份可出现 4～5 次；其他支流如牡丹江、拉林河等年内也可出现 2～3 次洪峰。受河槽调蓄影响，嫩干、松干洪水多为单峰型洪水，洪水过程比较平缓。松干下游佳木斯水文站由于受牡丹江、汤旺河影响，往往出现双峰型洪水。松花江流域一次洪水历时，较大支流一般为20～30d，二松和嫩江为40～60d，松干可达90d左右。

（3）洪水传播时间。从嫩江库漠屯站到松干佳木斯站洪水平均传播时间为29d，其中嫩江17d，松干12d。从丰满到下岱吉洪水的传播时间为11d。

（4）洪水构成。松花江流域的一次洪水过程主要集中在30d内，嫩江和二松洪水比松干洪水集中，嫩江15d洪量占30d洪量的50.8%～71.4%，二松15d洪量占30d洪量的52.9%～76.4%，松干30d洪量占60d洪量的51.7%～71.6%。

2.2.2 防洪工程现状

2.2.2.1 堤防工程

根据2008年国务院批复的《松花江流域防洪规划》，松花江流域现状堤防总长约14000km，干流和主要支流堤防长8050km，其中干流堤防（含支流回水堤）2901km（嫩江827km，二松685km，松干1389km），主要城市堤防661km，主要支流堤防4488km。嫩江干流堤防现状防洪标准为5～15年一遇（河道安全泄量3420～8300m^3/s）；二松干流丰满水库以下为20～50年（白山、丰满水库与堤防共同承担，河道安全泄量达到3500m^3/s）；松干5～15年一遇（河道安全泄量9600～14400m^3/s）。[12-15]

2.2.2.2 水库工程

松花江流域已建成大中小型水库1650座，总库容366.71亿m^3，其中白山、丰满等大型水库30座，总库容328.17亿m^3，主要大型水库的防洪特性见表2.2-1。此外，大庆地区已建成王花泡、北二十里泡、中内泡、库里泡、黑鱼泡、老江身泡等防御内洪的滞洪区6个，总面积505.2km^2，蓄洪量7.41亿m^3。

（1）尼尔基水利枢纽。尼尔基水利枢纽位于嫩江干流上游，距齐齐哈尔市130km，是嫩江干流防洪控制性骨干工程，坝址集水面积6.64万km^2，占嫩江流域面积22.4%，坝址多年平均径流量104.7亿m^3，占嫩江多年平均径流量的45.7%；具有防洪、供水、灌溉、发电、航运及水资源保护等综合利用效益；正常蓄水位为216.00m，设计洪水位为218.15m，校核洪水位为219.90m，死水位为195.00m，防洪高水位为218.15m，汛期限制水位为213.37m，总库容为86.11亿m^3，兴利库容为59.68亿m^3，防洪库容为23.68亿m^3。

（2）丰满水库。丰满水库位于二松干流上游，白山水库以下，距吉林市24km，水库控制面积为4.25万km^2，占二松流域面积58%；是一座以发电、防洪为主的大型水利枢纽，正常蓄水位为263.50m，校核洪水位为266.5m，死水位为242.00m，汛期限制水位为260.50m，总库容为109.88亿m^3，兴利库容为61.66亿m^3。

（3）白山水库。白山水库位于吉林省桦甸市白山镇附近的二松上游峡谷中，水库控制流域面积为1.9万km^2，约占二松流域面积的26%，占丰满坝址上游流域面积的45%，水库正常蓄水位为413.0m，死水位为380.0m，汛限水位为413.0m，相应库容为49.67亿m^3，总库容为62.55亿m^3。

表 2.2-1　松花江流域大型水库防洪特性汇总表

序号	水系	河流	水库名称	集水面积/km²	主要任务	总库容/亿 m³	防洪或调洪库容/亿 m³
1	嫩江	嫩干	尼尔基	66392	防洪、供水	86.1	23.68
2		嫩干	南引	5300	防洪、灌溉	4.05	
3		黄蒿沟	太平湖	683	防洪、灌溉	1.56	0.69
4		音河	音河	1660	防洪、灌溉	2.56	0.4
5		洮儿河	察尔森	7780	防洪、灌溉	12.53	4.16
6		洮儿河	月亮泡	33100	防洪、灌溉	11.99	7.15
7		额木太河	向海	1395	生态、供水	2.35	0.78
8		讷谟尔河	山口	3745	灌溉、防洪	9.95	2.7
9	二松	二松干流	白山	19000	防洪、发电	59.1	4.5
10		二松干流	丰满	42500	防洪、发电	109.88	24.93
11		杨树河	海龙	548	防洪、灌溉	3.16	1.69
12		饮马河	石头口门	4944	防洪、供水	12.77	5.62
13		岔路河	星星哨	845	防洪、灌溉	2.65	2.03
14		伊通河	新立城	1970	防洪、灌溉	5.92	1.06
15		翁克河	太平池	1706	防洪、灌溉	1.75	1.17
16		松江河	两江	2970	发电	2.105	0.47
17		松江河	小山	905	发电	1.07	0.1
18		松江河	松山	1302	发电	1.33	0.09
19		二松干流	红石	20300	发电	2.41	1.34
20	松干	拉林河	龙凤山	1740	防洪、灌溉	2.77	1.1
21		拉林河	磨盘山	1151	供水、防洪	5.23	0.33
22		卡岔河	亮甲山	618	防洪、灌溉	1.93	1.55
23		扎音河	东方红	500	防洪、灌溉	2.13	
24		泥河	泥河	1500	防洪、灌溉	1.13	0.09
25		牡丹江	镜泊湖	11800	发电、灌溉	18.24	
26		牡丹江	莲花	30200	发电、灌溉	41.8	
27		蛤蟆河	桦树川	505	防洪、灌溉	1.316	
28		倭肯河	桃山	2043	防洪、供水	6.52	1.86
29		汤旺河	西山	1613	供水、防洪	1.47	0.43
30		八虎力河	向阳山	900	防洪、灌溉	1.57	0.68
31		北引分干	红旗泡	40	供水	1.1	
32		北引干渠	大庆	60	供水	1.03	
33	内流河	乌裕尔河	东升		防洪、灌溉	1.5	0.38
合计						420.97	

2.2.2.3 哈尔滨市防洪工程

哈尔滨市堤防由江南、江中、江北堤防及呼兰堤防、阿城堤防五大部分组成，堤防总长度为 265.147km，其中城堤为 134.91km，郊堤为 123.295km，自围堤为 6.942km[16]。

江南由太平庄、新农、新发、群力、顾乡、道里、道外、港河口横堤、马家沟回水堤、东大坝、化工堤、东风民主堤、巨源堤组成；堤防总长为 95.50km，其中主城区堤防已达 50 年一遇防洪标准，其余堤防标准为 20～30 年一遇。

江中由一水源围堤、二水源围堤、太阳岛围堤、上坞围堤、月亮湾围堤、船厂自围堤、水泥厂自围堤、新仁灌溉站自围堤组成，总长为 19.059km，其中一二水源、船厂自围堤为 50 年一遇标准，其余堤防为 10～20 年一遇。

江北由万宝堤、前进堤改线段、前进堤扩建段、松浦堤、松浦堤改线段、东方红堤、三家子堤（新）、呼兰河右堤（新）、肇兰新河右堤组成，总长为 78.626km。现有防洪标准前进堤改线段、松浦堤改线段及新建的三家子堤（新）、呼兰河右堤（新）防洪标准为 50 年一遇外，其余仅达 10～20 年一遇防洪标准。

呼兰堤防主要由呼兰区富强民堤、城防堤、永兴堤、腰堡方台堤、孟家堤、泥河回水堤组成，总长度为 56.155km。除城防堤、永兴堤、腰堡方台堤为 20 年一遇外，其余堤段均为 5～10 年一遇防洪标准。

阿城堤防由阿什河城区左岸堤防、右岸堤防、右岸民合灌区引堤，马家沟河（阿城区内）堤防组成，总长度 15.807km。堤防防洪标准为 20～50 年一遇。

2.2.3 流域防洪规划布局

2.2.3.1 松花江干流防洪体系

根据国办发〔2000〕31 号文《关于加强嫩江松花江近期防洪建设的若干意见》《松花江流域防洪规划》和《松花江流域水利综合规划》，松花江干流防洪体系由干流堤防和尼尔基、丰满、白山水库等干流控制性水利枢纽工程以及胖头泡和月亮泡等流域性蓄滞洪区构成。

松干主要防洪保护区为哈尔滨、佳木斯市和松嫩平原、三江平原的广大农田。松花江流域防洪规划核定哈尔滨市防洪标准为 200 年一遇，相应设计洪峰流量为 22000m^3/s。松干没有修建水库的条件，支流水库对松干防洪保护区的防洪作用十分有限，因此，在哈尔滨以上地区辟建蓄滞洪区，配合堤防、水库等工程，承担哈尔滨等重点城市和重点地区的防洪任务，提高松干的防洪能力，是十分必要的。承担松干防洪任务的骨干工程包括干流堤防、胖头泡和月亮泡蓄滞洪区以及丰满、白山和尼尔基水库[17]。

2.2.3.2 主要防洪工程的联合运用[18]

哈尔滨市是松干最重要的防洪保护区，主要工程对哈尔滨市的防洪作用见表 2.2－2。从表 2.2－2 中可以看出，白山、丰满、尼尔基水库和月亮泡、胖头泡蓄滞洪区最大可以承担哈尔滨100年一遇（考虑丰满、白山水库调节作用）至200年一遇的防洪任务，哈尔滨市区河道工程（包括加高加固堤防、哈黑公路桥、滨洲、滨北铁路桥扩孔改建结合北岔河道疏浚、河道滩岛整治）则必须承担100年一遇的任务，河道设计洪峰流量17900m³/s。

表2.2-2　　水库蓄滞洪区联合运用对哈尔滨防洪作用的影响

工程名称	各洪水调节工程削减洪峰/(m³/s)				
	56年型	57年型	60年型	69年型	98年型
白山、丰满水库	1158	1616	2289	811	220
尼尔基水库	61	—	—	1076	1024
月亮泡蓄滞洪区	885	375	341	661	387
胖头泡蓄滞洪区	3621	2317	1916	1801	2168
哈尔滨组合洪峰流量（水库、蓄滞洪区调节后）	17932	17886	17965	17926	17893
哈尔滨天然洪峰流量（P=0.5%）	22000				

2.2.3.3 主要防洪工程的调度原则

（1）尼尔基水库。尼尔基水库建成后齐齐哈尔市齐富堤防的防洪标准由50年一遇提高到100年一遇，齐齐哈尔以上两岸地区的防洪标准由20年一遇提高到50年一遇，齐齐哈尔市以下嫩江干流各河段防洪标准由35年一遇提高到50年一遇。尼尔基水库洪水调度采用补偿调节方式，调度原则为水库放流与区间洪水组合流量不大于下游河道控制断面的安全泄量，当下游河道控制断面洪水不大于50年一遇时，水库控制放流与区间洪水组合，控制断面齐齐哈尔市洪峰流量不大于8850m³/s（20年一遇），大赉站洪峰流量不大于12900m³/s（35年一遇）；当洪水超过50年一遇但不大于100年一遇时，齐齐哈尔市洪峰流量不大于12000m³/s（50年一遇）。

（2）白山及丰满水库。白山水库承担着为丰满入库洪水错峰的任务，与丰满水库联合调度使丰满水库100年一遇洪水下泄流量减少500～1000m³/s。白山、丰满水库是松花江流域防洪工程体系的重要组成部分。当丰满水库发生50年一遇洪水时，丰满水库最大泄流量不超过4000m³/s，发生100年一遇洪水时最大泄流量不超过5500m³/s，相应松花江村水文站50年一遇洪水组合洪峰流量5500m³/s，扶余站50年一遇洪水组合洪峰流量6000m³/s，松原市100年一遇洪水组合洪峰流量7500m³/s。堤库结合的防洪工程体系可使第二松花江丰满水库以下河道防洪标准达到50年一遇，松原市防洪标准达到100年一遇。

（3）蓄滞洪区调度方案。当预报哈尔滨水文站洪峰流量超过堤防安全泄量17900m³/s，而且水位继续上涨时，按照先月亮泡后胖头泡的顺序启用蓄滞洪区分洪。

2.3　胖头泡蓄滞洪区现状

2.3.1　自然资源

2.3.1.1　滞洪区

胖头泡蓄滞洪区安全建设项目位于嫩江左岸，大庆市的肇源县、大同区、杜蒙县范围内，大部分位于肇源县境内。肇源县位于黑龙江省西南部、松嫩两江左岸，隶属于大庆市；辖区面积为4073km^2，人口为45万人，民族有21个，辖16个乡镇，6个农林牧渔场，地理坐标为东经123°47′～125°45′，北纬45°23′～45°59′。西北与杜尔伯特蒙古族自治县和大庆市毗邻，北与肇州县相接，东与肇东市接壤。西南以松、嫩两江主航道为界与吉林省镇赉县、大安县、前郭尔罗斯蒙古族自治县、扶余市和哈尔滨市的双城区隔江相望。

肇源县自然条件得天独厚，水土资源丰富，有耕地180万亩、草原173万亩、水面103万亩。野生动植物繁多，有狐、貉、鹿等野生动物达200多种，草本植物1800多种，有蒲公英、地丁、车前子、防风、玉竹等野生药材百余种。肇源县可养鱼水面已发展到59.5万亩，水产品总量实现2.62万t，名优鱼养殖面积达到27万亩，河蟹养殖面积5000亩。现在鱼类品种达6目11科39种。地下蕴藏着大量石油、天然气等矿产资源，目前已探明油气总储量达7亿t。地上有盐碱和建筑工程砂、黄黏土、火硝等，火硝产量、质量闻名全省，建筑砂石储量丰富。

2.3.1.2　防洪保护区

哈尔滨市位于黑龙江省南部，东经125°42′～130°10′、北纬44°04′～46°40′。哈尔滨地处东北亚中心位置，被誉为欧亚大陆桥的明珠，是第一条欧亚大陆桥和空中走廊的重要枢纽。哈尔滨市辖9个区，分别为道里区、道外区、南岗区、香坊区、松北区、平房区、呼兰区、阿城区、双城区。

哈尔滨地域广阔，土地肥沃，雨水充沛，空气清爽，是中国重要的商品粮生产基地，是发展食品加工业和农业经济的理想地点。这片广阔的黑土地堪称中国最肥沃的土壤，适合种植各种食用和纺织用农作物。大豆、马铃薯、亚麻、甜菜等农产品产量居全国之首；貂皮、猪鬃、马尾、黑木耳、猴头蘑、黑加仑、蕨菜、蜂王浆、椴树蜜等土特产品驰名中外；药用植物防风、甘草、刺五加、人参、黄芪等名贵药材的质量属全国上乘；哈尔滨的东部和北部生长着红松、白松、水曲柳、黄檗等珍贵树种。全市共有自然保护区12个，其中省级自然保护区4个，自然保护区面积11.94万hm^2。列入国家一二类重点保护的野生动物50种，国家一二级重点保护植物7种。全市已发现的矿种为63种，已探明资源储量的矿种共计25种，其中，能源矿产1种，金属矿产10种，非金属矿产14种。

2.3.2　社会经济现状

2.3.2.1　肇源县

肇源县被誉为松嫩平原腹地集粮牧渔油于一体的“塞北江南”“鱼米之乡”，是全国商品粮基地县、全省产粮大县、全省牧业大县、全省渔业大县和全省绿色食品基地县。肇源县2012年有工业企业78家。培育壮大了畜禽、绿色食品、服装加工和石油石化四个工业企业群，构筑并形成了以食品工业为骨干、油化工业为支撑、轻工和制造业为补充的工业经济格局。规划建设了松花江工业园区、新站民营经济区、港桥经济区三个工业园区。肇源县大力发展第三产业，推进湿地公园及景区的开发建设速度。提升沈铁内陆港运力，推进餐饮业建设速度，开拓俄罗斯市场，发展对外贸易，"肇源制造"产品，番茄酱、葵花仁、草原兴发肉食品、古龙贡米和北大荒精制米远销欧盟、中东、俄罗斯及东欧和东南亚等30多个国家和地区，对俄及东欧出口贸易发展前景广阔。据黑龙江省国民经济统计年鉴，2012年区内肇源县国内生产总值达到123.57亿元，其中第一产业44.84亿元，第二产业52.56亿元，第三产业26.16亿元。人均国内生产总值2.61万元，农民人均纯收入9228元。

2.3.2.2 蓄滞洪区

蓄滞洪区内涉及肇源县10个乡镇、70个村（含8个独立单位）、210个自然屯，2012年总户数为5.31万户，总人口为17.13万人。胖头泡蓄滞洪区范围内以农业为主，现有耕地123.33万亩（含大同区3.27万亩，杜蒙县3.18万亩），林地24.23万亩（含大同区0.29万亩，杜蒙县0.11万亩），草地73.07万亩（含大同区5.34万亩，杜蒙县0.76万亩），水面44.53万亩（含杜蒙县和大同区16.41万亩）。区内有房屋18.37万间，总面积771.55万m^2，其中附属房屋185.21万m^2。区内有公安局（所）、邮政局（所）、卫生院等机关事业单位195个；有餐饮业、旅店、干洗店、美发店、农机站及修理部、装潢、浴池、加油站等工商企业1548个，皮革工业园区1个；有鑫田肥料厂、酒厂、砖厂、米业公司等工业企业101个；有粮库6座，中、小学校80所；有移动、联通、网通通信设施100处；有电业输电线路94km、配电线路1411km，交通道路971km。区内居民财产总价值82.73亿元，其中，固定资产53.77亿元，可移动资产28.96亿元。胖头泡滞洪区范围内2012年国内生产总值103.49亿元，其中，第一产业32.23亿元，占国内生产总值的31.13%；第二产业48.43亿元，占国内生产总值的46.79%；第三产业22.84亿元，占国内生产总值的22.07%。

此外，蓄滞洪区内有大庆的头台油田、采油七厂和采油九厂等三个油田，有油井1651眼，注水井650眼，其他井1801眼，各类注水站、转油站等17处，各种阀组间、注配间等101个，变压器1386个，机泵368台套，输油管道17210km，公路1790km，固定资产总价值62.52亿元。区内有通让铁路40km。在区内有区域内文物古迹共61处，其中地上9处，地下52处。

2.3.3 防洪工程现状

2.3.3.1 进退洪工程

蓄滞洪区进、退洪工程分别位于嫩干老龙口堤防和松干老坎子堤防上，目前进洪口已修建了临时口门，根据老龙口堤防地形条件和堤内外水位情况，进水口布置在堤防中部，孔口净宽为175m，最大过流量为2024m^3/s。简易裹头由进口导流堤（丁坝）

长 20m、重力式挡土墙长 42m 以及出口导流堤（丁坝）长 30m 组成。[19-20]

1998 年大洪水时人为炸开缺口泄洪，区内积水排除后实施封堵，因此，启用时仍然在堤防上炸口子泄洪。

2.3.3.2　外部围堤工程

由嫩江和松花江干流堤防、南引水库的东部、北部坝段、安肇新河下游段右侧堤防以及连接南引水库和安肇新河右堤的东北部新建围堤组成。外部围堤现状总长度为 151.328km。主要工程如下：

（1）南引围堤工程。南部引嫩工程即为南引水库，库区总面积约 270km^2，周边总长约 200km。水库正常高蓄水位为 130.5m，总蓄水量为 4.05 亿 m^3。南引水库为引洪蓄泡的大型平原水库，共布设围堤 33 处，总长度为 47.44km。其中，作为蓄滞洪区的围堤共 23 处，分别为 1～5 号坝、14 号坝、19～33 号坝，长度为 33.748km。围堤采用当地材料修建，为均质土堤。1998 年洪水之后，围堤均按同一标准设计，堤顶宽度一律采用 6.0m，上下游边坡均为 1∶3，设计堤顶高程为 132.50～133.30m。

（2）安肇新河下游泄洪工程。安肇新河北起王花泡，南到古恰闸入松花江，其中从王花泡到北廿里泡为上游段，长约 8.1km；从北廿里泡出口到库里泡为中游段，长约 68.8km；从库里泡到古恰闸为下游段，长 31.77km，为双侧筑堤，其中在蓄滞洪区内的堤段为右堤，长 21.859km，现已按应急工程加高培厚，堤顶高程 133.00m，迎、背水坡均为 1∶3，堤顶宽 6.0m，在 130.00m 处设 2.0m 宽马道。

（3）嫩江干流左侧堤防。嫩江干流肇源堤段位于嫩江干流下游左岸的末端，大部分是在民堤的基础上逐步修建起来的，此后经逐年加高培厚及整修加固，形成了现有的工程规模。在本次蓄滞洪区内的堤段主要有老龙口、卧龙岱、二段（含胖头泡堤段）、西北岔上段、西北岔下段、勒勒营子、茂兴湖、养身地等八段堤防，总长约 50.53km。堤防设计标准为 20 年一遇洪水设计，堤顶超高采用 1.7m，堤顶高程为 135.74～132.43m（老龙口段—养身地段），堤顶宽度为 6.0m，马道宽 4.0m，砂基砂堤和土基砂堤的迎水坡为 1∶4.0、背水坡为 1∶5.0，其余堤段迎、背水坡均为1∶2.5。

（4）松花江干流左侧堤防。在蓄滞洪区范围内的松花江干流左侧堤防有榆树驼子和古恰两段，总长度为 23.6km。堤顶高程为 132.40～131.27m，迎、背水坡均为 1∶2.5，堤顶宽度为 6.0m，马道宽为 4.0m。现有堤防基本达到 20 年一遇的防洪标准。

（5）东北部堤防。东北部堤防起于安肇新河下游段右侧堤防 21＋859 处，沿林肇路南侧岗地布置，至大兴乡西南向南与南引水库 19 号坝相连，另加大、小河北堤段，共 14 段堤防，总长为 21.591km。

2.4　蓄滞洪区规划设计

2.4.1　规划工作概况

2000 年国务院转发的水利部《关于加强嫩江松花江近期防洪建设的若干意见》

(以下简称《若干意见》)明确指出：1998年嫩江、松花江发生特大洪水时，哈尔滨以上嫩江中下游河段溃堤漫溢洪水达100亿m^3，其中有效分洪70亿m^3，减轻了哈尔滨市的防洪压力。根据嫩江、松花江洪水峰高量大、高水位持续时间长的特点，在哈尔滨以上地区辟建蓄滞洪区，配合堤防、水库等工程承担哈尔滨等重点城市和重点地区的防洪任务，提高松花江干流的防洪能力，是十分必要的。

2005年松辽委编制完成的《松花江流域防洪规划》(国函〔2008〕14号)中也推荐设置胖头泡蓄滞洪区，与白山、丰满、尼尔基水库以及沿江堤防共同组成松花江流域防洪工程体系，共同承担哈尔滨市城市堤防设计流量17900m^3/s以上至200年一遇洪水的防洪任务。

根据《若干意见》和《松花江流域防洪规划》要求，2005年黑龙江省水利水电勘测设计研究院编制完成了《胖头泡蓄滞洪区安全建设规划报告》，2007年10月水利部对水规总院编制的《全国蓄滞洪区建设与管理规划》进行了审查，2009年11月国务院以国函〔2009〕134号文对该《规划》进行了批复，《胖头泡蓄滞洪区安全建设与管理规划报告》也是其中的一个子报告。规划主要内容如下：加高加固外部围堤55.8km，新建39.2km；选择老龙口为进水口，老坎子为出水口，分洪、退水时采取临时爆破措施；规划建设新站镇和茂兴镇两处安全区，围堤总长度24.5km；建设安全台总面积66.1万m^2；规划撤退道路59条，长728.9km，规划新建配套桥梁260座。

2008年根据国汛〔2004〕9号文批复的《松花江洪水调度应急方案》的要求，每年汛期如遇超标准洪水胖头泡蓄滞洪区随时准备分洪，但由于区内安全工程措施尚未建设，外部围堤还没有闭合，不具备分蓄洪水的条件，一旦启用分洪，将给大庆市、肇源县及大庆油田人民生命财产带来重大损失。因此，黑龙江水利水电勘测设计研究院根据国家发改委和水利部领导在黑龙江省视察防汛时的指示精神，于2007年11月编制完成了《胖头泡蓄滞洪区应急工程可行性研究报告》，2008年2月水利部审查通过，2009年5月国家发展和改革委员会以发改农经〔2009〕1180号文对《胖头泡蓄滞洪区围堤工程可行性研究报告》批复。2009年6月，黑龙江省发展和改革委员会对《胖头泡蓄滞洪区围堤工程初步设计》进行了审查并批复。

胖头泡蓄滞洪区应急工程于2008年6月启动实施建设。截至2010年10月底，主体工程已全部完成。应急工程设计根据蓄滞洪区的堤防现状，按照《胖头泡蓄滞洪区安全建设与管理规划》中的堤线修建了部分围堤，围堤高程为133.00m。主要内容有：①在老龙口堤段新建临时分洪简易裹头1处，宽度为175.0m。②按照批复的胖头泡蓄滞洪区应急工程设计水位131.5m，新建围堤共9段，总长度为21.59km，新建围堤护坡总长度16.98km，新建3座排水建筑物；加固围堤1段，总长度为21.86km。③新建办公用房、管理区，配备了办公通信设施和管理用车，预警系统配备了简易的通信设备。

2.4.2 可研工作概况

胖头泡蓄滞洪区外围堤防主要由嫩江和松花江干流堤防、南引水库围堤、安肇新河右侧堤防组成，并于2008年实施了分洪口裹头和部分应急围堤工程，目前已基本形成外围堤防封闭圈。但受资金条件限制，胖头泡蓄滞洪区现有围堤和分洪口门尚未达到流域防洪规划确定的分蓄洪水规模要求，区内安全建设措施也未实施，还不具备正常启用的条件[21-23]。因此，为完善松花江流域防洪工程体系，保障哈尔滨市城市防洪安全，同时保障蓄滞洪区内群众的生命安全，减少财产损失，胖头泡蓄滞洪区管理处委托黑龙江省水利水电勘测设计研究院编制《黑龙江省松花江流域胖头泡蓄滞洪区防洪工程与安全建设项目可行性研究报告》。

2.4.2.1 水利水电规划设计总院审查意见（水规总〔2014〕186号）

水利部水利水电规划设计总院于2012年8月15—18日在北京召开会议，对黑龙江省水利厅以黑水发〔2012〕439号文报送水利部的《黑龙江省松花江流域胖头泡蓄滞洪区防洪工程与安全建设项目可行性研究报告》（以下简称《可研报告》）进行了审查。2013年10月30—31日，水利部水利水电规划设计总院对修改完善后的《可研报告》进行了审核。经审查基本同意该《可研报告》。2014年2月水利部水利水电规划设计总院以水总规〔2014〕186号文下发了《关于报送黑龙江省松花江流域胖头泡滞洪区防洪工程与安全建设项目可行性研究报告审查意见的报告》。主要审查意见如下：

本次工程建设任务是根据流域防洪规划及蓄滞洪区建设与管理规划要求，建设蓄滞洪区分蓄洪工程和安全设施，为蓄滞洪区的安全和有效启用创造条件，保障流域防洪安全和蓄滞洪区群众生命财产安全。

胖头泡蓄滞洪区总面积为1994km^2，按哈尔滨断面200年一遇洪水流量不超过17900m^3/s控制，设计分洪量为39.52亿m^3，最高蓄洪水位为131.67m，最大滞洪库容为45.65亿m^3。

本项目为蓄滞洪区防洪工程建设和安全建设。外部围堤中的嫩江、松花江干流堤防及老坎子退洪口门纳入嫩干、松干治理项目，不列入本工程。

防洪工程建设的主要内容包括新建老龙口分洪闸、总净宽204m，对现有老龙口分洪口门进行防渗加固处理：修建堤防11段、总长9.512km，其中加高培厚堤防3段、长5.384km，新建堤防4段、长2.342km，延长（新建）堤防4段、长1.786km；修建围堤护坡14.904km，其中新建9.763km，加高5.141km；修建堤顶道路81.326km，其中混凝土路面47.605km，泥结石路面33.721km；修建涵闸5座，其中新建1座，维修加固3座，拆除重建1座；拆除重建桥梁5座。

安全建设的主要内容包括：对蓄滞洪区内10.7万不安全人口进行安置，其中安全区永久安置2.48万人，临时撤退转移8.22万人。需新建4个安全区，新建围堤17段、长26.485km，护坡20.862km，堤顶泥结石道路长26.485km；修建撤退道路混凝土路面447.39km，其中翻修117.33km，改建（砖石路面改为混凝土路面）246.94km、新建83.12km；修建路下涵、路边涵231座，其中新建60座、拆除重建171座。

纳入本次治理的胖头泡蓄滞洪区围堤和安全区围堤为2级堤防；老龙口分洪闸的主要建筑物级别为2级，次要建筑物级别为3级，泄洪设计洪水标准为50年一遇、校核洪水标准为200年一遇，挡洪标准采用嫩江、松花江干堤洪水标准50年一遇。撤退道路干路按三级公路设计，支路按四级公路设计。工程区地震基本烈度为6～7度。

蓄滞洪区围堤的设计超高为1.5m，安全区围堤设计超高为2.0m，堤顶宽度均采用6m；蓄滞洪区围堤临、背水侧边坡坡比均为1∶3，安全区围堤临水侧边坡坡比为1∶2.5，背水侧边坡坡比为1∶3。蓄滞洪区围堤临水侧采用混凝土板护坡，安全区围堤临水侧采用格宾石笼。老龙口分洪闸采用17孔，单孔宽度12m，钢筋混凝土平底板开敞式结构型式。撤退道路干路路面宽6.0m，支路路面宽4.0m，均采用混凝土路面结构型式。

工程永久征地面积为1739.77亩，其中旱田1102.72亩、林地97.76亩、草地517.79亩、鱼塘21.5亩；临时征地面积为3412.3亩，其中旱田299.28亩、草地3113.02亩。专业项目设施涉及各种线路和管线11.23km，采油井台7处。

工程施工总工期为48个月。按2013年第三季度价格水平，核定工程静态总投资为151819万元，其中防洪工程建设投资3.69亿元，安全建设投资11.49亿元。

2.4.2.2　中国国际工程咨询公司评估意见（咨农发〔2014〕1880号）

2014年11月，中国国际工程咨询公司下发了《中国国际工程咨询公司关于黑龙江省松花江流域胖头泡滞洪区防洪工程与安全建设项目（可行性研究报告）》的咨询评估报告。主要评估意见如下：

胖头泡蓄滞洪区外部堤防主要由嫩江、松花江干流堤防、南引水库围堤、安肇新河右侧堤防组成，并于2008年实施了分洪口裹头和部分应急围堤工程，已基本形成了外部堤防封闭圈。但目前仍存在围堤不达标、进退洪设施不完善、安全建设措施未实施、预警预报系统缺乏等问题，亟须通过防洪工程与安全建设，保障哈尔滨城市防洪安全以及滞洪区内群众生命安全，工程建设是必要的。

该工程由防洪工程建设与安全建设两部分组成。防洪工程建设内容和规模为：新建老龙口分洪闸，闸净宽204m，对现有老龙口分洪口门进行防渗加固处理；新建、延长和加高培厚堤防11段、长9.51km，修建围堤护坡14.90km，修建堤顶道路81.326km；新建、改建穿堤建筑物10座。安全建设内容和规模为：安置人口10.7万人，其中安全区永久安置2.48万人，临时撤退转移8.22万人；新建4个安全区，新建围堤17段、长26.46km，护坡20.86km，泥结石堤顶道路26.49km；新建、改建和翻修混凝土撤退道路447.39km；修建路下涵151座、路边涵80座。工程永久征地1739.77亩，其中旱田1102.72亩；临时占地3412.3亩。工程不涉及移民搬迁；专项设施涉及输、配电线路及输油管道共11.23km，采油井台设施7处。设计水平年需生产安置人口196人。

水利部水规计〔2014〕172号文按2013年第三季度价格水平，上报工程静态总投资15.18亿元（防洪工程建设投资3.69亿元，安全建设投资11.49亿元）。其中，工程部分投资13.29亿元，建设征地及移民补偿投资1.45亿元，水保工程投资0.26亿元，环保工程投资0.18亿元。

2.4.2.3　国家发展和改革委员会批复

2015年5月，国家发展和改革委员会以发改农经〔2015〕1085号文下发《关于黑龙江省胖头泡蓄滞洪区建设工程可行性研究报告的批复》，主要批复内容如下：

工程任务是与已建的白山、丰满、尼尔基水库，以及城市堤防及月亮泡蓄滞洪区共同承担哈尔滨城市防洪任务，使哈尔滨市防洪标准达到200年一遇，为胖头泡蓄滞洪区安全启用和及时分洪创造条件，保障流域防洪安全以及蓄滞洪区内群众生命财产安全。

胖头泡蓄滞洪区总面积为1994km^2。以控制哈尔滨断面200年一遇洪峰流量不超过17900m^3/s为目标，胖头泡蓄滞洪区设计分洪量39.5亿m^3，最高蓄洪水位131.67m，最大滞洪库容45.7亿m^3。

该工程由防洪工程与安全建设工程两部分组成。防洪工程建设内容包括：新建老龙口分洪闸，闸净宽204m，对现有老龙口分洪口门进行防渗加固处理；新建、延长和加高培厚堤防11段、长9.512km，修建围堤护坡14.904km，修建堤顶道路81.326km；新建、改建穿堤建筑物10座。安全建设工程共安置人口10.7万人，其中安全区永久安置2.48万人，临时撤退转移8.22万人，主要建设内容包括：新建4个安全区，新建围堤17段、长26.49km，护坡20.86km，泥结石堤顶道路26.49km；新建、改建和翻修混凝土撤退路面447.39km；修建路下涵151座、路边涵80座等。工程总工期48个月。

胖头泡蓄滞洪区围堤及安全区围堤为2级，穿堤建筑物级别与所在堤防级别一致。老龙口分洪闸的主要建筑物级别为2级，次要建筑物级别为3级。泄洪设计洪水标准为50年一遇、校核洪水标准为200年一遇，挡洪标准采用嫩江、松花江干堤洪水标准50年一遇。

按照自然资源部用地预审意见，该工程拟用地总面积115.99hm^2，其中农用地97.1hm^2（含耕地60.31hm^2）。工程无搬迁安置人口，生产安置人口196人，以大农业安置为主。

按2014年第二季度价格水平，工程总投资为13.30亿元，其中防洪工程投资3.12亿元，安全建设工程投资10.18亿元。总投资中中央预算内投资定额安排4.78亿元，超支不补。

2.4.3 规划布局

胖头泡滞洪区建设主要是以滞洪区分水口门，分洪通道、陡岸防护，外部围堤以及安全区的建设为主。对现有堤防进行达标建设，对部分不封闭堤段进行新建，并对配套建筑物进行维修、重建或新建。主要规划内容包括：

（1）新建老龙口永久性分洪闸口门，位于老龙口堤防桩号1+000处；对破堤扒口式口门进行除险加固，位于老龙口堤防桩号0+600处。

（2）新建分洪通道，位于林肇公路至巴彦村道路经过的山体缺口处。

（3）新建护岸384m，位于南引水库20号坝上游处。

（4）规划外部围堤42段，总长78.964km（不含松嫩干堤防74.13km），其中现状堤防延长20段，总长度为4.88km，新建围堤3段，总长度为1.01km，堤防加培

30 段，总长度为 24.98km；新建迎水侧混凝土板护坡 34 处，总长度 26.88km，迎水侧混凝土板护坡加高 19 处，总长度 15.37km。拆除重建背水坡混凝土板护坡 1 处，长度 0.30km；新建草皮护坡 58.52km，其中迎水侧草皮护坡 7.642km，背水侧草皮护坡 50.88km；分散土处理总长度 56.14km，其中迎水侧分散土处理 7.02km，背水侧分散土处理 49.12km；堤基压渗 14 处，总长度为 3.32km，盖重 9 处，总长度为 1.90km，填塘 3 处，总长度 0.85km；新建混凝土路面 25 条，总长度 60.62km，新建堤顶泥结石路面 17 条，总长度 18.34km。

（5）规划布置 4 处安全区分别为新站安全区、茂兴安全区、义顺安全区和古恰安全区。规划新建安全区围堤 17 条，总长度 26.95km；新建迎水侧雷诺护坡 23.02km，新建草皮护坡 30.89km，其中迎水侧草皮护坡 3.93km，背水侧草皮护坡 26.95km；分散土处理总长度 15.12km，其中迎水侧分散土处理 2.00km，背水侧 13.12km；堤基压渗 15 处，总长度为 2.96km，盖重 7 处，总长度为 1.02km，填塘 6 处，总长度 0.73km；新建堤顶泥结石路面 17 条，总长度 26.95km。新建安全区围堤建成后有 8 处与道路交叉，需新建上堤路 8 条，总长度为 0.74km。有 1 处缺口需采取临时封堵措施，位于新站北部围堤桩号 0＋675～0＋702 处与通让铁路交叉。

（6）规划新建安全区围堤穿堤涵闸 13 座，其中排水闸 12 座，灌溉闸 1 座。

（7）安全区规划撤退道路 88 条。其中干路 11 条，总长 134.07km，其中完好沥青混凝土路面 45.76km，完好水泥混凝土路面 43.16km，维修沥青混凝土路面 2.9km，原砖路改建成混凝土路面 34.89km，新建混凝土路面（原土路）7.36km。支路 77 条，总长 383.27km，其中完好沥青混凝土路面 4.86km，完好水泥混凝土路面 119.42km，维修沥青混凝土路段为 6.97km，维修水泥混凝土路面 3.28km，原砖路重建 185.16km，新建混凝土路面（原土路）63.58km。

（8）规划路下涵、路边涵、桥梁共 239 座，包括干路路下涵 42 座（拆除重建 17 座，新建 25 座），支路路下涵 134 座（拆除重建 70 座，新建 64 座），干路路边涵 10 座，支路路边涵 46（拆除重建），桥梁 7 座（拆除重建）。

2.4.4　设计洪水

2.4.4.1　历史洪水

嫩江流域历史大洪水年份主要有 1794 年、1886 年、1908 年、1929 年、1932 年，新中国成立后的大洪水年份主要有 1953 年、1955 年、1956 年、1957 年、1969 年、1988 年、1998 年。1794 年洪水是松花江流域历史洪水调查考证中最久远的一次洪水，发生在嫩江中上游及下游部分河段，在嫩江阿彦浅、富拉尔基站为首位大洪水。

二松流域历史洪水年份主要有 1856 年、1896 年、1909 年、1918 年、1923 年、1945 年，新中国成立后大洪水年份主要有 1953 年、1956 年、1957 年、1960 年和 1995 年。1856 年洪水是二松流域历史洪水调查考证中最久远的一次洪水，发生在流域中下游，在松花江站、扶余站为首位大洪水。

松干历史洪水年份主要有1932年、1957年、1960年、1991年、1998年，其中1998年洪水在下岱吉、哈尔滨、通河、依兰均排在第1位，在佳木斯排在第2位。

松花江流域4个代表水文站的大洪水年洪峰流量统计结果见表2.4-1。大赉站首位洪水为1998年洪水，重现期由1794年起算至2009年为215年；扶余站首位洪水为1856年洪水，重现期由1856年起算至1995年为140年；下岱吉站和哈尔滨站首位洪水均为1998年洪水，重现期由1898年起算至2009年为112年。

表2.4-1　　代表水文站大洪水年洪峰流量统计结果

站名	控制面积/km^2	项目	洪水年份及顺序						
大赉	221715	年份	1998	1932	1969	1957	1956	1991	1993
		$Q_m/(m^3/s)$	22100	14600	8810	7790	6370	6320	5780
扶余	71783	年份	1856	1909	1995	1923	1953		
		$Q_m/(m^3/s)$	13800	10400	9570	9540	7950		
下岱吉	363923	年份	1998	1932	1957	1991	1953	1934	1986
		$Q_m/(m^3/s)$	23300	15200	14700	12800	11300	9700	9590
哈尔滨	389769	年份	1998	1932	1957	1991	1956	1953	1934
		$Q_m/(m^3/s)$	23500	16200	14300	13500	12200	11700	10400

2.4.4.2　1998年洪水

1998年洪水是以嫩江右侧支流来水为主的嫩江、松干特大洪水，在嫩干下游和松干上中游控制站实测洪水系列中居首位洪水。嫩江江桥站1998年洪水洪峰流量为26400m^3/s，相当于500年一遇；决口洪水还原后嫩江大赉水文站的洪峰流量达22100m^3/s，相当于400年一遇，松干哈尔滨站还原后洪峰流量为23500m^3/s，相当于300年一遇。

1998年嫩江流域入汛以来受东北低涡的长时间影响，连续出现中到大雨的降雨过程，降雨明显多于往年。6—9月降雨量为643mm，比历年同期均值373mm多72%。降雨主要集中在6月中旬至8月中旬，点最大降雨量达1044.2mm（雅鲁河扎兰屯站）。

嫩江流域先后于6月下旬、7月下旬和8月中旬发生了三次大洪水，其中第三场洪水为嫩江全流域型特大洪水，造成了下游松花江干流也发生特大洪水。嫩江右岸支流全部发生大洪水，8月12日甘河柳家屯站洪峰流量为2640m^3/s；诺敏河古城子站8月10日洪峰流量7740m^3/s；阿伦河那吉站8月10日洪峰流量为1840m^3/s；雅鲁河碾子山站8月10日洪峰流量6840m^3/s；绰尔河两家子站8月11日洪峰流量3630m^3/s，洮儿河虽经察尔森水库调节，洮南站8月12日洪峰仍达2350m^3/s，而霍林河白云胡硕站8月9日洪峰流量高达4230m^3/s。上述洪水造成嫩江干流发生特大洪水，同盟站8月12日洪峰流量达12200m^3/s；齐齐哈尔站8月13日洪峰流量达14800m^3/s；富拉尔基站因8月11日溃堤决口，洪峰流量经推算为15500m^3/s；江桥站在平齐铁路冲毁后，抢测 8 月 14 日洪峰流量为 26400m³/s；再向下游嫩江干流堤防数处决口，跑水量约 99.3 亿 m³，削减了下游大赉站洪峰，但 8 月 15 日大赉站实测洪峰流量仍达 16100m³/s，经还原计算，天然洪峰流量为 22100m³/s，出现在 8 月 18 日。

受嫩江洪水影响，松花江干流也发生了特大洪水，下岱吉、哈尔滨、通河、依兰等水文站的洪峰流量均突破历史最高纪录，佳木斯水文站的洪峰流量列历史实测第二位。8 月 22 日 12 时到 8 月 23 日 19 时，洪峰经过哈尔滨站，实测最高水位 120.89m，为有历史记录以来的最高水位，相应洪峰流量为 16600m³/s，超过 1932 年天然洪峰流量（16200m³/s）。经过还原后哈尔滨站洪峰应为 8 月 25 日，洪峰流量为 23500m³/s。1998 年洪水情况见表 2.4－2。

表 2.4－2　　主要代表站 1998 年洪水情况

站名	项目	Q_m /(m³/s)	W_1/亿 m³	W_3/亿 m³	W_7/亿 m³	W_{15}/亿 m³	W_{30}/亿 m³	W_{60}/亿 m³
大赉	实测	16100	12.6	36.0	84.9	158	258	390
	还原	22100	19.1	55.4	120	220	334	481
下岱吉	实测	16000	13.6	40.0	90.5	173	291	449
	还原	23300	19.9	58.9	133	256	406	583
哈尔滨	实测	16600	14.3	42.4	98.5	193	330	504
	还原	23500	20.1	60.1	137	272	445	635

2.4.4.3　洪水系列

2008 年经国务院批复的《松花江流域防洪规划》（国函〔2008〕14 号），嫩江流域主要水文站洪水系列均延长到了 1998 年，其中下岱吉水文站洪水系列为 1898—1998 年，嫩江阿彦浅水文站、富拉尔基站、江桥站连续系列始自 1905 年，大赉站连续系列始自 1951 年。各代表水文站洪水系列情况见表 2.4－3。

（1）大赉水文站。大赉水文站实测洪水系列为 1951 年、1953—2004 年，2005 年后受尼尔基水库调蓄影响，进行了天然洪水还原计算。由 1932 年历史洪水与 1951 年、1953—2013 年天然洪水系列组成不连续洪水系列。

（2）下岱吉水文站。下岱吉水文站具有 1954—2013 年共 60 年实测系列，松花江干流支流第二松花江上游建有丰满和白山两个大型水电站，并对水库调蓄水量和 1998 年等特大洪水年份堤防决口流量还原后得到天然情况下洪峰流量系列。根据《松花江流域防洪规划》成果，建立本站水位流量关系以及本站与哈尔滨站洪峰流量相关关系，插补出 1898—1953 年的洪峰系列，形成 1898—2013 年共 116 年连续洪峰流量系列。

（3）哈尔滨水文站。哈尔滨水文站具有 1916—1952 年的实测不连续流量资料和 1953 年以来的实测连续流量系列，具有 1898 年以来的连续水位观测资料，测流资料受到上游丰满和白山水库的影响。在 2008 年经国务院批复的《松花江流域防洪规划报告》中，根据 $H-Q$ 关系曲线插补出1898—1998年缺测的流量资料，对水库调蓄水量和1998年特大洪水年份堤防决口流量还原后得到1898—1998年共101年连续洪水系列，并将其延长至2013年，组成116年连续洪水系列。

（4）扶余水文站。下岱吉水文站具有1933—2013年共81年实测系列，二松上游建有丰满和白山两个大型水电站，对水库调蓄水量和1998年特大洪水年份堤防决口流量还原后得到自然情况下洪峰洪量系列。

表2.4-3　主要代表水文站洪水系列

河　名	站　名	系　列	N/年
嫩江干流	大　赉	1951年、1953—2013年	62
二松干流	扶　余	1933—2013年	81
松花江干流	下岱吉	1898—2013年	116
	哈尔滨	1898—2013年	116

2.4.4.4 哈尔滨站大水年洪水组成分析

松花江干流哈尔滨站洪水主要由嫩江、第二松花江和拉林河洪水组成。据哈尔滨站1953年以来实测流量资料，洪峰流量大于 $8000m^3/s$ 以上的大洪水有8次，统计其洪峰和60d洪量组成见表2.4-4和表2.4-5。从两表中可以看出，哈尔滨站洪水组成主要有三种类型：① 嫩江、二松、拉林河同时发生洪水，如1956年、1960年洪水就属于这种类型；② 哈尔滨站洪峰主要由嫩江、二松洪水组成，拉林河洪水很小，如1953年、1957年、1991年洪水；③ 哈尔滨站洪峰主要来自嫩江，即嫩江洪水特大，二松、拉林河洪水均较小，如1969年、1998年洪水。哈尔滨站洪峰单独由二松造成的年份很少，只有1986年二松扶余站来水较大，嫩江大赉站洪水相对较小。

哈尔滨站洪量主要来自嫩江，嫩江大赉站60d洪量占哈尔滨站60d洪量的42%～84%，嫩江是哈尔滨洪水的主要来源地。

表2.4-4　哈尔滨站大水年洪峰组成

年份	哈尔滨	大　赉		扶　余		蔡家沟		$Q_{合成}$
	$Q_m/(m^3/s)$	$Q_{相应}/(m^3/s)$	占 $Q_{合成}$/%	$Q_{相应}/(m^3/s)$	占 $Q_{合成}$/%	$Q_{相应}/(m^3/s)$	占 $Q_{合成}$/%	$/(m^3/s)$
1953	9530 (11700)	4460	53.6	3750 (6560)	45.0	120	1.4	8330
1956	11700 (12200)	6140	48.6	3020 (3140)	23.9	3480	27.5	12640
1957	12200 (14300)	7790	53.5	5760 (7670)	39.6	1000	6.9	14550
1960	9100 (10000)	4820	50.3	2360 (3720)	24.7	2390	25.0	9570

续表

年份	哈尔滨	大赉		扶余		蔡家沟		$Q_{合成}$
	$Q_m/(m^3/s)$	$Q_{相应}/(m^3/s)$	占$Q_{合成}$/%	$Q_{相应}/(m^3/s)$	占$Q_{合成}$/%	$Q_{相应}/(m^3/s)$	占$Q_{合成}$/%	$/(m^3/s)$
1969	8500 (8730)	8810	81.4	687 (1050)	7.1	146	1.5	9540
1986	8540 (10000)	3590	41.7	4540 (7010)	52.7	480	5.6	8610
1991	10700 (13500)	5430	58.8	2500 (5730)	27.1	1300	14.1	9230
1998	21300 (23500)	22100	96.1	635 (2780)	2.8	263	1.1	23000

注 1. 括弧内的洪峰流量，系将丰满水库调节作用还原后的流量。
2. $Q_{合成}$系大赉、扶余、蔡家沟三站洪峰流量相加。

表2.4-5　哈尔滨站大水年60d洪量组成

年份	哈尔滨		大赉		扶余		蔡家沟	
	W_{60}/亿m^3	$W_{60哈}/W_{60哈}$/%	W_{60}/亿m^3	$W_{60大}/W_{60哈}$/%	W_{60}/亿m^3	$W_{60扶}/W_{60哈}$/%	W_{60}/亿m^3	$W_{60蔡}/W_{60哈}$/%
1953	327.9	100	163.3	49.8	152.1	46.4	12.5	3.8
1956	355.4	100	151.3	42.6	160.9	45.3	43.2	12.1
1957	389.6	100	236.7	60.8	132.8	34.0	20.1	5.2
1960	322.2	100	173.5	53.8	116.9	36.3	31.8	9.9
1969	234.7	100	182.1	77.6	89.9	17.0	12.7	5.4
1986	310	100	133	42.0	163	51.4	20.9	6.6
1991	356	100	216	60.2	114	31.8	29.0	8.0
1998	570.1	100	479	84.0	85.1	14.9	6.0	1.10

2.4.4.5 典型年设计洪水过程

根据《松花江流域防洪规划报告》，哈尔滨城市防洪规划方案为以堤防为基础，以白山、丰满、尼尔基等水库和胖头泡蓄滞洪区为基础的堤库结合的防洪工程体系。在松花江流域防洪规划中，考虑1956年典型洪水将哈尔滨洪水放大到200年一遇时，丰满水库以上区间洪水过程变形较大，代表性不足，故选用1957年、1960年、1969年和1998年典型研究胖头泡蓄滞洪区规模。

2.4.5 蓄滞洪区的分洪规模

根据胖头泡蓄滞洪区工程设计方案，分洪规模按照有闸方案、闸堤结合方案和无闸方案三种情况进行计算，出口均按无闸考虑。计算汇总成果见表2.4-6。从表2.4-6中可以看出，各典型年间，以1957年所需分洪量最大，水位最高，即说明控制滞洪区总规模的仍为1957年典型年。1969年型和1998年型均为以嫩江洪水为主的年份，分洪量最少，分析其原因主要是在发生嫩江洪水为主的年份时，哈尔滨断面的洪水组成当中，二松和拉林河洪峰洪量均较小，而胖头泡分洪口正位于嫩江干流，故该种年型控制起来相对较为容易。1957年典型年和1960年典型年的分洪量较大，主要是因为哈尔滨控制断面的洪峰洪量组成受二松和拉林河影响较大，1957年洪水哈尔滨断面的洪峰流量二松占39.6%，拉林河占6.9%，嫩江占53.5%，60d洪量二松占34%，拉林河占5.2%，嫩江占60.8%；1960年洪水哈尔滨断面的洪峰流量二松占24.7%，拉林河占25%，嫩江占50.3%，60d洪量二松占36.3%，拉林河占9.9%，嫩江占53.8%，故控制起来较为困难。从各典型年来看，胖头泡蓄滞洪区的作用在嫩江洪水越大时分洪效果越明显，反之则较差，所需的分洪库容也越大。

表2.4-6　蓄滞洪区不同方案分蓄洪特征参数汇总

方案	项　目	单位	1957年	1960年	1969年	1998年
有闸	最大入库流量	m^3/s	4246	3791	4385	4906
	最高库水位	m	131.28	131.08	130.81	130.08
	相应库容	亿m^3	39.87	36.88	33.06	23.08
	最大出库流量	m^3/s	2567	2344	1578	1425
	分洪量	亿m^3	33.74	30.75	26.93	16.95
	哈尔滨流量	m^3/s	17900	17897	17899	17899
闸堤结合	最大入库流量	m^3/s	4246	3791	4385	4906
	最高库水位	m	131.67	131.28	131.40	130.88
	相应库容	亿m^3	45.647	39.78	41.62	33.98
	最大出库流量	m^3/s	2960	2543	2711	2875
	分洪量	亿m^3	39.52	33.65	35.49	27.85
	有效分洪量	亿m^3	33.74	30.75	26.93	16.95
	哈尔滨流量	m^3/s	17900	17897	17864	17706
无闸	最大入库流量	m^3/s	4283	3849	4415	5321
	最高库水位	m	132.28	131.77	132.02	131.61
	相应库容	亿m^3	55.09	47.24	50.99	44.80
	最大出库流量	m^3/s	3637	3602	3644	3860
	分洪量	亿m^3	48.96	41.11	44.86	38.67
	有效分洪量	亿m^3	33.74	30.75	26.93	16.95
	哈尔滨流量	m^3/s	17722	17702	17737	17442

各典型年分洪、退洪过程及哈尔滨断面洪峰流量过程见表2.4-7～表2.4-18。

表 2.4-7　　1957年典型年胖头泡滞洪区分洪成果表（有闸）

时间/(月-日)	老龙口进水口							老坎子出水口					哈尔滨	
	分洪前嫩干流量/(m^3/s)	分洪前嫩干水位/m	分洪流量/(m^3/s)	滞洪区库容/亿m^3	滞洪区水位/m	分洪后嫩干流量/(m^3/s)	分洪后嫩干水位/m	退水前松干流量/(m^3/s)	退水前松干水位/m	退水流量/(m^3/s)	退水后松干流量/(m^3/s)	退水后松干水位/m	区间流量过程/(m^3/s)	哈尔滨流量/(m^3/s)
08-11	1696	130.81	0	6.13	128.30	1696	130.81	5537	128.71	0	5537	128.71	1711	7248
08-12	2303	131.14	0	6.13	128.30	2303	131.14	6053	128.84	0	6053	128.84	1707	7247
08-13	3090	131.51	0	6.13	128.30	3090	131.51	6639	128.95	0	6639	128.95	1687	7256
08-14	3653	131.75	0	6.13	128.30	3653	131.75	6995	129.01	0	6995	129.01	1679	7351
08-15	7088	132.86	0	6.13	128.30	7088	132.86	8395	129.28	0	8395	129.28	1659	7558
08-16	8045	133.10	0	6.13	128.30	8045	133.10	9345	129.45	0	9345	129.45	1642	7917
08-17	8919	133.23	0	6.13	128.30	8919	133.23	10272	129.63	0	10272	129.63	1659	8484
08-18	9416	133.31	0	6.13	128.30	9416	133.31	11064	129.78	0	11064	129.78	1679	9234
08-19	10104	133.41	0	6.13	128.30	10104	133.41	11868	129.93	0	11868	129.93	1724	10131
08-20	10565	133.48	0	6.13	128.30	10565	133.48	12572	130.07	0	12572	130.07	1740	11036
08-21	9747	133.36	0	6.13	128.31	9747	133.36	12416	130.04	0	12416	130.04	1752	11912
08-22	10577	133.49	0	6.13	128.31	10577	133.49	12629	130.09	0	12629	130.09	1780	12725
08-23	11086	133.56	0	6.13	128.31	11086	133.56	12963	130.15	0	12963	130.15	1793	13376
08-24	12520	133.73	3720	9.35	128.76	8800	133.22	13485	130.24	0	13485	130.24	1829	13878
08-25	12644	133.74	4144	12.93	129.18	8500	133.17	14110	130.35	0	14110	130.35	1846	14250
08-26	12614	133.74	4214	16.57	129.51	8400	133.15	14632	130.44	0	14632	130.44	1874	14624
08-27	12557	133.74	4157	20.16	129.83	8400	133.15	15094	130.51	0	15094	130.51	1894	15042
08-28	12686	133.75	4246	23.83	130.13	8440	133.16	15533	130.59	0	15533	130.59	1935	15540
08-29	12622	133.74	4122	27.39	130.40	8500	133.17	15748	130.63	0	15748	130.63	1967	16057

续表

时间/(月-日)	老龙口进水口							老坎子出水口					哈尔滨	
	分洪前嫩干流量/(m³/s)	分洪前嫩干水位/m	分洪流量/(m³/s)	滞洪区库容/亿m³	滞洪区水位/m	分洪后嫩干流量/(m³/s)	分洪后嫩干水位/m	退水前松干流量/(m³/s)	退水前松干水位/m	退水流量/(m³/s)	退水后松干流量/(m³/s)	退水后松干水位/m	区间流量过程/(m³/s)	哈尔滨流量/(m³/s)
08-30	12557	133.74	4157	30.98	130.66	8400	133.15	15964	130.66	0	15964	130.66	2016	16576
08-31	11810	133.66	3410	33.93	130.87	8400	133.15	16152	130.69	0	16152	130.69	2053	17033
09-01	10540	133.48	2040	35.69	131.00	8500	133.17	16258	130.71	0	16258	130.71	2061	17389
09-02	10534	133.48	2034	37.45	131.12	8500	133.17	16225	130.71	0	16225	130.71	2041	17647
09-03	10644	133.50	1844	39.04	131.23	8800	133.22	16041	130.68	0	16041	130.68	1988	17807
09-04	10867	133.53	967	39.87	131.28	9900	133.38	15780	130.63	0	15780	130.63	1939	17900
09-05	10595	133.49	0	39.87	131.28	10595	133.49	16103	130.69	0	16103	130.69	1878	17897
09-06	10331	133.45	0	39.87	131.28	10331	133.45	15898	130.65	0	15898	130.65	1728	17735
09-07	10063	133.41	0	39.87	131.28	10063	133.41	15557	130.59	0	15557	130.59	1886	17856
09-08	9762	133.36	0	39.87	131.28	9762	133.36	14999	130.50	0	14999	130.50	1906	17832
09-09	9573	133.33	0	39.87	131.28	9573	133.33	14338	130.39	0	14338	130.39	2068	17899
09-10	11040	133.55	0	37.66	131.13	11040	133.55	14254	130.37	2567	16821	130.81	2004	17648
09-11	10462	133.47	0	35.91	131.02	10462	133.47	13717	130.28	2018	15735	130.62	1880	17325
09-12	9945	133.39	0	34.34	130.90	9945	133.39	13172	130.19	1823	14994	130.50	1670	17068
09-13	9440	133.31	0	33.05	130.81	9440	133.31	12625	130.08	1490	14115	130.35	1830	17323
09-14	8917	133.23	0	31.97	130.73	8917	133.23	12064	129.97	1247	13311	130.21	1643	17129
09-15	8448	133.16	0	30.92	130.65	8448	133.16	11513	129.86	1222	12735	130.11	1578	16788
09-16	8108	133.11	0	29.80	130.57	8108	133.11	11019	12972	1298	12317	130.02	1336	16042
最大值	12686	133.75	4246	39.87	131.28	11086	133.56	16258	130.71	2567	16821	130.81	2068	17900

表 2.4-8　　1957年典型年胖头泡滞洪区分洪成果表（闸堤结合）

时间 /(月-日)	老龙口进水口							老坎子出水口					哈尔滨	
	分洪前嫩干流量 /(m^3/s)	分洪前嫩干水位 /m	分洪流量 /(m^3/s)	滞洪区库容 /亿 m^3	滞洪区水位 /m	分洪后嫩干流量 /(m^3/s)	分洪后嫩干水位 /m	退水前松干流量 /(m^3/s)	退水前松干水位 /m	退水流量 /(m^3/s)	退水后松干流量 /(m^3/s)	退水后松干水位 /m	区间流量过程 /(m^3/s)	哈尔滨流量 /(m^3/s)
08-11	1696	130.81	0	6.13	128.30	1696	130.81	5537	128.71	0	5537	128.71	1711	7248
08-12	2303	131.14	0	6.13	128.30	2303	131.14	6053	128.84	0	6053	128.84	1707	7247
08-13	3090	131.51	0	6.13	128.30	3090	131.51	6639	128.95	0	6639	128.95	1687	7256
08-14	3653	131.75	0	6.13	128.30	3653	131.75	6995	129.01	0	6995	129.01	1679	7351
08-15	7088	132.86	0	6.13	128.30	7088	132.86	8395	129.28	0	8395	129.28	1659	7558
08-16	8045	133.10	0	6.13	128.30	8045	133.10	9345	129.45	0	9345	129.45	1642	7917
08-17	8919	133.23	0	6.13	128.30	8919	133.23	10272	129.63	0	10272	129.63	1659	8484
08-18	9416	133.31	0	6.13	128.30	9416	133.31	11064	129.78	0	11064	129.78	1679	9234
08-19	10104	133.41	0	6.13	128.30	10104	133.41	11868	129.93	0	11868	129.93	1724	10131
08-20	10565	133.48	0	6.13	128.30	10565	133.48	12572	130.07	0	12572	130.07	1740	11036
08-21	9747	133.36	0	6.13	128.31	9747	133.36	12416	130.04	0	12416	130.04	1752	11912
08-22	10577	133.49	0	6.13	128.31	10577	133.49	12629	130.09	0	12629	130.09	1780	12725
08-23	11086	133.56	0	6.13	128.31	11086	133.56	12963	130.15	0	12963	130.15	1793	13376
08-24	12520	133.73	3720	9.35	128.76	8800	133.22	13485	130.24	0	13485	130.24	1829	13878
08-25	12644	133.74	4144	12.93	129.18	8500	133.17	14110	130.35	0	14110	130.35	1846	14250
08-26	12614	133.74	4214	16.57	129.51	8400	133.15	14632	130.44	0	14632	130.44	1874	14624
08-27	12557	133.74	4157	20.16	129.83	8400	133.15	15094	130.51	0	15094	130.51	1894	15042
08-28	12686	133.75	4246	23.83	130.13	8440	133.16	15533	130.59	0	15533	130.59	1935	15540
08-29	12622	133.74	4122	27.39	130.40	8500	133.17	15748	130.63	0	15748	130.63	1967	16057

续表

时间/(月-日)	老龙口进水口							老坎子出水口					哈尔滨	
	分洪前嫩干流量/(m³/s)	分洪前嫩干水位/m	分洪流量/(m³/s)	滞洪区库容/亿 m³	滞洪区水位/m	分洪后嫩干流量/(m³/s)	分洪后嫩干水位/m	退水前松干流量/(m³/s)	退水前松干水位/m	退水流量/(m³/s)	退水后松干流量/(m³/s)	退水后松干水位/m	区间流量过程/(m³/s)	哈尔滨流量/(m³/s)
08-30	12557	133.74	4157	30.98	130.66	8400	133.15	15964	130.66	0	15964	130.66	2016	16576
08-31	11810	133.66	3410	33.93	130.87	8400	133.15	16152	130.69	0	16152	130.69	2053	17033
09-01	10540	133.48	2040	35.69	131.00	8500	133.17	16258	130.71	0	16258	130.71	2061	17389
09-02	10534	133.48	2034	37.45	131.12	8500	133.17	16225	130.71	0	16225	130.71	2041	17647
09-03	10644	133.50	1912	39.10	131.23	8732	133.20	16040	130.68	0	16040	130.68	1988	17807
09-04	10867	133.53	1934	40.77	131.34	8933	133.24	15770	130.63	0	15770	130.63	1939	17900
09-05	10595	133.49	1908	42.42	131.45	8687	133.20	16035	130.67	0	16035	130.67	1878	17896
09-06	10331	133.45	1882	44.04	131.56	8449	133.16	15643	130.61	0	15643	130.61	1728	17729
09-07	10063	133.41	1857	45.65	131.67	8206	133.12	14950	130.49	0	14950	130.49	1886	17828
09-08	9762	133.36	1828	44.67	131.60	7934	133.08	13964	130.32	2960	16924	130.83	1906	17762
09-09	9573	133.33	1811	43.73	131.54	7762	133.05	12943	130.15	2898	15840	130.64	2068	17840
09-10	11040	133.55	1950	42.96	131.49	9090	133.26	12631	130.09	2836	15468	130.58	2004	17772
09-11	10462	133.47	1895	42.21	131.44	8567	133.18	11972	129.95	2768	14741	130.45	1880	17717
09-12	9945	133.39	1846	41.47	131.39	8099	133.11	11361	129.83	2700	14061	130.34	1670	17482
09-13	9440	133.31	1798	40.73	131.34	7642	133.01	10775	129.72	2655	13430	130.23	1830	17414
09-14	8917	133.23	1749	39.97	131.29	7168	132.88	10199	129.61	2628	12827	130.13	1643	16816
09-15	8448	133.16	1688	39.19	131.24	6760	132.77	9658	129.51	2600	12258	130.01	1578	16220
09-16	8108	133.11	1634	38.38	131.18	6474	132.69	9191	129.42	2566	11757	129.91	1336	15392
最大值	12686	133.75	4246	45.65	131.67	11086	133.56	16258	130.71	2960	16924	130.83	2068	17900

表 2.4-9 1957年典型年胖头泡滞洪区分洪成果表（无闸）

时间/(月-日)	老龙口进水口							老坎子出水口					哈尔滨	
	分洪前嫩干流量/(m^3/s)	分洪前嫩干水位/m	分洪流量/(m^3/s)	滞洪区库容/亿m^3	滞洪区水位/m	分洪后嫩干流量/(m^3/s)	分洪后嫩干水位/m	退水前松干流量/(m^3/s)	退水前松干水位/m	退水流量/(m^3/s)	退水后松干流量/(m^3/s)	退水后松干水位/m	区间流量过程/(m^3/s)	哈尔滨流量/(m^3/s)
08-11	1696	130.81	0	6.13	128.30	1696	130.81	5537	128.71	0	5537	128.71	1711	7248
08-12	2303	131.14	0	6.13	128.30	2303	131.14	6053	128.84	0	6053	128.84	1707	7247
08-13	3090	131.51	0	6.13	128.30	3090	131.51	6639	128.95	0	6639	128.95	1687	7256
08-14	3653	131.75	0	6.13	128.30	3653	131.75	6995	129.01	0	6995	129.01	1679	7351
08-15	7088	132.86	0	6.13	128.30	7088	132.86	8395	129.28	0	8395	129.28	1659	7558
08-16	8045	133.10	0	6.13	128.30	8045	133.10	9345	129.45	0	9345	129.45	1642	7917
08-17	8919	133.23	0	6.13	128.30	8919	133.23	10272	129.63	0	10272	129.63	1659	8484
08-18	9416	133.31	0	6.13	128.30	9416	133.31	11064	129.78	0	11064	129.78	1679	9234
08-19	10104	133.41	0	6.13	128.30	10104	133.41	11868	129.93	0	11868	129.93	1724	10131
08-20	10565	133.48	0	6.13	128.30	10565	133.48	12572	130.07	0	12572	130.07	1740	11036
08-21	9747	133.36	0	6.13	128.31	9747	133.36	12416	130.04	0	12416	130.04	1752	11912
08-22	10577	133.49	0	6.13	128.31	10577	133.49	12629	130.09	0	12629	130.09	1780	12725
08-23	11086	133.56	0	6.13	128.31	11086	133.56	12963	130.15	0	12963	130.15	1793	13376
08-24	12520	133.73	4251	9.80	128.83	8269	133.13	13483	130.24	0	13483	130.24	1829	13877
08-25	12644	133.74	4275	13.50	129.23	8369	133.15	14092	130.34	0	14092	130.34	1846	14250
08-26	12614	133.74	4269	17.19	129.56	8345	133.15	14579	130.43	0	14579	130.43	1874	14621
08-27	12557	133.74	4258	20.86	129.90	8299	133.14	15007	130.50	0	15007	130.50	1894	15032
08-28	12686	133.75	4283	24.57	130.19	8403	133.15	15444	130.57	0	15444	130.57	1935	15514
08-29	12622	133.74	4271	28.26	130.46	8351	133.15	15679	130.61	0	15679	130.61	1967	16003

续表

时间/(月-日)	老龙口进水口							老坎子出水口					哈尔滨	
	分洪前嫩干流量/(m³/s)	分洪前嫩干水位/m	分洪流量/(m³/s)	滞洪区库容/亿m³	滞洪区水位/m	分洪后嫩干流量/(m³/s)	分洪后嫩干水位/m	退水前松干流量/(m³/s)	退水前松干水位/m	退水流量/(m³/s)	退水后松干流量/(m³/s)	退水后松干水位/m	区间流量过程/(m³/s)	哈尔滨流量/(m³/s)
08-30	12557	133.74	4258	31.93	130.73	8299	133.14	15917	130.65	0	15917	130.65	2016	16489
08-31	11810	133.66	4112	35.49	130.99	7698	133.03	16117	130.69	0	16117	130.69	2053	16919
09-01	10540	133.48	3867	38.83	131.21	6673	132.75	16193	130.70	0	16193	130.70	2061	17262
09-02	10534	133.48	3866	42.17	131.43	6668	132.75	16022	130.67	0	16022	130.67	2041	17517
09-03	10644	133.50	3746	45.40	131.65	6898	132.81	15546	130.59	0	15546	130.59	1988	17669
09-04	10867	133.53	3787	48.68	131.87	7080	132.86	14887	130.48	0	14887	130.48	1939	17722
09-05	10595	133.49	3737	51.91	132.08	6858	132.80	14788	130.46	0	14788	130.46	1878	17620
09-06	10331	133.45	3688	55.09	132.28	6643	132.74	14133	130.35	0	14133	130.35	1728	17275
09-07	10063	133.41	3601	55.06	132.28	6462	132.69	13278	130.20	3637	16910	130.82	1886	17152
09-08	9762	133.36	3528	54.97	132.27	6234	132.63	12211	130.00	3631	15839	130.64	1906	16962
09-09	9573	133.33	3482	54.85	132.26	6091	132.59	11162	129.79	3623	14784	130.46	2068	17151
09-10	11040	133.55	3819	55.01	132.27	7221	132.90	10854	129.74	3633	14486	130.41	2004	17289
09-11	10462	133.47	3692	55.06	132.28	6770	132.78	10207	129.61	3636	13843	130.30	1880	17257
09-12	9945	133.39	3574	55.01	132.27	6371	132.67	9596	129.50	3633	13230	130.20	1670	16872
09-13	9440	133.31	3428	54.84	132.26	6012	132.57	8999	129.39	3622	12624	130.08	1830	16661
09-14	8917	133.23	3227	54.52	132.24	5690	132.48	8422	129.28	3601	12027	129.97	1643	15991
09-15	8448	133.16	3044	54.06	132.21	5404	132.40	7907	129.18	3572	11484	129.86	1578	15381
09-16	8108	133.11	2909	53.52	132.18	5199	132.34	7501	129.11	3536	11045	129.77	1336	14567
最大值	12686	133.75	4283	55.09	132.28	11086	133.56	16193	130.70	3637	16910	130.82	2068	17722

表 2.4-10　　1960年典型年胖头泡滞洪区分洪成果表（有闸）

时间/(月-日)	老龙口进水口							老坎子出水口					哈尔滨	
	分洪前嫩干流量/(m^3/s)	分洪前嫩干水位/m	分洪流量/(m^3/s)	滞洪区库容/亿m^3	滞洪区水位/m	分洪后嫩干流量/(m^3/s)	分洪后嫩干水位/m	退水前松干流量/(m^3/s)	退水前松干水位/m	退水流量/(m^3/s)	退水后松干流量/(m^3/s)	退水后松干水位/m	区间流量过程/(m^3/s)	哈尔滨流量/(m^3/s)
08-05	11795	133.65	0	6.13	128.30	11795	133.65	13586	130.26	0	13586	130.26	496	13412
08-06	10078	133.41	0	6.13	129.01	10078	133.41	12208	130.00	0	12208	130.00	621	13738
08-07	9702	133.35	702	6.74	128.38	9000	133.25	11869	129.93	0	11869	129.93	849	14059
08-08	9676	133.35	3614	9.86	128.84	6062	132.58	12154	129.99	0	12154	129.99	1052	14175
08-09	10691	133.50	3791	13.14	129.20	6900	132.81	12723	130.10	0	12723	130.10	1384	14244
08-10	10378	133.46	3743	16.37	129.49	6635	132.74	13240	130.20	0	13240	130.20	1702	14287
08-11	10273	133.44	3724	19.59	129.78	6549	132.71	13735	130.28	0	13735	130.28	2335	14815
08-12	10271	133.44	3723	22.80	130.06	6548	132.71	14132	130.35	0	14132	130.35	2600	15199
08-13	10180	133.43	3680	25.98	130.29	6500	132.70	14469	130.41	0	14469	130.41	3092	15985
08-14	9988	133.40	2988	28.56	130.48	7000	132.84	14759	130.46	0	14759	130.46	3998	17272
08-15	9778	133.36	2778	30.96	130.66	7000	132.84	14943	130.49	0	14943	130.49	4100	17775
08-16	9673	133.35	2673	33.27	130.83	7000	132.84	14840	130.47	0	14840	130.47	3850	17897
08-17	9263	133.29	2263	35.23	130.97	7000	132.84	15400	130.57	0	15400	130.57	2639	17004
08-18	8913	133.23	1913	36.88	131.08	7000	132.84	15391	130.57	0	15391	130.57	2254	16874
08-19	8573	133.18	0	36.88	131.08	8573	133.18	15073	130.51	0	15073	130.51	2200	17033
08-20	8212	133.13	0	36.88	131.08	8212	133.13	14448	130.40	0	14448	130.40	2217	17224
08-21	7883	133.08	0	34.86	130.94	7883	133.08	13788	130.29	2344	16132	130.69	2261	17361
08-22	7679	133.02	0	33.41	130.84	7679	133.02	13285	130.21	1672	14957	130.49	2300	17412
08-23	7541	132.99	0	32.11	130.74	7541	132.99	12868	130.13	1512	14380	130.39	2327	17457

续表

时间/(月-日)	老龙口进水口							老坎子出水口					哈尔滨	
	分洪前嫩干流量/(m³/s)	分洪前嫩干水位/m	分洪流量/(m³/s)	滞洪区库容/亿 m³	滞洪区水位/m	分洪后嫩干流量/(m³/s)	分洪后嫩干水位/m	退水前松干流量/(m³/s)	退水前松干水位/m	退水流量/(m³/s)	退水后松干流量/(m³/s)	退水后松干水位/m	区间流量过程/(m³/s)	哈尔滨流量/(m³/s)
08-24	9003	133.25	0	31.03	130.66	9003	133.25	13074	130.17	1242	14317	130.38	2341	17494
08-25	8557	133.18	0	30.14	130.60	8557	133.18	12928	130.14	1033	13962	130.32	2349	17414
08-26	8165	133.12	0	29.35	130.54	8165	133.12	12879	130.14	913	13792	130.29	2349	17192
08-27	7997	133.09	0	28.66	130.49	7997	133.09	13220	130.19	801	14021	130.33	2349	16920
08-28	7834	133.07	0	28.11	130.45	7834	133.07	13886	130.31	376	14262	130.37	2334	16657
08-29	7546	132.99	0	27.68	130.42	7546	132.99	14578	130.43	0	15081	130.43	2320	16477
08-30	7343	132.93	0	27.46	130.40	7343	132.93	15124	130.52	0	15380	130.52	2290	16408
08-31	7109	132.87	0	27.42	130.40	7109	132.87	15570	130.60	0	15612	130.60	2268	16484
09-01	7006	132.84	0	27.42	130.40	7006	132.84	15896	130.65	0	15896	130.65	2232	16671
09-02	6877	132.80	0	27.42	130.40	6877	132.80	15934	130.66	0	15934	130.66	2159	16915
09-03	6820	132.79	0	27.42	130.40	6820	132.79	15648	130.61	0	15648	130.61	2049	17156
09-04	6758	132.77	0	27.42	130.40	6758	132.77	15053	130.51	0	15053	130.51	1932	17336
09-05	6631	132.74	0	27.42	130.40	6631	132.74	14235	130.37	0	14235	130.37	1826	17386
09-06	6462	132.69	0	27.42	130.40	6462	132.69	13333	130.21	0	13333	130.21	1691	17198
09-07	6160	132.61	0	27.42	130.40	6160	132.61	12405	130.04	0	12405	130.04	1537	16753
09-08	5943	132.55	0	27.42	130.40	5943	132.55	11570	129.87	0	11570	129.87	1431	16135
09-09	5791	132.51	0	26.89	130.36	5791	132.51	10856	129.74	693	11549	129.87	1358	15389
最大值	11795	133.65	3791	36.88	131.08	11795	133.65	15934	130.66	2344	16132	130.69	4100	17897

表 2.4-11 1960年典型年胖头泡滞洪区分洪成果表（闸堤结合）

时间/(月-日)	老龙口进水口							老坎子出水口					哈尔滨	
	分洪前嫩干流量/(m^3/s)	分洪前嫩干水位/m	分洪流量/(m^3/s)	滞洪区库容/亿m^3	滞洪区水位/m	分洪后嫩干流量/(m^3/s)	分洪后嫩干水位/m	退水前松干流量/(m^3/s)	退水前松干水位/m	退水流量/(m^3/s)	退水后松干流量/(m^3/s)	退水后松干水位/m	区间流量过程/(m^3/s)	哈尔滨流量/(m^3/s)
08-05	11795	133.65	0	6.13	128.30	11795	133.65	13586	130.26	0	13586	130.26	496	13412
08-06	10078	133.41	0	6.13	129.01	10078	133.41	12208	130.00	0	12208	130.00	621	13738
08-07	9702	133.35	702	6.74	128.38	9000	133.25	11869	129.93	0	11869	129.93	849	14059
08-08	9676	133.35	3614	9.86	128.84	6062	132.58	12154	129.99	0	12154	129.99	1052	14175
08-09	10691	133.50	3791	13.14	129.20	6900	132.81	12723	130.10	0	12723	130.10	1384	14244
08-10	10378	133.46	3743	16.37	129.49	6635	132.74	13240	130.20	0	13240	130.20	1702	14287
08-11	10273	133.44	3724	19.59	129.78	6549	132.71	13735	130.28	0	13735	130.28	2335	14815
08-12	10271	133.44	3723	22.80	130.06	6548	132.71	14132	130.35	0	14132	130.35	2600	15199
08-13	10180	133.43	3680	25.98	130.29	6500	132.70	14469	130.41	0	14469	130.41	3092	15985
08-14	9988	133.40	2988	28.56	130.48	7000	132.84	14759	130.46	0	14759	130.46	3998	17272
08-15	9778	133.36	2778	30.96	130.66	7000	132.84	14943	130.49	0	14943	130.49	4100	17775
08-16	9673	133.35	2673	33.27	130.83	7000	132.84	14840	130.47	0	14840	130.47	3850	17897
08-17	9263	133.29	2263	35.23	130.97	7000	132.84	15400	130.57	0	15400	130.57	2639	17004
08-18	8913	133.23	1913	36.88	131.08	7000	132.84	15391	130.57	0	15391	130.57	2254	16874
08-19	8573	133.18	1708	38.36	131.18	6865	132.80	15062	130.51	0	15062	130.51	2200	17033
08-20	8212	133.13	1651	39.78	131.28	6561	132.72	14355	130.39	0	14355	130.39	2217	17223
08-21	7883	133.08	1599	38.97	131.22	6284	132.64	13458	130.24	2543	16000	130.67	2261	17354
08-22	7679	133.02	1567	38.19	131.17	6112	132.60	12575	130.08	2471	15046	130.51	2300	17391
08-23	7541	132.99	1546	37.45	131.12	5995	132.56	11787	129.92	2405	14192	130.36	2327	17418

续表

时间/(月-日)	老龙口进水口							老坎子出水口					哈尔滨	
	分洪前嫩干流量/(m^3/s)	分洪前嫩干水位/m	分洪流量/(m^3/s)	滞洪区库容/亿m^3	滞洪区水位/m	分洪后嫩干流量/(m^3/s)	分洪后嫩干水位/m	退水前松干流量/(m^3/s)	退水前松干水位/m	退水流量/(m^3/s)	退水后松干流量/(m^3/s)	退水后松干水位/m	区间流量过程/(m^3/s)	哈尔滨流量/(m^3/s)
08-24	9003	133.25	1757	36.93	131.09	7246	132.90	11742	129.91	2359	14102	130.35	2341	17443
08-25	8557	133.18	1705	36.39	131.05	6852	132.80	11456	129.85	2321	13777	130.29	2349	17350
08-26	8165	133.12	1643	35.83	131.01	6522	132.71	11323	129.82	2293	13616	130.26	2349	17098
08-27	7997	133.09	1617	35.27	130.97	6380	132.67	11606	129.88	2265	13871	130.31	2349	16789
08-28	7834	133.07	1591	34.72	130.93	6243	132.63	12239	130.01	2230	14470	130.41	2334	16503
08-29	7546	132.99	1547	34.17	130.89	5999	132.56	12927	130.14	2185	15111	130.52	2320	16334
08-30	7343	132.93	1516	33.66	130.86	5827	132.52	13487	130.24	2101	15588	130.60	2290	16331
08-31	7109	132.87	1480	33.25	130.83	5629	132.46	13958	130.32	1960	15918	130.65	2268	16536
09-01	7006	132.84	1464	32.94	130.80	5542	132.44	14314	130.38	1818	16131	130.69	2232	16867
09-02	6877	132.80	1445	32.79	130.79	5432	132.41	14384	130.39	1622	16006	130.67	2159	17209
09-03	6820	132.79	1436	32.78	130.79	5384	132.40	14129	130.35	1454	15582	130.60	2049	17471
09-04	6758	132.77	1427	32.86	130.80	5331	132.38	13560	130.25	1332	14893	130.48	1932	17607
09-05	6631	132.74	1407	32.94	130.80	5224	132.35	12764	130.11	1315	14079	130.34	1826	17568
09-06	6462	132.69	1382	32.93	130.80	5080	132.30	11880	129.94	1396	13277	130.20	1691	17276
09-07	6160	132.61	1337	32.75	130.79	4823	132.20	10968	129.76	1538	12507	130.06	1537	16744
09-08	5943	132.55	1306	32.43	130.76	4637	132.13	10151	129.60	1682	11833	129.93	1431	16083
09-09	5791	132.51	1278	31.97	130.73	4513	132.08	9459	129.47	1805	11264	129.81	1358	15347
最大值	11795	133.65	3791	39.78	131.28	11795	133.65	15400	130.57	2543	16131	130.69	4100	17897

表 2.4-12　　1960 年典型年胖头泡滞洪区分洪成果表（无闸）

时间/(月-日)	老龙口进水口							老坎子出水口					哈尔滨	
	分洪前嫩干流量/(m^3/s)	分洪前嫩干水位/m	分洪流量/(m^3/s)	滞洪区库容/亿 m^3	滞洪区水位/m	分洪后嫩干流量/(m^3/s)	分洪后嫩干水位/m	退水前松干流量/(m^3/s)	退水前松干水位/m	退水流量/(m^3/s)	退水后松干流量/(m^3/s)	退水后松干水位/m	区间流量过程/(m^3/s)	哈尔滨流量/(m^3/s)
08-05	11795	133.65	0	6.13	128.30	11795	133.65	13586	130.26	0	13586	130.26	496	13412
08-06	10078	133.41	0	6.13	129.01	10078	133.41	12208	130.00	0	12208	130.00	621	13738
08-07	9702	133.35	3663	9.30	128.76	6039	132.58	11849	129.93	0	11849	129.93	849	14059
08-08	9676	133.35	3658	12.46	129.13	6018	132.57	12015	129.96	0	12015	129.96	1052	14173
08-09	10691	133.50	3849	15.78	129.44	6842	132.79	12312	130.02	0	12312	130.02	1384	14232
08-10	10378	133.46	3790	19.06	129.73	6588	132.73	12573	130.07	0	12573	130.07	1702	14238
08-11	10273	133.44	3770	22.31	130.02	6503	132.70	13063	130.17	0	13063	130.17	2335	14681
08-12	10271	133.44	3770	25.57	130.26	6501	132.70	13652	130.27	0	13652	130.27	2600	14934
08-13	10180	133.43	3753	28.81	130.50	6427	132.68	14189	130.36	0	14189	130.36	3092	15581
08-14	9988	133.40	3717	32.02	130.74	6271	132.64	14611	130.43	0	14611	130.43	3998	16781
08-15	9778	133.36	3677	35.20	130.97	6101	132.59	14835	130.47	0	14835	130.47	4100	17279
08-16	9673	133.35	3657	38.36	131.18	6016	132.57	14662	130.44	0	14662	130.44	3850	17465
08-17	9263	133.29	3530	41.41	131.38	5733	132.49	15053	130.51	0	15053	130.51	2639	16655
08-18	8913	133.23	3423	44.37	131.58	5490	132.43	14829	130.47	0	14829	130.47	2254	16584
08-19	8573	133.18	3320	47.24	131.77	5253	132.36	14281	130.38	0	14281	130.38	2200	16745
08-20	8212	133.13	3212	46.90	131.75	5000	132.27	13359	130.22	3602	17025	130.84	2217	16892
08-21	7883	133.08	3114	46.51	131.72	4769	132.18	12266	130.01	3572	15896	130.65	2261	17051

续表

时间/(月-日)	老龙口进水口							老坎子出水口					哈尔滨	
	分洪前嫩干流量/(m^3/s)	分洪前嫩干水位/m	分洪流量/(m^3/s)	滞洪区库容/亿m^3	滞洪区水位/m	分洪后嫩干流量/(m^3/s)	分洪后嫩干水位/m	退水前松干流量/(m^3/s)	退水前松干水位/m	退水流量/(m^3/s)	退水后松干流量/(m^3/s)	退水后松干水位/m	区间流量过程/(m^3/s)	哈尔滨流量/(m^3/s)
08-22	7679	133.02	3053	46.08	131.69	4626	132.12	11234	129.81	3540	14828	130.47	2300	17308
08-23	7541	132.99	3013	45.66	131.67	4528	132.09	10360	129.64	3508	13917	130.31	2327	17612
08-24	9003	133.25	3451	45.61	131.66	5552	132.44	10281	129.63	3504	13829	130.30	2341	17702
08-25	8557	133.18	3315	45.46	131.65	5242	132.36	9981	129.57	3493	13513	130.24	2349	17462
08-26	8165	133.12	3198	45.22	131.64	4967	132.25	9830	129.54	3475	13340	130.22	2349	17027
08-27	7997	133.09	3148	44.95	131.62	4849	132.21	10086	129.59	3455	13572	130.25	2349	16585
08-28	7834	133.07	3099	44.66	131.60	4735	132.16	10702	129.71	3434	14164	130.36	2334	16223
08-29	7546	132.99	3014	44.32	131.58	4532	132.09	11393	129.84	3408	14825	130.47	2320	16013
08-30	7343	132.93	2955	43.95	131.55	4388	132.03	11970	129.95	3381	15373	130.56	2290	15990
08-31	7109	132.87	2887	43.55	131.53	4222	131.97	12465	130.05	3351	15836	130.64	2268	16189
09-01	7006	132.84	2857	43.15	131.50	4149	131.94	12849	130.13	3322	16187	130.70	2232	16536
09-02	6877	132.80	2820	42.74	131.47	4058	131.91	12948	130.15	3292	16254	130.71	2159	16924
09-03	6820	132.79	2803	42.35	131.45	4017	131.89	12720	130.10	3263	15995	130.67	2049	17266
09-04	6758	132.77	2785	41.98	131.42	3973	131.87	12176	130.00	3209	15420	130.57	1932	17515
09-05	6631	132.74	2749	41.76	131.41	3882	131.84	11399	129.84	3000	14399	130.40	1826	17610
最大值	11795	133.65	3849	47.24	131.77	11795	133.65	15053	130.51	3602	17025	130.84	4100	17702

表 2.4-13 1969年典型年胖头泡滞洪区分洪成果表（有闸）

时间/(月-日)	老龙口进水口							老坎子出水口					哈尔滨	
	分洪前嫩干流量/(m^3/s)	分洪前嫩干水位/m	分洪流量/(m^3/s)	滞洪区库容/亿m^3	滞洪区水位/m	分洪后嫩干流量/(m^3/s)	分洪后嫩干水位/m	退水前松干流量/(m^3/s)	退水前松干水位/m	退水流量/(m^3/s)	退水后松干流量/(m^3/s)	退水后松干水位/m	区间流量过程/(m^3/s)	哈尔滨流量/(m^3/s)
08-11	2935	131.44	0	6.13	128.30	2935	131.44	6096	128.84	0	6096	128.84	836	6932
08-12	2933	131.43	0	6.13	128.30	2933	131.43	6220	128.87	0	6220	128.87	906	7002
08-13	2872	131.41	0	6.13	128.30	2872	131.41	6263	128.88	0	6263	128.88	971	7074
08-14	2713	131.33	0	6.13	128.30	2713	131.33	6255	128.87	0	6255	128.87	1032	7155
08-15	2582	131.27	0	6.13	128.30	2582	131.27	6229	128.87	0	6229	128.87	1070	7226
08-16	2409	131.19	0	6.13	128.30	2409	131.19	6212	128.87	0	6212	128.87	1121	7314
08-17	2165	131.08	0	6.13	128.30	2165	131.08	6095	128.84	0	6095	128.84	1153	7368
08-18	1917	130.94	0	6.13	128.30	1917	130.94	5872	128.80	0	5872	128.80	1161	7378
08-19	1808	130.88	0	6.13	128.30	1808	130.88	5706	128.75	0	5706	128.75	1496	7684
08-20	1869	130.91	0	6.13	128.30	1869	130.91	5574	128.72	0	5574	128.72	1764	7881
08-21	2805	131.38	0	6.13	128.30	2805	131.38	5839	128.79	0	5839	128.79	1809	7816
08-22	5690	132.48	0	6.13	128.30	5690	132.48	6940	129.00	0	6940	129.00	1706	7604
08-23	8771	133.21	0	6.13	128.30	8771	133.21	8526	129.30	0	8526	129.30	1618	7499
08-24	13803	133.83	0	6.13	128.30	13803	133.83	11170	129.80	0	11170	129.80	1541	7646
08-25	17195	134.11	0	6.13	128.30	17195	134.11	13788	130.29	0	13788	130.29	1432	8165
08-26	19373	134.26	1973	7.84	128.54	17400	134.12	15310	130.55	0	15310	130.55	1265	9139
08-27	20896	134.35	3496	10.86	128.98	17400	134.12	16392	130.74	0	16392	130.74	1036	10521
08-28	21485	134.39	4385	14.64	129.33	17100	134.10	17225	130.88	0	17225	130.88	790	12124
08-29	21223	134.37	4323	18.38	129.67	16900	134.08	17789	130.98	0	17789	130.98	504	13617

续表

时间/(月-日)	老龙口进水口							老坎子出水口					哈尔滨	
	分洪前嫩干流量/(m^3/s)	分洪前嫩干水位/m	分洪流量/(m^3/s)	滞洪区库容/亿m^3	滞洪区水位/m	分洪后嫩干流量/(m^3/s)	分洪后嫩干水位/m	退水前松干流量/(m^3/s)	退水前松干水位/m	退水流量/(m^3/s)	退水后松干流量/(m^3/s)	退水后松干水位/m	区间流量过程/(m^3/s)	哈尔滨流量/(m^3/s)
08-30	20873	134.35	4073	21.90	129.99	16800	134.08	18034	131.03	0	18034	131.03	267	14890
08-31	20198	134.31	3398	24.83	130.21	16800	134.08	18055	131.03	0	18055	131.03	195	15995
09-01	19428	134.26	2628	27.11	130.38	16800	134.08	17990	131.02	0	17990	131.02	91	16747
09-02	19474	134.26	2574	29.33	130.54	16900	134.08	17896	131.00	0	17896	131.00	68	17299
09-03	19304	134.25	2404	31.41	130.69	16900	134.08	17780	130.98	0	17780	130.98	52	17629
09-04	18819	134.22	1919	33.06	130.81	16900	134.08	17733	130.97	0	17733	130.97	52	17799
09-05	17863	134.15	0	33.06	130.81	17863	134.15	17739	130.97	0	17739	130.97	65	17864
09-06	17509	134.13	0	33.06	130.81	17509	134.13	17790	130.98	0	17790	130.98	80	17865
09-07	16316	134.04	0	33.06	130.81	16316	134.04	17494	130.92	0	17494	130.92	98	17850
09-08	15654	133.98	0	33.06	130.81	15654	133.98	17184	130.87	0	17184	130.87	150	17868
09-09	14760	133.91	0	33.06	130.81	14760	133.91	16647	130.78	0	16647	130.78	240	17899
09-10	12237	133.71	0	33.06	130.81	12237	133.71	15300	130.55	0	15300	130.55	322	17848
09-11	11351	133.59	0	33.06	130.81	11351	133.59	14238	130.37	0	14238	130.37	410	17663
09-12	10545	133.48	0	33.06	130.81	10545	133.48	13236	130.20	0	13236	130.20	566	17340
09-13	9742	133.36	0	32.25	130.75	9742	133.36	12277	130.02	942	13219	130.19	748	16821
09-14	10987	133.54	0	31.21	130.68	10987	133.54	12150	129.99	1199	13348	130.22	976	16227
09-15	9971	133.39	0	29.92	130.58	9971	133.39	11565	129.87	1499	13064	130.17	1120	15608
最大值	21485	134.39	4385	33.06	130.81	17863	134.15	18055	131.03	1499	18055	131.03	1809	17899

表 2.4-14　　1969 年典型年胖头泡滞洪区分洪成果表（闸堤结合）

时间/(月-日)	老龙口进水口							老坎子出水口						哈尔滨	
	分洪前嫩干流量/(m^3/s)	分洪前嫩干水位/m	分洪流量/(m^3/s)	滞洪区库容/亿 m^3	滞洪区水位/m	分洪后嫩干流量/(m^3/s)	分洪后嫩干水位/m	退水前松干流量/(m^3/s)	退水前松干水位/m	退水流量/(m^3/s)	退水后松干流量/(m^3/s)	退水后松干水位/m	区间流量过程/(m^3/s)	哈尔滨流量/(m^3/s)
08-11	2935	131.44	0	6.13	128.30	2935	131.44	6096	128.84	0	6096	128.84	836	6932
08-12	2933	131.43	0	6.13	128.30	2933	131.43	6220	128.87	0	6220	128.87	906	7002
08-13	2872	131.41	0	6.13	128.30	2872	131.41	6263	128.88	0	6263	128.88	971	7074
08-14	2713	131.33	0	6.13	128.30	2713	131.33	6255	128.87	0	6255	128.87	1032	7155
08-15	2582	131.27	0	6.13	128.30	2582	131.27	6229	128.87	0	6229	128.87	1070	7226
08-16	2409	131.19	0	6.13	128.30	2409	131.19	6212	128.87	0	6212	128.87	1121	7314
08-17	2165	131.08	0	6.13	128.30	2165	131.08	6095	128.84	0	6095	128.84	1153	7368
08-18	1917	130.94	0	6.13	128.30	1917	130.94	5872	128.80	0	5872	128.80	1161	7378
08-19	1808	130.88	0	6.13	128.30	1808	130.88	5706	128.75	0	5706	128.75	1496	7684
08-20	1869	130.91	0	6.13	128.30	1869	130.91	5574	128.72	0	5574	128.72	1764	7881
08-21	2805	131.38	0	6.13	128.30	2805	131.38	5839	128.79	0	5839	128.79	1809	7816
08-22	5690	132.48	0	6.13	128.30	5690	132.48	6940	129.00	0	6940	129.00	1706	7604
08-23	8771	133.21	0	6.13	128.30	8771	133.21	8526	129.30	0	8526	129.30	1618	7499
08-24	13803	133.83	0	6.13	128.30	13803	133.83	11170	129.80	0	11170	129.80	1541	7646
08-25	17195	134.11	0	6.13	128.30	17195	134.11	13788	130.29	0	13788	130.29	1432	8165
08-26	19373	134.26	1973	7.84	128.54	17400	134.12	15310	130.55	0	15310	130.55	1265	9139
08-27	20896	134.35	3496	10.86	128.98	17400	134.12	16392	130.74	0	16392	130.74	1036	10521
08-28	21485	134.39	4385	14.64	129.33	17100	134.10	17225	130.88	0	17225	130.88	790	12124
08-29	21223	134.37	4323	18.38	129.67	16900	134.08	17789	130.98	0	17789	130.98	504	13617

续表

时间/(月-日)	老龙口进水口							老坎子出水口					哈尔滨	
	分洪前嫩干流量/(m^3/s)	分洪前嫩干水位/m	分洪流量/(m^3/s)	滞洪区库容/亿 m^3	滞洪区水位/m	分洪后嫩干流量/(m^3/s)	分洪后嫩干水位/m	退水前松干流量/(m^3/s)	退水前松干水位/m	退水流量/(m^3/s)	退水后松干流量/(m^3/s)	退水后松干水位/m	区间流量过程/(m^3/s)	哈尔滨流量/(m^3/s)
08-30	20873	134.35	4073	21.90	129.99	16800	134.08	18034	131.03	0	18034	131.03	267	14890
08-31	20198	134.31	3398	24.83	130.21	16800	134.08	18055	131.03	0	18055	131.03	195	15995
09-01	19428	134.26	2628	27.11	130.38	16800	134.08	17990	131.02	0	17990	131.02	91	16747
09-02	19474	134.26	2574	29.33	130.54	16900	134.08	17896	131.00	0	17896	131.00	68	17299
09-03	19304	134.25	2404	31.41	130.69	16900	134.08	17780	130.98	0	17780	130.98	52	17629
09-04	18819	134.22	2450	33.52	130.85	16369	134.04	17730	130.97	0	17730	130.97	52	17799
09-05	17863	134.15	2400	35.60	131.00	15463	133.97	17698	130.96	0	17698	130.96	65	17864
09-06	17509	134.13	2380	37.65	131.13	15129	133.94	17585	130.94	0	17585	130.94	80	17862
09-07	16316	134.04	2313	39.65	131.27	14003	133.85	16906	130.82	0	16906	130.82	98	17830
09-08	15654	133.98	2276	41.62	131.40	13378	133.80	16053	130.68	0	16053	130.68	150	17793
09-09	14760	133.91	2229	41.40	131.38	12531	133.74	15014	130.50	2479	17493	130.92	240	17711
09-10	12237	133.71	2061	41.02	131.36	10176	133.43	13338	130.21	2508	15846	130.64	322	17543
09-11	11351	133.59	1980	40.55	131.33	9371	133.30	12116	129.98	2522	14638	130.44	410	17379
09-12	10545	133.48	1903	40.00	131.29	8642	133.19	11071	129.78	2534	13605	130.26	566	17253
09-13	9742	133.36	1827	39.35	131.25	7915	133.08	10144	129.60	2586	12730	130.11	748	16959
09-14	10987	133.54	1945	38.71	131.20	9042	133.25	10082	129.59	2677	12759	130.11	976	16467
09-15	9971	133.39	1848	37.97	131.16	8123	133.11	9567	129.49	2711	12278	130.02	1120	15783
最大值	21485	134.39	4385	41.62	131.40	17400	134.12	18055	131.03	2711	18055	131.03	1809	17864

表 2.4-15　　1969年典型年胖头泡滞洪区分洪成果表（无闸）

时间/(月-日)	老龙口进水口							老坎子出水口					哈尔滨	
	分洪前嫩干流量/(m³/s)	分洪前嫩干水位/m	分洪流量/(m³/s)	滞洪区库容/亿m³	滞洪区水位/m	分洪后嫩干流量/(m³/s)	分洪后嫩干水位/m	退水前松干流量/(m³/s)	退水前松干水位/m	退水流量/(m³/s)	退水后松干流量/(m³/s)	退水后松干水位/m	区间流量过程/(m³/s)	哈尔滨流量/(m³/s)
08-11	2935	131.44	0	6.13	128.30	2935	131.44	6096	128.84	0	6096	128.84	836	6932
08-12	2933	131.43	0	6.13	128.30	2933	131.43	6220	128.87	0	6220	128.87	906	7002
08-13	2872	131.41	0	6.13	128.30	2872	131.41	6263	128.88	0	6263	128.88	971	7074
08-14	2713	131.33	0	6.13	128.30	2713	131.33	6255	128.87	0	6255	128.87	1032	7155
08-15	2582	131.27	0	6.13	128.30	2582	131.27	6229	128.87	0	6229	128.87	1070	7226
08-16	2409	131.19	0	6.13	128.30	2409	131.19	6212	128.87	0	6212	128.87	1121	7314
08-17	2165	131.08	0	6.13	128.30	2165	131.08	6095	128.84	0	6095	128.84	1153	7368
08-18	1917	130.94	0	6.13	128.30	1917	130.94	5872	128.80	0	5872	128.80	1161	7378
08-19	1808	130.88	0	6.13	128.30	1808	130.88	5706	128.75	0	5706	128.75	1496	7684
08-20	1869	130.91	0	6.13	128.30	1869	130.91	5574	128.72	0	5574	128.72	1764	7881
08-21	2805	131.38	0	6.13	128.30	2805	131.38	5839	128.79	0	5839	128.79	1809	7816
08-22	5690	132.48	0	6.13	128.30	5690	132.48	6940	129.00	0	6940	129.00	1706	7604
08-23	8771	133.21	0	6.13	128.30	8771	133.21	8526	129.30	0	8526	129.30	1618	7499
08-24	13803	133.83	0	6.13	128.30	13803	133.83	11170	129.80	0	11170	129.80	1541	7646
08-25	17195	134.11	0	6.13	128.30	17195	134.11	13788	130.29	0	13788	130.29	1432	8165
08-26	19373	134.26	4241	9.80	128.83	15132	133.94	15290	130.55	0	15290	130.55	1265	9139
08-27	20896	134.35	4367	13.57	129.23	16529	134.05	16241	130.71	0	16241	130.71	1036	10520
08-28	21485	134.39	4415	17.38	129.58	17070	134.10	16749	130.80	0	16749	130.80	790	12114
08-29	21223	134.37	4394	21.18	129.93	16829	134.08	16946	130.83	0	16946	130.83	504	13576

续表

时间/(月-日)	老龙口进水口							老坎子出水口					哈尔滨	
	分洪前嫩干流量/(m³/s)	分洪前嫩干水位/m	分洪流量/(m³/s)	滞洪区库容/亿m³	滞洪区水位/m	分洪后嫩干流量/(m³/s)	分洪后嫩干水位/m	退水前松干流量/(m³/s)	退水前松干水位/m	退水流量/(m³/s)	退水后松干流量/(m³/s)	退水后松干水位/m	区间流量过程/(m³/s)	哈尔滨流量/(m³/s)
08-30	20873	134.35	4365	24.95	130.22	16508	134.05	17077	130.85	0	17077	130.85	267	14774
08-31	20198	134.31	4309	28.67	130.49	15889	134.00	17246	130.88	0	17246	130.88	195	15754
09-01	19428	134.26	4245	32.34	130.76	15183	133.94	17334	130.90	0	17334	130.90	91	16361
09-02	19474	134.26	4249	36.01	131.02	15225	133.95	17215	130.88	0	17215	130.88	68	16801
09-03	19304	134.25	4235	39.67	131.27	15069	133.93	16881	130.82	0	16881	130.82	52	17080
09-04	18819	134.22	4189	43.29	131.51	14630	133.90	16521	130.76	0	16521	130.76	52	17239
09-05	17863	134.15	4097	46.83	131.74	13766	133.83	16210	130.70	0	16210	130.70	65	17275
09-06	17509	134.13	4063	50.34	131.98	13446	133.80	15905	130.65	0	15905	130.65	80	17182
09-07	16316	134.04	3950	50.63	132.00	12366	133.72	15126	130.52	3619	18745	131.17	98	17014
09-08	15654	133.98	3891	50.85	132.01	11763	133.65	14238	130.37	3634	17873	131.00	150	16946
09-09	14760	133.91	3813	50.99	132.02	10947	133.54	13202	130.19	3644	16847	130.81	240	17157
09-10	12237	133.71	3476	50.86	132.01	8761	133.21	11547	129.87	3635	15182	130.53	322	17532
09-11	11351	133.59	3332	50.61	132.00	8019	133.10	10360	129.64	3618	13978	130.32	410	17737
09-12	10545	133.48	3203	50.27	131.97	7342	132.93	9369	129.46	3594	12962	130.15	566	17568
09-13	9742	133.36	3076	49.85	131.95	6666	132.75	8514	129.30	3563	12077	129.98	748	17007
09-14	10987	133.54	3274	49.62	131.93	7713	133.03	8530	129.30	3546	12077	129.98	976	16263
09-15	9971	133.39	3112	49.26	131.91	6859	132.80	8083	129.22	3521	11604	129.88	1120	15412
最大值	21485	134.39	4415	50.99	132.02	17195	134.11	17334	130.90	3644	18745	131.17	1809	17737

表 2.4-16　　1998年典型年胖头泡滞洪区分洪成果表（有闸）

时间/(月-日)	老龙口进水口							老坎子出水口					哈尔滨	
	分洪前嫩干流量/(m^3/s)	分洪前嫩干水位/m	分洪流量/(m^3/s)	滞洪区库容/亿 m^3	滞洪区水位/m	分洪后嫩干流量/(m^3/s)	分洪后嫩干水位/m	退水前松干流量/(m^3/s)	退水前松干水位/m	退水流量/(m^3/s)	退水后松干流量/(m^3/s)	退水后松干水位/m	区间流量过程/(m^3/s)	哈尔滨流量/(m^3/s)
08-07	7893	133.08	0	6.13	128.30	7893	133.08	8802	129.35	0	8802	129.35	1120	8904
08-08	7914	133.08	0	6.13	128.30	7914	133.08	8831	129.36	0	8831	129.36	1120	8904
08-09	7953	133.09	0	6.13	128.30	7953	133.09	8887	129.37	0	8887	129.37	1120	8904
08-10	7979	133.09	0	6.13	128.30	7979	133.09	8997	129.39	0	8997	129.39	1120	8904
08-11	7975	133.09	0	6.13	128.30	7975	133.09	9168	129.42	0	9168	129.42	1120	8904
08-12	7944	133.08	0	6.13	128.30	7944	133.08	9379	129.46	0	9379	129.46	1120	8905
08-13	8691	133.20	0	6.13	128.30	8691	133.20	9747	129.53	0	9747	129.53	1120	8913
08-14	10154	133.42	0	6.13	128.30	10154	133.42	10443	129.66	0	10443	129.66	1120	10076
08-15	11662	133.64	0	6.13	128.30	11662	133.64	11470	129.85	0	11470	129.85	1240	10343
08-16	13050	133.77	0	6.13	128.30	13050	133.77	12718	130.10	0	12718	130.10	1990	11319
08-17	14649	133.90	449	6.52	128.35	14200	133.86	14057	130.34	0	14057	130.34	2840	12523
08-18	18406	134.19	4206	10.15	128.88	14200	133.86	15160	130.53	0	15160	130.53	2280	12494
08-19	19106	134.24	4906	14.39	129.31	14200	133.86	15900	130.65	0	15900	130.65	3220	14167
08-20	17919	134.16	3819	17.69	129.61	14100	133.85	16351	130.73	0	16351	130.73	2370	14225
08-21	17243	134.11	3143	20.41	129.86	14100	133.85	16619	130.77	0	16619	130.77	1420	14279
08-22	16273	134.03	2073	22.20	130.02	14200	133.86	16782	130.80	0	16782	130.80	1330	15178
08-23	15113	133.94	913	22.99	130.07	14200	133.86	16884	130.82	0	16884	130.82	1330	16056
08-24	14309	133.87	109	23.08	130.08	14200	133.86	16936	130.83	0	16936	130.83	1230	16663
08-25	13532	133.81	0	23.08	130.08	13532	133.81	16787	130.80	0	16787	130.80	1140	17099

续表

时间/(月-日)	老龙口进水口							老坎子出水口					哈尔滨	
	分洪前嫩干流量/(m^3/s)	分洪前嫩干水位/m	分洪流量/(m^3/s)	滞洪区库容/亿 m^3	滞洪区水位/m	分洪后嫩干流量/(m^3/s)	分洪后嫩干水位/m	退水前松干流量/(m^3/s)	退水前松干水位/m	退水流量/(m^3/s)	退水后松干流量/(m^3/s)	退水后松干水位/m	区间流量过程/(m^3/s)	哈尔滨流量/(m^3/s)
08-26	12685	133.75	0	23.08	130.08	12685	133.75	16347	130.73	0	16347	130.73	1140	17463
08-27	11855	133.66	0	23.08	130.08	11855	133.66	15661	130.61	0	15661	130.61	1230	17775
08-28	11448	133.61	0	23.08	130.08	11448	133.61	14900	130.48	0	14900	130.48	1040	17672
08-29	11107	133.56	0	23.08	130.08	11107	133.56	14185	130.36	0	14185	130.36	1330	17899
08-30	10752	133.51	0	23.08	130.08	10752	133.51	13547	130.25	0	13547	130.25	1040	17378
08-31	11718	133.64	0	23.08	130.08	11718	133.64	13244	130.20	0	13244	130.20	1140	17087
09-01	11068	133.55	0	23.08	130.08	11068	133.55	13047	130.17	0	13047	130.17	1420	16856
09-02	10829	133.52	0	23.08	130.08	10829	133.52	12826	130.13	0	12826	130.13	1520	16390
09-03	10623	133.49	0	23.08	130.08	10623	133.49	12595	130.08	0	12595	130.08	1610	15935
09-04	10426	133.46	0	23.08	130.08	10426	133.46	12372	130.03	0	12372	130.03	1610	15460
09-05	10292	133.44	0	23.08	130.08	10292	133.44	12170	129.99	0	12170	129.99	1520	14980
09-06	10134	133.42	0	23.08	130.08	10134	133.42	11988	129.96	0	11988	129.96	1610	14751
09-07	9787	133.37	0	23.08	130.08	9787	133.37	11780	129.92	0	11780	129.92	1610	14478
09-08	9852	133.38	0	22.60	130.04	9852	133.38	11608	129.88	561	12169	129.99	1520	14146
09-09	9883	133.38	0	22.48	130.04	9883	133.38	11505	129.86	136	11641	129.89	1330	13742
09-10	9842	133.37	0	21.68	129.97	9842	133.37	11442	129.85	924	12366	130.03	1350	13585
09-11	9827	133.37	0	21.68	129.97	9827	133.37	11401	129.84	0	11401	129.84	1210	13318
09-12	9811	133.37	0	21.00	129.91	9811	133.37	11371	129.83	784	12155	129.99	1150	13178
最大值	19106	134.24	4906	23.08	130.08	14200	133.86	16936	130.83	924	16936	130.83	3220	17899

表 2.4-17 1998年典型年胖头泡滞洪区分洪成果表（闸堤结合）

时间/(月-日)	老龙口进水口							老坎子出水口					哈尔滨	
	分洪前嫩干流量/(m^3/s)	分洪前嫩干水位/m	分洪流量/(m^3/s)	滞洪区库容/亿m^3	滞洪区水位/m	分洪后嫩干流量/(m^3/s)	分洪后嫩干水位/m	退水前松干流量/(m^3/s)	退水前松干水位/m	退水流量/(m^3/s)	退水后松干流量/(m^3/s)	退水后松干水位/m	区间流量过程/(m^3/s)	哈尔滨流量/(m^3/s)
08-07	7893	133.08	0	6.13	128.30	7893	133.08	8802	129.35	0	8802	129.35	1120	8904
08-08	7914	133.08	0	6.13	128.30	7914	133.08	8831	129.36	0	8831	129.36	1120	8904
08-09	7953	133.09	0	6.13	128.30	7953	133.09	8887	129.37	0	8887	129.37	1120	8904
08-10	7979	133.09	0	6.13	128.30	7979	133.09	8997	129.39	0	8997	129.39	1120	8904
08-11	7975	133.09	0	6.13	128.30	7975	133.09	9168	129.42	0	9168	129.42	1120	8904
08-12	7944	133.08	0	6.13	128.30	7944	133.08	9379	129.46	0	9379	129.46	1120	8905
08-13	8691	133.20	0	6.13	128.30	8691	133.20	9747	129.53	0	9747	129.53	1120	8913
08-14	10154	133.42	0	6.13	128.30	10154	133.42	10443	129.66	0	10443	129.66	1120	10076
08-15	11662	133.64	0	6.13	128.30	11662	133.64	11470	129.85	0	11470	129.85	1240	10343
08-16	13050	133.77	0	6.13	128.30	13050	133.77	12718	130.10	0	12718	130.10	1990	11319
08-17	14649	133.90	449	6.52	128.35	14200	133.86	14057	130.34	0	14057	130.34	2840	12523
08-18	18406	134.19	4206	10.15	128.88	14200	133.86	15160	130.53	0	15160	130.53	2280	12494
08-19	19106	134.24	4906	14.39	129.31	14200	133.86	15900	130.65	0	15900	130.65	3220	14167
08-20	17919	134.16	3819	17.69	129.61	14100	133.85	16351	130.73	0	16351	130.73	2370	14225
08-21	17243	134.11	3143	20.41	129.86	14100	133.85	16619	130.77	0	16619	130.77	1420	14279
08-22	16273	134.03	2429	22.51	130.04	13844	133.84	16780	130.80	0	16780	130.80	1330	15178
08-23	15113	133.94	2385	24.57	130.19	12728	133.75	16857	130.81	0	16857	130.81	1330	16056
08-24	14309	133.87	2342	26.59	130.34	11967	133.68	16801	130.81	0	16801	130.81	1230	16662
08-25	13532	133.81	2267	28.55	130.48	11265	133.58	16377	130.73	0	16377	130.73	1140	17094

续表

时间/(月-日)	老龙口进水口							老坎子出水口					哈尔滨	
	分洪前嫩干流量/(m³/s)	分洪前嫩干水位/m	分洪流量/(m³/s)	滞洪区库容/亿 m³	滞洪区水位/m	分洪后嫩干流量/(m³/s)	分洪后嫩干水位/m	退水前松干流量/(m³/s)	退水前松干水位/m	退水流量/(m³/s)	退水后松干流量/(m³/s)	退水后松干水位/m	区间流量过程/(m³/s)	哈尔滨流量/(m³/s)
08-26	12685	133.75	2188	30.44	130.62	10497	133.47	15491	130.58	0	15491	130.58	1140	17441
08-27	11855	133.66	2147	32.29	130.76	9708	133.35	14315	130.38	0	14315	130.38	1230	17706
08-28	11448	133.61	2111	33.39	130.84	9337	133.30	13168	130.19	1266	14434	130.40	1040	17500
08-29	11107	133.56	2075	33.76	130.86	9032	133.25	12223	130.00	1640	13863	130.30	1330	17562
08-30	10752	133.51	2175	33.98	130.879	8577	133.18	11478	129.86	1918	13396	130.22	1040	16864
08-31	11718	133.64	2107	33.92	130.874	9611	133.34	11139	129.79	2185	13324	130.21	1140	16467
09-01	11068	133.55	2082	33.56	130.85	8986	133.24	10931	129.75	2492	13423	130.23	1420	16249
09-02	10829	133.52	2061	32.99	130.81	8768	133.21	10707	129.71	2723	13430	130.23	1520	15899
09-03	10623	133.49	2041	32.27	130.75	8582	133.18	10481	129.67	2875	13356	130.22	1610	15619
09-04	10426	133.46	2027	31.55	130.70	8399	133.15	10271	129.63	2867	13138	130.18	1610	15352
09-05	10292	133.44	2011	30.83	130.65	8281	133.14	10087	129.59	2835	12922	130.14	1520	15092
09-06	10134	133.42	1976	30.14	130.60	8158	133.12	9924	129.56	2779	12703	130.10	1610	15067
09-07	9787	133.37	1982	29.51	130.55	7805	133.06	9736	129.53	2711	12447	130.05	1610	14963
09-08	9852	133.38	1985	28.95	130.51	7867	133.07	9582	129.50	2637	12219	130.00	1520	14746
09-09	9883	133.38	1981	28.45	130.47	7902	133.08	9496	129.48	2560	12056	129.97	1330	14396
09-10	9842	133.37	1980	28.04	130.44	7862	133.07	9445	129.47	2453	11898	129.94	1350	14228
09-11	9827	133.37	1978	27.72	130.42	7849	133.07	9412	129.47	2342	11753	129.91	1210	13884
09-12	9811	133.37	1977	27.48	130.40	7834	133.07	9386	129.46	2259	11645	129.89	1150	13619
最大值	19106	134.24	4906	33.98	130.88	14200	133.86	16857	130.81	2875	16857	130.81	3220	17706

表 2.4-18　　1998年典型年胖头泡滞洪区分洪成果表（无闸）

时间/(月-日)	老龙口进水口							老坎子出水口					哈尔滨	
	分洪前嫩干流量/(m^3/s)	分洪前嫩干水位/m	分洪流量/(m^3/s)	滞洪区库容/亿m^3	滞洪区水位/m	分洪后嫩干流量/(m^3/s)	分洪后嫩干水位/m	退水前松干流量/(m^3/s)	退水前松干水位/m	退水流量/(m^3/s)	退水后松干流量/(m^3/s)	退水后松干水位/m	区间流量过程/(m^3/s)	哈尔滨流量/(m^3/s)
08-07	7893	133.08	0	6.13	128.30	7893	133.08	8802	129.35	0	8802	129.35	1120	8904
08-08	7914	133.08	0	6.13	128.30	7914	133.08	8831	129.36	0	8831	129.36	1120	8904
08-09	7953	133.09	0	6.13	128.30	7953	133.09	8887	129.37	0	8887	129.37	1120	8904
08-10	7979	133.09	0	6.13	128.30	7979	133.09	8997	129.39	0	8997	129.39	1120	8904
08-11	7975	133.09	0	6.13	128.30	7975	133.09	9168	129.42	0	9168	129.42	1120	8904
08-12	7944	133.08	0	6.13	128.30	7944	133.08	9379	129.46	0	9379	129.46	1120	8905
08-13	8691	133.20	0	6.13	128.30	8691	133.20	9747	129.53	0	9747	129.53	1120	8913
08-14	10154	133.42	0	6.13	128.30	10154	133.42	10443	129.66	0	10443	129.66	1120	10076
08-15	11662	133.64	0	6.13	128.30	11662	133.64	11470	129.85	0	11470	129.85	1240	10343
08-16	13050	133.77	0	6.13	128.30	13050	133.77	12718	130.10	0	12718	130.10	1990	11319
08-17	14649	133.90	5236	10.65	128.95	9413	133.31	14027	130.33	0	14027	130.33	2840	12522
08-18	18406	134.19	5321	15.25	129.39	13085	133.78	14939	130.49	0	14939	130.49	2280	12493
08-19	19106	134.24	5177	19.72	129.79	13929	133.84	15224	130.54	0	15224	130.54	3220	14160
08-20	17919	134.16	5095	24.13	130.16	12824	133.76	15194	130.53	0	15194	130.53	2370	14190
08-21	17243	134.11	4984	28.43	130.47	12259	133.71	15325	130.55	0	15325	130.55	1420	14166
08-22	16273	134.03	4856	32.63	130.78	11417	133.60	15596	130.60	0	15596	130.60	1330	14907
08-23	15113	133.94	4744	36.73	131.07	10369	133.45	15683	130.62	0	15683	130.62	1330	15546
08-24	14309	133.87	4598	40.70	131.34	9711	133.35	15444	130.57	0	15444	130.57	1230	15883
08-25	13532	133.81	4437	41.45	131.39	9095	133.26	14763	130.46	3564	18327	131.09	1140	16080

续表

时间/(月-日)	老龙口进水口							老坎子出水口					哈尔滨	
	分洪前嫩干流量/(m^3/s)	分洪前嫩干水位/m	分洪流量/(m^3/s)	滞洪区库容/亿 m^3	滞洪区水位/m	分洪后嫩干流量/(m^3/s)	分洪后嫩干水位/m	退水前松干流量/(m^3/s)	退水前松干水位/m	退水流量/(m^3/s)	退水后松干流量/(m^3/s)	退水后松干水位/m	区间流量过程/(m^3/s)	哈尔滨流量/(m^3/s)
08-26	12685	133.75	4269	42.03	131.43	8416	133.16	13673	130.27	3604	17277	130.89	1140	16302
08-27	11855	133.66	4187	42.53	131.46	7668	133.02	12394	130.04	3612	16006	130.67	1230	16654
08-28	11448	133.61	4119	42.98	131.49	7329	132.93	11225	129.81	3596	14820	130.47	1040	16819
08-29	11107	133.56	4048	43.36	131.51	7059	132.85	10302	129.63	3607	13909	130.31	1330	17442
08-30	10752	133.51	4241	43.83	131.54	6511	132.70	9595	129.50	3699	13294	130.21	1040	17237
08-31	11718	133.64	4111	44.10	131.56	7607	133.00	9290	129.44	3791	13081	130.17	1140	17062
09-01	11068	133.55	4064	44.32	131.58	7004	132.84	9104	129.41	3819	12923	130.14	1420	16784
09-02	10829	133.52	4023	44.48	131.588	6806	132.78	8890	129.37	3833	12723	130.10	1520	16209
09-03	10623	133.49	3984	44.60	131.596	6639	132.74	8674	129.33	3843	12517	130.06	1610	15658
09-04	10426	133.46	3958	44.69	131.602	6468	132.69	8477	129.29	3851	12328	130.03	1610	15133
09-05	10292	133.44	3926	44.75	131.606	6366	132.66	8310	129.26	3856	12165	129.99	1520	14641
09-06	10134	133.42	3858	44.76	131.607	6276	132.64	8163	129.23	3856	12019	129.96	1610	14422
09-07	9787	133.37	3871	44.77	131.61	5916	132.54	7990	129.20	3857	11847	129.93	1610	14172
09-08	9852	133.38	3877	44.79	131.61	5975	132.56	7853	129.17	3858	11711	129.90	1520	13869
09-09	9883	133.38	3869	44.79	131.61	6014	132.57	7780	129.16	3859	11639	129.89	1330	13489
09-10	9842	133.37	3866	44.80	131.61	5976	132.56	7740	129.15	3860	11599	129.88	1350	13337
09-11	9827	133.37	3863	44.80	131.61	5964	132.55	7712	129.15	3860	11572	129.87	1210	13040
09-12	9811	133.37	3861	44.80	131.61	5950	132.55	7690	129.14	3860	11550	129.87	1150	12845
最大值	19106	134.24	5321	44.80	131.61	13929	133.84	15683	130.62	3860	18327	131.09	3220	17442

2.4.6 调度运用原则

哈尔滨市的洪峰流量组成包括第二松花江、嫩江和拉林河，洪水年型不同，三条河流的洪水组成也不同，故启用胖头泡蓄滞洪区的判断条件需要以上述三条河的洪峰流量组成来共同判别。第二松花江干流把口水文站为扶余水文站，嫩江为大赉水文站，拉林河为蔡家沟水文站。哈尔滨水文站集水面积为38.98万km^2，上述三站集水面积为31.18万km^2，两者相差20%左右，考虑上述三站以下基本无大的河流，且基本为平原区，故上述三站可以控制哈尔滨的洪峰流量。

根据水文分析的哈尔滨断面洪水组成，哈尔滨的洪水年型主要包括两种：一种是以嫩江洪水为主的年型，例如1969年、1998年；另一种是嫩江和二松均发生较大洪水，拉林河“加码”的年型，例如1957年、1960年。

当上述三站合成流量超过17900m^3/s时，胖头泡即开始分洪，分洪流量为三站合成流量与哈尔滨断面100年一遇洪峰流量之差，满足哈尔滨断面洪峰流量在发生100～200年一遇洪水时，通过胖头泡分洪削减到100年一遇。从进口闸门调度和哈尔滨防洪安全角度考虑，可适当地提前1d开启闸门，但需控制分洪量不能过大，否则会导致胖头泡蓄滞洪区难以满足设计任务。

2.5 胖头泡蓄滞洪区工程建设

2.5.1 工程建设的必要性

（1）蓄滞洪区防洪工程建设是松花江流域防洪体系的重要组成部分。松花江洪水季节性强，峰高量大，而中下游河道泄洪能力相对不足，在安排修建水库、堤防和整治河道的同时，利用嫩江、松花江沿岸洼地和部分农田作为临时分洪、滞洪场所，以缓解水库、河道蓄泄不足的矛盾，是防御大洪水的重要措施。因此，松花江流域防洪规划确定了以干流堤防、尼尔基、丰满、白山等干流控制性水利枢纽工程和胖头泡、月亮泡等流域性蓄滞洪区构成松花江干流防洪工程体系。其中胖头泡、月亮泡蓄滞洪区是松花江流域防洪规划提出的骨干调蓄工程，是松花江流域防洪体系的重要组成部分。

（2）蓄滞洪区的防洪工程建设是黑龙江哈尔滨市达到200年一遇防洪标准的重要措施。哈尔滨市是松花江流域乃至东北地区的主要中心城市，是我国重点防洪城市之一，一旦发生洪水灾害，损失巨大。哈尔滨市城区目前的防洪工程措施以堤防为主，1998年特大洪水之后，通过堤防加高培厚和桥梁扩孔等措施，江南主城区的防洪标准只能达到100年一遇，距防御200年一遇的大洪水还有很大的差距。若通过加高城市堤防提高防洪标准，不但需要相当大的工程投资，而且将给城市建设、景观生态带来一系列的不利影响。因此，通过蓄滞洪区的防洪工程建设，利用胖头泡蓄滞洪区分蓄洪水，既可以保证哈尔滨市的城堤能够防御200年一遇洪水，同时可有计划地疏导洪水，给洪水以出路，达到了人与自然和谐发展。

(3) 蓄滞洪区的防洪工程建设对确保分洪时大庆腹地的防洪安全是非常必要的。2008年先期进行的蓄滞洪区应急工程建设使外部围堤全部闭合，仅仅是为了满足根据国汛〔2004〕9号文批复的《松花江洪水调度应急方案》的要求，依据现有堤防的工程状况，堤顶高程大部分达到133.00m，最大蓄水能力为40亿m^3左右，紧急情况下能减轻哈尔滨市防洪压力；但堤防标准不够，还有许多险工弱段需要处理，还达不到规划的防洪效果，不能满足哈尔滨200年一遇的分洪要求，一旦启用，有可能造成二次灾害，给大庆油田腹地造成很大的防洪压力，例如，1998年的洪水虽然决口减轻了哈尔滨的防洪压力，但却大大增加了大庆市的防洪压力。一旦洪水串入大庆油田腹地，灾害损失严重，后果不堪设想。因此，通过蓄滞洪区的防洪工程建设，加高加固蓄水的外部围堤，对确保大庆腹地的防洪安全是非常必要的。

(4) 蓄滞洪区的安全建设是保证蓄滞洪区启用时区内人民群众生命和财产安全的需要。应急工程建设仅仅解决了蓄滞洪区紧急启用的基本条件，不但外部围堤没有达标，区内的安全建设也是一张白纸。区内涉及10个乡镇、70个行政村、210个自然屯，人口17万人，要保证蓄滞洪区启用时区内人民群众生命和财产安全，必须修建安全撤退道路、安全区等安全设施以及预警预报系统，一旦启用，迅速转移，以保证防洪决策的行之有效，既保证人民群众生命和财产安全，又达到分洪的最佳效果。

2.5.2 工程总体布置

2.5.2.1 老龙口分洪口门布置

老龙口分洪口门位于肇源巴彦西南的山岗至古城北的山岗之间，采用简易裹头形式的破堤扒口分洪口与永久分洪闸结合方案，由已建老龙口破堤扒口型式口门和新建老龙口分洪闸组成，见图2.5-1。

(1) 简易裹头分洪口概况。简易裹头中心线位于老龙口堤防桩号0+600处，总净宽175m，由进口导流堤、重力式浆砌石挡土墙及出口导流堤组成，以中心线对称布置，其平面布置示意图如图2.5-2所示。进口导流堤长20m、重力式挡土墙长42m、出口导流堤长30m，顺水流方向长92m。进口导流堤段，采用八字形布置，收缩角度为15°，堤顶高程134.25m，底高程128.70m，堤顶宽度4m，坡比为1∶3。导流堤段采用干砌块石0.3m，下设砂砾石0.2m及无纺布一层。中间段两侧挡墙为浆砌石重力式挡土墙，墙高7m。两侧挡土墙之间采用浆砌石护底，护底顶高程为128.70m、厚度为0.6m，以防分洪时水流冲刷危及两侧挡墙安全，两侧挡土墙之间填筑黏土堤防，堤顶高程为135.00m。堤防两侧边坡坡比均为1∶3.0，草皮护坡。出口段导流堤采用八字形布置，扩散角度为15°，堤顶高程为134.25m，底高程为128.70m，堤顶宽度为4.0m，坡比为1∶3.0。在蓄滞洪区未启用时，口门用黏土堤封堵，拦挡嫩江洪水。启用时利用炸药将口门内黏土堤炸开分洪。

（2）分洪闸概况。新建老龙口分洪闸轴线在老龙口堤防桩号1+000处，由进口铺盖、闸室段、消力池段及海漫段组成，如图2.5－3和图2.5－4所示。进口铺盖长为20m，底板顶高程为129.00m，厚度为0.6m，为钢筋混凝土结构。两侧采用悬臂式挡土墙，八字形布置，收缩角度为14°。闸室段长为19m，闸底板厚为2.0m，底板顶高程为129.00m。闸孔总净宽为204m，分17孔布置，单孔净宽为12m。两侧边墩厚度为1.5m，中墩分缝，中墩厚为3.0m。闸室段设弧形工作闸门，闸墩上设有交通桥，交通桥桥面净宽为5.0m。消力池段长为30m，采用分离式结构。池深为1.8m、底板为1.0m厚的钢筋混凝土结构，两侧采用悬臂式挡墙。海漫段长为60m，前20m采用0.5m厚钢筋石笼，下设碎石垫层0.15m，无纺布一层，后40m采用0.3m厚干砌石护砌，下设碎石垫层0.2m，无纺布一层。海漫末端设抛石结构防冲槽，防冲槽深为2.0m。

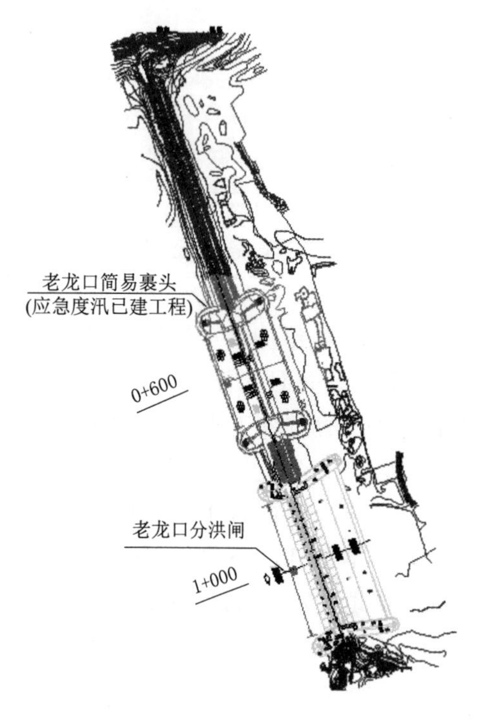

图2.5－1　胖头泡蓄滞洪区分洪口门位置图（单位：m）

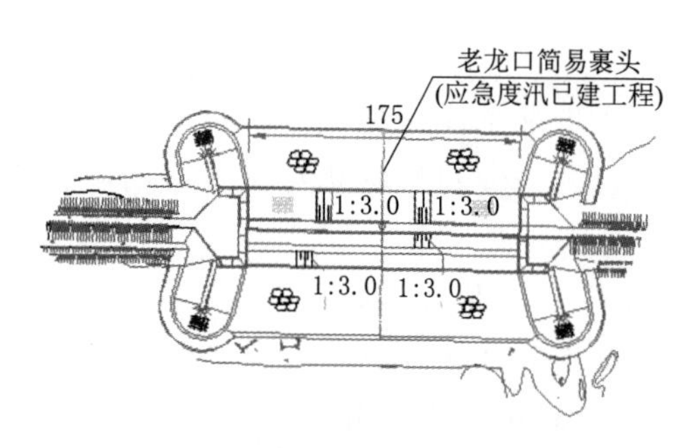

图2.5－2　老龙口简易裹头平面布置示意图

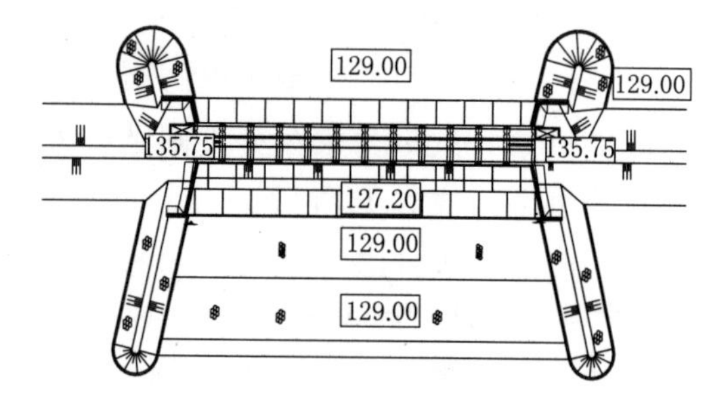

图2.5－3　分洪闸平面布置图（单位：m）

2.5.2.2　分洪通道布置

由于蓄滞洪区分洪时南引水库7号坝分洪通道存在阻水现象，拟选取林肇路至巴彦村道路经过的山体缺口为新的分洪通道，由两个通道共同承担分洪任务。新增分洪通道能够解决原有7号坝卡口阻水现象，对解决分洪阻水现象效果明显。7号坝位置保持原有宽度，不进行拓宽，选取林肇路至巴彦村道路经过的山体缺口为新的分洪通道，以该条道路中心线为轴线向两侧拓宽，地面高程选择为130.00m，底宽为350m，两侧边坡为1∶4.0。初设两侧未进行护坡，施工期间进行了变更，由于征占地原因，

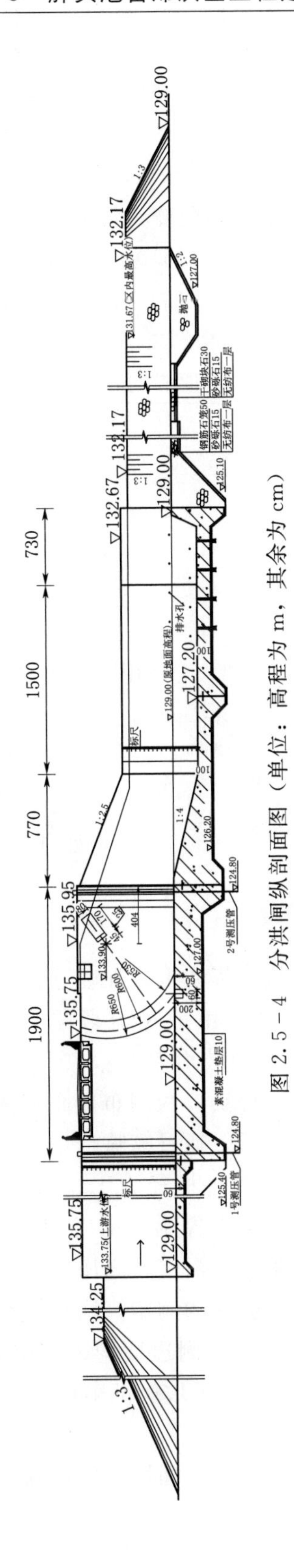

图 2.5-4 分洪闸纵剖面图（单位：高程为 m，其余为 cm）

一直未实施。通道下游林肇公路的高程比分洪通道开挖底高程高，存在阻水现象，需在蓄滞洪区启用时采取临时措施将林肇公路的路面高程降低，以满足分洪需要。

根据老龙口分洪口门附近的实测地形图，可绘制出老龙口分洪闸附近行洪通道的典型断面套绘图，如图 2.5－5 所示。由图 2.5－5 可以看出，由于老龙口分洪闸处于嫩江滩地，地势较为平坦，局部地段和两侧山体起伏较大，地面高程一般为 125.00～155.00m，行洪通道的床面高程一般为 125.00～130.50m。

根据胖头泡蓄滞洪区分洪闸下游所取的床沙沙样，采用激光颗分仪对其进行颗粒级配分析，其结果如图 2.5－6 所示。由图 2.5－6 可以看出，本次所取沙样的最大粒径均小于 0.90mm，两次沙样测得的中值粒径分别为 0.0137mm 和 0.0196mm，其平均中值粒径约为 0.0161mm。

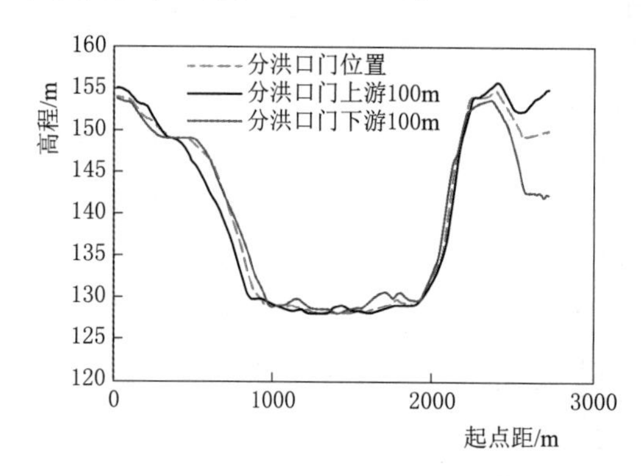

图 2.5－5　分洪闸上、下游断面套绘图

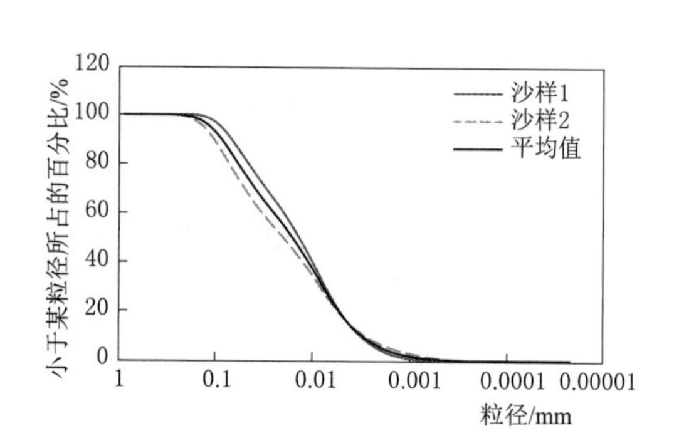

图 2.5－6　胖头泡蓄滞洪区分洪闸下游床沙级配曲线

2.5.2.3　退洪口门

退洪口门位于松花江干流老坎子堤防上，在姜家岗与九间房之间。老坎子出口口门总净宽为 250m，一孔布置，未启用前过流段采用黏土堤防封堵，堤顶高程为 133.17m，堤顶宽度为 8.0m，两侧边坡均为 1∶3.0，采用草皮护坡。

出口口门采用扒口型式分洪，分洪口两侧布置高喷灌浆裹头，对分洪口两侧堤防进行保护。高喷体平面上成喇叭口形，通过高喷形成的壁状加固体控制口门宽度，上游扩散角 30°，下游扩散角 10°。旋喷桩桩径为 1.0cm，排间距为 0.8m。高喷体贯穿大堤，壁厚按挡土墙高度确定，最大壁厚为 8m。高喷体上部高程与堤防横断面外轮廓保持一致，下部高程应深入堤基一定深度，高压旋喷桩的最大深度为 18.17m。

为了防止分洪时，水流对两侧堤身的淘刷，增加复堤难度，对裹头两侧堤防进行防护，防护长度两侧各 40m，对堤防两侧边坡均采用格宾护砌，格宾厚度 0.5m，下设 0.1m 厚砂砾石垫层及无纺布一层。护坡底部采用 2.0m×2.0m 的格宾石固脚。

2.5.2.4　外部围堤布置

外部围堤由四部分组成，即南引水库围堤、应急新建堤防、安肇新河右堤和松花江、嫩江干流堤防，规划总长度 153.094km。

（1）南引水库围堤。南引水库于1986年兴建，1999年水毁工程重建后，原设计堤顶高程达到132.50～133.30m。本次蓄滞洪区有南引水库的1号围堤、2号围堤、3-1号围堤、4-1号围堤、4-2号围堤、5号围堤、14号围堤、19-1号围堤、19-2号围堤、20号围堤、21号围堤、22号围堤、23号围堤、24号围堤、25号围堤、26号围堤、27号围堤、28号围堤、29-1号围堤、29-2号围堤、30号围堤、31号围堤、32号围堤、33-1号围堤共24段，总长30.391km，本次新增2段，规划共26段堤防，其中有17段堤防需延长，规划总长度35.595km；其中，4-3号围堤、33-2号围堤为鞍部新建堤，长度0.619km，对南引1号围堤、3-1号围堤、4-1号围堤、4-2号围堤、14号围堤、19-2号围堤、20～23号围堤、26～28号围堤、29-1号围堤、29-2号围堤、30号围堤、33-1号围堤共17段进行延长，延长总长度4.585km。对堤高、堤宽不达标的堤段进行加培，共加培21段堤防，加培总长度为20.65km。

（2）应急新建堤防。本部分围堤于2008年6月批复修建，起于安肇新河下游段右侧堤防21+856处，沿林肇路南侧岗地布置，至大兴乡西南向南与南引水库19号坝相连，现有小河北段堤防、大河北段堤防、革新段堤防、同心粮库段堤防、同心村段堤防1、同心村段堤防2、同心村段堤防3、八三段堤防、大兴段堤防1、大兴段堤防2、马营子段堤防、英格吉段堤防1、英格吉段堤防2、英格吉段堤防3共14段堤防，总长为20.83km。本次新增1段，变为15段堤防，总长度为21.51km；其中，新建马营子堤防2，长度0.39km。

革新段起于安肇新河下游泄干右侧堤防21+856桩号，向西北方向与革新村正东的岗地相接，现状堤长为247m，本次经复核，将现状堤防尾端不封闭，规划向西部延长50m，设计堤长为297m。同心粮库段起于五节地岗子，向西北方向在原同新村粮库的南端穿过，与东敖包岗子屯东侧岗地相接，现状堤长为1989m。同心村段起于东敖包岗子屯北约500m，向西方向穿过平安地屯南，与连接村北的岗地相接，3段堤现状长度为1829m。八三管线段起于大兴乡第二砖厂北，平行林肇公路，向西北方向与敖包塔油田公路相接，现状堤长为770m。大兴段起于大兴沥青厂北侧、大兴中学南侧，向西北前行1.2km左右，折向西南，在大兴收费站西侧500m左右，折向南，与大兴新村的西侧岗地相接，两段堤防总长度为3560m。马营子1段起于红顶屯西2.0km处，向西北方向与马营子村南岗地相接，现状堤长2326m。英格吉段起于马营子村南侧高地，向西南方向与两个泡子之间的高地相接后，折向西北，经英格吉村南继续向西北，穿过通让铁路后，与哈拉海屯西侧岗地相接，最后沿自然岗地向北与外营子屯西岗地相接，3段堤防现状长度为8804m。小河北段起于小河北屯，向东北方向，与河北村岗地相接，该段现状堤防长度为478m。大河北段起于河北村，向西北方向，与南引水库14号坝相连，该段堤防现状长度为923m。

（3）安肇新河右堤。安肇新河右堤起于该堤起始桩号0+000，止于革新段安肇新河右堤21+856，堤线长度为21.856km。

（4）松花江、嫩江干流堤防。松、嫩干堤防位于蓄滞洪区西部和南部，总长度74.13km。嫩江干流左侧堤防为老龙口、卧龙岱、胖头泡（含二段）、四合堤、西北岔上段、西北岔下段、勒勒营子、茂兴湖渔场和养身地堤防，总长度为50.53km；松花江干流左侧堤防从嫩江和第二松花江汇合口（桩号0+000）到古恰闸（桩号23+600）处，长度为23.6km。

2.5.2.5　安全区围堤布置

蓄滞洪区内共布置新站安全区、茂兴安全区、义顺安全区和古恰安全区4处安全区，安全区四周结合地形修筑围堤，规划安全区围堤总长度26.952km。

（1）新站安全区围堤。新站安全区围堤共分5段，长9.64km。东部围堤位于新站镇的东部，起于新站火葬场的北部山岗，向东南穿过林肇公路，沿原新肇监狱的东侧继续向南，在桩号2+090处折向西南，在新站前卫学校南侧500处与自然高岗相连，长4.76km；北部围堤位于新站镇北部，起于花尔屯南部高岗端部，向东前行680m穿铁路，继续向东止于新城村村头，长1.79km；南部1号围堤位于县第二砖厂南侧400m，两个岗地之间，由东北向西南长0.73km；南部2号围堤位于新肇林场砖厂的北侧200m，两个高岗之间，南北走向长0.49km；西部围堤位于新站镇的西北部，起于距新站镇西北部1.5km的高岗，向东北方向止于经济作物示范场西部高岗，长1.87km。

（2）茂兴安全区围堤。茂兴安全区围堤共分6段，长7.79km。东部1号围堤起于茂兴镇东北侧岗地八三输油管线南150m处，向东南方向延伸，与茂兴镇东侧岗地相接，长2.24km；东部2号围堤起于茂兴镇南侧岗地，向东北方向延伸，与茂兴镇东侧岗地相接，长1.60km；北部1号围堤起于茂兴镇粮库东北侧约500m处，沿东北方向布置，与茂兴镇北侧岗地相连，长1.10km；北部2号围堤起于茂兴镇北侧岗地，由北向东南方向延伸，与茂兴镇南部、八三管线西侧100m左右岗地相接，长0.80km；南部1号围堤起于茂兴镇南部岗地茂兴甜菜站南约500m处，东西走向，尾端与茂兴镇南部岗地相接，长1.10km；南部2号围堤起于茂兴镇南部岗地，由西向东布置，与茂兴镇东南部岗地相接，长0.95km。

（3）义顺安全区围堤。义顺安全区围堤共分5段，长4.19km。北部1号围堤起于皮革城东侧岗地，由南向北，止于皮革城东侧局部岗地，长0.29km；北部2号围堤起于皮革城东侧局部岗地，北部1号的尾端，由南向北234m后折向西，沿着现有城区北侧向西延伸1217m后，堤线折向南，最终止于皮革城西侧岗地，长1.81km；南部1号围堤起于小革志屯北侧约500m的岗地，由东向西布置，长0.81km；南部2号围堤起于义顺乡政府南侧约1000m的岗地，由东向西穿浩义路后与岗地相接，长0.75km；西部围堤位于义顺乡中心小学西部1.5km处的两个岗地之间，南北走向，长0.55km。

（4）古恰安全区围堤。古恰安全区围堤共1段，从安肇新河右堤3+377桩号起，向西南方向延伸1.13km，折向南前行4.2km，在头台油田指挥部的西侧交于松花江堤防，长5.33km。

2.5.2.6 建筑物布置

为确保堤防工程保护范围内的耕地、房屋、村屯免受涝灾，需在堤防上修建一定数量的穿堤建筑物，建筑物的座数根据排水分区尽量合并排水出口，以减少穿堤建筑物的数量。并根据地形条件、地质条件和水流条件确定建筑物的位置，外部围堤及安全区围堤共布置穿堤建筑物23座，均为涵闸，包括达标建筑物5座，维修利用3座，新建14座、重建1座穿堤建筑物。穿堤建筑物设计为自排涵闸型式，自排流量采用5～10年一遇标准设计。桥梁7座，其中公路桥1座，为超等公路桥，位于安肇新河桩号9＋923处；农道桥6座，1号桥位于安肇新河桩号1＋980处、2号桥位于安肇新河桩号4＋930、3号桥位于安肇新河桩号12＋657、4号桥位于安肇新河桩号17＋700处、包台桥位于28号支路桩号0＋030处、莲花桥位于南引泄干桩号15＋500处。

参 考 文 献

[1] 孙文，范昊明．全球变暖背景下松花江流域气温最新变化特征［J］．水土保持研究，2018，25（3）：97-104.

[2] 陆志华，夏自强，于岚岚，等．近51年松花江流域气温时空变化特征［J］．河海大学学报（自然科学版），2012，40（6）：629-635.

[3] 隋佳硕．松花江上游降水时空变化规律及极端降水特征分析［D］．呼和浩特：内蒙古农业大学，2016.

[4] 杨广云，刘晓凤，肖迪芳．松花江冰坝凌汛分析［J］．黑龙江水专学报，2007（2）：18-22.

[5] 齐文彪，丁曼，于得万．头、二道松花江冰厚特征及其影响因素分析［J］．水利规划与设计，2018（9）：5-10.

[6] 王双银，谢萍萍，穆兴民，等．松花江干流输沙量变化特征分析［J］．泥沙研究，2011（4）：67-72.

[7] 刘琦峰．松花江干流泥沙颗粒特性分析［D］．哈尔滨：东北农业大学，2018.

[8] 李林育，焦菊英，李锐，等．松花江流域河流泥沙及其对人类活动的响应特征［J］．泥沙研究，2009（3）：62-70.

[9] 潘漱方．松花江流域暴雨洪水特性［J］．水文，1985（3）：50-56.

[10] 王蕴芳，陈丽芳，靳宏伟．1998年嫩江、松花江暴雨洪水特性分析［J］．东北水利水电，1999（3）：4-7.

[11] 赵丽娜，栾姗姗．松花江干流哈尔滨段历史洪水分析［J］．黑龙江水专学报，2010，37（2）：18-21.

[12] 单玉芬，宋长虹．黑龙江省松花江干流防洪工程现状及存在的问题［J］．黑龙江水利科技，2016，44（3）：62-64.

[13] 向锋，侯吉长，李雁白．松花江流域防洪工程建设成就与展望［J］．东北水利水电，1999（10）：36-38.

[14] 陈伟，薛在钢，洪影，等．嫩江、松花江干流治理工程前期工作简述［J］．水利发展研究，2014，14（12）：40-42.

[15] 胡爱民，谢守香，宋华．松花江干流防洪工程达标扩建的必要性［J］．水利科技与经济，2001（4）：191-192.

[16] 曲婵娟，白昆，王爱华．松花江干流哈尔滨江段桥梁建设对城市防洪影响分析［J］．黑龙江水利科技，2007（3）：106-107.

[17] 左海洋．松花江流域防汛减灾体系建设 [J]．中国防汛抗旱，2009，19 (S1)：100－107.
[18] 艾义亮．松花江流域特大洪水防洪联合调度方案研究 [J]．东北水利水电，2019，37 (6)：44－46.
[19] 王甜，王冰．胖头泡蓄滞洪区分洪口门方案比选 [J]．黑龙江水利科技，2015，43 (8)：88－90.
[20] 王甜，宋晨．胖头泡蓄滞洪区吐洪口门方案比选 [J]．黑龙江水利科技，2016，44 (5)：98－99.
[21] 孙忠，贾长青．松花江流域蓄滞洪区建设有关问题探讨 [J]．东北水利水电，2007，10 (25)：31－33.
[22] 邹景臣，王硕．月亮泡蓄滞洪区建设思路探讨 [J]．东北水利水电，2011 (12)：55－56.
[23] 武云甫．黑龙江省胖头泡蓄滞洪区建设工程科学研究实验工程 [J]．给水排水，2016，42 (8)：78.

第3章　胖头泡分洪运用与嫩江干流防洪的影响分析

3.1　研究技术手段概况

3.1.1　研究目的

本章采用平面二维水沙数学模型计算在典型洪水条件下分洪过程中的水流特征，分析蓄滞洪区入口所在河段的河床演变及岸滩变化特点，用模型预测不同来水来沙条件下本河段的冲淤量以及冲淤分布，分析河道冲淤变化对蓄滞洪区分洪过程的影响，为科学分洪提供技术支撑。同时，采用平面二维泥沙数学模型开展嫩江河段的水位及冲淤演变计算分析，可以为分洪闸实体模型提供不同工况下的进口边界条件。

3.1.2　二维水流泥沙数学模型

3.1.2.1　模型基本方程

河流形态是水流与河床组成物（泥沙）相互作用的结果，因此数学模型也主要由模拟水流和泥沙运动两大部分组成，由于各自控制方程及解法不同，因此需要分别介绍。

（1）水流运动方程。

笛卡儿坐标系下平面二维浅水方程[1]：

$$\frac{\partial h}{\partial t}+\frac{\partial hU}{\partial x}+\frac{\partial hV}{\partial y}=0 \tag{3.1-1}$$

$$\frac{\partial hU}{\partial t}+\frac{\partial hU^2}{\partial x}+\frac{\partial hUV}{\partial y}=-gh\frac{\partial Z}{\partial x}-g\frac{n^2U\sqrt{U^2+V^2}}{h^{1/3}}+\varepsilon\left(\frac{\partial^2 hU}{\partial x^2}+\frac{\partial^2 hU}{\partial y^2}\right)+W_x+f_x \tag{3.1-2}$$

$$\frac{\partial hV}{\partial t}+\frac{\partial hUV}{\partial x}+\frac{\partial hV^2}{\partial y}=-gh\frac{\partial Z}{\partial y}-g\frac{n^2V\sqrt{U^2+V^2}}{h^{1/3}}+\varepsilon\left(\frac{\partial^2 hV}{\partial x^2}+\frac{\partial^2 hV}{\partial y^2}\right)+W_y+f_y \tag{3.1-3}$$

为拟合不规则河道边界，模型采用正交曲线网格对计算域进行网格划分。正交曲线坐标系下基本方程如下[2]：

$$\frac{\partial C_\xi C_\eta z}{\partial t}+\frac{\partial (C_\eta hU)}{\partial \xi}+\frac{\partial (C_\xi hV)}{\partial \eta}=0 \tag{3.1-4}$$

$$\frac{\partial(C_\xi C_\eta hU)}{\partial t}+\left[\frac{\partial}{\partial\xi}(C_\eta hU\cdot U)+\frac{\partial}{\partial\eta}(C_\xi hV\cdot U)+hVU\frac{\partial C_\xi}{\partial\eta}-hV^2\frac{\partial C_\eta}{\partial\xi}\right]+C_\eta gh\frac{\partial z}{\partial\xi}$$
$$=-\frac{C_\xi C_\eta n^2 gU\sqrt{U^2+V^2}}{h^{1/3}}+C_\zeta C_\eta(f_x+W_x)+\left[\frac{\partial}{\partial\xi}(C_\eta h\sigma_{\xi\xi})+\frac{\partial}{\partial\eta}(C_\xi h\sigma_{\eta\xi})+h\sigma_{\xi\eta}\frac{\partial C_\xi}{\partial\eta}-h\sigma_{\eta\eta}\frac{\partial C_\eta}{\partial\xi}\right] \tag{3.1-5}$$

$$\frac{\partial(C_\xi C_\eta hV)}{\partial t}+\left[\frac{\partial}{\partial\xi}(C_\eta hU\cdot V)+\frac{\partial}{\partial\eta}(C_\xi hV\cdot V)+hUV\frac{\partial C_\eta}{\partial\xi}-hU^2\frac{\partial C_\xi}{\partial\eta}\right]+C_\xi gh\frac{\partial z}{\partial\eta}$$
$$=-\frac{C_\xi C_\eta n^2 gV\sqrt{U^2+V^2}}{h^{1/3}}+C_\zeta C_\eta(f_y+W_y)+\left[\frac{\partial}{\partial\xi}(C_\eta h\sigma_{\xi\eta})+\frac{\partial}{\partial\eta}(C_\xi h\sigma_{\eta\eta})+h\sigma_{\xi\eta}\frac{\partial C_\eta}{\partial\xi}-h\sigma_{\xi\xi}\frac{\partial C_\xi}{\partial\eta}\right] \tag{3.1-6}$$

$$\sigma_{\xi\xi}=2\nu_t\left(\frac{1}{C_\xi}\frac{\partial U}{\partial\xi}+\frac{V}{C_\xi C_\eta}\frac{\partial C_\xi}{\partial\eta}\right),\sigma_{\eta\eta}=2\nu_t\left(\frac{1}{C_\eta}\frac{\partial V}{\partial\eta}+\frac{U}{C_\xi C_\eta}\frac{\partial C_\eta}{\partial\xi}\right)$$
$$\sigma_{\xi\eta}=\sigma_{\eta\xi}=\nu_t\left[\frac{C_\eta}{C_\xi}\frac{\partial}{\partial\xi}\left(\frac{V}{C_\eta}\right)+\frac{C_\xi}{C_\eta}\frac{\partial}{\partial\eta}\left(\frac{U}{C_\xi}\right)\right]$$
$$W_x=C_w\frac{\rho_a}{\rho_m}w^2\cos\beta,\ W_y=C_w\frac{\rho_a}{\rho_m}w^2\sin\beta$$

式中：U、V 分别为 ξ、η 方向流速分量；Z、h 分别为水位和水深；t 为时间；x、y 分别为笛卡儿坐标系下横向和纵向坐标；ξ、η 分别为对应于 x、y 方向的局部坐标系；C_ξ 和 C_η 分别为从直角坐标系转化为局部曲线坐标系的转换系数，称为拉梅系数；g 为重力加速度；ν_t 为水流紊动黏性系数；n 为糙率系数；W_x 和 W_y 分别为表面风阻力沿 x 和 y 方向的分量；C_w 为风阻力系数；ρ_a 为空气密度；ρ_m 为水密度；w 为风速；β 为风向与 x 方向的夹角；f 为柯氏力系数，$f=2\omega\sin\Phi$，ω 为地球自转角速度，Φ 为计算河段所处纬度；$\sigma_{\xi\xi}$、$\sigma_{\eta\eta}$、$\sigma_{\xi\eta}$、$\sigma_{\eta\xi}$ 为应力项。

（2）泥沙运动方程[3]。

泥沙连续性方程：

$$\frac{\partial(hS_k)}{\partial t}+\frac{\partial(huS_k)}{\partial x}+\frac{\partial(hvS_k)}{\partial x}+\rho'\frac{\partial z_{bsk}}{\partial t}=\frac{\partial}{\partial x}\left[D_s\frac{\partial(hS_k)}{\partial x}\right]+\frac{\partial}{\partial y}\left[D_s\frac{\partial(hS_k)}{\partial y}\right] \tag{3.1-7}$$

河床变形方程：

悬移质河床变形方程为

$$\rho'\frac{\partial z_{bsk}}{\partial t}=\alpha\omega_k(S_k-S_{*k}) \tag{3.1-8}$$

推移质河床变形方程为

$$\rho'\frac{\partial z_{bsk}}{\partial t}+\frac{\partial g_{bxk}}{\partial x}+\frac{\partial g_{byk}}{\partial y}=0 \tag{3.1-9}$$

床沙组成方程：

$$\rho'\frac{\partial(E_mP_k)}{\partial t}+\frac{\partial(huS_k)}{\partial x}+\frac{\partial g_k}{\partial x}+\frac{\partial(hvS_k)}{\partial y}+\frac{\partial g_k}{\partial y}+\varepsilon_1[\varepsilon_2P_{0k}+(1-\varepsilon_2)P_k]\left(\frac{\partial z_b}{\partial t}-\frac{\partial E_m}{\partial t}\right)=0 \tag{3.1-10}$$

式中：ρ'为河床淤积物干密度；h 为单元水深；u、v 分别为沿 x 和 y 方向流速；D_s 为泥沙扩散系数；S_k 为第 k 组泥沙的含沙量；S_{*k}为第 k 组泥沙的水流挟沙力；z_{bsk}、z_{bgk}分别为第 k 组悬移质和推移质运动所引起的河床高程变化；g_{bxk}、g_{byk} 分别为第 k 组泥沙沿 x 和 y 方向的单宽推移质输沙率；α 为恢复饱和系数；P_{0k}为初始时刻天然河床床沙组成；P_k 为混合层床沙组成；E_m 为混合层厚度；ε_1、ε_2 为标记系数，纯淤积计算时 $\varepsilon_1=0$，否则 $\varepsilon_1=1$，当混合层下边界波及原始河床时 $\varepsilon_2=0$，否则 $\varepsilon_2=1$。方程离散采用有限体积法。

3.1.2.2 数值求解方法

该方程组的数值离散采用有限体积法，该方法的优点在于能很好保证水流模型中水量和动量守恒。方程离散采用了自动迎风格式，离散方程的求解采用 SIMPLEC 算法[4]。为避免水位锯齿波，采用了交错网格技术[5]。

3.1.2.3 数学模型相关问题处理

（1）动边界模拟。在计算过程中，计算域内部分节点在涨水时会被“淹没”，在落水时会“干出”[6]。为正确反映这部分节点的干湿变化，模型中采用了以下动边界模拟技术[7]：选定一临界水深（$h_{\min}$取为 0.005m），当某时刻某节点实际水深（水位减去河底高程）小于临界水深时，认为该节点“干出”，令该点流速为零，水深为临界水深，水位值由附近非“干出”点水位值外插值得到；当某时刻某节点实际水深大于临界水深时，则恢复程序计算。

（2）参数率定和取值。二维水流数模计算涉及的主要参系数有河道糙率、紊动黏性系数等。

河道糙率实际上是一个综合阻力系数，反映了计算河段的河床河岸阻力、河道形态变化、水流阻力及河道地形概化等因素的综合影响[8]。计算所采用的河道糙率主要由实测水流资料率定后确定。

糙率系数率定采用实测河段上、下游断面平均水位作为验证资料。首先需要测量或收集计算河段在大、中、小三种流量下的水面线，然后采用模型分别计算各段的水面线，调整数学模型中的糙率系数值，直至数学模型计算结果与实测水位或水面线符合，此时得到的糙率值即为该河段在该水位或流量下的糙率值，可用于之后的实际计算过程。水位验证可以率定大、中、小三种具有代表性的流量过程下的水位和糙率，其他流量可根据验证结果进行插值或延展。

水流紊动黏性系数反映了水流的紊动耗散效应，$\upsilon_t=\lambda u_* h$[9]，其中 λ 为常数，取为 0.5[10]，u_*为摩阻流速。

冲淤验证主要用于率定模型中涉及泥沙计算的参数和系数，包括河道糙率系数 n，水流挟沙力系数 K，水流挟沙力指数 m 和泥沙恢复饱和系数 α，这四个参数与泥沙级配有关[11]，均需要通过实测冲淤资料进行调整和率定。

本次模型率定采用 1970 年水沙过程，径流量为 200 亿 m^3，与 50 年平均径流量 196 亿 m^3 基本相当；年来沙量为 154 万 t，也与 50 年平均年来沙量 146 万 t 基本相同，能够代表多年平均的水沙量和水沙过程。通过调整模型中泥沙计算的相关参数，使模型计算的整体冲淤量与多年平均冲淤量基本相同，最后得到该水沙条件下计算河段内泥沙淤积量为26.9万t。率定后得到的参数值分别为：河道糙率系数n值在0.026～0.04，具体数值与河床表面泥沙粒径和植被覆盖情况有关；水流挟沙力系数K值在0.1～0.2，取值与流量和泥沙粒径有关；水流挟沙力指数m值在1～1.2，取值与流量和泥沙粒径有关；泥沙恢复饱和系数α取值为冲刷时取0.1，淤积时取0.05。

3.1.2.4　计算范围及网格划分

由于本次计算的范围较大，所关注的重点区域不同，在具体计算时采用两套二维模型进行计算，分别是嫩江干流河道模型和胖头泡蓄滞洪区行洪通道模型。其中嫩江干流河道模型用于模拟嫩干河道未来30年的冲淤变化情况，分析河道冲淤变化对老龙口附近水位的影响，为了消除边界条件可能存在误差所造成影响，该模型所采用的计算范围较大。当需要模拟分洪情景时，则将干流河道模型和蓄滞洪区模型连接起来，模拟虚拟分洪情景下老龙口附近河道水位变化，分析老龙口断面的横比降。

（1）嫩江干流河道模型。计算河段全长35km，出口位于老龙口下游约10km，进口位于老龙口上游25km。模型共划分网格80000个，平均网格尺寸为沿水流方向90m，垂直于水流方向为50m，能够反映出主槽和滩地以及一些主要的地形形态。图3.1-1所示为模型所采用的网格和初始地形。

（2）蓄滞洪区模型。上游入口在老龙口泄洪闸处，下游出口位于7号坝处；共划分网格30000个，沿水流方向平均网格尺寸50m，垂直于水流方向网格尺寸为60～150m，图3.1-2所示为蓄滞洪区地形。

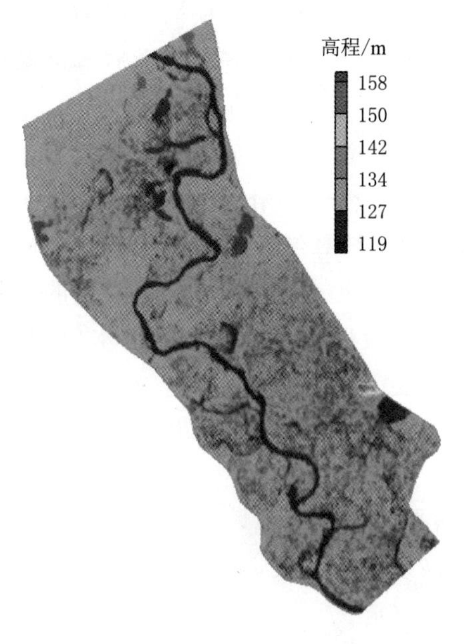

图3.1-1　嫩江干流地形

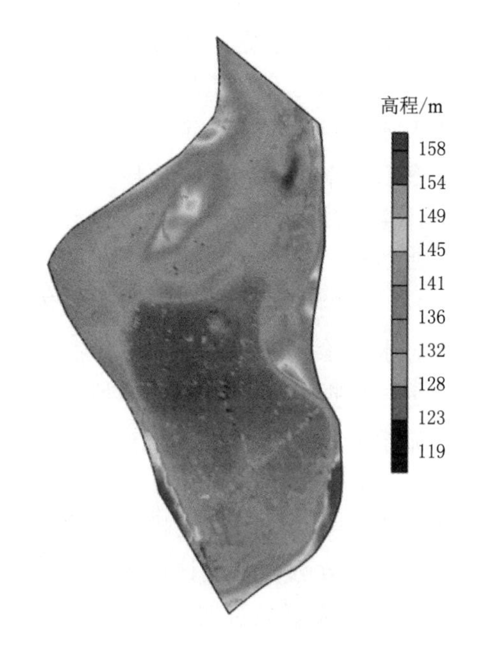

图3.1-2　蓄滞洪区地形

3.2　嫩江干流水文实测资料分析

3.2.1　水沙过程分析

计算河段上游水文测站为江桥站，距离老龙口 125km，下游水文站为大赉站，距离老龙口 25km。

此次计算河段入口距离上游老龙口 30km，出口距离老龙口下游 5km，上游入口水沙条件采用江桥站和大赉站实测资料推算得到，下游水位资料采用大赉站水位资料推算得到。

江桥站和大赉站的水位流量关系均采用水文站给定的水位流量关系式，如图3.2-1和图 3.2-2 所示。两站的水位与流量均成对数关系，相关性均达到 0.99 以上，相同流量下水位相差为 7.77～7.88m，与流量成反比，流量越大，水位相差越小。按照两站之间的河流长度 150km 计算，两站之间的平均水面坡降约为 0.52/10000，一般平原冲积河流的坡降约为 1/10000，由此可见该河段的水面坡降非常平缓。

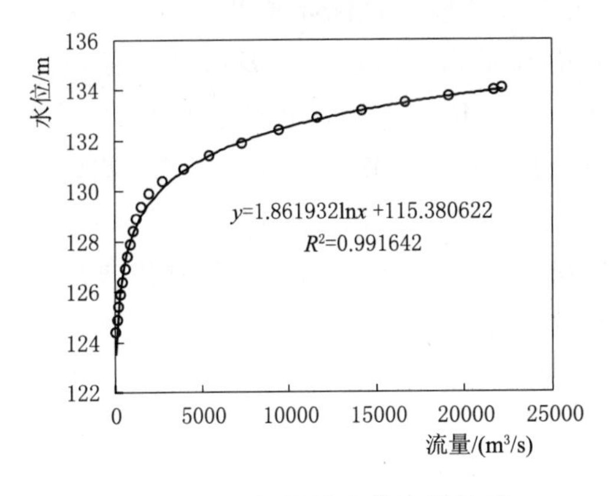

图 3.2-1　江桥站水位流量关系

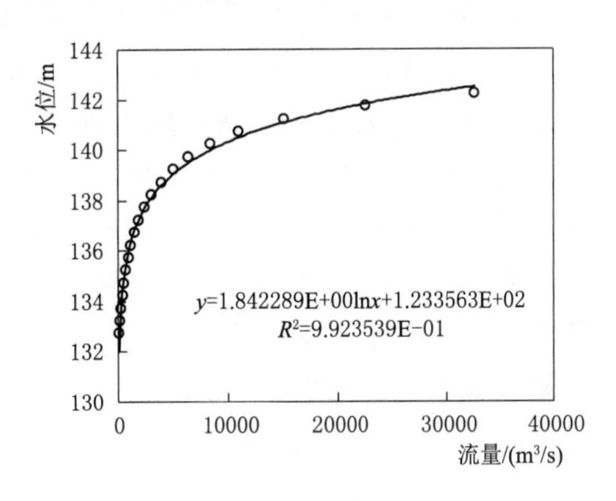

图 3.2-2　大赉站水位流量关系

表 3.2-1 为江桥站和大赉站多年实测的泥沙特征值数据。从表 3.2-1 中可以看出，该河段来沙量较小，江桥站多年平均输沙量为 157.7 万 t，多年平均含沙量为 0.067kg/m³；大赉站多年平均输沙量为 132.1 万 t，多年平均含沙量为 0.063kg/m³，两站含沙量都很小。

表 3.2-1　　水文测站多年实测泥沙特征值（1960—2010 年）

测站名	控制面积/km²	多年平均含沙量/(kg/m³)	最大年均含沙量		年均输沙量/万 t	最大年输沙量		年输沙模数/(t/km²)
			含沙量/(kg/m³)	出现年份		输沙量/万 t	出现年份	
江桥	177253	0.104	0.276	2005	202.082	1243.467	1998	8.9
大赉	221715	0.074	0.214	1998	146.184	1329.411	1998	6.0

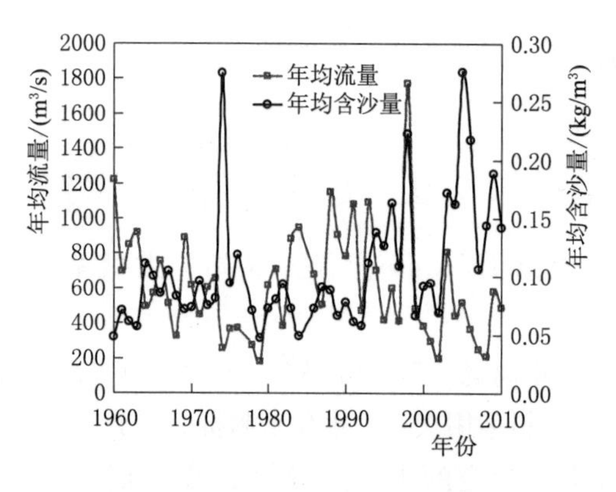

图3.2-3　江桥站年均水沙统计

图3.2-3所示为江桥站年均水沙统计。江桥站1960—2010年共51年间的多年平均流量为615m^3/s，多年平均径流量194亿m^3。最大年均流量为1771m^3/s，出现在1998年；最小年均流量为183m^3/s，出现在1979年。多年平均含沙量为0.104kg/m^3，属于少沙河流，最大年均含沙量为0.276kg/m^3，出现在2005年；最小年均含沙量为0.048kg/m^3，出现在1960年。从图3.2-4中可以看出，江桥水文站测得的年均流量与年均含沙量成反比，年均流量越大，年均含沙量越小，但含沙量变幅较小；虽然流量大时含沙量小，但是整体来看，年均流量越大，年输沙量越大，年均输沙量为202万t，年最大输沙量1243万t，出现在1998年；年最小输沙量27万t，出现在1979年，年均输沙量统计如图3.2-4所示。

大赉站1960—2010年共51年间的多年平均流量为623m^3/s，多年平均径流量196亿m^3，略大于江桥站同期水量。最大年均流量为1969m^3/s，出现在1998年；最小年均流量为152m^3/s，出现在2008年。多年平均含沙量0.074kg/m^3，含沙量相对较小，最大年均含沙量为0.214kg/m^3，出现在1998年；最小年均含沙量为0.030kg/m^3，出现在1960年。从图3.2-5中可以看出，大赉水文站测得的年均流量与年均含沙量基本成正比，年均流量越大，年均含沙量越大，年输沙量也相应较大。大赉站年均输沙量146万t，年最大输沙量1329万t，出现在1998年，年最小输沙量25万t，出现在2007年，如图3.2-6所示。

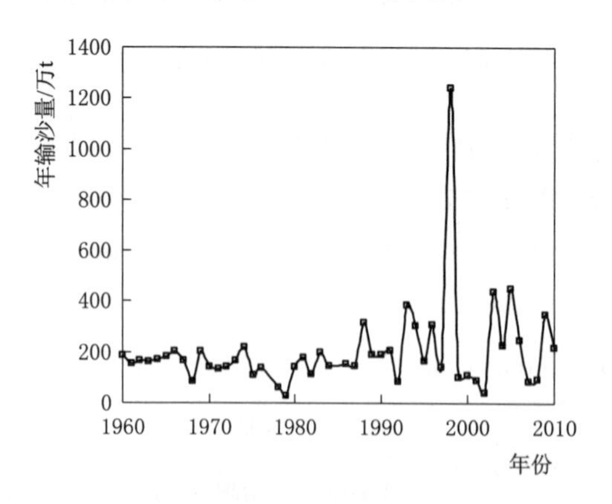

图3.2-4　江桥站年均输沙量统计

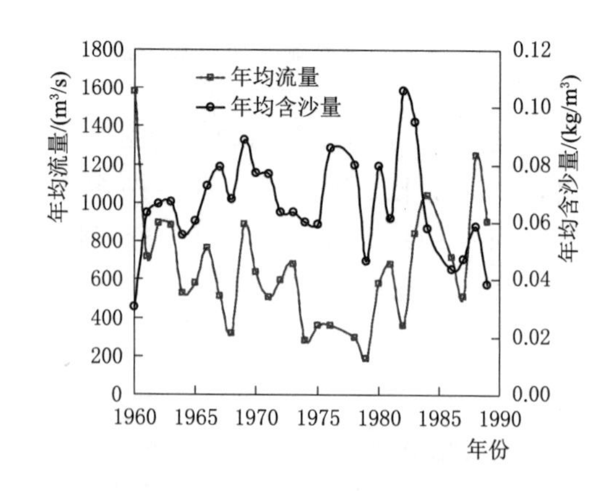

图3.2-5　大赉站年均水沙统计

综合以上分析可以看出，江桥站和大赉站的水流过程基本一致，且来水量也很接近。从来沙过程来看，两站的含沙量变化趋势基本相反，江桥站含沙量与流量成反比，大赉站含沙量与流量成正比，大赉站含沙量和输沙量都小于江桥站。

图 3.2-7 为近期实地查勘后取样的泥沙级配分析结果。从图 3.2-7 中可以看出滩地泥沙较细，中值粒径为 0.008mm，最大粒径约为 0.1mm，颗粒级配较为均匀，属于较为典型的冲积平原土质级配。主槽泥沙级配比滩地偏粗，床沙中值粒径为 0.33mm，所取样品中最大粒径为 2mm。从级配可以看出，研究河段的滩地长期应处于泥沙淤积状态。

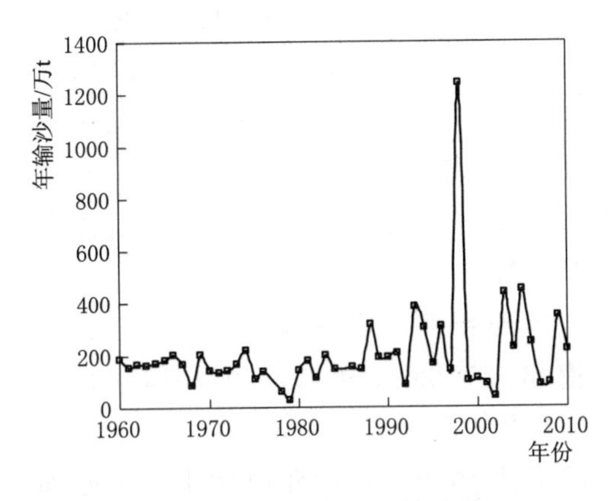

图 3.2-6 大赉站年输沙量

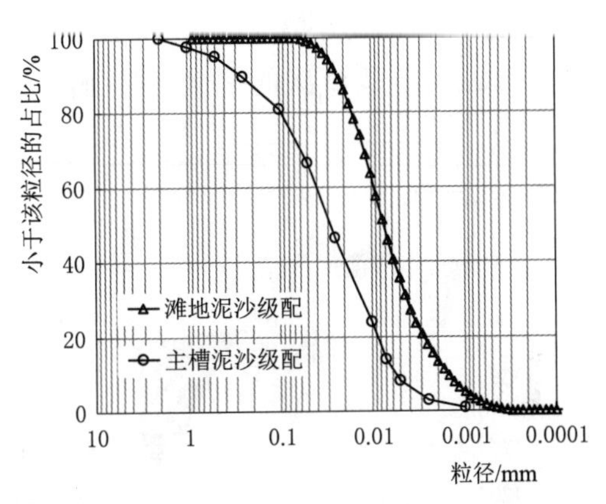

图 3.2-7 床沙级配分析结果

3.2.2 河道演变规律分析

如图 3.2-8 所示，从江桥站和大赉站淤积过程来看，除了个别年份，江桥站输沙量均明显大于大赉站输沙量，两站之间的河段长期处于淤积状态，两站之间年均输沙量差值为 56 万 t，加上两站之间的产沙为 27 万（按照大赉站输沙模数计算）～40 万 t（按照江桥站输沙模数计算），1960—2010 年年均淤积量为 83 万～96 万 t，平均值约为 90 万 t。按照一般河道淤积物的孔隙率为 0.4，泥沙密度按照 2.65t/m^{3}计算，假设淤积都在主槽中，河段长度为 151km，主槽宽度为 500m 左右，则该河段年均淤积厚度约为 7.5mm。该河段滩地较宽，平均宽度在 10km 以上，如果算上滩地，则年平均淤积厚度约为 0.4mm，属于缓慢淤积抬升状态。

江桥站水文大断面形态调整较为剧烈。1970 年水文站断面滩槽较为明显，主槽靠近左岸，呈复式断面形态。1970—1974 年来水偏少，水流含沙量较大，因此主槽淤积较为严重，河底基本呈平行抬高，原有的主槽形态未发生明显改变，深泓点淤积抬高达 5.2m，主槽过水面积显著减小。1975—1980 年，来水偏少，但含沙量相对

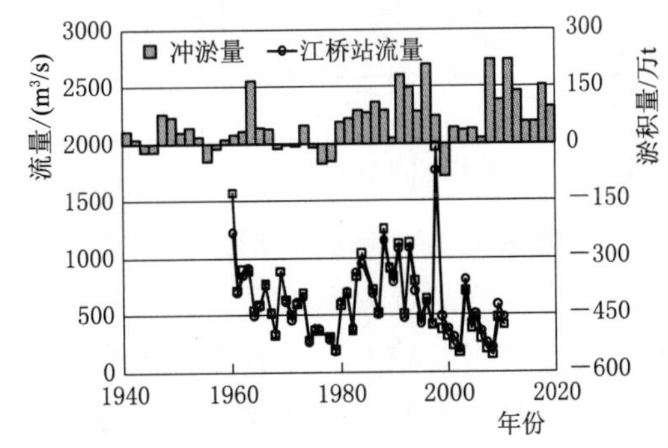

图 3.2-8 江桥站和大赉站之间淤积量与流量关系

于前五年有所减小，年来沙量急剧下降，因此1980年的主槽相对于1975年有所扩大，主槽发生冲刷，过水面积有所增加，主槽形态仍未发生大的改变。1980—1984年，河道来水相对前一个五年明显增加，含沙量显著减小，年输沙量处于平均水位，河道出现冲刷，主槽形态从复式断面形态转变成为单一的V形断面，深泓点下降3.6m，主槽面积有所增加。1985—1989年，年均流量、年均输沙量和年均含沙量均大于1980—1984年，过水断面增加，主槽以冲刷为主，同时深泓点淤积抬高0.2m。1990—2009年，江桥水文大断面发生了较为明显的冲淤变化，主槽在1989年是窄深的三角形断面，2001年已经演变成为复式断面形态，断面面积比1989年增加了1294m²，深泓点高程则相对抬高了1.4m；2002—2009年之间主槽又发生了较大的淤积，主槽的深槽部分被泥沙淤平，断面从复式断面形态又回归到矩形断面，从过水面积来看，2009年主槽相对于2001年减小了1014m²，深泓点高程相对抬升了6.0m。

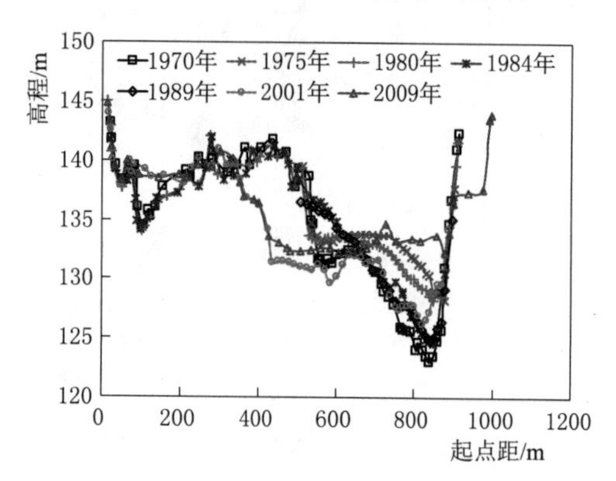

图3.2-9　江桥站水文大断面变化过程（面向来流方向）

江桥站1970—2009年时期水文大断面变化过程如图3.2-9所示，表3.2-2中总结了1970—2009年不同时间段内的断面形态与水沙量的关系特征值。

表3.2-2　江桥站断面形态与水沙量的关系

时　段	年均流量/(m^3/s)	年均输沙量/万t	年均含沙量/(kg/m^3)	主槽过水面积变化/m^2	深泓点高程变化/m
1970—1974年	515.8	161.84	0.120	−1235	5.2
1975—1979年	299.0	84.17	0.083	317	−0.1
1980—1984年	707.4	155.66	0.073	343	−3.6
1985—1989年	810.8	202.15	0.079	113	0.2
1990—2000年	708.0	278.15	0.125	1294	1.4
2001—2009年	407.6	241.25	0.179	−1014	6.0

注　表中主槽面积变化负值代表主槽发生了淤积，深泓点高程变化负值代表深泓点下降。

大赉站水文大断面的形态调整相对较为平缓，总体来看滩槽均未发生明显的调整，主槽始终靠近右岸，且一直保持较为窄深的三角形断面。1970—1974年来水量不大但含沙量相对较大，主槽冲刷，深泓点下降1.2m，主槽过水面积从1780m²增加到2007m²。1975—1980年，来水显著偏少，含沙量相对于前五年有所减小，年来沙量急剧下降，主槽面积由于淤积有所减小，淤积使得主槽相对更为窄深，表现为深泓点略有抬升，平均水深明显增加。1980—1984年，河道来水相对前一个五年明显增加，含沙量显著减小，年输沙量处于平均水位，主槽出现冲刷，深泓点下降0.7m，平均水深增加0.5m。1985—1989年，年均流量、年均输沙量和年均含沙量均大于1980—1984年，主槽发生了较大的冲刷，过水断面增加较多，同时深泓点淤积冲刷下切2.9m，主槽平均水深增加了1.8m。1990—2009年，大赉站水文大断面的冲淤变化幅度没有发生大的改变，主槽仍然维持窄深的三角形断面，2001年断面面积比1989年增加了234m²，深泓点高程则相对抬高了0.5m；2009年主槽相对于2001年减小了186m²，深泓点高程抬升了1.6m。

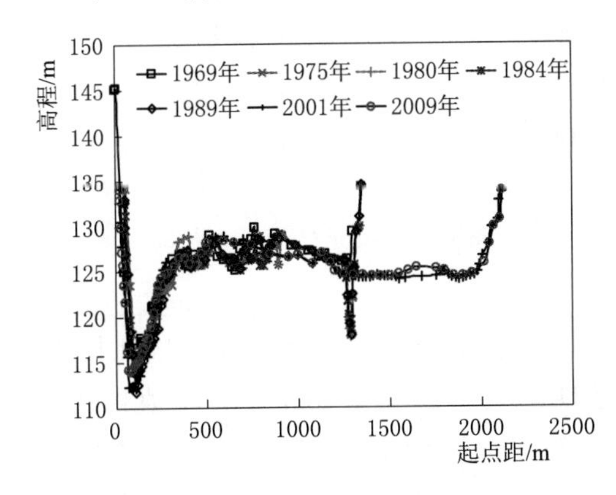

图3.2-10　大赉站水文大断面变化过程（面向来流方向）

大赉站1970—2009年时期水文大断面变化过程如图3.2-10所示，表3.2-3中总结了1970—2009年不同时间段内的来水来沙特征和断面统计特征值。

表3.2-3　大赉站断面形态与水沙量的关系

时　段	年均流量 /(m^3/s)	年均输沙量 /万t	年均含沙量 /(kg/m^3)	主槽过水面积变化/m^2	深泓点高程变化/m
1970—1974年	515.8	161.84	0.120	227	−1.2
1975—1979年	299.0	84.17	0.083	−268	0.2
1980—1984年	707.4	155.66	0.073	72	−0.7
1985—1989年	810.8	202.15	0.079	281	−2.9
1990—2000年	777.6	212.86	0.087	234	0.5
2001—2009年	342.3	111.01	0.103	−186	1.6

注　表中主槽面积变化负值代表主槽发生了淤积，深泓点高程变化负值代表深泓点下降。

断面上的冲淤变化与断面的造床流量关系较为密切，当造床流量大于平滩流量时，断面会逐渐扩大使平滩流量与造床流量接近，反之亦然，因此造床流量与平滩流量相差越大，断面调整幅度会越大。通过马卡维也夫法计算得到的江桥至大赉河段的造床流量约为1700m³/s（图3.2-11），而根据曼宁公式推算得到的江桥水文大断面的平滩流量维持在1500～2900m³/s之间，大赉水文大断面的平滩流量较为稳定，在1700～1800m³/s之间。由此可

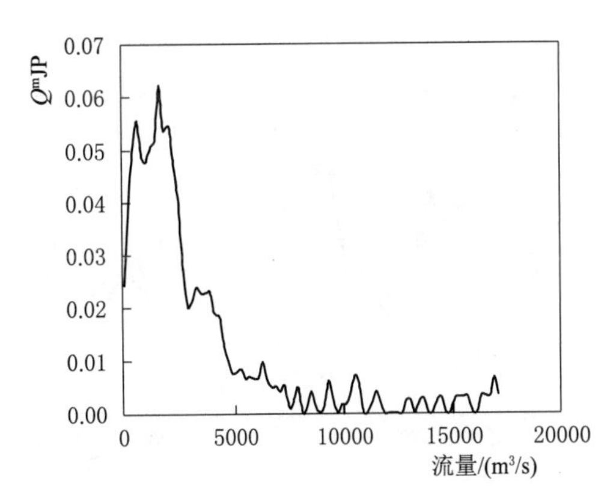

图3.2-11　用马卡维也夫法确定的河段造床流量

见，江桥站造床流量与平滩流量相差较大，而且多数时候造床流量小于平滩流量，因此该断面所在河段会有较为明显的冲淤变化，大赉站附近河段则冲淤变化幅度不会太大。此次计算范围距离大赉水文站较近，因此本河段的冲淤幅度应不会太大。

3.3　嫩江干流二维水沙模型计算分析

3.3.1　计算系列年的选取

图3.3-1所示为江桥站和大赉站径流量5年滑动平均值变化过程。从江桥站径流量5年滑动平均值来看，该站径流量基本呈现出余弦式波动规律，波峰值约为280亿m^3，波谷值约为105亿m^3，波动周期约为70年。大赉站与江桥站的变化趋势完全相同。从波动周期推测，2010年之后的应处于流量上升周期。

从图3.3-2可以看出，江桥站和大赉站年均输沙量并未表现出有规律的重复，但总体来看，20世纪90年代以来，输沙量较之前有较大的增加。因此从来水量和来沙量角度来看，选择大赉站1991—2005年15年的水沙资料作为代表系列。该系列从流量过程角度正好涵盖了四分之一波周期，且该系列的年均径流量为197亿m^3，多年平均流量为625m^3/s，与1960—2010年多年平均流量基本相同，同时该系列包含了丰（1998年，径流量为621亿m^3）、平（1996年，径流量为199亿m^3）、枯（2002年，径流量为172亿m^3）三种流量，是具有代表性的水文系列。从来沙量角度来看，该系列年均来沙量为188万t，与多年平均来沙146万t相比较大，来沙量大形成的淤积量也可能较大，因此从泥沙角度来看，采用该系列计算是偏于保守和安全的。根据2010年之后来水趋势分析，流量应处于上升周期，因此实际计算中所采用的系列的起始年份是2006年，按年递减到1991年结束。

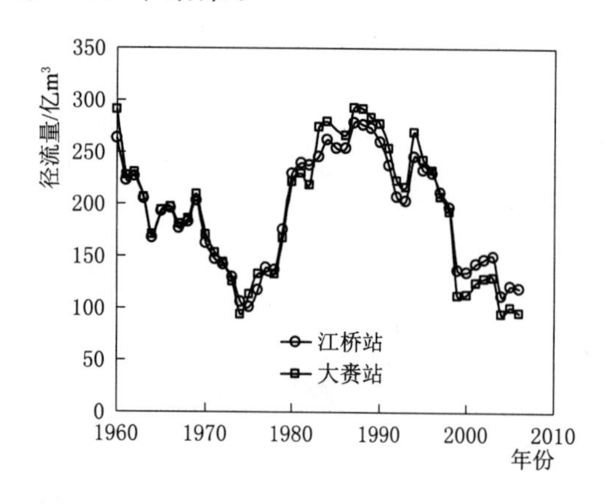

图3.3-1　径流量5年滑动平均值变化过程

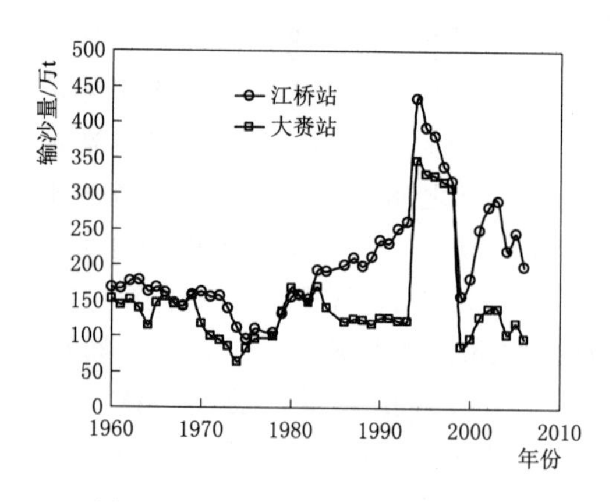

图3.3-2　输沙量5年滑动平均值

3.3.2 嫩江干流的流速分布

3.3.2.1 河道滩槽水流流态

流速是决定河道冲淤的关键因素之一，在其他条件相同的情况下，流速越大淤积量越小，因此在一定程度上水流流速与河道冲淤密切相关。图 3.3-3 所示为非漫滩小流量（Q=625m^3/s）情况下河道水流流速分布。大部分断面上流速分布较为均匀，上游入口附近断面较为宽浅，最大流速一般在 0.5m/s 左右，下游出口附近河槽较为窄深，最大流速可以达到 0.81m/s。对所有流速点进行统计后可以发现，小于 0.57m/s 的流速区域占比为 98%，说明大流速占比较小，绝大部分流速在 0.6m/s 以下。总体来看，由于该河段比降较缓，主槽中小流量的水流流速偏小。

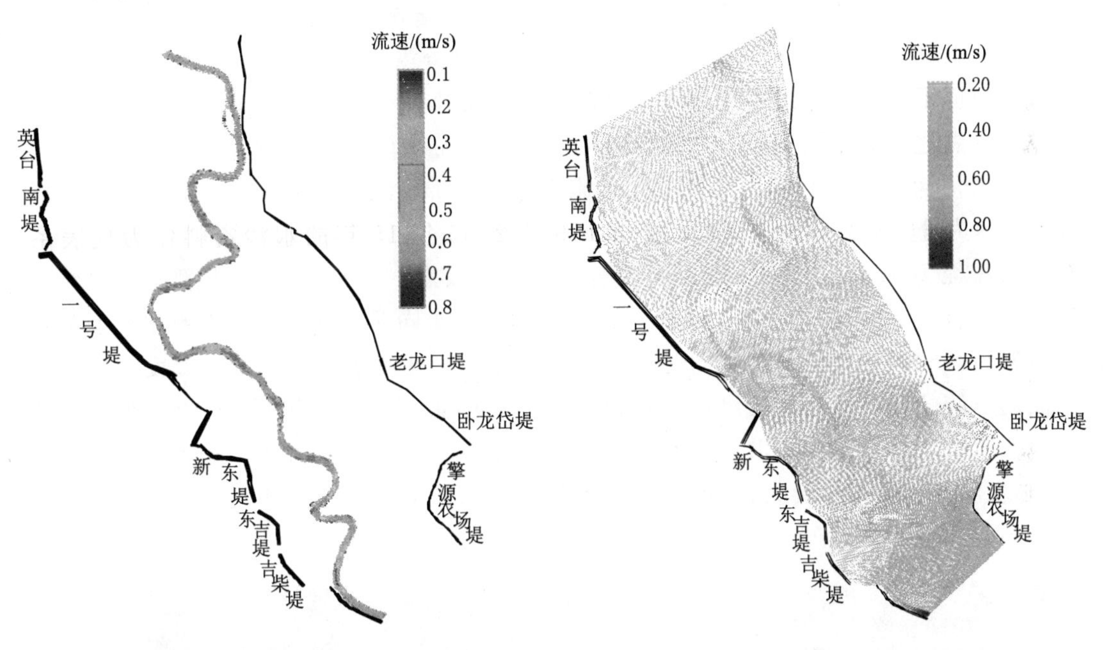

图 3.3-3 非漫滩小流量情况河道水流流速分布　　图 3.3-4 大漫滩水流量时河道流速分布情况

图 3.3-4 所示为大漫滩水流量 Q=12520m^3/s 时河道流速分布情况。从图 3.3-4 中可以看出，总体来说，滩地流速明显小于主槽流速，大流速都出现在主槽中。上游滩地流速大部分在 0.2m/s 以下，下游随着河道逐渐缩窄，滩地流速可以达到 0.5m/s 左右。当主槽方向与流向平行时，主槽流速较大，而当主槽方向与流向垂直时，由于主槽河岸的阻水作用，主槽垂线平均流速甚至会小于周围滩地流速。整个河段的最大流速出现在河道出口附近，其值为 1.12m/s，该值比小流量有明显增加；小于 0.59m/s 的流速占比为 98%，这一点与小流量并无多大变化，说明大流量流速分布比小流量更不均匀，流速差别更大，但是整体流速并未有显著改变。

3.3.2.2　分洪口门附近流态

分洪一般有两种情况：控制分洪和不控制分洪。控制分洪是通过闸对分洪口的流量进行控制，不控制分洪一般是采用敞泄的方式进行分洪。因此，在同样的河道来流条件下，控制分洪流量小于不控制分洪流量，对河道水流的影响也相对较小。由此可见，在分洪对河道水流的影响程度方面，不控制分洪属于不利工况，在此工况下计算得到数据会将控制分洪的包括在内，所以此次模型计算中采用虚拟的不控制分洪方式分析分洪口附近的流态以及分洪对河道水位的影响。

图3.3-5（a）所示为分洪前老龙口分洪处的局部流态。从局部地形来看，老龙口大堤上下游均有高岗深入河道，上游深入河道约200m，下游深入河道约1km，老龙口被包在其中，尤其是受下游岗地阻水，流向受地形影响明显，但这一区域内并未出现回流现象。水流流到老龙口大堤附近后流速显著减小，大部分流速不足0.1m，且流向略微偏向河道一侧。从分洪前的流态来看，分洪前老龙口分洪处的流速较小，而且流向也不是正对分洪口，因此分洪前河道的流速对于老龙口分洪影响不大，影响老龙口分洪过程的主要变量应是老龙口处水位与下游水位的水头差。

以1957年洪水过程作为典型工况对流态进行分析，其他年型与此类似。图3.3-5（b）所示为分洪后第3个小时的流态。分洪开始时老龙口外江河道水位为133.713m，闸底板高程为129m，此时蓄滞洪区仍处于无水状态，其地面高程大部分在128～129m之间，上下游的水头差在5m左右，当闸和裹头同时打开时，上下游水头差的势能在较短时间内转化为动能，同时分洪口水位降低，外江水流流向发生改变，部分原来流向下游的水流流向蓄滞洪区，水流在分洪口附近集中。分洪后3h内分洪口水流流速快速增加，不同河道水位条件下所形成的过闸流速也不尽相同，开始分洪时河道水位越高，分洪口处最大流速越大，分洪口峰值流速在3.5～4.6m/s之间，如图3.3-6所示。

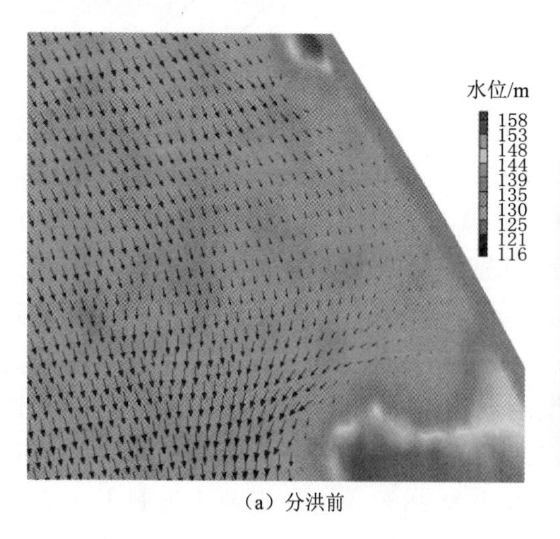

（a）分洪前

（b）分洪后

图3.3-5　分洪前和分洪后3h老龙口局部流态（Q=12520m^3/s）

3.3.3 嫩江干流的水位分布

从前面的流速分布图可以看出，分洪前河道水流较为平顺，水流基本沿着大堤方向前进，横向流速很小，因此在一个断面上也不会形成明显的横比降。从水位等值线图来看，整个河道中大部分等值线都是垂直于大堤的，沿河道横断面没有明显的水面落差，老龙口附近水位分布尤为典型，如图3.3-7所示。

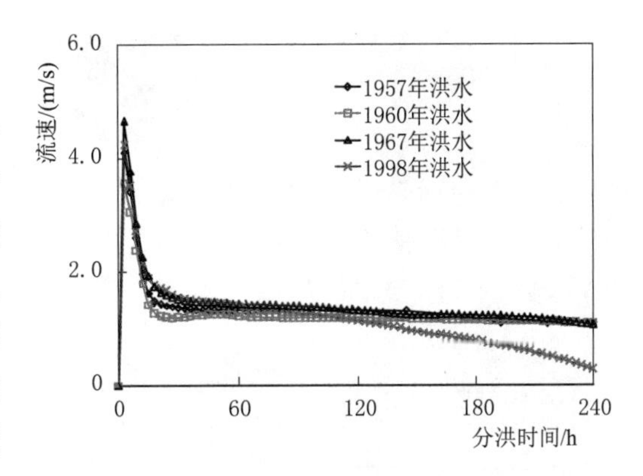

图3.3-6 分洪后老龙口闸上流速变化过程
($Q=9676m^3/s$)

而当分洪开始后，水流从河道大量涌入蓄滞洪区，且在闸口附近的流速远大于河道流速，从而在此处会形成明显的横比降。在以分洪闸为中心的200m扇形范围，嫩干河道存在明显横比降，水位在这一范围内下降约0.8m，平均水面比降为0.4，形成这一现象的原因在于泄洪闸刚打开时其上下游水头差较大，形成了类似溃坝波的水流形态，此处的水面横比降属于行进水头影响范围。图3.3-8所示为分洪后3h大范围水位分布情况，其中包含了行进水头的影响区域；图3.3-9则是从该区域选取了行进水头影响范围内的一部分，给出了该区域的水位分布状况。

图3.3-10所示为老龙口闸所在的河道横断面上一个典型的分洪过程中起水位变化过程。分洪开始前断面上各点水位基本相同，相差不超过1cm，可以认为不存在横向比降。刚开始分洪时河道出现了较为明显的水面横比降，尤其是分洪闸附近水位下降较为剧烈，这是开闸之后水面的坍塌效应，分洪3h后闸口处水位比河道水位低大约1m。此后水流大量涌入导致闸下游水位迅速升高，闸上水位也开始回复到与河道基本齐平的状态，这一个过程持续9～12h。此后闸上游水位逐渐接近，到分洪结束时闸上游水位基本齐平，老龙口横断面上的水位横比降也基本消失，这个过程的快慢与分洪过程和下游行洪通道密切相关。

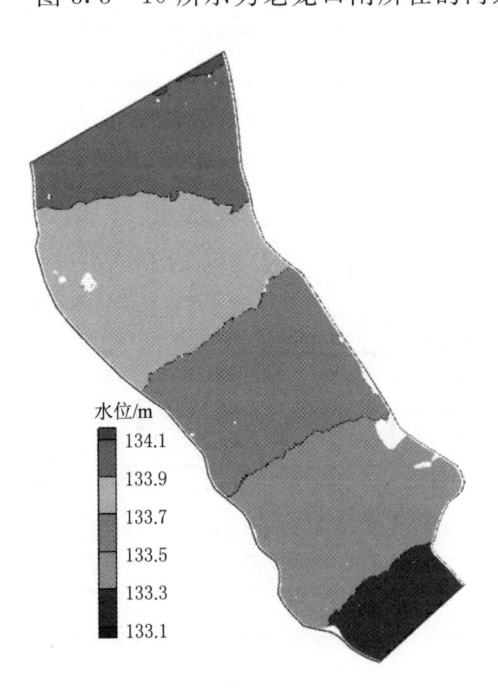

图3.3-7 分洪前嫩干典型水位分布
($Q=12520m^3/s$)

图3.3-11选择了闸口处的水位和距离闸口600m处的水位（此处水位可以作为计算过闸流量的闸上行进水头）跟踪其

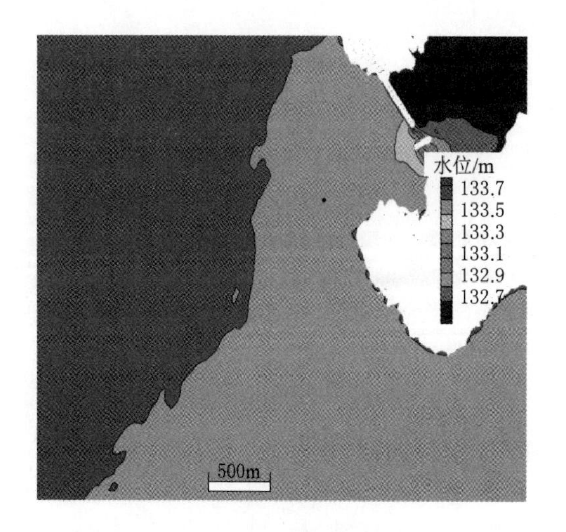

图 3.3-8　老龙口分洪闸附近水位分布
（分洪开始后 3h）

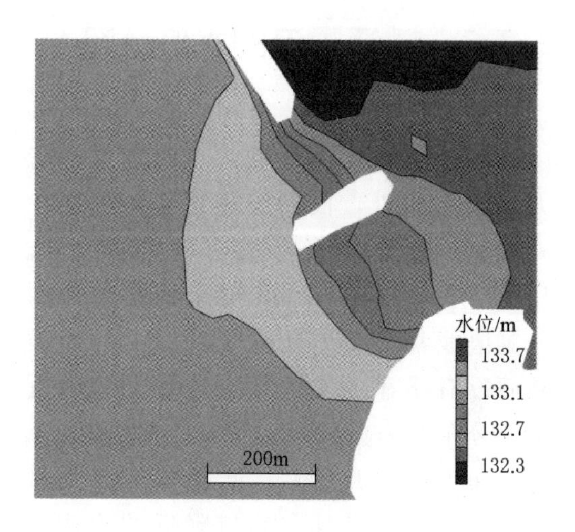

图 3.3-9　老龙口分洪闸局部水位分布
（分洪开始后 3h）

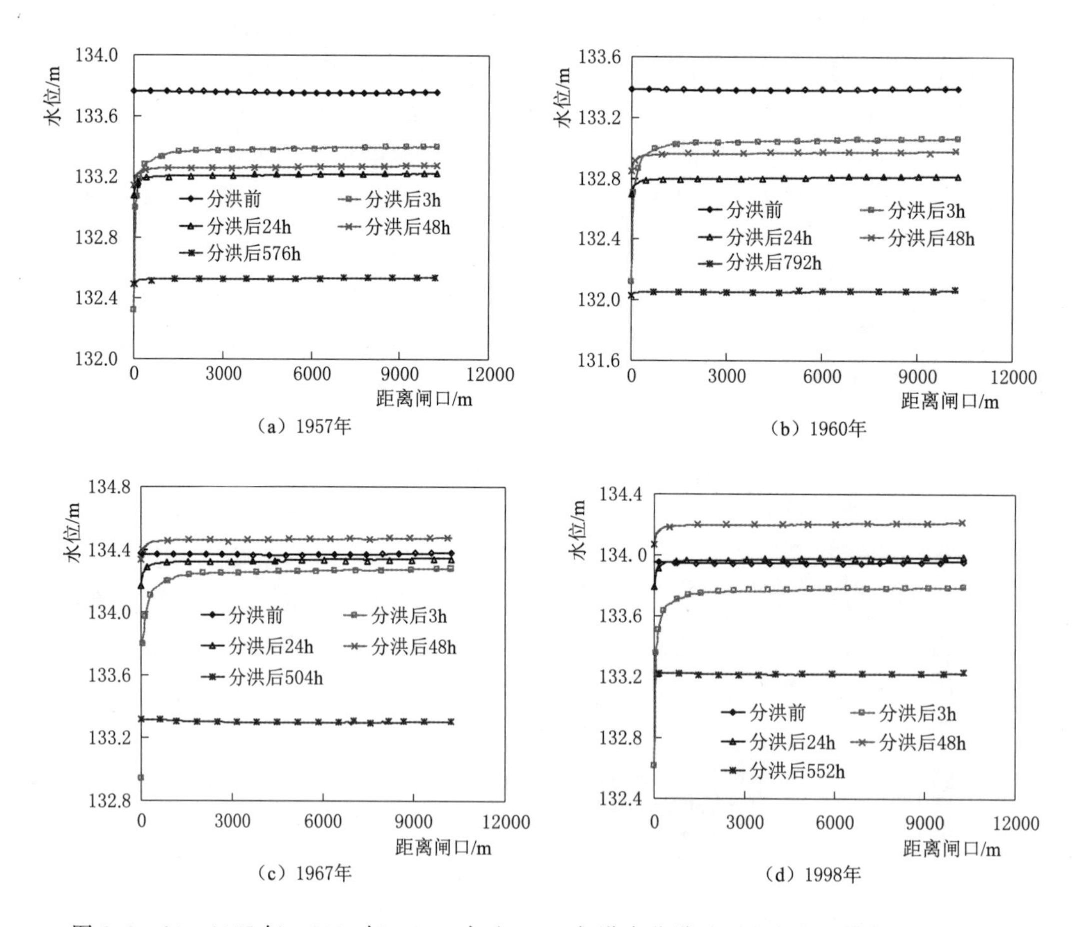

图 3.3-10　1957 年、1960 年、1967 年和 1998 年洪水分洪过程中老龙口横断面水位分布

水位随时间变化过程。从图 3.3-11 中可以看出，不同洪水过程条件下闸口和行进水头在开始的 3h 内都是急剧降低，闸口水位降幅最大可达 1.5m，闸上行进水头降幅远小于闸口水位降幅，水位降低幅度均在 0.5m 以内，具体降幅与初始水位和流量有关。分洪 3h 后闸口水位和行进水头都开始快速回升，闸口水位始终低于行进水头，但两者之间的差距在逐渐缩小，其缩小的速度与洪水来流量以及初始水位有关，洪水流量越大，初始水位越高，则两者之间的差距减小得越快。

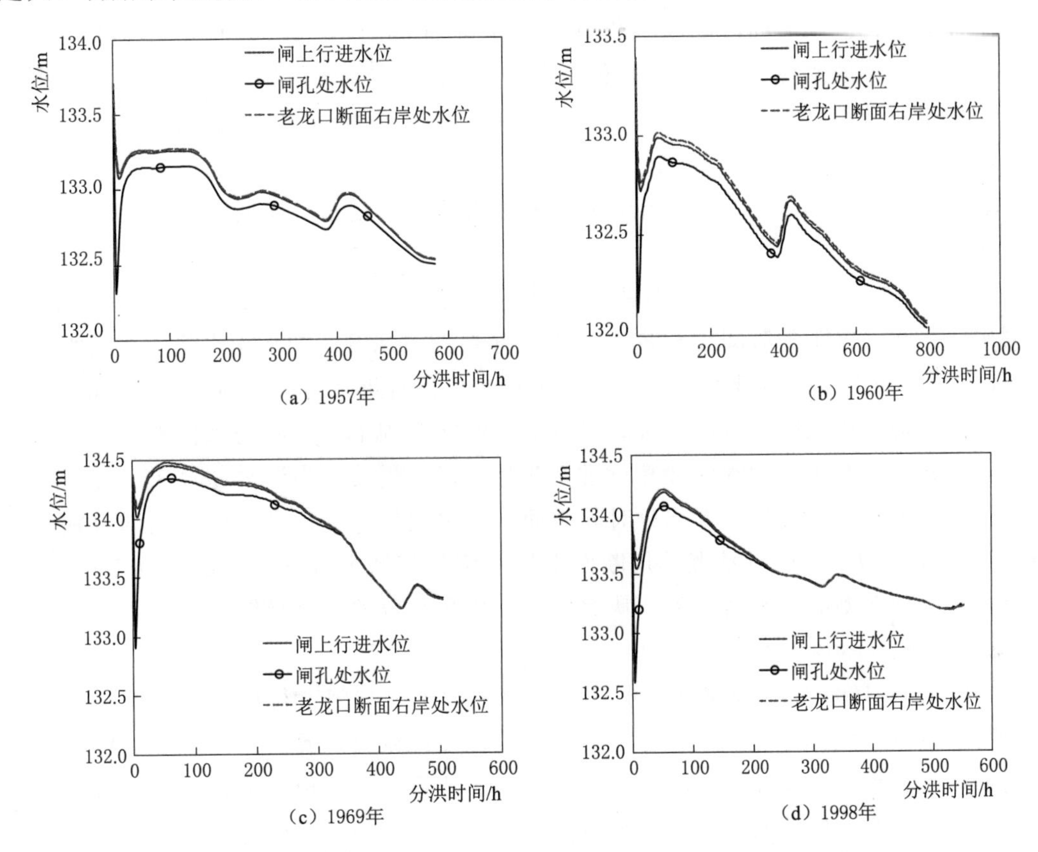

图 3.3-11 1957 年、1960 年、1969 年和 1998 年洪水分洪水位过程

从需要分洪的典型洪水过程来看，1957 年典型洪水和 1960 年典型洪水直到分洪过程结束时行进水头仍然高出闸口水位，但是高出幅度较小。这两种情况下分洪过程中老龙口闸上游 800m 范围内仍然受到行进水头的影响而存在横比降，分洪结束时这一区域横比降已降至不足 1/10000。在该区域以外的老龙口横断面的上，水面基本不存在横比降，靠近右岸（老龙口闸的对岸）与距离老龙口闸 800m 处的水位在开始分洪时有 5cm 的水位差，右岸水位较高，其后两者水位迅速接近，24h 水位差降至 3cm，此后水位差逐渐降至 1cm 左右。由此可见，在这种典型洪水条件下，行进水头影响范围之外的横断面上水面横比降很小，可以将断面平均水位作为闸上的行进水头计算闸孔过流能力。

1969 年典型洪水和 1998 年典型洪水情况下，虚拟的分洪过程中老龙口横断面上各代表点上的水位分别如图 3.3-11（c）、（d）所示。这两个洪水的来流量较大，开始分洪时闸上、下游的水头差也比较大，因此闸上行进水头影响范围内的水位降落也比较明显。当虚拟闸和裹头全部打开分洪的情景时，这两种洪水条件下分洪流量较大，下游水位上升较快，因此在分洪过程中闸上水位已经与闸上行进水头齐平，老龙口断面上已经不存在横比降，1969 年典型洪水分洪过程中老龙口断面横比降消失的时间是 15d，1998 年典型洪水分洪过程中老龙口断面横比降消失的时间是 11d。这两种洪水条件下，行进水头的影响范围仍然没有超过 800m。所选取的闸上行进水位与老龙口横断面右岸的水位在分洪后 3h 相差 20cm 左右，右岸水位较高，此后两者的水位差迅速减小，分洪后 24h 降至 2cm 左右，然后水位差距继续减小，在分洪结束前均降至 0。

表 3.3-1～表 3.3-4 分别给出了四种洪水条件下老龙口横断面上各代表点上的特征水位。

1957 年和 1960 年典型洪水分洪过程中断面平均水位始终略高于闸上行进水位，两种水位之间的差距随时间逐渐减小。1957 年典型洪水的断面平均水位比行进水位最大高出 0.065m，1960 年典型洪水的断面平均水位比行进水位最大高出 0.058m，虽然此时断面平均水位比闸上行进水位高出较多，但此时闸上、下游的水位差也很大，一般为 5～6m，因此用平均水位代替行进水头是可以接受的。当泄洪超过 15h 之后，这两种年型的洪水分洪过程中大部分时间断面平均水位与闸上行进水位之间的差别已经降低到 0.02m 以下，这种情况下用断面平均水位代替闸上行进水位也是可以接受的。因此在这两种典型的洪水情况下，从综合水位差和水位差的维持时间可以看出，采用断面平均水位作为闸上行进水位是可行的。

1967 年和 1998 年两种典型洪水过程断面平均水位与闸上行进水位之差与前两种年型基本类似。但 1967 年和 1998 年洪水流量较大，在闸和裹头完全打开的虚拟分洪情况下，下游水位上升较快，在分洪后期由于下游壅水会出现闸上行进水位高于断面平均水位的情况，但是两者之差的绝对值仍然小于 0.02m，因此这两种典型洪水条件下采用断面平均水位作为闸上行进水头也是可行的。

表 3.3-1　　1957 年洪水虚拟分洪过程中老龙口断面上特征水位

分洪时间/h	嫩干流量/(m^3/s)	虚拟分洪流量/(m^3/s)	老龙口横断面特征水位/m				平均水位与行进水位的差值/m
			闸上水位	行进水位	右岸水位	断面平均水位	
0	12520	0	133.713	133.713	133.713	133.713	0.000
3	12520	4454	132.322	133.302	133.399	133.367	0.065
6	12520	3847	132.452	133.141	133.225	133.197	0.056
9	12520	3134	132.676	133.083	133.146	133.123	0.040
12	12520	2482	132.855	133.087	133.132	133.114	0.027

续表

分洪时间/h	嫩干流量/(m³/s)	虚拟分洪流量/(m³/s)	老龙口横断面特征水位/m				平均水位与行进水位的差值/m
			闸上水位	行进水位	右岸水位	断面平均水位	
15	12520	2112	132.957	133.116	133.151	133.135	0.019
18	12520	1952	133.016	133.148	133.178	133.164	0.016
21	12520	1897	133.053	133.174	133.204	133.190	0.016
24	12520	1873	133.078	133.195	133.224	133.210	0.015
27	12644	1863	133.096	133.211	133.239	133.225	0.014
30	12644	1840	133.112	133.222	133.250	133.236	0.014
33	12644	1822	133.124	133.232	133.258	133.245	0.013
36	12644	1812	133.132	133.238	133.264	133.252	0.014
39	12644	1806	133.138	133.243	133.269	133.256	0.013
42	12644	1801	133.142	133.246	133.272	133.259	0.013
45	12644	1798	133.145	133.249	133.274	133.262	0.013
48	12644	1797	133.146	133.250	133.276	133.263	0.013
51	12614	1795	133.147	133.251	133.276	133.264	0.013
54	12614	1792	133.148	133.251	133.277	133.264	0.013
57	12614	1790	133.148	133.251	133.277	133.264	0.013
60	12614	1788	133.148	133.251	133.276	133.264	0.013
63	12614	1786	133.148	133.250	133.276	133.263	0.013
66	12614	1785	133.147	133.250	133.275	133.262	0.012
69	12614	1783	133.146	133.249	133.274	133.262	0.013
72	12614	1782	133.146	133.248	133.273	133.261	0.013
96	12557	1804	133.155	133.259	133.285	133.272	0.013
120	12686	1790	133.156	133.259	133.284	133.271	0.012
144	12622	1777	133.148	133.250	133.275	133.262	0.012
168	12557	1643	133.079	133.170	133.193	133.182	0.012
192	11810	1397	132.933	133.006	133.026	133.015	0.009
216	10540	1369	132.870	132.943	132.964	132.953	0.010
240	10534	1388	132.877	132.951	132.972	132.961	0.010
264	10644	1433	132.902	132.981	133.002	132.991	0.010
288	10867	1387	132.888	132.962	132.983	132.972	0.010

续表

分洪时间/h	嫩干流量/(m^3/s)	虚拟分洪流量/(m^3/s)	老龙口横断面特征水位/m				平均水位与行进水位的差值/m
			闸上水位	行进水位	右岸水位	断面平均水位	
312	10595	1330	132.851	132.921	132.941	132.930	0.009
336	10331	1271	132.812	132.877	132.896	132.886	0.009
360	10063	1203	132.767	132.829	132.847	132.836	0.007
384	9762	1156	132.732	132.790	132.808	132.798	0.008
408	9573	1440	132.862	132.943	132.965	132.954	0.011
432	11040	1364	132.881	132.953	132.973	132.962	0.009
456	10462	1250	132.808	132.872	132.891	132.880	0.008
480	9945	1135	132.731	132.787	132.804	132.794	0.007
504	9440	1012	132.652	132.699	132.715	132.705	0.006
528	8917	891	132.576	132.615	132.629	132.620	0.005
552	8448	792	132.514	132.547	132.559	132.550	0.003
576	8108	775	132.494	132.525	132.537	132.529	0.004

表3.3-2　　1960年洪水虚拟分洪过程中老龙口断面上特征水位

分洪时间/h	嫩干流量/(m^3/s)	虚拟分洪流量/(m^3/s)	老龙口横断面特征水位/m				平均水位与行进水位的差值/m
			闸上水位	行进水位	右岸水位	断面平均水位	
0	9676	0	133.314	133.314	133.314	133.314	0.000
3	9676	3617	132.122	132.974	133.061	133.032	0.058
6	9676	3161	132.176	132.817	132.895	132.869	0.052
9	9676	2610	132.348	132.743	132.804	132.782	0.039
12	9676	2064	132.503	132.725	132.768	132.751	0.026
15	9676	1673	132.598	132.736	132.769	132.754	0.018
18	9676	1508	132.647	132.756	132.784	132.771	0.015
21	9676	1454	132.675	132.775	132.801	132.788	0.013
24	9676	1433	132.694	132.790	132.816	132.803	0.013
27	10691	1436	132.710	132.805	132.831	132.818	0.013
30	10691	1453	132.727	132.823	132.849	132.837	0.014
33	10691	1473	132.745	132.843	132.869	132.856	0.013
36	10691	1494	132.765	132.864	132.890	132.877	0.013

续表

分洪时间/h	嫩干流量/(m³/s)	虚拟分洪流量/(m³/s)	老龙口横断面特征水位/m				平均水位与行进水位的差值/m
			闸上水位	行进水位	右岸水位	断面平均水位	
39	10691	1514	132.785	132.885	132.912	132.899	0.014
42	10691	1534	132.806	132.907	132.934	132.921	0.014
45	10691	1555	132.827	132.929	132.956	132.943	0.014
48	10691	1578	132.848	132.952	132.979	132.966	0.014
51	10378	1581	132.867	132.970	132.997	132.984	0.014
54	10378	1572	132.880	132.982	133.008	132.995	0.013
57	10378	1563	132.889	132.988	133.014	133.002	0.014
60	10378	1551	132.894	132.992	133.017	133.005	0.013
63	10378	1542	132.896	132.992	133.017	133.005	0.013
66	10378	1532	132.896	132.991	133.016	133.004	0.013
69	10378	1524	132.894	132.988	133.013	133.001	0.013
72	10378	1516	132.891	132.985	133.009	132.997	0.012
75	10273	1511	132.888	132.981	133.005	132.993	0.012
78	10273	1507	132.884	132.977	133.002	132.990	0.013
81	10273	1505	132.881	132.974	132.998	132.987	0.013
84	10273	1502	132.878	132.971	132.996	132.984	0.013
87	10273	1500	132.876	132.969	132.993	132.981	0.012
90	10273	1497	132.873	132.966	132.990	132.978	0.012
93	10273	1495	132.871	132.963	132.988	132.976	0.013
96	10273	1492	132.868	132.961	132.985	132.973	0.012
99	10271	1491	132.866	132.959	132.983	132.971	0.012
102	10271	1490	132.865	132.957	132.982	132.970	0.013
105	10271	1490	132.864	132.956	132.981	132.969	0.013
108	10271	1490	132.863	132.955	132.980	132.968	0.013
111	10271	1490	132.862	132.955	132.979	132.967	0.012
114	10271	1490	132.862	132.954	132.979	132.967	0.013
117	10271	1490	132.861	132.954	132.978	132.966	0.012
120	10271	1490	132.861	132.954	132.978	132.966	0.012
123	10180	1489	132.860	132.953	132.977	132.966	0.013

续表

分洪时间/h	嫩干流量/(m³/s)	虚拟分洪流量/(m³/s)	老龙口横断面特征水位/m				平均水位与行进水位的差值/m
			闸上水位	行进水位	右岸水位	断面平均水位	
126	10180	1487	132.860	132.952	132.977	132.965	0.013
129	10180	1485	132.859	132.951	132.975	132.963	0.012
132	10180	1482	132.857	132.950	132.974	132.962	0.012
135	10180	1480	132.856	132.948	132.972	132.960	0.012
138	10180	1478	132.854	132.946	132.970	132.959	0.013
141	10180	1476	132.853	132.945	132.969	132.957	0.012
144	10180	1474	132.851	132.943	132.967	132.955	0.012
147	9988	1470	132.849	132.940	132.964	132.953	0.013
150	9988	1466	132.847	132.938	132.962	132.950	0.012
153	9988	1461	132.844	132.934	132.958	132.946	0.012
156	9988	1456	132.841	132.931	132.955	132.943	0.012
159	9988	1452	132.837	132.927	132.951	132.939	0.012
162	9988	1447	132.834	132.923	132.947	132.935	0.012
165	9988	1442	132.830	132.919	132.943	132.931	0.012
168	9988	1438	132.826	132.915	132.939	132.927	0.012
171	9778	1433	132.823	132.911	132.935	132.923	0.012
174	9778	1428	132.819	132.907	132.930	132.919	0.012
177	9778	1423	132.815	132.903	132.926	132.914	0.011
180	9778	1418	132.811	132.898	132.921	132.910	0.012
183	9778	1412	132.806	132.893	132.917	132.905	0.012
186	9778	1407	132.802	132.889	132.912	132.900	0.011
189	9778	1402	132.798	132.884	132.907	132.896	0.012
192	9778	1397	132.794	132.880	132.903	132.891	0.011
195	9673	1393	132.790	132.875	132.899	132.887	0.012
198	9673	1390	132.786	132.872	132.895	132.883	0.011
201	9673	1388	132.783	132.868	132.891	132.880	0.012
204	9673	1385	132.780	132.865	132.888	132.877	0.012
207	9673	1383	132.777	132.862	132.885	132.874	0.012
210	9673	1380	132.775	132.860	132.883	132.871	0.011

续表

分洪时间/h	嫩干流量/(m³/s)	虚拟分洪流量/(m³/s)	老龙口横断面特征水位/m				平均水位与行进水位的差值/m
			闸上水位	行进水位	右岸水位	断面平均水位	
213	9673	1377	132.772	132.857	132.880	132.868	0.011
216	9673	1375	132.770	132.855	132.877	132.866	0.011
219	9263	1368	132.767	132.851	132.874	132.862	0.011
222	9263	1359	132.763	132.846	132.868	132.857	0.011
225	9263	1349	132.757	132.840	132.862	132.851	0.011
228	9263	1340	132.751	132.833	132.855	132.844	0.011
231	9263	1330	132.744	132.825	132.847	132.836	0.011
234	9263	1320	132.737	132.817	132.839	132.828	0.011
237	9263	1310	132.729	132.809	132.830	132.819	0.010
240	9263	1300	132.722	132.800	132.822	132.811	0.011
243	8913	1291	132.714	132.792	132.813	132.802	0.010
246	8913	1282	132.706	132.783	132.805	132.794	0.011
249	8913	1273	132.698	132.775	132.797	132.786	0.011
252	8913	1264	132.691	132.767	132.788	132.777	0.010
255	8913	1255	132.683	132.759	132.780	132.769	0.010
258	8913	1246	132.675	132.750	132.772	132.761	0.011
261	8913	1237	132.668	132.742	132.763	132.752	0.010
264	8913	1228	132.660	132.734	132.755	132.744	0.010
267	8573	1219	132.652	132.725	132.746	132.735	0.010
270	8573	1210	132.645	132.717	132.738	132.727	0.010
273	8573	1201	132.637	132.709	132.729	132.719	0.010
276	8573	1192	132.629	132.701	132.721	132.710	0.009
279	8573	1183	132.622	132.692	132.713	132.702	0.010
282	8573	1175	132.614	132.684	132.704	132.694	0.010
285	8573	1166	132.607	132.676	132.696	132.685	0.009
288	8573	1157	132.599	132.668	132.688	132.677	0.009
291	8212	1148	132.591	132.659	132.679	132.669	0.010
294	8212	1139	132.584	132.651	132.671	132.660	0.009
297	8212	1129	132.576	132.643	132.662	132.652	0.009

续表

分洪时间/h	嫩干流量/(m^3/s)	虚拟分洪流量/(m^3/s)	老龙口横断面特征水位/m				平均水位与行进水位的差值/m
			闸上水位	行进水位	右岸水位	断面平均水位	
300	8212	1119	132.568	132.634	132.654	132.643	0.009
303	8212	1110	132.560	132.625	132.645	132.634	0.009
306	8212	1101	132.552	132.617	132.636	132.626	0.009
309	8212	1092	132.544	132.608	132.627	132.617	0.009
312	8212	1082	132.536	132.599	132.618	132.608	0.009
315	7883	1073	132.528	132.590	132.609	132.599	0.009
318	7883	1062	132.519	132.582	132.601	132.590	0.008
321	7883	1055	132.511	132.574	132.592	132.582	0.008
324	7883	1046	132.504	132.565	132.584	132.573	0.008
327	7883	1037	132.496	132.557	132.575	132.565	0.008
330	7883	1028	132.488	132.548	132.567	132.556	0.008
333	7883	1019	132.480	132.540	132.558	132.548	0.008
336	7883	1011	132.473	132.531	132.550	132.539	0.008
339	7679	1003	132.465	132.524	132.542	132.532	0.008
342	7679	997	132.458	132.516	132.534	132.524	0.008
345	7679	991	132.452	132.509	132.527	132.517	0.008
348	7679	985	132.446	132.503	132.521	132.511	0.008
351	7679	979	132.440	132.497	132.514	132.504	0.007
354	7679	972	132.434	132.490	132.508	132.498	0.008
357	7679	967	132.429	132.485	132.502	132.492	0.007
360	7679	961	132.423	132.479	132.496	132.486	0.007
363	7541	956	132.418	132.473	132.491	132.481	0.008
366	7541	952	132.414	132.468	132.486	132.476	0.008
369	7541	947	132.409	132.464	132.481	132.471	0.007
372	7541	943	132.405	132.459	132.477	132.467	0.008
375	7541	939	132.401	132.455	132.472	132.462	0.007
378	7541	935	132.397	132.451	132.468	132.458	0.007
381	7541	931	132.393	132.447	132.464	132.454	0.007
384	7541	927	132.390	132.443	132.460	132.450	0.007

续表

分洪时间 /h	嫩干流量 /(m^3/s)	虚拟分洪流量 /(m^3/s)	老龙口横断面特征水位/m				平均水位与行进水位的差值/m
			闸上水位	行进水位	右岸水位	断面平均水位	
387	9003	945	132.390	132.445	132.463	132.453	0.008
390	9003	976	132.397	132.456	132.475	132.464	0.008
393	9003	1011	132.411	132.473	132.493	132.482	0.009
396	9003	1049	132.430	132.496	132.516	132.505	0.009
399	9003	1086	132.453	132.522	132.543	132.531	0.009
402	9003	1124	132.479	132.551	132.572	132.561	0.010
405	9003	1163	132.507	132.582	132.604	132.592	0.010
408	9003	1207	132.536	132.614	132.637	132.625	0.011
411	8557	1217	132.562	132.640	132.663	132.651	0.011
414	8557	1212	132.581	132.657	132.679	132.667	0.010
417	8557	1205	132.592	132.666	132.688	132.677	0.011
420	8557	1195	132.598	132.671	132.692	132.681	0.010
423	8557	1186	132.600	132.672	132.692	132.681	0.009
426	8557	1175	132.599	132.669	132.690	132.679	0.010
429	8557	1165	132.595	132.665	132.685	132.674	0.009
432	8557	1154	132.590	132.659	132.679	132.668	0.009
435	8165	1144	132.584	132.652	132.672	132.661	0.009
438	8165	1133	132.578	132.644	132.664	132.653	0.009
441	8165	1123	132.570	132.636	132.656	132.645	0.009
444	8165	1114	132.563	132.628	132.647	132.637	0.009
447	8165	1104	132.555	132.619	132.639	132.628	0.009
450	8165	1093	132.546	132.610	132.629	132.619	0.009
453	8165	1083	132.538	132.601	132.620	132.610	0.009
456	8165	1073	132.529	132.592	132.611	132.600	0.008
459	7997	1063	132.521	132.583	132.602	132.592	0.009
462	7997	1059	132.513	132.576	132.595	132.584	0.008
465	7997	1054	132.507	132.569	132.588	132.577	0.008
468	7997	1049	132.501	132.563	132.582	132.571	0.008
471	7997	1045	132.496	132.557	132.576	132.566	0.009

续表

分洪时间/h	嫩干流量/(m^3/s)	虚拟分洪流量/(m^3/s)	老龙口横断面特征水位/m				平均水位与行进水位的差值/m
			闸上水位	行进水位	右岸水位	断面平均水位	
474	7997	1040	132.491	132.552	132.571	132.560	0.008
477	7997	1035	132.486	132.547	132.566	132.555	0.008
480	7997	1031	132.481	132.542	132.561	132.550	0.008
483	7834	1026	132.477	132.537	132.556	132.546	0.009
486	7834	1022	132.473	132.533	132.551	132.541	0.008
489	7834	1017	132.469	132.528	132.547	132.537	0.009
492	7834	1013	132.465	132.524	132.542	132.532	0.008
495	7834	1008	132.461	132.520	132.538	132.528	0.008
498	7834	1003	132.457	132.515	132.533	132.523	0.008
501	7834	999	132.453	132.511	132.529	132.519	0.008
504	7834	994	132.449	132.507	132.525	132.514	0.007
507	7546	988	132.444	132.502	132.520	132.510	0.008
510	7546	981	132.439	132.496	132.514	132.504	0.008
513	7546	973	132.434	132.490	132.508	132.498	0.008
516	7546	965	132.428	132.484	132.502	132.491	0.007
519	7546	957	132.422	132.477	132.495	132.485	0.008
522	7546	949	132.416	132.470	132.488	132.478	0.008
525	7546	941	132.410	132.463	132.481	132.471	0.008
528	7546	933	132.403	132.456	132.473	132.463	0.007
531	7343	926	132.397	132.449	132.466	132.456	0.007
534	7343	920	132.390	132.443	132.460	132.450	0.007
537	7343	914	132.384	132.436	132.453	132.443	0.007
540	7343	908	132.379	132.430	132.447	132.437	0.007
543	7343	902	132.373	132.424	132.441	132.431	0.007
546	7343	897	132.368	132.418	132.435	132.426	0.008
549	7343	891	132.363	132.413	132.430	132.420	0.007
552	7343	885	132.358	132.407	132.424	132.414	0.007
555	7109	879	132.352	132.401	132.418	132.408	0.007
558	7109	872	132.347	132.396	132.412	132.403	0.007

续表

分洪时间/h	嫩干流量/(m³/s)	虚拟分洪流量/(m³/s)	老龙口横断面特征水位/m				平均水位与行进水位的差值/m
			闸上水位	行进水位	右岸水位	断面平均水位	
561	7109	866	132.342	132.390	132.406	132.396	0.006
564	7109	859	132.336	132.384	132.400	132.390	0.006
567	7109	852	132.330	132.378	132.394	132.384	0.006
570	7109	845	132.325	132.371	132.388	132.378	0.007
573	7109	838	132.319	132.365	132.381	132.372	0.007
576	7109	831	132.313	132.359	132.375	132.365	0.006
579	7006	826	132.308	132.353	132.369	132.359	0.006
582	7006	822	132.303	132.348	132.363	132.354	0.006
585	7006	818	132.298	132.343	132.359	132.349	0.006
588	7006	815	132.294	132.339	132.354	132.345	0.006
591	7006	811	132.291	132.335	132.351	132.341	0.006
594	7006	808	132.287	132.331	132.347	132.337	0.006
597	7006	805	132.284	132.328	132.343	132.334	0.006
600	7006	801	132.281	132.324	132.340	132.330	0.006
603	6877	798	132.278	132.321	132.337	132.327	0.006
606	6877	794	132.274	132.317	132.333	132.323	0.006
609	6877	790	132.271	132.314	132.330	132.320	0.006
612	6877	786	132.268	132.311	132.326	132.317	0.006
615	6877	782	132.265	132.307	132.322	132.313	0.006
618	6877	779	132.262	132.304	132.319	132.309	0.005
621	6877	775	132.259	132.300	132.315	132.306	0.006
624	6877	771	132.255	132.296	132.312	132.302	0.006
627	6820	768	132.252	132.293	132.308	132.299	0.006
630	6820	766	132.250	132.290	132.306	132.296	0.006
633	6820	764	132.247	132.288	132.303	132.293	0.005
636	6820	762	132.245	132.285	132.300	132.291	0.006
639	6820	760	132.243	132.283	132.298	132.289	0.006
642	6820	758	132.241	132.281	132.296	132.287	0.006
645	6820	756	132.239	132.279	132.294	132.285	0.006

续表

分洪时间/h	嫩干流量/(m³/s)	虚拟分洪流量/(m³/s)	老龙口横断面特征水位/m				平均水位与行进水位的差值/m
			闸上水位	行进水位	右岸水位	断面平均水位	
648	6820	754	132.237	132.277	132.292	132.283	0.006
651	6758	752	132.236	132.276	132.291	132.281	0.005
654	6758	750	132.234	132.274	132.289	132.279	0.005
657	6758	748	132.232	132.272	132.287	132.278	0.006
660	6758	746	132.231	132.270	132.285	132.276	0.006
663	6758	745	132.229	132.268	132.283	132.274	0.006
666	6758	743	132.228	132.267	132.282	132.272	0.005
669	6758	741	132.226	132.265	132.280	132.271	0.006
672	6758	739	132.224	132.263	132.278	132.269	0.006
675	6631	736	132.223	132.261	132.276	132.267	0.006
678	6631	733	132.221	132.259	132.274	132.264	0.005
681	6631	729	132.218	132.256	132.271	132.262	0.006
684	6631	725	132.216	132.253	132.268	132.259	0.006
687	6631	722	132.213	132.251	132.265	132.256	0.005
690	6631	718	132.210	132.247	132.262	132.253	0.006
693	6631	714	132.207	132.244	132.259	132.249	0.005
696	6631	710	132.204	132.241	132.255	132.246	0.005
699	6462	706	132.201	132.237	132.252	132.242	0.005
702	6462	701	132.198	132.233	132.248	132.239	0.006
705	6462	695	132.194	132.229	132.244	132.234	0.005
708	6462	690	132.190	132.225	132.239	132.230	0.005
711	6462	685	132.186	132.221	132.235	132.226	0.005
714	6462	680	132.182	132.216	132.230	132.221	0.005
717	6462	674	132.178	132.212	132.225	132.216	0.004
720	6462	669	132.173	132.207	132.221	132.212	0.005
723	6160	661	132.169	132.202	132.215	132.206	0.004
726	6160	653	132.164	132.196	132.209	132.200	0.004
729	6160	644	132.158	132.189	132.202	132.193	0.004
732	6160	635	132.151	132.182	132.195	132.186	0.004

续表

分洪时间/h	嫩干流量/(m³/s)	虚拟分洪流量/(m³/s)	老龙口横断面特征水位/m				平均水位与行进水位的差值/m
			闸上水位	行进水位	右岸水位	断面平均水位	
735	6160	625	132.145	132.175	132.188	132.179	0.004
738	6160	616	132.138	132.167	132.180	132.171	0.004
741	6160	606	132.130	132.159	132.171	132.163	0.004
744	6160	596	132.123	132.151	132.163	132.155	0.004
747	5943	587	132.116	132.143	132.155	132.147	0.004
750	5943	579	132.109	132.136	132.148	132.139	0.003
753	5943	571	132.102	132.128	132.140	132.132	0.004
756	5943	563	132.096	132.121	132.133	132.125	0.004
759	5943	556	132.089	132.115	132.126	132.118	0.003
762	5943	548	132.083	132.108	132.119	132.111	0.003
765	5943	540	132.077	132.101	132.113	132.105	0.004
768	5943	533	132.071	132.095	132.106	132.098	0.003
771	5791	526	132.066	132.089	132.100	132.092	0.003
774	5791	520	132.060	132.083	132.094	132.086	0.003
777	5791	513	132.055	132.077	132.088	132.080	0.003
780	5791	507	132.050	132.072	132.083	132.075	0.003
783	5791	501	132.046	132.067	132.078	132.070	0.003
786	5791	495	132.041	132.062	132.072	132.064	0.002
789	5791	489	132.036	132.057	132.067	132.059	0.002
792	5791	483	132.032	132.052	132.063	132.055	0.003

表 3.3-3　　1967 年洪水虚拟分洪过程中老龙口断面上特征水位

分洪时间/h	嫩干流量/(m³/s)	虚拟分洪流量/(m³/s)	老龙口横断面特征水位/m				平均水位与行进水位的差值/m
			闸上水位	行进水位	右岸水位	断面平均水位	
0	19373	0	134.291	134.291	134.291	134.291	0.000
3	19373	6005	132.941	134.166	134.281	134.242	0.076
6	19373	5213	133.221	134.031	134.128	134.095	0.064
9	19373	4266	133.563	134.026	134.097	134.071	0.045
12	19373	3552	133.792	134.082	134.134	134.112	0.030

续表

分洪时间/h	嫩干流量/(m^3/s)	虚拟分洪流量/(m^3/s)	老龙口横断面特征水位/m				平均水位与行进水位的差值/m
			闸上水位	行进水位	右岸水位	断面平均水位	
15	19373	3132	133.941	134.151	134.193	134.174	0.023
18	19373	2874	134.049	134.217	134.253	134.236	0.019
21	19373	2748	134.125	134.274	134.306	134.289	0.015
24	19373	2704	134.177	134.318	134.349	134.333	0.015
27	20896	2642	134.220	134.352	134.381	134.366	0.014
30	20896	2608	134.249	134.376	134.404	134.389	0.013
33	20896	2577	134.272	134.395	134.422	134.407	0.012
36	20896	2562	134.290	134.410	134.437	134.422	0.012
39	20896	2562	134.302	134.422	134.449	134.434	0.012
42	20896	2555	134.314	134.432	134.459	134.444	0.012
45	20896	2552	134.324	134.442	134.468	134.454	0.012
48	20896	2553	134.334	134.451	134.477	134.463	0.012
51	21485	2540	134.341	134.457	134.483	134.468	0.011
54	21485	2525	134.345	134.459	134.485	134.470	0.011
57	21485	2514	134.346	134.459	134.485	134.470	0.011
60	21485	2506	134.346	134.458	134.483	134.469	0.011
63	21485	2499	134.345	134.456	134.481	134.467	0.011
66	21485	2493	134.343	134.454	134.479	134.465	0.011
69	21485	2486	134.341	134.451	134.476	134.462	0.011
72	21485	2480	134.338	134.449	134.474	134.460	0.011
75	21223	2472	134.336	134.446	134.470	134.457	0.011
78	21223	2463	134.333	134.442	134.467	134.453	0.011
81	21223	2455	134.330	134.439	134.463	134.449	0.010
84	21223	2446	134.327	134.435	134.459	134.446	0.011
87	21223	2437	134.324	134.431	134.456	134.442	0.011
90	21223	2428	134.321	134.428	134.452	134.438	0.010
93	21223	2420	134.318	134.424	134.448	134.434	0.010
96	21223	2411	134.314	134.420	134.444	134.430	0.010
99	20873	2397	134.311	134.415	134.439	134.425	0.010

续表

分洪时间/h	嫩干流量/(m³/s)	虚拟分洪流量/(m³/s)	老龙口横断面特征水位/m				平均水位与行进水位的差值/m
			闸上水位	行进水位	右岸水位	断面平均水位	
102	20873	2380	134.306	134.409	134.433	134.419	0.010
105	20873	2364	134.300	134.403	134.426	134.413	0.010
108	20873	2347	134.295	134.396	134.419	134.406	0.010
111	20873	2329	134.289	134.389	134.412	134.398	0.009
114	20873	2312	134.283	134.381	134.404	134.391	0.010
117	20873	2295	134.277	134.374	134.397	134.384	0.010
120	20873	2278	134.271	134.367	134.389	134.376	0.009
123	20198	2259	134.264	134.359	134.382	134.369	0.010
126	20198	2238	134.258	134.351	134.373	134.360	0.009
129	20198	2218	134.251	134.343	134.365	134.352	0.009
132	20198	2197	134.244	134.335	134.356	134.343	0.008
135	20198	2177	134.237	134.326	134.347	134.335	0.009
138	20198	2156	134.230	134.318	134.339	134.326	0.008
141	20198	2135	134.222	134.309	134.330	134.317	0.008
144	20198	2114	134.215	134.301	134.321	134.309	0.008
147	19428	2106	134.210	134.295	134.315	134.303	0.008
150	19428	2105	134.207	134.292	134.313	134.300	0.008
153	19428	2105	134.206	134.291	134.311	134.299	0.008
156	19428	2106	134.205	134.291	134.311	134.299	0.008
159	19428	2107	134.205	134.291	134.311	134.299	0.008
162	19428	2108	134.205	134.291	134.311	134.299	0.008
165	19428	2109	134.206	134.291	134.312	134.299	0.008
168	19428	2110	134.206	134.292	134.312	134.300	0.008
171	19474	2108	134.206	134.291	134.312	134.299	0.008
174	19474	2104	134.205	134.290	134.311	134.298	0.008
177	19474	2099	134.204	134.289	134.309	134.297	0.008
180	19474	2095	134.203	134.287	134.308	134.295	0.008
183	19474	2090	134.201	134.286	134.306	134.293	0.007
186	19474	2086	134.200	134.284	134.304	134.292	0.008

续表

分洪时间/h	嫩干流量/(m^3/s)	虚拟分洪流量/(m^3/s)	老龙口横断面特征水位/m				平均水位与行进水位的差值/m
			闸上水位	行进水位	右岸水位	断面平均水位	
189	19474	2081	134.198	134.282	134.302	134.290	0.008
192	19474	2076	134.197	134.280	134.300	134.288	0.008
195	19304	2066	134.195	134.277	134.297	134.285	0.008
198	19304	2054	134.192	134.273	134.293	134.281	0.008
201	19304	2041	134.188	134.268	134.288	134.276	0.008
204	19304	2028	134.184	134.263	134.283	134.271	0.008
207	19304	2015	134.179	134.258	134.278	134.266	0.008
210	19304	2001	134.175	134.253	134.272	134.260	0.007
213	19304	1987	134.171	134.248	134.267	134.255	0.007
216	19304	1973	134.166	134.242	134.261	134.249	0.007
219	18819	1951	134.160	134.235	134.254	134.242	0.007
222	18819	1925	134.153	134.227	134.245	134.233	0.006
225	18819	1898	134.145	134.217	134.235	134.223	0.006
228	18819	1870	134.137	134.207	134.224	134.213	0.006
231	18819	1841	134.128	134.196	134.213	134.202	0.006
234	18819	1813	134.119	134.185	134.202	134.191	0.006
237	18819	1783	134.110	134.175	134.191	134.180	0.005
240	18819	1754	134.101	134.164	134.180	134.169	0.005
243	17863	1735	134.094	134.155	134.171	134.160	0.005
246	17863	1721	134.088	134.149	134.164	134.154	0.005
249	17863	1709	134.084	134.143	134.159	134.148	0.005
252	17863	1697	134.080	134.139	134.154	134.143	0.004
255	17863	1685	134.076	134.134	134.149	134.139	0.005
258	17863	1673	134.072	134.130	134.145	134.135	0.005
261	17863	1662	134.069	134.126	134.141	134.130	0.004
264	17863	1650	134.065	134.122	134.137	134.126	0.004
267	17509	1624	134.060	134.115	134.129	134.119	0.004
270	17509	1589	134.052	134.105	134.119	134.109	0.004
273	17509	1551	134.043	134.093	134.107	134.097	0.004

续表

分洪时间/h	嫩干流量/(m³/s)	虚拟分洪流量/(m³/s)	老龙口横断面特征水位/m				平均水位与行进水位的差值/m
			闸上水位	行进水位	右岸水位	断面平均水位	
276	17509	1512	134.033	134.081	134.094	134.084	0.003
279	17509	1472	134.022	134.068	134.080	134.071	0.003
282	17509	1431	134.011	134.054	134.066	134.057	0.003
285	17509	1389	134.000	134.041	134.052	134.043	0.002
288	17509	1346	133.988	134.028	134.039	134.030	0.002
291	16316	1313	133.979	134.016	134.026	134.018	0.002
294	16316	1284	133.970	134.006	134.016	134.008	0.002
297	16316	1257	133.963	133.998	134.008	133.999	0.001
300	16316	1230	133.956	133.990	133.999	133.991	0.001
303	16316	1203	133.950	133.982	133.991	133.983	0.001
306	16316	1176	133.944	133.974	133.983	133.975	0.001
309	16316	1149	133.937	133.967	133.975	133.967	0.000
312	16316	1121	133.931	133.959	133.968	133.959	0.000
315	15654	1089	133.925	133.951	133.959	133.951	0.000
318	15654	1053	133.917	133.942	133.950	133.942	0.000
321	15654	1016	133.910	133.933	133.940	133.932	−0.001
324	15654	977	133.902	133.924	133.930	133.922	−0.002
327	15654	937	133.894	133.914	133.920	133.913	−0.001
330	15654	896	133.886	133.905	133.910	133.903	−0.002
333	15654	853	133.878	133.895	133.900	133.893	−0.002
336	15654	809	133.871	133.886	133.890	133.883	−0.003
339	14760	725	133.860	133.872	133.875	133.869	−0.003
342	14760	608	133.843	133.852	133.854	133.848	−0.004
345	14760	464	133.825	133.830	133.830	133.825	−0.005
348	14760	283	133.807	133.809	133.807	133.802	−0.007
351	14760	45	133.793	133.792	133.786	133.783	−0.009
354	14760	95	133.776	133.775	133.770	133.766	−0.009
357	14760	173	133.751	133.750	133.744	133.740	−0.010
360	14760	208	133.721	133.720	133.713	133.710	−0.010

续表

分洪时间/h	嫩干流量/(m³/s)	虚拟分洪流量/(m³/s)	老龙口横断面特征水位/m				平均水位与行进水位的差值/m
			闸上水位	行进水位	右岸水位	断面平均水位	
363	12237	185	133.690	133.689	133.683	133.679	−0.010
366	12237	169	133.663	133.662	133.656	133.652	−0.010
369	12237	155	133.638	133.637	133.631	133.628	−0.009
372	12237	145	133.615	133.615	133.609	133.606	−0.009
375	12237	138	133.594	133.593	133.588	133.584	−0.009
378	12237	133	133.574	133.573	133.568	133.564	−0.009
381	12237	131	133.554	133.554	133.548	133.545	−0.009
384	12237	128	133.535	133.534	133.529	133.526	−0.008
387	11351	125	133.516	133.515	133.510	133.507	−0.008
390	11351	122	133.498	133.497	133.492	133.488	−0.009
393	11351	121	133.480	133.479	133.474	133.470	−0.009
396	11351	120	133.462	133.461	133.456	133.453	−0.008
399	11351	119	133.444	133.443	133.438	133.435	−0.008
402	11351	118	133.426	133.426	133.421	133.417	−0.009
405	11351	118	133.409	133.408	133.403	133.400	−0.008
408	11351	119	133.391	133.390	133.386	133.382	−0.008
411	10545	120	133.373	133.373	133.368	133.365	−0.008
414	10545	121	133.355	133.355	133.350	133.347	−0.008
417	10545	121	133.337	133.337	133.332	133.329	−0.008
420	10545	121	133.319	133.318	133.314	133.310	−0.008
423	10545	122	133.301	133.300	133.296	133.292	−0.008
426	10545	122	133.283	133.282	133.277	133.274	−0.008
429	10545	122	133.264	133.263	133.259	133.256	−0.007
432	10545	122	133.246	133.245	133.241	133.237	−0.008
435	9742	60	133.233	133.233	133.229	133.226	−0.007
438	9742	34	133.230	133.230	133.227	133.223	−0.007
441	9742	545	133.253	133.250	133.241	133.238	−0.012
444	9742	328	133.283	133.280	133.271	133.268	−0.012
447	9742	311	133.309	133.307	133.300	133.297	−0.010

续表

分洪时间/h	嫩干流量/(m³/s)	虚拟分洪流量/(m³/s)	老龙口横断面特征水位/m				平均水位与行进水位的差值/m
			闸上水位	行进水位	右岸水位	断面平均水位	
450	9742	363	133.337	133.335	133.328	133.325	−0.010
453	9742	344	133.368	133.365	133.358	133.355	−0.010
456	9742	356	133.397	133.395	133.387	133.384	−0.011
459	10987	372	133.416	133.414	133.407	133.404	−0.010
462	10987	447	133.428	133.425	133.416	133.414	−0.011
465	10987	466	133.429	133.425	133.416	133.414	−0.011
468	10987	397	133.416	133.416	133.409	133.407	−0.009
471	10987	496	133.412	133.408	133.399	133.397	−0.011
474	10987	512	133.400	133.396	133.386	133.385	−0.011
477	10987	505	133.383	133.380	133.371	133.369	−0.011
480	10987	513	133.366	133.362	133.353	133.351	−0.011
483	9971	527	133.351	133.347	133.339	133.337	−0.010
486	9971	531	133.341	133.337	133.329	133.327	−0.010
489	9971	507	133.335	133.331	133.322	133.320	−0.011
492	9971	500	133.330	133.326	133.317	133.315	−0.011
495	9971	449	133.324	133.320	133.313	133.311	−0.009
498	9971	492	133.322	133.318	133.310	133.308	−0.010
501	9971	442	133.317	133.314	133.306	133.304	−0.010
504	9971	487	133.317	133.313	133.305	133.303	−0.010

表 3.3-4　　1998 年洪水虚拟分洪过程中老龙口断面上特征水位

分洪时间/h	嫩干流量/(m³/s)	虚拟分洪流量/(m³/s)	老龙口横断面特征水位/m				平均水位与行进水位的差值/m
			闸上水位	行进水位	右岸水位	断面平均水位	
0	14649	0	133.957	133.957	133.957	133.957	0.000
3	14649	5007	132.613	133.684	133.788	133.753	0.069
6	14649	4377	132.814	133.555	133.646	133.615	0.060
9	14649	3663	133.103	133.550	133.619	133.593	0.043
12	14649	3059	133.337	133.614	133.665	133.644	0.030
15	14649	2764	133.494	133.702	133.744	133.726	0.024

续表

分洪时间/h	嫩干流量/(m^3/s)	虚拟分洪流量/(m^3/s)	老龙口横断面特征水位/m				平均水位与行进水位的差值/m
			闸上水位	行进水位	右岸水位	断面平均水位	
18	14649	2659	133.609	133.791	133.830	133.812	0.021
21	14649	2623	133.707	133.875	133.912	133.895	0.020
24	14649	2617	133.794	133.954	133.988	133.972	0.018
27	18406	2568	133.868	134.016	134.049	134.033	0.017
30	18406	2514	133.923	134.061	134.092	134.077	0.016
33	18406	2472	133.964	134.095	134.124	134.109	0.014
36	18406	2445	133.994	134.121	134.149	134.135	0.014
39	18406	2427	134.019	134.142	134.170	134.155	0.013
42	18406	2415	134.038	134.159	134.186	134.172	0.013
45	18406	2410	134.055	134.174	134.201	134.187	0.013
48	18406	2409	134.069	134.187	134.214	134.200	0.013
51	19106	2380	134.078	134.193	134.219	134.205	0.012
54	19106	2345	134.079	134.191	134.216	134.203	0.012
57	19106	2314	134.074	134.183	134.208	134.195	0.012
60	19106	2286	134.066	134.173	134.198	134.184	0.011
63	19106	2257	134.056	134.161	134.185	134.172	0.011
66	19106	2228	134.045	134.148	134.172	134.159	0.011
69	19106	2198	134.034	134.134	134.158	134.145	0.011
72	19106	2168	134.022	134.120	134.143	134.131	0.011
75	17919	2145	134.011	134.108	134.131	134.118	0.010
78	17919	2126	134.001	134.097	134.120	134.107	0.010
81	17919	2107	133.993	134.087	134.110	134.097	0.010
84	17919	2089	133.985	134.078	134.100	134.088	0.010
87	17919	2071	133.977	134.069	134.091	134.079	0.010
90	17919	2052	133.970	134.061	134.083	134.070	0.009
93	17919	2034	133.963	134.052	134.074	134.062	0.010
96	17919	2016	133.955	134.044	134.065	134.053	0.009
99	17243	1993	133.948	134.034	134.056	134.043	0.009
102	17243	1968	133.939	134.024	134.045	134.033	0.009

续表

分洪时间/h	嫩干流量/(m³/s)	虚拟分洪流量/(m³/s)	老龙口横断面特征水位/m				平均水位与行进水位的差值/m
			闸上水位	行进水位	右岸水位	断面平均水位	
105	17243	1942	133.929	134.013	134.033	134.021	0.008
108	17243	1915	133.920	134.001	134.021	134.009	0.008
111	17243	1888	133.910	133.989	134.009	133.997	0.008
114	17243	1861	133.900	133.977	133.997	133.985	0.008
117	17243	1833	133.889	133.965	133.984	133.973	0.008
120	17243	1806	133.879	133.953	133.971	133.960	0.007
123	16273	1775	133.868	133.940	133.958	133.947	0.007
126	16273	1741	133.856	133.926	133.944	133.933	0.007
129	16273	1707	133.844	133.912	133.929	133.918	0.006
132	16273	1673	133.832	133.897	133.914	133.904	0.007
135	16273	1638	133.820	133.882	133.899	133.889	0.007
138	16273	1602	133.807	133.868	133.884	133.873	0.005
141	16273	1565	133.794	133.853	133.868	133.858	0.005
144	16273	1528	133.782	133.837	133.853	133.843	0.006
147	15113	1496	133.770	133.824	133.838	133.828	0.004
150	15113	1467	133.759	133.811	133.825	133.816	0.005
153	15113	1438	133.749	133.799	133.813	133.804	0.005
156	15113	1411	133.739	133.788	133.802	133.792	0.004
159	15113	1383	133.730	133.777	133.791	133.781	0.004
162	15113	1355	133.721	133.766	133.780	133.770	0.004
165	15113	1327	133.712	133.756	133.768	133.759	0.003
168	15113	1299	133.703	133.745	133.758	133.749	0.004
171	14309	1270	133.694	133.735	133.747	133.738	0.003
174	14309	1242	133.686	133.725	133.737	133.728	0.003
177	14309	1214	133.677	133.715	133.726	133.717	0.002
180	14309	1184	133.669	133.705	133.715	133.707	0.002
183	14309	1154	133.660	133.694	133.705	133.696	0.002
186	14309	1124	133.651	133.684	133.694	133.686	0.002
189	14309	1093	133.643	133.674	133.684	133.676	0.002

续表

分洪时间/h	嫩干流量/(m³/s)	虚拟分洪流量/(m³/s)	老龙口横断面特征水位/m				平均水位与行进水位的差值/m
			闸上水位	行进水位	右岸水位	断面平均水位	
192	14309	1062	133.634	133.664	133.673	133.665	0.001
195	13532	1028	133.626	133.654	133.662	133.655	0.001
198	13532	994	133.617	133.643	133.651	133.644	0.001
201	13532	958	133.608	133.633	133.640	133.633	0.000
204	13532	922	133.599	133.622	133.629	133.622	0.000
207	13532	884	133.590	133.611	133.618	133.611	0.000
210	13532	846	133.582	133.601	133.607	133.600	−0.001
213	13532	807	133.573	133.591	133.596	133.590	−0.001
216	13532	767	133.564	133.580	133.586	133.579	−0.001
219	12685	725	133.556	133.570	133.575	133.568	−0.002
222	12685	683	133.547	133.560	133.565	133.558	−0.002
225	12685	638	133.539	133.551	133.554	133.548	−0.003
228	12685	592	133.531	133.541	133.544	133.538	−0.003
231	12685	544	133.523	133.532	133.534	133.528	−0.004
234	12685	494	133.516	133.523	133.525	133.519	−0.004
237	12685	440	133.509	133.514	133.515	133.510	−0.004
240	12685	382	133.502	133.506	133.506	133.501	−0.005
243	11855	332	133.496	133.499	133.499	133.494	−0.005
246	11855	290	133.492	133.494	133.494	133.489	−0.005
249	11855	251	133.489	133.491	133.490	133.485	−0.006
252	11855	213	133.487	133.488	133.486	133.482	−0.006
255	11855	175	133.484	133.485	133.483	133.479	−0.006
258	11855	134	133.482	133.483	133.480	133.476	−0.007
261	11855	90	133.481	133.481	133.478	133.474	−0.007
264	11855	44	133.480	133.479	133.476	133.472	−0.007
267	11448	18	133.479	133.479	133.475	133.471	−0.008
270	11448	26	133.477	133.477	133.473	133.469	−0.008
273	11448	31	133.475	133.474	133.470	133.466	−0.008
276	11448	38	133.471	133.470	133.466	133.462	−0.008

续表

分洪时间/h	嫩干流量/(m³/s)	虚拟分洪流量/(m³/s)	老龙口横断面特征水位/m				平均水位与行进水位的差值/m
			闸上水位	行进水位	右岸水位	断面平均水位	
279	11448	42	133.466	133.466	133.461	133.458	−0.008
282	11448	46	133.461	133.460	133.456	133.452	−0.008
285	11448	48	133.455	133.454	133.450	133.446	−0.008
288	11448	50	133.449	133.448	133.444	133.440	−0.008
291	11107	52	133.442	133.442	133.437	133.434	−0.008
294	11107	54	133.435	133.435	133.431	133.427	−0.008
297	11107	55	133.428	133.428	133.424	133.420	−0.008
300	11107	56	133.421	133.421	133.416	133.413	−0.008
303	11107	57	133.414	133.413	133.409	133.406	−0.007
306	11107	57	133.407	133.406	133.402	133.398	−0.008
309	11107	58	133.399	133.399	133.394	133.391	−0.008
312	11107	59	133.391	133.391	133.387	133.383	−0.008
315	10752	35	133.387	133.387	133.383	133.379	−0.008
318	10752	59	133.395	133.393	133.385	133.382	−0.011
321	10752	46	133.400	133.401	133.399	133.395	−0.006
324	10752	124	133.419	133.418	133.413	133.409	−0.009
327	10752	34	133.433	133.432	133.427	133.423	−0.009
330	10752	69	133.445	133.446	133.444	133.439	−0.007
333	10752	21	133.463	133.464	133.460	133.456	−0.008
336	10752	62	133.479	133.479	133.476	133.472	−0.007
339	11718	134	133.486	133.487	133.485	133.480	−0.007
342	11718	157	133.484	133.484	133.482	133.478	−0.006
345	11718	99	133.480	133.480	133.477	133.473	−0.007
348	11718	28	133.478	133.478	133.474	133.470	−0.008
351	11718	38	133.476	133.475	133.471	133.467	−0.008
354	11718	52	133.470	133.470	133.465	133.462	−0.008
357	11718	63	133.463	133.462	133.458	133.454	−0.008
360	11718	71	133.454	133.453	133.449	133.445	−0.008
363	11068	65	133.445	133.444	133.440	133.436	−0.008

续表

分洪时间/h	嫩干流量/(m^3/s)	虚拟分洪流量/(m^3/s)	老龙口横断面特征水位/m				平均水位与行进水位的差值/m
			闸上水位	行进水位	右岸水位	断面平均水位	
366	11068	60	133.437	133.436	133.432	133.428	−0.008
369	11068	56	133.429	133.429	133.424	133.421	−0.008
372	11068	53	133.422	133.422	133.418	133.414	−0.008
375	11068	51	133.416	133.416	133.411	133.408	−0.008
378	11068	49	133.410	133.409	133.405	133.402	−0.007
381	11068	48	133.404	133.403	133.399	133.396	−0.007
384	11068	48	133.398	133.398	133.393	133.390	−0.008
387	10829	46	133.393	133.392	133.388	133.384	−0.008
390	10829	45	133.387	133.386	133.382	133.379	−0.007
393	10829	44	133.382	133.381	133.377	133.374	−0.007
396	10829	44	133.377	133.376	133.372	133.368	−0.008
399	10829	43	133.372	133.371	133.367	133.363	−0.008
402	10829	43	133.367	133.366	133.362	133.358	−0.008
405	10829	42	133.362	133.361	133.357	133.354	−0.007
408	10829	42	133.357	133.356	133.352	133.349	−0.007
411	10623	42	133.352	133.352	133.347	133.344	−0.008
414	10623	41	133.347	133.347	133.343	133.339	−0.008
417	10623	41	133.343	133.342	133.338	133.335	−0.007
420	10623	41	133.338	133.337	133.334	133.330	−0.007
423	10623	41	133.333	133.333	133.329	133.325	−0.008
426	10623	40	133.329	133.328	133.324	133.321	−0.007
429	10623	40	133.324	133.324	133.320	133.316	−0.008
432	10623	40	133.319	133.319	133.315	133.312	−0.007
435	10426	38	133.315	133.315	133.311	133.307	−0.008
438	10426	37	133.311	133.311	133.307	133.303	−0.008
441	10426	36	133.307	133.307	133.303	133.299	−0.008
444	10426	35	133.304	133.303	133.299	133.296	−0.007
447	10426	34	133.300	133.300	133.296	133.292	−0.008
450	10426	33	133.296	133.296	133.292	133.289	−0.007

续表

分洪时间/h	嫩干流量/(m³/s)	虚拟分洪流量/(m³/s)	老龙口横断面特征水位/m				平均水位与行进水位的差值/m
			闸上水位	行进水位	右岸水位	断面平均水位	
453	10426	33	133.293	133.293	133.289	133.285	−0.008
456	10426	32	133.290	133.289	133.286	133.282	−0.007
459	10292	33	133.287	133.286	133.282	133.279	−0.007
462	10292	33	133.283	133.283	133.279	133.275	−0.008
465	10292	33	133.280	133.279	133.276	133.272	−0.007
468	10292	33	133.276	133.276	133.272	133.268	−0.008
471	10292	33	133.273	133.272	133.269	133.265	−0.007
474	10292	34	133.269	133.269	133.265	133.261	−0.008
477	10292	34	133.266	133.265	133.261	133.258	−0.007
480	10292	34	133.262	133.262	133.258	133.254	−0.008
483	10134	39	133.258	133.257	133.254	133.250	−0.007
486	10134	44	133.253	133.252	133.249	133.245	−0.007
489	10134	48	133.247	133.247	133.243	133.239	−0.008
492	10134	51	133.241	133.240	133.237	133.233	−0.007
495	10134	53	133.234	133.234	133.230	133.227	−0.007
498	10134	55	133.227	133.227	133.223	133.220	−0.007
501	10134	57	133.220	133.220	133.216	133.212	−0.008
504	10134	58	133.213	133.212	133.208	133.205	−0.007
507	9787	47	133.206	133.206	133.202	133.199	−0.007
510	9787	38	133.201	133.201	133.197	133.194	−0.007
513	9787	31	133.198	133.197	133.194	133.190	−0.007
516	9787	30	133.196	133.195	133.192	133.188	−0.007
519	9787	30	133.194	133.194	133.190	133.187	−0.007
522	9787	29	133.193	133.193	133.189	133.186	−0.007
525	9787	28	133.192	133.192	133.189	133.185	−0.007
528	9787	27	133.192	133.192	133.189	133.185	−0.007
531	9852	26	133.193	133.192	133.189	133.185	−0.007
534	9852	335	133.207	133.204	133.191	133.190	−0.014
537	9852	63	133.204	133.203	133.201	133.196	−0.007

续表

分洪时间/h	嫩干流量/(m³/s)	虚拟分洪流量/(m³/s)	老龙口横断面特征水位/m				平均水位与行进水位的差值/m
			闸上水位	行进水位	右岸水位	断面平均水位	
540	9852	146	133.209	133.211	133.208	133.204	−0.007
543	9852	279	133.218	133.218	133.213	133.210	−0.008
546	9852	220	133.230	133.225	133.213	133.212	−0.013
549	9852	69	133.220	133.220	133.218	133.214	−0.006
552	9852	165	133.224	133.225	133.222	133.218	−0.007

3.3.4　嫩江干流的河道冲淤变化

3.3.4.1　河道冲淤量

图3.3-12所示为采用平面二维水沙数学模型计算得到的河道冲淤变化过程。总体来看，研究河段未来30年内仍将以缓慢淤积为主，30年的总来沙量为5779万t，其中淤积在河道中的泥沙量为684万t，约占全部来沙的12%。年均淤积量为23万t，年均淤积体积为15万m^3，换算到整个河道平均抬高不足0.4mm。

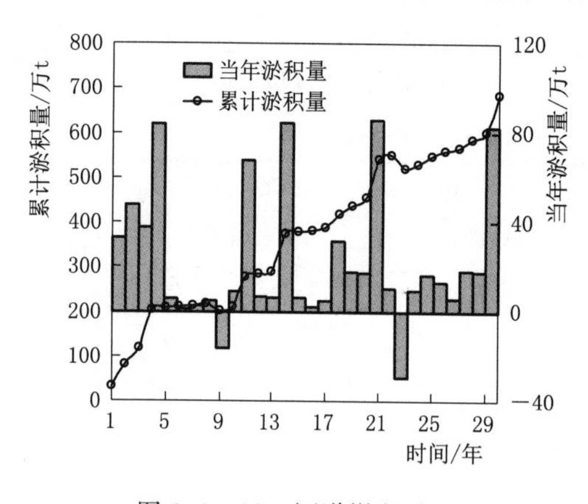

图3.3-12　河道淤积过程

计算河段主槽窄深，滩地宽广，滩槽水流条件相差较大，因此滩槽的冲淤特征相差较大。从整个河道来看，滩地为持续缓慢淤积，30年总共淤积的684万t泥沙中，有625万t淤积在滩地上，约占河道全部淤积量的91.3%，但由于滩地较为宽广，因此其床面冲淤幅度较小。主槽有冲有淤，且河底冲淤变化幅度相对较大，主槽30年后相对于现状河道总体表现为淤积，总淤积为59万t，约占全部泥沙淤积量的8.7%。

从淤积的时间过程来看，中水和小水年份河道均会出现淤积，最大淤积量为85.7万t；出现冲刷的年份，其来水条件均为1998年洪水过程，河道中水流速度较大，出现了一定程度的冲刷，冲刷量分别为16.6万t和29.5万t，说明本河段的整体演变趋势与江桥至大赉之间河段的演变趋势基本一致。

3.3.4.2　河道泥沙淤积分布

从前述关于本河段水沙特性的分析中可知，河道水流中含沙量较小，断面平均含沙量最大不足1kg/m^3，从一定程度说明了该河段整体上不会发生大的冲刷或淤积。含沙量既影响了河道的冲淤，同时河道冲淤变化又会给含沙量带来改变，因此含沙量与河道冲淤相互作用，含沙量的平面分布在直观上反映了河道的冲淤变化趋势。

水流中含沙量与流速密切相关，一般主槽流速较大，含沙量也相对较大，滩地上水流一般较为缓慢，含沙量也相对较小。当来流含沙量较大时，水流能量不足以挟带如此多的泥沙，则部分泥沙会随水流在行进的过程中逐渐落淤在河床上，则水流中含沙量逐渐减小，但并非含沙量会一直减小，而是总体上有所减小，在总体淤积的情况下，个别河段仍然有可能含沙量增加，表现为淤积。淤积情况下典型含沙量的分布如图 3.3-13 所示。

当来流含沙量较小，小于水流的挟沙能力时，水流会从河床上寻求泥沙补给，该河段床沙组成较细，大部分为黏性细颗粒泥沙，具有一定的抗冲性，因此当含沙量小于挟沙力时，水流中的含沙量会缓慢上升。不同区域的泥沙变化不尽相同，河段总体冲刷时，大部分区域含沙量均有所上升，但仍有部分区域含沙量会有所下降。总的来看，出口含沙量大于进口含沙量则河段处于冲刷状态，如图 3.3-14 所示。

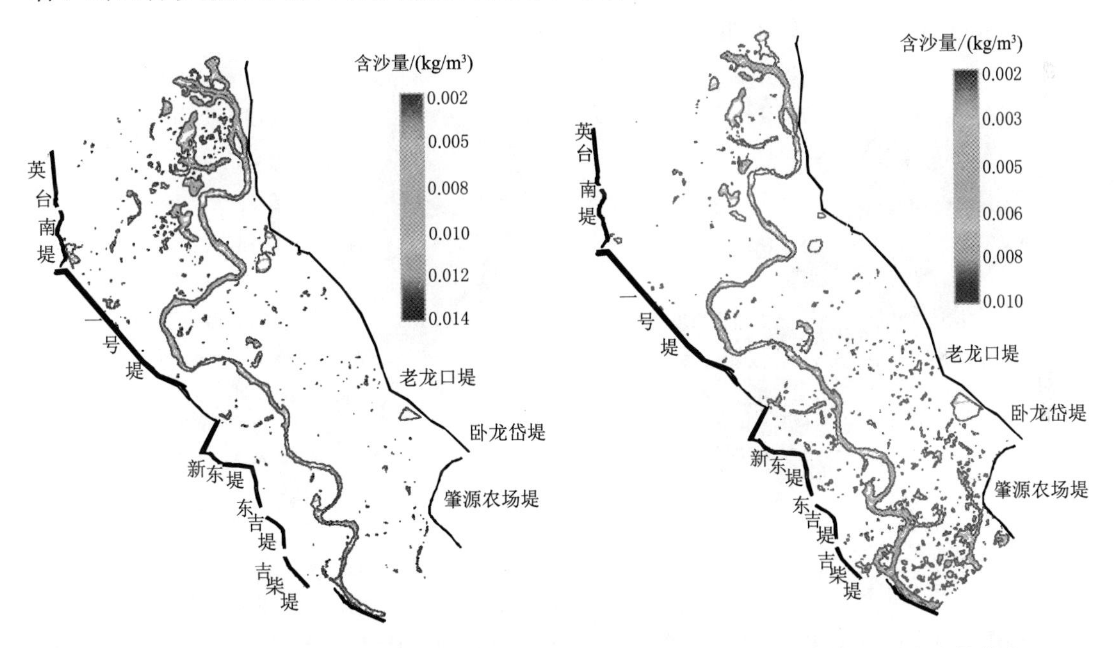

图 3.3-13　淤积情况下典型含沙量的分布　　　图 3.3-14　冲刷情况下含沙量分布

从淤积总量来看，研究河段在 30 年内的淤积量并不太大，整个河段的平均冲淤变化幅度也很小。由于河道各部分地形存在较大差别，从而造成水流流速和含沙量差别较大，因此泥沙并不是平均淤积在河床表面，而是呈现出分布不均的状态。从横断面上来看，主槽窄深，其流速大于滩地，含沙量也比滩地大，冲淤幅度往往大于滩地。从顺水流方向的河段来看，泥沙冲淤总体呈现出上淤下冲的特点，这是因为研究河段上游两岸大堤之间间距较大，且主槽相对宽浅，泥沙更容易落淤，而老龙口以下堤防存在局部收缩，且主槽窄深，相对上游河段而言，无论是滩地还是主槽都不易淤积。

研究河段 30 年后的河道泥沙淤积分布如图 3.3-15 所示。从图 3.3-15 中可以看出，滩槽冲淤分布差别较为明显；冲淤等值线所勾勒出的范围基本就是主槽的走向，主槽有冲有淤，且冲淤变化幅度较大，计算河段内最大淤积厚度为 2.18m，位于入口下游 1.6km 处的主槽内，最大冲刷深度 2.09m，位于距离下游出口 2.9km 的主槽内。滩地以淤积为主，床面变化幅度相对较小。上游入口附近滩地淤积幅度较大，此处滩地上最大淤积厚度可达 0.5～0.6m，其他区域包括滩地淤积不超过 0.1m。老龙口附近河段以淤积为主，主槽最大淤积厚度约为 0.80m，滩地最大淤积厚度约为 0.09m。老龙口分洪闸所在横断面的主槽淤积厚度约为 0.27m，滩地最大淤积厚度约为 0.06m。

从计算结果来看，30 年的淤积分布代表了未来研究河段的总体变化趋势，但是河道冲淤可能并不局限于 30 年所形成的冲淤范围内，个别大洪水过程可能会给河道带来短期较大幅度的变化。以 1998 年汛期 7 月 6 日至 9 月 19 日的大洪水过程河道冲淤变化为例，此次洪水来流量很大且洪水持续时间较长，最大日均流量为 15800m³/s。此次洪水过后泥沙冲淤分布如图 3.3-16 所示。

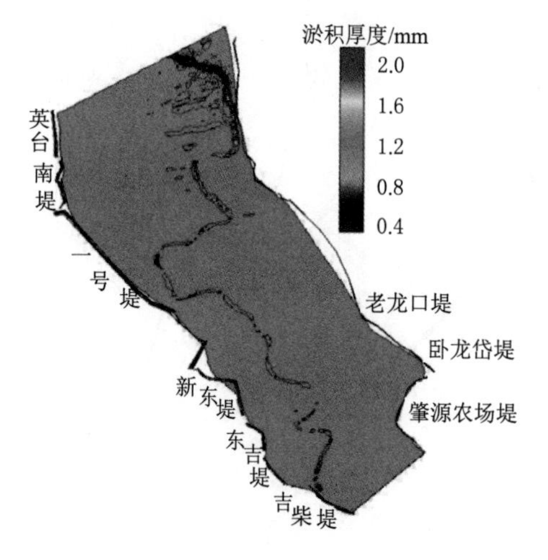

图 3.3-15　30 年泥沙冲淤分布

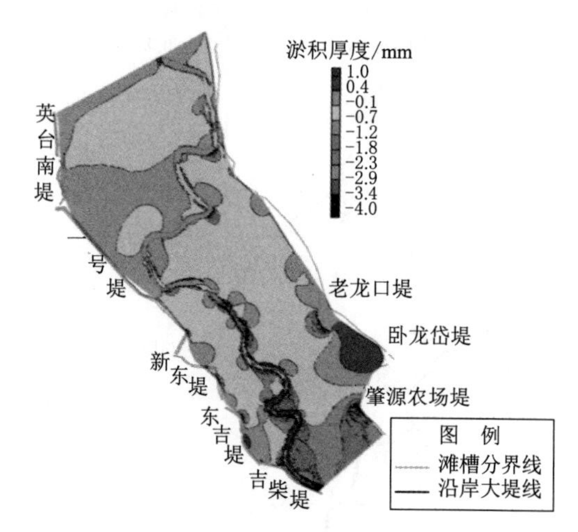

图 3.3-16　实测典型大洪水泥沙冲淤分布

从图 3.3-16 中可以看出，整个河道调整较为剧烈。床面最大淤积厚度约为 1m，最大冲刷厚度在 4m 左右，最大冲淤均发生在主槽中。老龙口附近滩地有冲有淤，以淤积为主，但淤积厚度不大，基本在 0.1m 之内。老龙口附近主槽有冲刷，冲刷下切深度在 1m 以上。从整个河道来看，主槽冲淤幅度较大，滩地冲淤幅度较小。老龙口上游主槽和滩地冲淤相间，且冲淤幅度都不大。老龙口下游河道主槽淤积，滩地冲刷，冲淤幅度均在 1m 以上。该洪水条件下整个河道总体表现为冲刷，河道冲刷总量为 87 万 t。

研究河段从上游往下游河道宽度逐渐减小，主槽逐渐变得窄深，因此从横断面变化过程来看，老龙口上游断面主槽以淤积为主，老龙口横断面变化幅度很小，老龙口下游则以冲刷为主。图 3.3-17 (a)、(b)、(c) 分别为老龙口上游 20km 处典型淤积横断面变化特征、老龙口横断面变化过程和老龙口下游 8km 处典型冲刷横断面变化过程。在横断面上，冲淤变化主要发生在主槽中，变化幅度较为剧烈，而滩地上均以淤积为主，从上游往下游滩地淤积厚度呈逐渐减小趋势。老龙口上游 20km 处主槽冲淤幅度在 2m 左右，滩地也有局部点淤积幅度可以到 0.6m 左右。老龙口横断面整体为淤积抬升，主槽最大淤积厚度 0.27m，滩地最大淤积厚度 0.09m。老龙口下游 8km 处断面主槽冲刷最大接近 2m，滩地基本处于冲淤平衡状态。

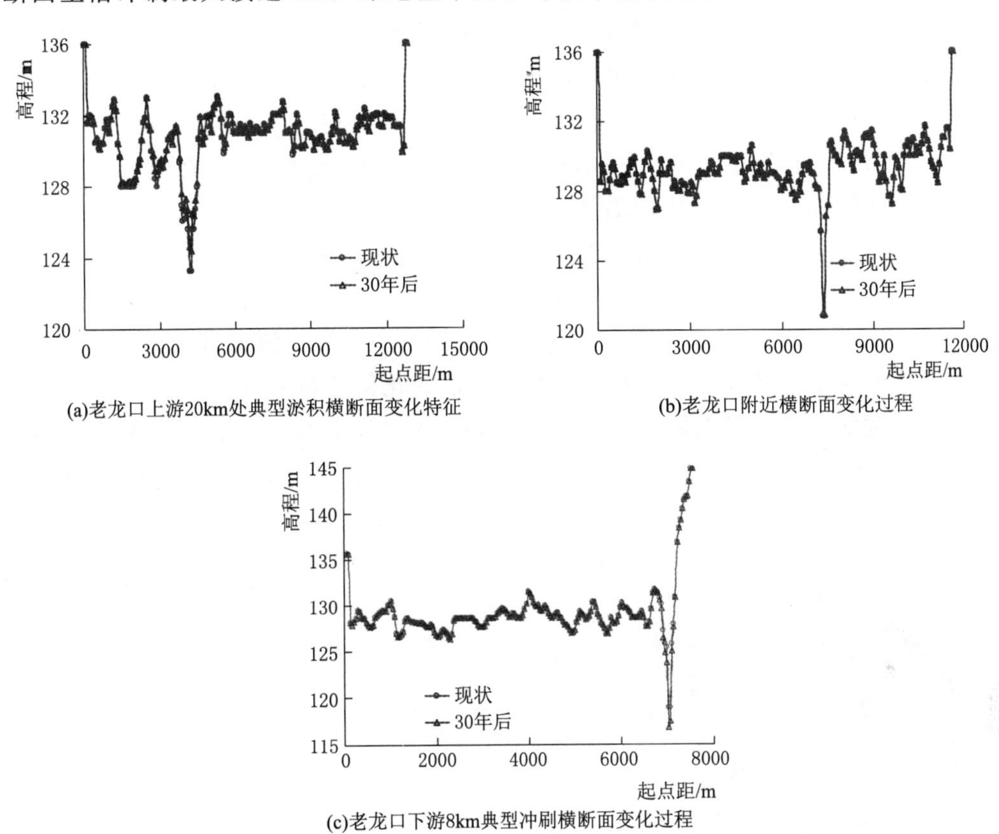

图 3.3-17　老龙口各横断面变化

3.3.5　嫩干河道冲淤对水位的影响

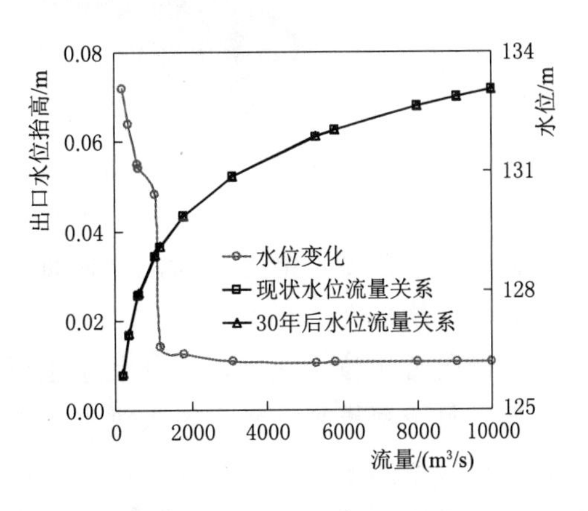

图 3.3-18　出口断面水位变化

出口断面是研究河段的控制断面，其水位变化直接影响着整个河道的水位变化。从图 3.3-18 可以看出，相同流量下计算河段出口断面 30 年后的水位均比现状略有抬高，小流量情况下水流归槽，水位变化较大；大流量水流漫滩时，水位变化相对较小。这是因为出口断面主槽淤积厚度较大，枯水流量下（$Q=200\text{m}^3/\text{s}$）水位抬高 0.07m，多年平均流量 $Q=625\text{m}^3/\text{s}$ 时，水位抬高

0.05m。随着流量增加，淤积对于水位的影响逐渐减小，当水流漫上滩地，主槽淤积的影响迅速降低，漫滩后水位增加值约为0.01m，此后随着流量增加，水位变化基本稳定在0.01m。整体来看，出口断面较为稳定，水位变化不大。

3.3.6　嫩干河道演变对蓄滞洪区分洪的影响

在分洪设计的四个典型洪水过程中，最大流量为21485m³/s，最小流量为5791m³/s，均为漫滩洪水，从前述分析可知，河道冲淤变化对于漫滩水流水位的影响相对较小。

图3.3-19为整个河道30年后水位相对现状的变化值分布，计算所采用的流量为5791m³/s。从图3.3-19中可以看出，全河道水位以抬升为主，最大抬升约0.1m。老龙口分洪闸附近河道水位变化总体在3cm以内，局部不超过5cm。

图3.3-20所示为嫩江老龙口横断面上平均水位变化（30年后水位与现状水位的差值）。从图3.3-20中可以看出，水位变化值的拐点在漫滩流量（Q=1500m³/s）附近。当流量小于漫滩流量时，随着流量增加水位变化值急剧减小，在漫滩流量附近水位变化值约为0.02m，当流量继续增大时，水位变化基本不变，始终维持在0.02m以内。因此嫩江干流河道泥沙冲淤对于老龙口分洪断面的平均水位影响很小，基本可以忽略。

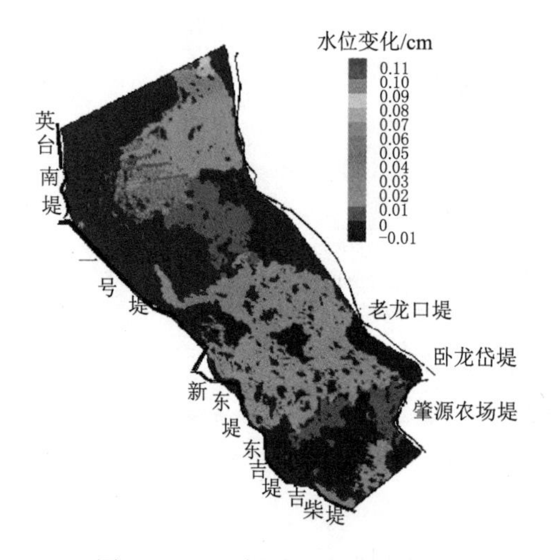

图3.3-19　漫滩流量水位变化

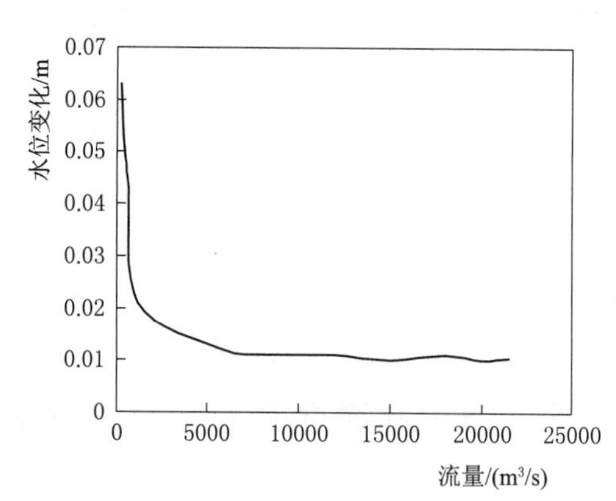

图3.3-20　不同流量下老龙口断面平均水位变化

计算结果表明，老龙口附近横断面的平均水位变化很小，当流量在1500m³/s以下时，水位增加在2cm以上；当流量达到5000m³/s以上时，水位增加1～2cm。老龙口分洪闸附近水位变化之所以如此小主要有以下两个：

（1）整个河道来沙较少，大洪水条件下水流流速缓慢，既不会造成剧烈的冲刷也很难形成大量的淤积，而且河道滩地宽广，两岸大堤之间距离在10km左右，主槽的冲淤虽然可以达到2m左右，但是滩地淤积非常缓慢，年均淤积量厚度不足1mm。因此淤积会对归槽的中小水流水位影响较大，对于大洪水时的过水断面影响很小；当发生大洪水时，水流淹没整个河道，包括滩地，过水面积很大，由于淤积造成的过水面积损失相对很小（具体数值见表3.3-5）。

表3.3-5　　典型横断面冲淤变化特征

典型断面	流量/(m³/s)	625	1200	5791	8000	10000	12000	15000	18000	20000	21485
老龙口闸附近嫩干横断面	现状过水面积/m²	1073	1575	32755	39639	44404	48287	53053	53053	59181	60716
	30年后过水面积/m²	1045	1536	32580	39464	44229	48113	52878	52878	59007	60542
	30年后相对现状过水面积增加值/m²	−28	−39	−175	−175	−175	−175	−175	−175	−175	−175
	过水面积相对变化值/%	−2.6	−2.5	−0.5	−0.4	−0.4	−0.4	−0.3	−0.3	−0.3	−0.3
典型淤积横断面	现状过水面积/m²	1803	2895	11307	14130	36573	40588	45882	50923	52874	54862
	30年后过水面积/m²	1206	2213	10402	13204	35476	39491	44785	49826	51777	53765
典型断面	流量/(m³/s)	625	1200	5791	8000	10000	12000	15000	18000	20000	21485
典型淤积横断面	30年后相对现状过水面积增加值/m²	−597	−682	−905	−925	−1097	−1097	−1097	−1097	−1097	−1097
	过水面积相对变化值/%	−33.1	−23.6	−8.0	−6.5	−3.0	−2.7	−2.4	−2.2	−2.1	−2.0
典型冲刷横断面	现状过水面积/m²	864	1205	22702	27000	29991	32428	35440	35440	39312	40307
	30年后过水面积/m²	1182	1493	22998	27296	30287	32724	35737	35737	39609	40604
	30年后相对现状过水面积增加值/m²	318	288	297	297	297	297	297	297	297	297
	过水面积相对变化值/%	36.8	23.9	1.3	1.1	1.0	0.9	0.8	0.8	0.8	0.7

（2）由于河道冲淤分布不均，整个河道的淤积厚度整体呈现从上游往下游逐渐减小的趋势。上游入口5km左右河道宽浅，泥沙容易落淤，此处主槽和滩地淤积厚度都大于研究区域的中间河段。老龙口附近河道虽有淤积，但淤积量很小。研究河段下游河道有冲有淤，冲刷幅度较大，而淤积幅度较小，因此从水位变化的分布来看，下游入口附近水位抬升，到往上游由于冲刷则水位有所下降，其后由于河道淤积水位又缓慢上升，到计算河段的上游时由于河道淤积较多水位上升加快。总体来看，水位变化与河道冲淤分布密切相关，符合一般的变化规律。

从数学模型的计算结果来看，研究河段30年内的河道泥沙累计淤积量为684万t，年均淤积约为23万t，这与实测资料分析的结果基本一致，淤积总量基本符合实际情况。虽然河道冲淤分布不均，但是水流具有自动调整作用，因此某一流量下水位的变化幅度与该流量所经过的河床高程平均变化应在同一个量级，分洪过程中水流漫上河滩，到达两岸大堤堤角，因此可以假设所有淤积的泥沙平铺在河道内，按照河道长度35km、平均宽度10km计算，则整个河道平行淤高1.3cm。照此估算的30年后大洪水情况下整个河道的下水位相对于现状会平行抬高1.3cm，这与模型计算的大洪水水位变化结果基本相符，说明模型计算冲淤前后的水位变化是合理的。

参考文献

[1] 李义天，曹志芳，赵明登. 河道平面二维水沙［M］. 北京：中国水利水电出版社，2001.

[2] WU W M，Rodi W，Wenka T. 3D numerical model of flow and sediment transport in open channels [J]. J. Hydr. Engg，ASCE，2000，126（1）：4－15.

[3] 杨国录. 河流数学模型［M］. 北京：海洋出版社，1993.

[4] Patankar S V，Spalding D B. Calculation Procedure for Heat，Mass and Momentum Transfer in 3-D Flows [J]. Int. J. Heat Mass Transfer，1972（15）：1787－1806.

[5] Patankar S V. Numerical heat transfer and fluid flow [M]. New York：Mc Graw Hill，1980.

[6] E F Toro. Shock-capturing methods for free-surface shallow follows [M]. Chichester，New York：John Wiley，2001.

[7] 王党伟. 漫顶溃堤水沙运动过程模拟技术初步研究［D］. 武汉：武汉大学，2010.

[8] 张瑞瑾. 河流泥沙动力学［M］. 2版. 北京：中国水利水电出版社，2002.

[9] 窦身堂. 弯道水沙输移特性及其数值模拟研究［D］. 武汉：武汉大学，2009.

[10] 王福军. 计算流体动力学分析：CFD软件原理与应用［M］. 北京：清华大学出版社，2004.

[11] 韩其为. 非均匀悬移质不平衡输沙［M］. 北京：科学出版社，2013.

第4章　老龙口分洪口泄流能力及流路优化研究

4.1　老龙口分洪口泄流能力研究

4.1.1　研究技术手段

本章通过对老龙口分洪闸所在河段开展实体模型试验，确定分洪闸的泄流能力，分析分洪闸下游行洪通道过流能力对分洪闸分洪流量的影响，提出有利于分洪闸洪水分流和提高泄洪通道过流能力的解决途径；确定分洪闸分流时下游河道的极限冲深，并提出确保分洪闸安全的防护措施。

4.1.1.1　试验范围

本次分洪闸实体模型试验范围为1km×3km，分洪闸顺水流方向的模拟长度为3km，分洪闸垂直水流方向的模拟宽度为1km，如图4.1-1所示。

图4.1-1　分洪闸实体模型试验模拟范围示意图

4.1.1.2　试验技术方案

分洪口门泄流能力试验是以现状条件为初始地形，并根据分洪口门运行状况分成两组工况，即分洪闸单独运用和分洪闸与简易裹头共同作用。为了得到不同分洪闸上、下游水位下分洪口门的泄流能力，每一组工况试验根据分洪闸前水位的不同分为七组试验：分洪闸前水位133.77m相当于哈尔滨市100年一遇洪水条件下嫩江干流老龙口河段的水位，以此为基准、0.30m为步长，向上设定2级和向下设定4级分洪闸前水位，分别试验率定分洪闸和分洪口门的泄流能力包络线；在试验过程中，每一组试验均保持分洪闸前水位不变，分洪闸下游水位由高到低至自由出流来开展不同组次的试验，进而得到每一组试验的泄流能力曲线，这些泄流曲线构成了泄洪通道的泄流能力包络线。

4.1.1.3 模型设计

1. 模型设计相似准则

为了确保本次实体模型试验在水流运动和泥沙输移及河床冲淤等方面与原型相似，模型在遵循几何比尺相似的同时，还必须满足水流运动、泥沙输移和河床冲淤等方面相似准则的要求[1-2]。

(1) 几何相似。模型的几何比尺一般需要考虑模型试验范围、试验场地条件及模拟技术条件限制等因素，并遵循以下相似律。

平面比尺：

$$\lambda_L = \frac{L_p}{L_m} \tag{4.1-1}$$

垂直比尺：

$$\lambda_H = \frac{H_p}{H_m} \tag{4.1-2}$$

式中：L 和 H 分别为平面几何尺寸和水深；下标 p 为原型，m 为模型。

(2) 水流运动相似。由重力相似条件可得流速比尺为

$$\lambda_V = \lambda_H^{1/2} \tag{4.1-3}$$

由水流连续相似条件可得流量比尺及水流时间比尺：

$$\lambda_Q = \lambda_L \lambda_H^{3/2} \tag{4.1-4}$$

$$\lambda_{t_1} = \lambda_L / \lambda_H^{1/2} \tag{4.1-5}$$

由阻力相似条件，推求糙率比尺：

$$\lambda_n = \frac{\lambda_H^{2/3}}{\lambda_L^{1/2}} \tag{4.1-6}$$

(3) 泥沙运动相似。包括悬移质运动相似和床沙运动相似。悬移质运动相似的参数包括含沙量比尺、沉降速度相似比尺、泥沙粒径比尺和泥沙冲淤相似比尺。

含沙量比尺：

$$\lambda_s = \lambda_{s*} = \frac{\lambda_{\gamma_s}}{\lambda_{\gamma_s - \gamma}} \tag{4.1-7}$$

沉降速度相似比尺：

$$\lambda_\omega = \lambda_V \left(\frac{\lambda_H}{\lambda_L}\right) \tag{4.1-8}$$

泥沙粒径比尺：

$$\lambda_d = \left(\frac{\lambda_\omega}{\lambda_{\gamma_s - \gamma}}\right)^{1/2} \tag{4.1-9}$$

泥沙冲淤相似比尺：

$$\lambda_{t_2}=\frac{\lambda_L\lambda_{\gamma_0}}{\lambda_V\lambda_S} \tag{4.1-10}$$

床沙运动相似的参数包括起动相似比尺、单宽推移质输沙率相似比尺和河床变形相似比尺。

起动相似比尺：

$$\lambda_d=\frac{\lambda_v^{\frac{\beta}{1+\beta}}\lambda_\omega^{\frac{2-\beta}{1+\beta}}}{\lambda_{\gamma_s-\gamma}^{\frac{1}{1+\beta}}} \tag{4.1-11}$$

式中：β 为与粒径有关的系数，大小一般在 0～1 之间。

单宽推移质输沙率相似比尺：

$$\lambda_{qsb}=\frac{\lambda_{\gamma_s}}{\lambda_{\gamma_s-\gamma}}\cdot\frac{\lambda_H^3}{\lambda_L\lambda_\omega} \tag{4.1-12}$$

河床变形相似比尺：

$$\lambda_{t_3}=\frac{\lambda_L\lambda_H\lambda_{\gamma_0}}{\lambda_{qsb}} \tag{4.1-13}$$

式中：λ_{γ_s} 为泥沙密实容重比尺；λ_{γ_0} 为泥沙淤积干容重比尺；γ 为清水的容重。

2. 模型比尺的确定

本次试验研究在综合考虑模型试验的研究目的和模型试验范围、模型沙及流量大小等因素，在保证试验模拟精度和试验可操作的条件下，最终确定实体模型采用平面比尺和垂直比尺均为 60 的正态模型。在确定模型平面比尺和垂直比尺之后，根据前面的模型相似率可以得到本次模型试验的水流及泥沙运动相似比尺。

(1) 水流运动相似比尺包括流速比尺、流量比尺和阻力相似。

流速比尺为

$$\lambda_V=\lambda_H^{1/2}=7.75$$

流量比尺为

$$\lambda_Q=\lambda_L\lambda_H^{3/2}=27885$$

阻力相似为

$$\lambda_n=\lambda_L^{1/6}=1.98$$

(2) 泥沙运动相似比尺包括悬移质运动相似和床沙运动相似。

悬移质运动相似包括含沙量比尺、沉降相似比尺、泥沙粒径比尺和泥沙冲淤相似比尺。

含沙量比尺：

$$\lambda_s=\lambda_{s*}=\frac{\lambda_{\gamma_s}}{\lambda_{\gamma_s-\gamma}}=0.84$$

沉降相似比尺：

$$\lambda_\omega=\lambda_V\left(\frac{\lambda_H}{\lambda_L}\right)^{0.75}=7.75$$

泥沙粒径比尺：

$$\lambda_d=\left(\frac{\lambda_\omega}{\lambda_{\gamma_s-\gamma}}\right)^{1/2}=2.27$$

泥沙冲淤相似比尺：

$$\lambda_{t_1}=\frac{\lambda_L\lambda_{\gamma_o}}{\lambda_V\lambda_S}=17.77$$

床沙运动相似包括起动相似比尺、单宽推移质输沙率相似比尺和河床变形相似比尺。

起动相似比尺：

$$\lambda_d=\frac{\lambda_\nu^{\frac{\beta}{1+\beta}}\lambda_\omega^{\frac{2-\beta}{1+\beta}}}{\lambda_{\gamma_s-\gamma}^{\frac{1}{1+\beta}}}=2.27$$

单宽推移质输沙率相似比尺：

$$\lambda_{qsb}=\frac{\lambda_{\gamma_s}}{\lambda_{\gamma_s-\gamma}}\cdot\frac{\lambda_H^3}{\lambda_L\lambda_\omega}=390.99$$

河床变形相似比尺：

$$\lambda_{t_3}=\frac{\lambda_L\lambda_H\lambda_\gamma''}{\lambda_{qsb}}=17.77$$

从以上计算可以看出，水流运动、悬移质泥沙运动及床沙运动相似条件基本得到满足，其模型相似比尺汇总见表 4.1－1。

表 4.1－1　　模型相似比尺汇总

项　目		符号	比尺值
几何相似	平面比尺	λ_L	60
	垂直比尺	λ_H	60
水流运动相似	流速比尺	λ_V	7.75
	流量比尺	λ_Q	27885
	阻力比尺（糙率比尺）	λ_n	1.98
悬移质运动相似	含沙量比尺	λ_S	0.84
	沉降速度相似比尺	λ_ω	7.75
	泥沙粒径比尺	λ_d	2.27
	泥沙冲淤相似比尺	λ_t	17.77
床沙运动相似	起动相似比尺	λ_d	2.27
	输沙率相似比尺	λ_{qsb}	390.99
	河床变形相似比尺	λ_t	17.77

4.1.1.4　模型沙的选择与确定

在泥沙冲淤实体模型试验中，模型沙的选择至关重要，模型沙一方面要满足水流运动相似中的床面糙率相似，另一方面又要满足泥沙运动相似中的悬移相似及起动相似。为了能在同一模型中满足上述相似条件，宜采用轻质沙，常用的轻质沙有塑料沙、电木粉、煤屑及粉煤灰等[3-4]。表 4.1-2 中是一些常用模型沙的特性参数，从表中可以看出，塑料沙起动流速小，可动性大，较易满足悬移相似和起动相似，但其造价高，水下休止角小，容重太小，稳定性差，时间变态严重；电木粉固结前起动流速小，易满足水流阻力、河型、悬移等相似条件，但其固结、板结后起动流速大增，稳定性差，与天然实际偏差较大，且材料造价较高；煤屑造价相对较低，新铺煤屑起动流速小，易满足水流阻力、河型、悬移等相似条件，水下休止适中，但其固结后起动流速很大，制模困难，重复使用性差，悬移沉降时易絮凝，且在使用过程中容易造成环境污染；粉煤灰物理化学性能稳定，模拟含沙水流时流态不失真，容重及干容重适中，选配加工方便，水下休止角适中，与天然沙基本接近，一般不板结，固结也不严重，能够满足冲积性河段模拟的主要技术指标要求。

表 4.1-2　　常用模型沙的特性

类别		天然沙	塑料沙	电木粉	煤	粉煤灰
比重/(t/m³)		2.6～2.7	0.99～1.18	1.40～1.49	1.31～1.79	2.0～2.25
起动流速/(cm/s) (粒径/mm)		13～17 (0.05)	6.5～8.7 (0.22)	7～10 (0.085)	4～7 (0.05)	7～14 (0.035)
水下休止角		32～41	22～27	23.6～46	32～37	30～34
糙率 n		—	0.013～0.023	0.016 左右	0.009～0.016	0.01～0.028
干容重 /(t/m³)	初期	1.26	0.61	—	0.61	0.70
	最终 (粒径/mm)	1.31 (0.03)	0.65 (0.18)	0.67 (0.24)	0.71 (0.075)	0.82 (0.032～0.04)

由于本次模拟的胖头泡蓄滞洪区实体模型试验河段地势平坦，上游来水含沙量较小，基本不参与造床作用，河床冲淤主要以床沙质运动为主。在综合各方面的影响因素之后，确定采用粉煤灰作为本次试验的模型试验用沙。

4.1.1.5 实体模型布置及试验边界条件

(1) 实体模型布置与制作。本次试验是在中国水利水电科学研究院泥沙试验大厅内完成，由于本次模拟对象是通过在嫩江干流滩地一侧堤防上设置分洪闸进行分洪，进而达到承担防御哈尔滨市 100～200 年一遇洪水的任务，所以分洪口门在泄洪时的来水是多方位进行补充的，而且嫩江滩地很宽，因此本次实体模型模拟分洪闸进出水区域时采用动水开边界的控制方法。在前述模型设计的基础上进行模型制作，实体模型采用砖混结构，主要由模型主体、进水渠、进水泵群、模型前池、出水泵群、尾水渠、回水渠、测流堰、控制室等部分组成，其模型具体布置如图 4.1-2 所示。模拟区域的地形和工程布置严格按照测量地形图和设计图纸进行制作，其中模拟区域的地形在开展分洪口门泄流能力试验研究时采用定床，在开展分洪口门下游河床冲淤及极限冲深试验研究时采用局部动床，老龙口分洪闸工程采用有机玻璃板材进行制作，简易裹头采用钢混预制；模型试验自动控制系统主要由计算机、进水泵群、出水泵群、自动水位仪等组成。

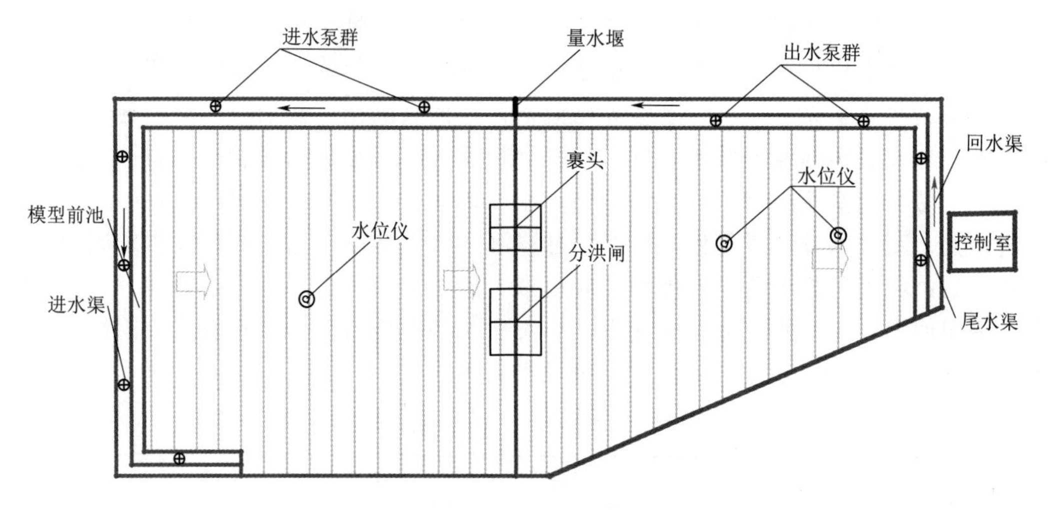

图 4.1-2　实体模型试验平面布置示意图

本次实体模型试验的实际操作过程主要包括试验率定、模型试验测量及数据分析等几个部分，在试验率定阶段，主要是根据设计的试验工况进行相应的制作和控制，达到要求之后进入试验阶段。在本次试验中，模拟区域的地形采用小断面模板与水准仪高程控制相结合的方法进行制作；分洪口门上游水位的控制主要是通过自动水位仪的反馈信息，利用计算机控制进水泵群的开启和关闭进行调整，从而达到精确控制分洪口门上游水位变化的目的，实现实体模型的水流流态与原型相似。

（2）实体模型试验边界条件。需要说明的是，由于本次模拟的胖头泡蓄滞洪区老龙口分洪闸区域位于嫩江一侧滩地上，实测资料特别匮乏，仅收集到2013年分洪口门附近的实测地形资料和蓄滞洪区分洪工程的设计资料[5]。因此，在本次实体模型制作时，模拟区域的地形主要根据实测地形进行制作，不足部分主要在Google 2013年地形图上依据专利提取技术进行提取，并与实测地形数据进行比对率定。

此外，在开展分洪口门泄流能力实体模型试验研究时，采用二维数学模型计算结果作为其初始的边界条件，在试验过程中连续观测水位、流量、流速等参数，当分洪口门上游水位达到要求的水位并稳定一定时间后停止试验放水，并根据试验结果对分洪口门的泄流能力进行分析研究；在此试验结果的基础上，采用泄流能力方案试验时的最不利组合工况，作为开展分洪口门下游河床冲淤演变和极限冲刷试验的边界条件，并根据试验结果对其进行分析研究，为分洪口门下游消力池和海漫的尺寸提供设计依据。

4.1.2　分洪闸及分洪口门泄流能力

4.1.2.1　分洪闸泄流能力

根据现状地形条件下老龙口分洪闸单独运行时各组次的泄流能力试验结果，绘制得到老龙口分洪闸不同闸前水位下的泄流曲线，如图 4.1-3 所示。

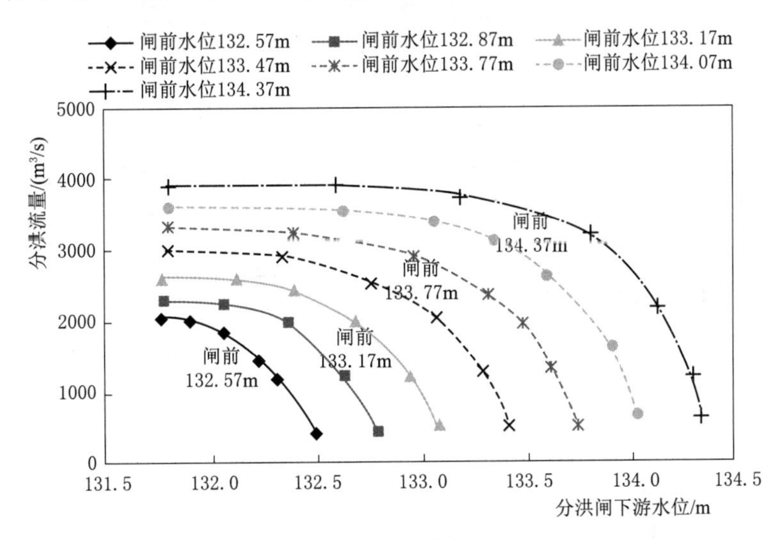

图 4.1-3 老龙口分洪闸不同闸前水位下的泄流曲线

由图 4.1-3 可见，①对于同一分洪闸闸前水位而言，老龙口分洪闸泄流量随分洪闸下游水位的抬升而减小。分洪闸下游水位较低时，分洪闸的泄流量随分洪闸下游水位的增加而减小的幅度不大，即此时下游水位的变化对分洪闸泄流量影响不大；随着下游水位的增加，分洪闸泄流量变化的幅度明显加大，即下游水位增加较小时，分洪闸泄流量减小得较为明显；以分洪闸闸前水位 133.77m（哈尔滨市 100 年一遇洪水嫩干水位，下同）的试验结果为例，分洪闸下游水位由 131.8m 增加到 132.4m 时，其相应的泄流量由 3318m³/s 减小到 3239m³/s，仅减小了 79m³/s，即下游水位增加了 0.6m，而泄流量约减小了 2.4%；当分洪闸下游水位由 133.62m 增加到 133.75m 时，其相应的泄流量由 1375m³/s 减小到 570m³/s，减小了 805m³/s，即下游水位增加了 0.13m，而泄流量却减少了 58.5%。这主要是因为分洪闸下游水位较低时，水流运动状态处于自由出流，此时下游水位对分洪闸泄流量的影响很小，而随着下游水位的逐渐抬升，水流运动状态也逐渐由自由出流转化为淹没出流，此时下游水位的变化对分洪闸泄流量的影响较大。②对于同一分洪闸下游水位而言，分洪闸泄流量随着分洪闸闸前水位的增加而增大，这主要是因为分洪闸闸前水位的增加，致使分洪闸上下游水位的高差增大，即势能水头增加，必然导致分洪闸泄流量增大。

根据各组试验结果，统计得到不同闸前水位下分洪闸单独运行时的最大泄流能力，见表 4.1-3 和图 4.1-4。

表 4.1-3 分洪闸最大泄流能力试验结果

闸前水位/m	水流状态	最大分洪流量/(m³/s)
132.57	自由出流	2066
132.87	自由出流	2310

续表

闸前水位/m	水流状态	最大分洪流量/(m^3/s)
133.17	自由出流	2625
133.47	自由出流	2998
133.77	自由出流	3318
134.07	自由出流	3625
134.37	自由出流	3927

注　表中最大分洪流量为本次试验结果。

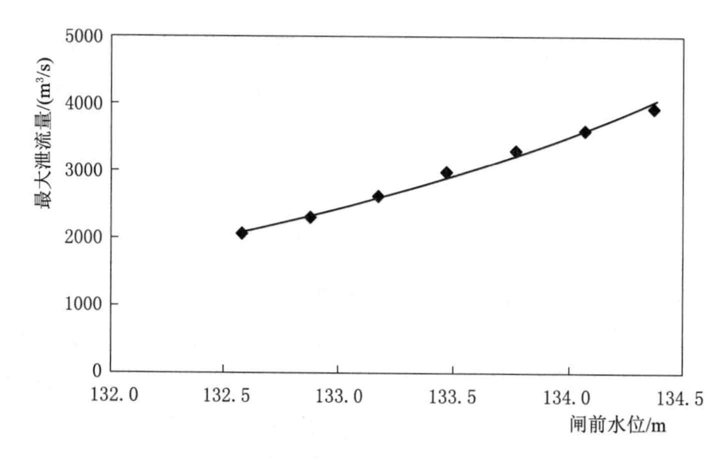

图 4.1-4　分洪闸单独运用时不同闸前水位下的最大泄流能力

由表 4.1-3 和图 4.1-4 可以看出，分洪闸单独运用时的最大泄流能力与分洪闸闸前水位存在很好的正相关关系，即分洪闸的最大泄流量随着闸前水位的抬升而明显增加。从各组试验结果来看，分洪闸前水位从 132.57m 增加到 134.37m 时，其相应的分洪闸最大泄流量从 2066m^3/s 增加到 3927m^3/s。

4.1.2.2　分洪口门段泄流能力

由现状地形条件下分洪闸和简易裹头同时投入运用时各组次的试验结果，可得到相应的不同闸前水位下的分洪口门段分洪闸和简易裹头同时运用（以下简称分洪口门）的泄流能力曲线，如图 4.1-5 所示。

由图 4.1-5 可见，老龙口分洪口门段不同闸前水位下的泄流能力规律与老龙口分洪闸不同闸前水位下的泄流能力类似，即：对于同一分洪闸闸前水位而言，其分洪口门的泄流量随着分洪闸下游水位的增加而逐渐减小，且分洪闸下游水位较低时，其相应的泄流量减小的幅度较小，表明此时分洪闸下游水位的变化对分洪口门的泄流量影响较小；当分洪闸下游水位较高时，其相应的泄流量减小的幅度较为明显，表明此时分洪闸下游水位的变化对分洪口门的泄流量影响较大。以分洪闸闸前水位 133.77m 的试验结果为例，当分洪闸下游水位从 131.87m 增加到 132.38m 时，其相应分洪口门泄流量从 5066m^3/s 减小到 5012m^3/s，减小了 54m^3/s，即分洪闸下游水位增加了

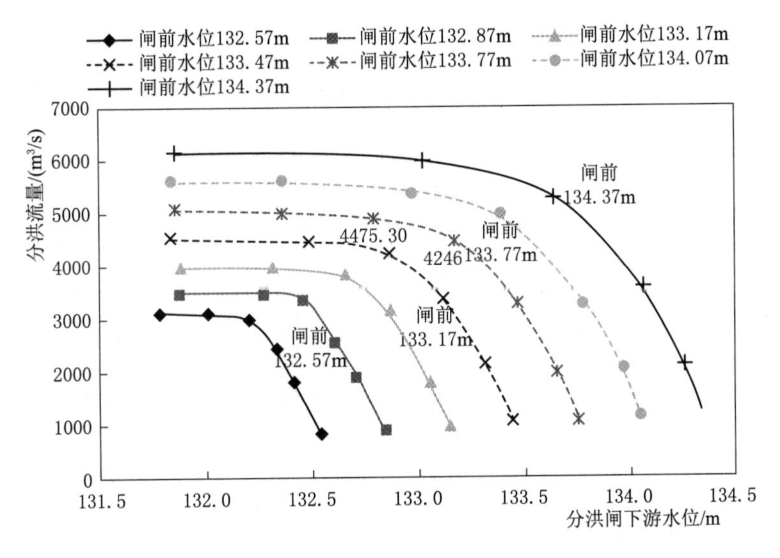

图 4.1-5　老龙口分洪口门段不同闸前水位下的泄流曲线

0.51m，而分洪口门泄流量约减小了 1.1%；当分洪闸下游水位从 133.64m 增加到 133.75m 时，其相应分洪口门泄流量从 2045m³/s 减小到 1118m³/s，减小了 927m³/s，即分洪闸下游水位增加了 0.11m，而分洪口门泄流量约减小了 45.3%。根据本次各组试验结果，可以统计得出老龙口分洪口门在不同闸前水位下的最大泄流量变化情况，见表 4.1-4 和图 4.1-6。

表 4.1-4　　分洪口门最大泄流能力试验结果

闸前水位/m	水流状态	最大分洪流量/(m³/s)
132.57	自由出流	3127
132.87	自由出流	3542
133.17	自由出流	3986
133.47	自由出流	4526
133.77	自由出流	5066
134.07	自由出流	5614
134.37	自由出流	6125

注　表中最大分洪流量为本次试验结果。

由表 4.1-4 和图 4.1-6 可见，老龙口分洪口门段的最大泄流量与分洪闸闸前水位具有较好的相关关系，即分洪口门段的最大泄流量随着分洪闸闸前水位的抬升而明显增大。从本次各组试验结果来看，分洪闸前水位从 132.57m 增加到 134.37m 时，其相应的分洪口门段最大泄流量从 3127m³/s 增加到 6125m³/s。

另外，黑龙江省水利水电勘测设计研究院提供的分洪口门设计流量为 4246m³/s，即当分洪闸闸前水位为 133.75m、分洪闸下游水位为 132.99m 时，其分洪口门的泄流

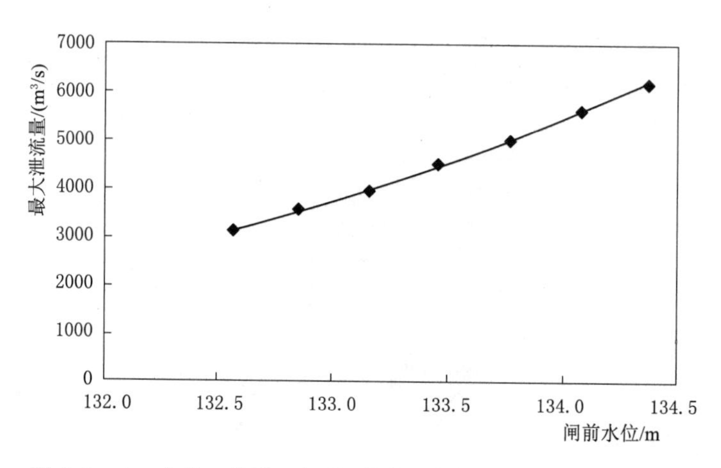

图 4.1-6　老龙口分洪口门段不同闸前水位下的最大泄流能力

量为 $4246m^3/s$[6]。在此，根据本次试验结果（图 4.1-4）可计算得出，当分洪闸闸前水位和分洪闸下游水位分别为 133.75m 和 132.99m 时，分洪口门的泄流量约为 $4475.3m^3/s$，较设计值偏大了 5.4%左右，即本次试验结果与设计结果接近，误差在允许范围之内。

综合上述分析可知，在自由出流的情况下，泄洪闸和简易裹头的泄流能力是可以满足设计要求的。

4.1.2.3　老龙口河段冲淤演变对分洪闸过流能力的影响

由嫩江干流二维水沙数学模型的计算结果可知，在中长期（30 年）水沙条件的作用下，老龙口河段以淤积为主，且泥沙淤积主要集中在嫩江干流主槽内，滩地淤积相对较少，滩地最大淤积厚度约为 0.06m，平均淤积厚度不足 0.03m，且滩地的淤积厚度与距嫩江主槽的距离成反比，即距离嫩江主槽越远的滩地，泥沙淤积越小。对于本次研究的老龙口分洪闸而言，其位置为远离嫩江主槽的左岸堤防上，分洪闸前滩地的泥沙淤积很少，其对老龙口分洪口门前的洪水水位影响不大。从另一个角度来讲，老龙口分洪口门前滩地淤积，势必会抬高其洪水水位，从前述分洪口门泄流能力试验结果来看，分洪口门上游水位抬高，会使分洪口门的分洪流量增加，进而提升分洪口门的过流能力，将有利于老龙口分洪口门的分洪。

综上所述，嫩江干流中长期（30 年）冲淤变化后，老龙口分洪口门前滩地为微淤状态，相应的分洪口门前洪水水位略有抬升，但由于滩地淤积的幅度很小，致使分洪口门前洪水水位和分洪流量变化不明显。因此，基本可以认为嫩江干流中长期（30 年）冲淤变化对老龙口分洪口门的分洪能力的影响不大。

4.1.2.4　分洪口门下游极限冲刷的试验结果

在老龙口设立分洪口门进行分洪，分洪口门下游的极限冲刷深度除了与当地的床面组成有关之外，还与分洪口门上下游水位等因素有关。由于影响分洪闸安全的极限冲深主要是最不利工况组合，根据分洪口门的实际运行情况，本次极限冲刷试验的上游水位主要考虑前述泄流能力试验中 132.57～134.37m 的水位，下游水位均采用最不利的接近断流的水位，拟建分洪闸和已建简易裹头分别起用。

（1）分洪闸下游极限冲刷的试验结果。表 4.1-5 为不同试验工况下分洪闸闸下极限冲刷的试验结果。

表 4.1-5　　不同试验工况下分洪闸闸下极限冲刷的试验结果

闸前水位/m	底板高程/m	水流状态	最大冲深/m	冲刷坑长度/m
134.37	129.0	自由出流	17.37	104.70
134.07	129.0	自由出流	16.22	99.60
133.77	129.0	自由出流	15.03	93.60
133.47	129.0	自由出流	13.78	86.30
133.17	129.0	自由出流	12.30	75.00
132.87	129.0	自由出流	11.02	66.70
132.57	129.0	自由出流	10.02	62.40

由表 4.1-5 可以看出，分洪闸闸下最大冲刷深度和冲刷坑长度均与闸上游水位成正比关系，即随着分洪闸闸上水位的增加，相应的闸下游最大冲深和影响范围也增大。这主要是因为对于自由出流而言，闸上游水位越高，则相应的过流能力就越强，水流流速就越大，进而对闸下游的冲刷就越严重。具体而言，当闸上游水位为 134.37m 时，闸下冲刷坑的最大冲刷深度约为 17.37m，影响长度约为 104.70m；当闸上游水位为 133.77m 时，闸下冲刷坑的最大冲刷深度和影响长度分别约为 15.03m 和 93.60m；当闸上游水位为 132.57m 时，闸下冲刷坑的最大冲刷深度和影响长度分别约为 10.02m 和 62.40m。从本次试验结果可以计算得出，若按照设计的闸前水位 133.75m，其极限冲刷坑的最大冲刷深度约为 14.85m，极限冲刷坑的最大影响距离 90.80m 左右。

（2）简易裹头下游极限冲刷的试验结果。表 4.1-6 所示为不同试验工况下简易裹头下游极限冲刷的试验结果。

表 4.1-6　　不同试验工况下简易裹头下游极限冲刷的试验结果

闸前水位/m	底板高程/m	水流状态	最大冲深/m	冲刷坑长度/m
134.37	128.7	自由出流	21.13	117.13
134.07	128.7	自由出流	19.46	113.13
133.77	128.7	自由出流	17.73	105.71
133.47	128.7	自由出流	15.92	96.38
133.17	128.7	自由出流	13.78	83.39
132.87	128.7	自由出流	11.92	72.18
132.57	128.7	自由出流	10.46	67.11

由表 4.1-6 可见，简易裹头下游的最大冲刷深度和冲刷坑影响范围也具有分洪闸的类似规律，即随着分洪闸闸前水位的增加而增大。具体而言，当分洪闸闸前水位为 134.37m 时，简易裹头下游的最大冲刷深度约为 21.13m，相应的冲刷坑的影响长度可达 117.13m 左右；当分洪闸闸前水位为 133.77m 时，相应的简易裹头下游最大冲刷深度和冲刷坑的影响长度分别约为 17.73m 和 105.71m；当分洪闸闸前水位为 132.57m 时，简易裹头下游最大冲刷深度和冲刷坑的影响长度分别约为 10.46m 和 67.11m。简易裹头下游的极限冲刷深度和冲刷坑的影响范围均较分洪闸下游的要大，这主要是因为在试验过程中同等条件下，分洪闸底板对上游来水有一定的消能作用，而简易裹头下游没有任何防护，致使简易裹头下游床面冲刷更为严重一些。

4.1.3　分洪口门下游极限冲刷的理论分析

4.1.3.1　极限冲刷的理论

在天然河道中修建分洪闸之后，由于水流边界条件的改变，闸下游河道的河床将产生冲刷而床沙组成变粗，较粗颗粒逐渐聚集，最终形成一层相对抗冲的粗化层[7-8]。为了确保分洪闸的安全运行，本次研究在对最不利工况进行模型极限冲刷试验的基础上，采用中国水利水电科学研究院泥沙所韩其为院士的有关床面粗化理论，对相应工况下分洪闸下游的床面极限冲深进行计算，并将计算结果和试验结果进行对比和分析。下面首先简要介绍一下极限冲刷的相关理论。

4.1.3.2　起动流速公式

根据韩其为院士的研究成果[9-10]，床沙起动流速应按照非均匀颗粒起动的理论公式进行计算，它的起动以相对输沙率 $\lambda_{qb,l}$ 为标准：

$$\lambda_{qb,l}=\frac{q_{b,l}}{p_{1,l}\gamma_s D_l\omega_l}=\frac{2}{3}m_o\varepsilon_1\frac{U_{2,l}}{\omega_{1,l}}=F_{b,l}\left(\frac{\overline{V_{b,l}}}{\omega_{1,l}},\frac{D_l}{\overline{D}}\right)=0.3\times10^{-6}$$

与此相应，用底部流速表示的起动流速为

$$\frac{V_{bc,l}}{\omega_{1,l}}=F_{b,l}^{-1}\left(\frac{D_l}{\overline{D}},0.3\times10^{-6}\right)$$

式中：$q_{b,l}$ 为推移质单宽输沙率；D_l 为第 l 组颗粒的粒径；γ_s 为床沙颗粒的容重（一般取 2650kg/m³）；ε_1 为起动概率，它是 $\frac{\overline{V_{b,l}}}{\omega_{1,l}}$ 和 $\frac{D_l}{\overline{D}}$ 的函数；$U_{2,l}$ 为第 l 组泥沙颗粒的滚动速度，它也是 $\frac{\overline{V_{b,l}}}{\omega_{1,l}}$ 和 $\frac{D_l}{\overline{D}}$ 的函数，$p_{1,l}$ 为床沙级配，即该组泥沙所占重量的百分数；$\omega_{1,l}$ 为泥沙颗粒起动时的特征速度，其大小为

$$\omega_{1,l}=\sqrt{\frac{4}{3C_x}\frac{\gamma_s-\gamma}{\gamma}gD_1}=7.345D_l^{\frac{1}{2}}$$

式中：C_x 为颗粒正面推力系数，其值为 0.4；γ 为水的容重；g 为重力加速度。

以底部流速表示的起动流速换算至平均流速时采用

$$V_{b,c}=3.73\frac{V}{\psi\left(\frac{H}{D}\right)}=3.73\frac{V}{6.5\left(\frac{H}{D}\right)^{\frac{1}{4+\lg\left(\frac{H}{D}\right)}}} \tag{4.1-14}$$

则

$$V_{c,l}=\frac{1}{3.73}V_{bc,l}\psi\left(\frac{H}{D_1}\right)=0.268\psi\left(\frac{H}{D_1}\right)F_{bc,l}^{-1}\omega_{1,l} \tag{4.1-15}$$

在工程实际应用中，比较关心极限平衡状态下的情况，此时泥沙颗粒的粒径范围窄，最小粗化粒径 D_1 与平均粒径$\overline{D}$的差别较小，一般$\frac{D_1}{\overline{D}}$约为 0.5～0.9，从安全角度考虑，建议选取 0.8，则$\frac{V_{bc,l}}{\omega_{1,l}}=F_{bc,l}^{-1}=0.288$，这样式（4.1-15）简化为

$$V_{c,l}=0.268\times0.288\omega_{1,l}\psi\left(\frac{H}{D_1}\right)=0.0771\omega_{1,l}\psi\left(\frac{H}{D_1}\right) \tag{4.1-16}$$

该式即为非均匀泥沙颗粒的起动流速公式。

至于沙及砾石的起动流速，由于其级配相对较窄，故可按均匀沙的无因次输沙率作为起动标准，即

$$\lambda_{qb}=\frac{q_b}{\gamma_s D_l\omega_{1,l}}=0.219\times10^{-3}$$

相应的无因次起动流速为

$$\frac{V_{bc,l}}{\omega_{1,l}}=F_{b,l}^{-1}\left(\frac{D_l}{\overline{D}},0.219\times10^{-3}\right)=0.433$$

则相应的垂线平均起动流速可简化为

$$V_{c,l}=0.433\times0.268\omega_{1,l}\psi\left(\frac{H}{D_1}\right)=0.116\omega_{1,l}\psi\left(\frac{H}{D_1}\right)$$

该式即为非均匀沙的起动流速公式。

4.1.3.3 床沙粗化理论

床沙粗化有两种机理[11-12]：一种是由于本地床沙遭受冲刷时发生分选，细颗粒冲起多，粗颗粒冲起少，从而使剩下的床沙变粗；另一种是上游输移来的粗颗粒与本地细颗粒交换，从而发生粗化，致使床沙中的最大颗粒可以大于原来的。本次的粗化计算只考虑前一种[13-14]；后一种发生后将使冲刷深度减小。因此，只考虑前一种将使计算结果偏于安全。

对于推移质的粗化计算可导出：

$$p_{b,l}q_b=p_{1,l}C\gamma_s q^3 J^{\frac{7}{2}}D_l^{-3}/g \tag{4.1-17}$$

式中：q_b 为混合沙推移质单宽输沙率；$p_{b,l}$ 为推移质级配，即该组泥沙所占重量的百分数；q 为单宽流量；J 为能坡，一般可用水面坡降代替；C 为系数。对式（4.1-17）求和得

$$q_b=C\gamma_s\frac{q^3}{g}J^{\frac{7}{2}}\sum_{l=1}^{n}\frac{p_{1,l}}{D_l^3}=C\gamma_s\frac{q^3}{g}J^{\frac{7}{2}}\frac{1}{D_m^3} \tag{4.1-18}$$

其中

$$\frac{1}{D_m^3}=\sum_{l=1}^{n}\frac{p_{1,l}}{D_l^3}$$

比较上述两式可得推移质级配与床沙级配的关系，即

$$p_{b,l}=\frac{D_m^3}{D_l^3}p_{1,l} \tag{4.1-19}$$

将其代入床沙级配变化方程：

$$\frac{\mathrm{d}p_{1,l}}{\mathrm{d}t}=\frac{p_{b,l}-p_{1,l}}{W}\frac{\mathrm{d}W}{\mathrm{d}t} \tag{4.1-20}$$

积分并加以简化后有

$$p_{1,l}=p_{1,l,o}(1-\lambda^{\cdot})^{(\frac{D_p}{D_l})^{-1}}=p_{1,l,o}\frac{(1-\lambda^{\cdot})^{(\frac{D_p}{D_l})^3}}{1-\lambda^{\cdot}} \tag{4.1-21}$$

$$\lambda^{\cdot}=\frac{\Delta h}{h_o+\Delta h_m} \tag{4.1-22}$$

式中：W 为参加冲刷分选的床沙重量；$p_{1,l,o}$为冲刷开始时刻的床沙级配；$p_{1,l}$为冲刷后该床沙的粗化级配，即粗化层级配；$\lambda^{\cdot}$ 为冲刷百分数；Δh_m 为最大冲刷深度；h_o 为粗化层厚度；D_p 为粗化过程中某个级配的中值粒径，它由

$$1=\sum_{l=1}^{n}p_{1,l}=\sum p_{1,l,o}\frac{(1-\lambda^{\cdot})^{(\frac{D_p}{D_1})^3}}{1-\lambda^{\cdot}} \tag{4.1-23}$$

确定。

根据上述理论计算的泥沙级配，再加上35%的充填空隙或被遮挡的细颗粒即为粗化层级配。

4.1.3.4　极限冲深理论[15-16]

在床面粗化过程中，随着冲刷深度的增加，其水深也将发生变化，因此，公式中所用的水深应用冲刷后的。设坡降与糙率不变，则冲刷后的断面平均流速$\overline{V}$为

$$\overline{V}=\left(\frac{\overline{h_0}}{\overline{h}}\right)^{\frac{2}{3}}\overline{V_0}=\left(\frac{\overline{h_0}}{\overline{h_0}+\Delta h}\right)^{\frac{2}{3}}\overline{V_0} \tag{4.1-24}$$

而冲刷后的平均水深为

$$\overline{h}=\overline{h}_0+\Delta h \tag{4.1-25}$$

式中：$\overline{V}$、$\overline{h}$分别为断面平均流速和水深，加下标“0”表示冲刷以前的，不加下标表示冲刷后的。

计算极限冲刷深度时，如果不侧重冲刷过程，只计算极限冲刷深度，就必须进行试算；在求出最大冲深 Δh_m 后，如果计算冲刷过程，则不需试算，直接由 Δh_m 求出 $\lambda^{\cdot}$、$p_{1,l}$。

4.1.3.5　极限冲刷的计算结果分析

根据上述极限冲刷的理论，对老龙口分洪口门不同试验工况的极限冲刷深度进行

了计算，表4.1-7和图4.1-7为在不同方案下老龙口分洪口门下游床面极限冲刷深度计算结果与模型测量结果的比较。

表4.1-7 不同试验工况极限冲刷深度的实测值与计算值的比较

闸前水位/m	闸底高程/m	水流状态	分洪闸下游最大冲深/m		简易裹头下游最大冲深/m	
			试验结果	计算结果	试验结果	计算结果
134.37	129	自由出流	17.37	18.54	21.13	22.43
134.07	129	自由出流	16.22	17.15	19.46	20.46
133.77	129	自由出流	15.03	15.76	17.73	18.50
133.47	129	自由出流	13.78	14.36	15.92	16.53
133.17	129	自由出流	12.30	12.96	13.78	14.55
132.87	129	自由出流	11.02	11.56	11.92	12.57
132.57	129	自由出流	10.02	10.16	10.46	10.58

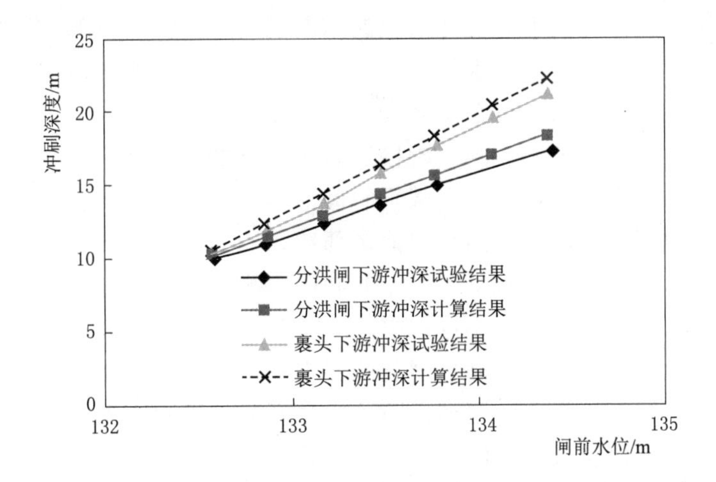

图4.1-7 不同试验工况极限冲刷深度计算值与测量值的比较

从表4.1-7和图4.1-7可以看出，在不同试验工况下，老龙口分洪闸下游床面可能产生的极限冲刷深度基本为10.16～18.54m，较试验结果偏大1.4%～6.8%，且分洪闸闸前水位越高，其可能产生的极限冲刷深度就越大；老龙口简易裹头下游附近床面可能产生的极限冲刷深度基本为10.58～22.43m，较试验结果偏大1.1%～6.2%。综上所述，不同试验工况极限冲刷深度的计算值与实测值较为接近，试验结果略小于计算结果，但相差基本在7%以内。

4.1.4 分洪口门下游的消能防护措施综合分析

通过上述分洪闸闸下游极限冲刷深度和冲刷坑的影响范围可知，分洪闸闸下游的极限冲刷深度可达17.37m、冲刷坑的影响范围可达104.7m；如按分洪闸设计时采用的水位133.75m来看，相应闸下游冲刷深度和影响范围分别为14.85m和90.80m左右。因此，分洪闸下游必须建有水力消能设施。根据拟建分洪闸的设计数据可知，分洪闸闸后采用了消力池进行消能，消力池的设计长度为30m、深度为1.8m，海漫设计长度为60m，基本可以满足设计时采用的水位下的最大影响范围；而对于本次试验最不利工况下的影响范围104.7m而言，距分洪闸90m内已设计有消力池和海漫，而90～104.7m以及接近冲刷的尾部区域，冲刷相对较小，因此建议在尾部适当抛撒砾石即可起到消能的作用，可进一步减轻分洪闸设计洪水对河床冲刷的影响。

同时，从试验结果来看，最不利工况下简易裹头下游的极限冲刷深度约为21.13m、冲刷坑的影响范围约为117.13m，由此表明，对简易裹头也要建有水力消能设施。从《黑龙江省大庆地区胖头泡蓄滞洪区安全建设规划》中获悉，在简易裹头下游顺水流方向建有42m长的重力式挡土墙和30m长的导流堤，根据本次试验最不利工况下的结果来看，简易裹头下游防护范围偏小，消能设施过于简单，由于简易裹头距离泄洪闸较近，简易裹头分洪产生的冲刷坑可能会威胁到分洪闸闸基础及下游消能设施的安全。因此，建议增加简易裹头下游的消能防护设施。

为了进一步检验分洪闸下游设计消力池的消能效果，本次试验在分析分洪闸各种运行工况之后，认为当分洪闸前水位为134.37m时，分洪闸闸门突然开启分洪工况对下游河床是最为不利的。因此，在实体模型上按照设计的消力池尺寸进行制作，然后开展分洪闸闸前水位134.37m、闸下游接近断流状态的试验研究，试验结果表明，按照设计的消力池尺寸修建后，在本次试验的最不利工况下，消力池下游最大冲刷深度约为0.27m，其冲刷影响范围距离消力池尾部约为1.58m，因此，适当在消力池尾部抛撒一些砾石，可以消除水流对下游河床的冲刷影响。

综上所述，在分洪闸实际运用过程中，对于分洪闸前水位较低的洪水而言，设计的分洪闸下游消力池的尺寸可以满足消能的要求；而对于分洪闸前水位较高的洪水来讲，在设计的分洪闸下游消力池尾部适当采用抛石防护即可。对于简易裹头下游的消能防护设施，建议参照泄洪闸下游进行设计。

4.2 分洪流路对分洪能力的影响与优化

为了确保老龙口分洪口门能够承担哈尔滨市100～200年一遇洪水的防洪任务，在此根据防洪批复文件中的四种典型历史洪水过程，分别对老龙口分洪口门的三种分洪方案的分洪能力进行比较，通过对比分析，提出能够完成四种典型洪水过程分洪的合理分洪方案。四种典型的历史洪水过程分别为1957年典型洪水、1960年典型洪水和1969年典型洪水及1998年典型洪水[6]。

4.2.1 规划的分洪流路

根据胖头泡蓄滞洪区老龙口分洪口门下游的地形情况，本次研究结合蓄滞洪区的总体规划，初步拟定了三种分洪方案[5]，具体如图 4.2－1 所示。

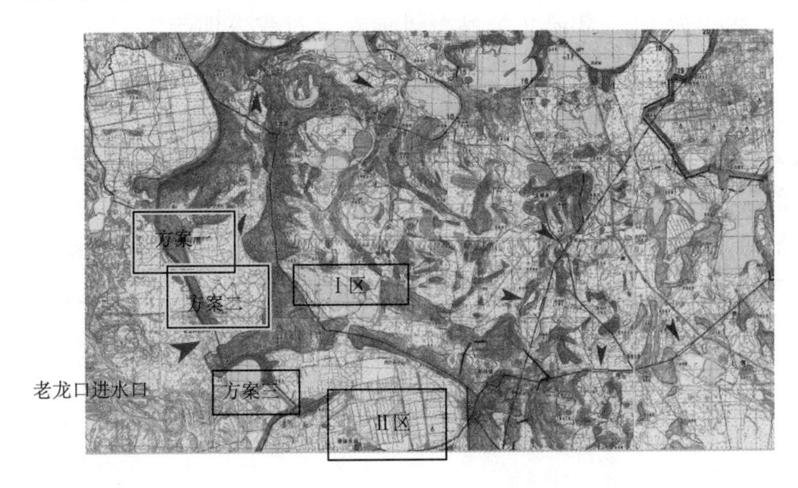

图 4.2－1 三种拟定分洪方案示意图

各方案简要说明如下。

方案一：即胖头泡蓄滞洪区总体规划的流路，简称原方案。在现状地形条件下，选择老龙口堤防为分洪进水口场址，分洪口门由已建简易裹头和拟建老龙口分洪闸组成，在需要启用胖头泡蓄滞洪区进行分洪时，通过已建简易裹头和拟建老龙口分洪闸进行分洪，分洪通道经过 7 号坝和 10 号坝。

方案二：即开挖 350m 方案。在方案一的基础上，对分洪口门下游地势较高的地形进行局部开挖，开挖宽度为 350m，边坡 1∶4.0，底部高程挖至 130.0m，即在分洪口门下游增加一条下泄洪水的通道，使得分洪口门下泄洪水在 7 号坝产生卡口壅水之后，可以通过开挖口进入蓄滞洪区内地势较为低洼处（Ⅰ区），进而延迟分洪闸下游水位抬升的时间、减缓下游水位壅水对分洪口门分洪能力的影响，在一定程度上确保了分洪口门的持续分洪能力。

方案三：即开挖 350m 方案＋临时清障措施。在方案二的基础上，根据分洪洪峰的类型及下游行洪水位的需要，对胖头泡蓄滞洪区内的局部地势较高的地形进行局部清障，相当于在 350m 开挖处下游右侧新增一条分洪通道，将部分引起分洪闸下游壅水的分泄洪水直接引至分洪口门右侧较为低洼的区域（Ⅱ区），进一步延迟分洪口门下游水位的抬升、减缓下游水位壅水对分洪口门分洪能力的影响，从而确保分洪口门的持续有效分洪。

4.2.2 典型洪水过程及拟定分洪流量分析

本节主要分析四种典型洪水过程的特点。根据历年实测资料分析可知，大赉站在胖头泡蓄滞洪区分洪口（老龙口）的下游，属于嫩江来水的控制水文站，从大赉站到哈尔滨站的洪水传播时间为 8d 左右，因此，在分析四种典型洪水过程时，为了便于对比，将各站洪水流量过程对应的时间进行统一，即嫩江干流当日的流量将在 8d 后的哈尔滨站流量中体现。

4.2.2.1 1957年典型洪水

图4.2-2所示为1957年哈尔滨站分洪前流量过程（即哈尔滨站实测流量+同期嫩江干流的分洪流量，下同）、嫩江干流分洪前流量过程及第二松花江（哈尔滨分洪前流量-嫩江干流分洪前流量，下同）流量过程以及相应的老龙口设计分洪流量过程。

由图4.2-2可见，1957年典型洪水为扁平型洪水，即流量过程变化较为平缓。根据前述的蓄滞洪区启用条件，即当嫩江干流分洪前流量为12520m^3/s时，预计哈尔滨站实测流量可达到16900m^3/s，且水位将会继续抬升，此时启用蓄滞洪区进行分洪，初始分洪流量为3720m^3/s，拟定分洪历时24d，其中最大分洪流量为4246m^3/s，此次分洪过程可为嫩江干流分担约为53.51亿m^3的洪水。

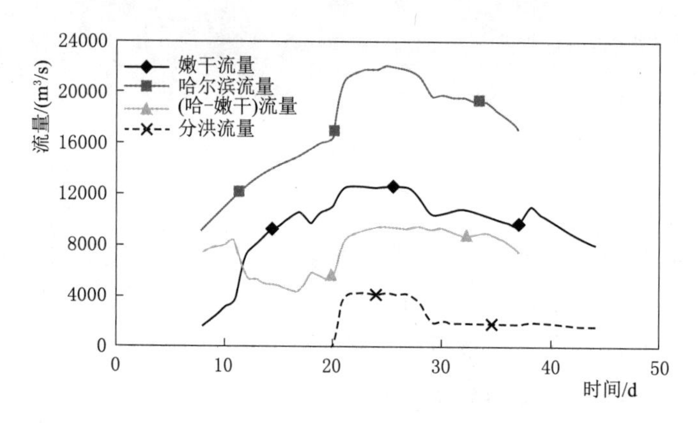

图4.2-2 1957年典型洪水过程及拟定分洪过程

图4.2-3所示为1957年典型洪水嫩江干流流量占哈尔滨流量的比例及相应的拟定分洪流量过程。

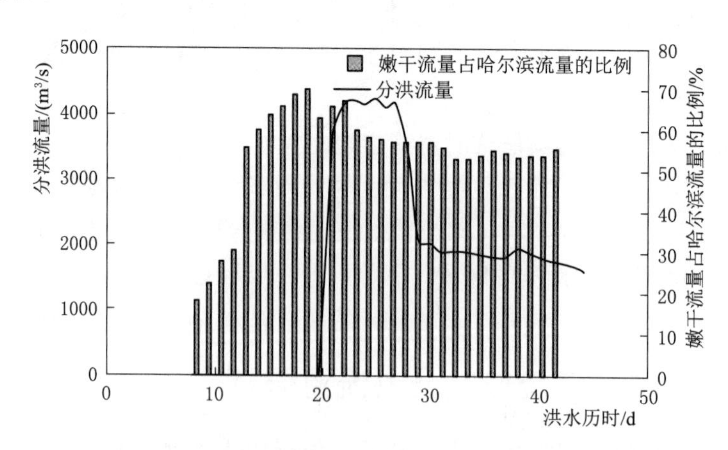

图4.2-3 1957年典型洪水拟分洪过程及嫩干流量占比

由图4.2-3可见，在拟定分洪过程相应的时段中，嫩江干流洪水占哈尔滨洪水的比例为53.0%～60.3%，平均约为55.8%，由此可见，对于1957年典型洪水哈尔滨站除了来自嫩江干流洪水以外，还有约44.2%的洪水来自第二松花江发生的洪水。

4.2.2.2　1960 年典型洪水

图 4.2-4 所示为 1960 年哈尔滨站分洪前流量过程、嫩江干流分洪前流量过程和第二松花江流量过程及相应的老龙口拟定分洪流量过程。

由图 4.2-4 可见，1960 年典型洪水与 1957 年典型洪水类似，即流量过程变化较为平缓。当嫩江干流分洪前流量为 9702m^3/s 时，预计该流量洪水传播到哈尔滨站时，将使得哈尔滨站洪水流量达到百年一遇洪水流量，即 16900m^3/s，且哈尔滨站水位将继续抬升，故此时启用蓄滞洪区进行分洪，初始分洪流量为 702m^3/s，次日将达到 3614m^3/s，拟定分洪历时 34d，最大分洪流量为 3791m^3/s，本次分洪过程可为嫩江干流分担约为 59.62 亿 m^3的洪水。

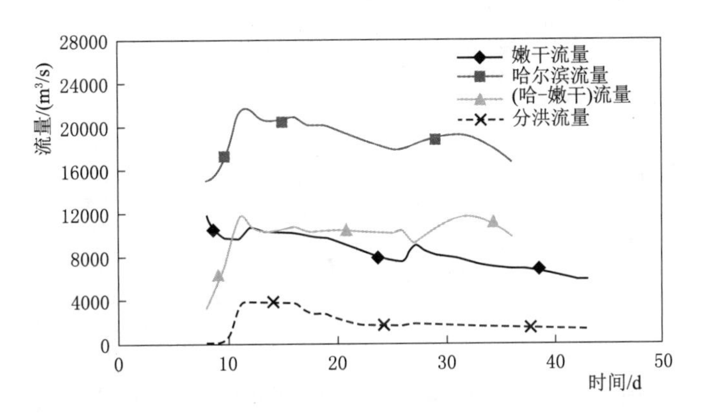

图 4.2-4　1960 年典型洪水过程及拟定分洪流量过程

图 4.2-5 所示为 1960 年典型洪水嫩江干流洪水流量占哈尔滨洪水流量的比例及相应的拟定分洪流量过程。由图 4.2-5 可以看出，在本次分洪过程的时段中，嫩江干流的洪水流量占哈尔滨站洪水流量的比例为 39.0%～54.0%，平均约为 45.3%，由此表明，在该时段中，哈尔滨站的洪水流量有 45.3%的洪水来自嫩江干流，除此之外，还有 54.7%的洪水流量来自第二松花江等流域。

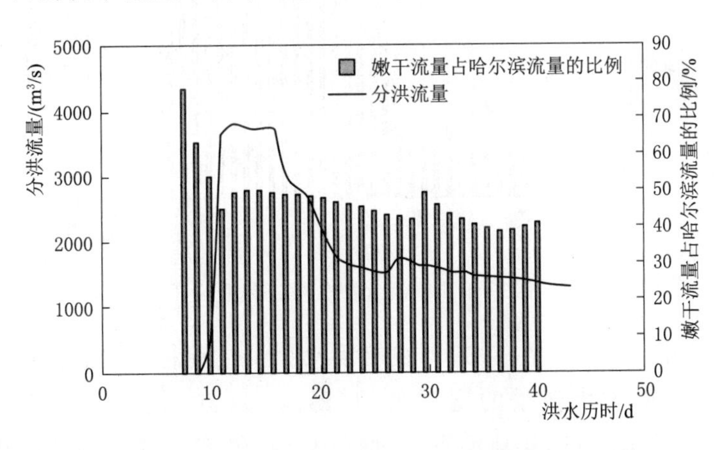

图 4.2-5　1960 年典型洪水拟分洪过程及嫩干流量占比

4.2.2.3　1969年典型洪水

图4.2-6所示为1969年典型哈尔滨站分洪前洪水流量过程、嫩江干流分洪前洪水流量过程和第二松花江洪水流量过程及相应的老龙口拟定分洪流量过程。由图4.2-6可见，1969年典型洪水属于尖瘦型洪水，即流量过程随时间变化较陡，当嫩江干流分洪前流量为19373m³/s时，而且嫩江干流洪水将继续上涨，必然会使得哈尔滨站流量超过其百年一遇洪水，且哈尔滨水位将继续上升，因此，此时启用蓄滞洪区进行分洪，初始分洪流量为1973m³/s，次日增加到3496m³/s，本次分洪拟定历时21d，最大分洪流量为4385m³/s，本次分洪过程将为嫩江干流分担约为47.40亿m³的洪水。

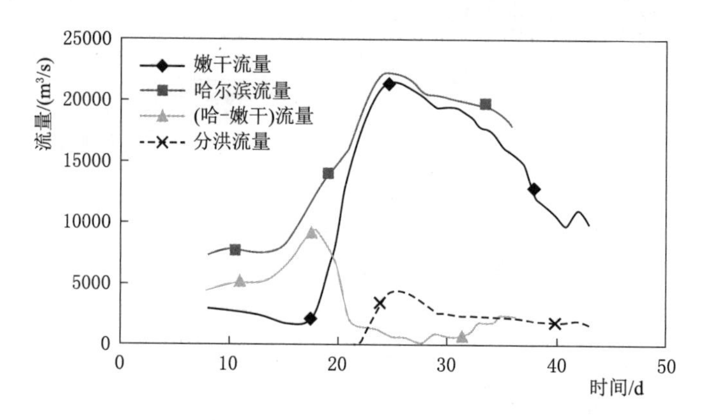

图4.2-6　1969年典型洪水过程及拟定分洪流量过程

图4.2-7所示为1969年典型洪水过程中嫩江干流洪水流量占哈尔滨站流量的比例及相应的老龙口拟定分洪流量。

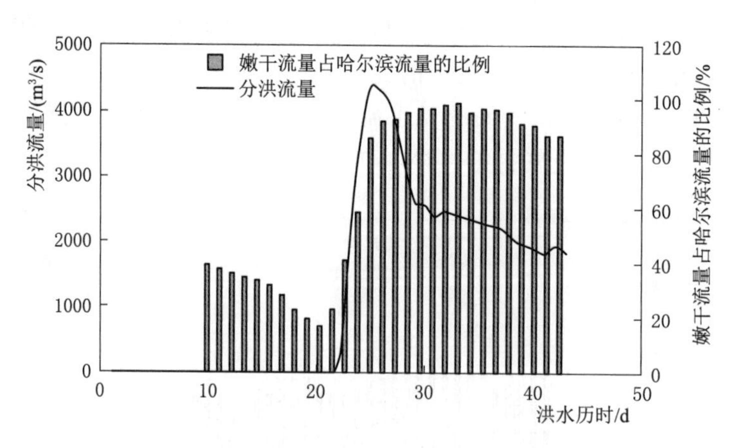

图4.2-7　1969年典型洪水拟分洪过程及嫩干流量占比

由图4.2-7可以看出，在1969年典型洪水分洪过程相应的时段中，嫩江干流的洪水流量占哈尔滨站洪水流量的比例在86.9%～94.0%之间不等，平均占比约为94.0%，由此表明，在1969年典型洪水过程中，哈尔滨站洪水流量约94.0%来自嫩江干流洪水，仅有6.0%的洪水来自第二松花江等流域，换言之，哈尔滨站1969年典型洪水主要来自嫩江干流发生的洪水。

4.2.2.4 1998年典型洪水

图4.2-8所示为1998年典型哈尔滨站分洪前洪水流量过程、嫩江干流分洪前洪水流量过程和第二松花江洪水流量过程以及相应的老龙口拟定分洪流量过程。

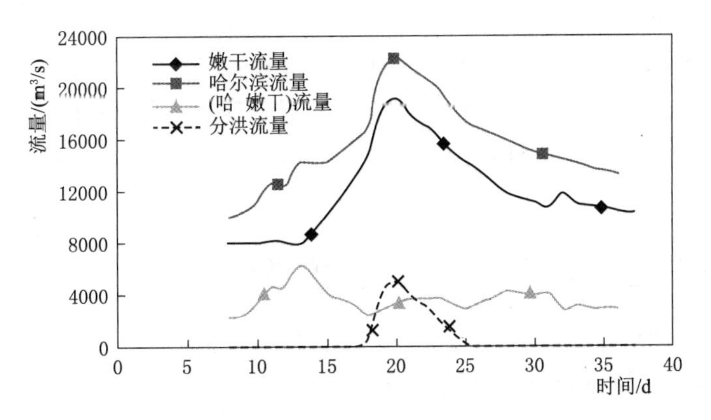

图4.2-8 1998年典型洪水过程及拟定分洪流量过程

由图4.2-8可见，1998年典型哈尔滨站洪水流量过程与1969年典型洪水流量过程类似，即属于尖瘦型洪水。当嫩江干流分洪前流量14649m³/s时，预计该洪水传播到哈尔滨站将会使得哈尔滨站的洪水流量超过百年一遇洪水流量（16900m³/s），且洪水流量的继续上涨，也必然会使得哈尔滨站的水位继续抬升，满足蓄滞洪区的启用条件，因此，此时启用蓄滞洪区进行分洪，初始分洪流量较小，约为449m³/s，但次日急速增加到4206m³/s，本次分洪拟定历时较短，仅为8d，其最大分洪流量约为4906m³/s，本次分洪过程将利用蓄滞洪区存蓄洪水16.95亿m³。由此可见，本次分洪过程具有历时短、流量大的特点。

图4.2-9所示为1998年典型洪水过程中嫩江干流洪水流量占哈尔滨站流量的比例及相应的老龙口拟定分洪流量。

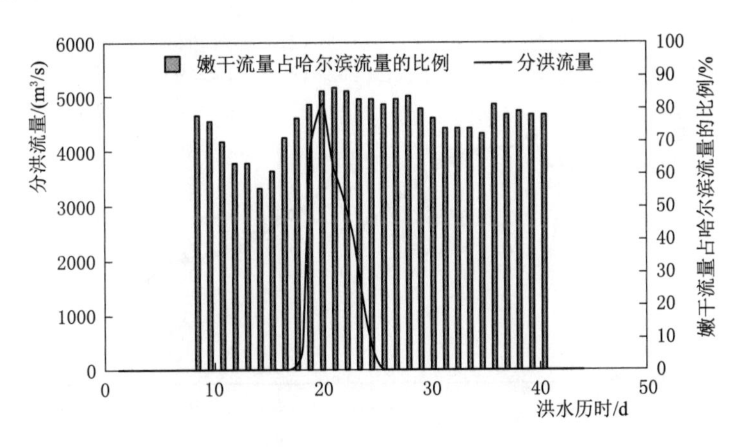

图4.2-9 1998年典型洪水拟分洪过程及嫩干流量占比

由图4.2-9可见，对1998年典型洪水分洪过程相应的时段而言，嫩江干流洪水流量占哈尔滨站洪水流量的比例在81.5%～86.4%之间不等，平均占比83.8%，由此表明，1998年哈尔滨站洪水过程中，有83.8%的洪水来自嫩江干流发生的洪水，仅有不到20%的洪水来自第二松花江等流域，也就是说，1998年哈尔滨站洪水以嫩江干流发生的洪水为主。

综上所述，对于哈尔滨站的四种典型洪水过程而言，1998年典型洪水和1969年典型洪水过程属于尖瘦型洪水，且其洪水主要来自嫩江干流发生的洪水；而1957年典型洪水和1960年典型洪水过程属于平缓型洪水，其洪水是由嫩江干流洪水和第二松花江洪水共同作用形成的。

4.2.3　分洪前后嫩江干流水位变化情况

图4.2-10～图4.2-13所示分别为二维数学模型计算得到的四种典型洪水过程在老龙口分洪口门分洪前后嫩江干流水位变化情况。

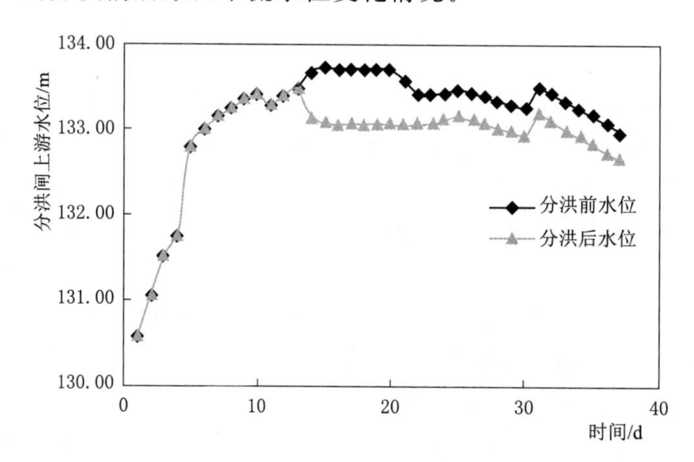

图4.2-10　1957年典型洪水分洪前后嫩江干流水位变化情况

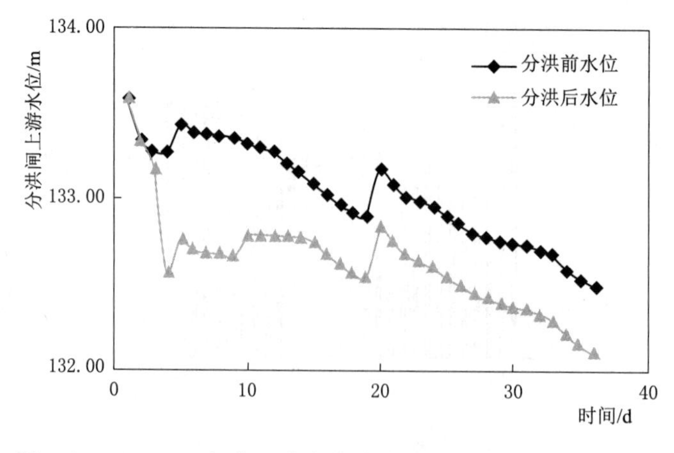

图4.2-11　1960年典型洪水分洪前后嫩江干流水位变化情况

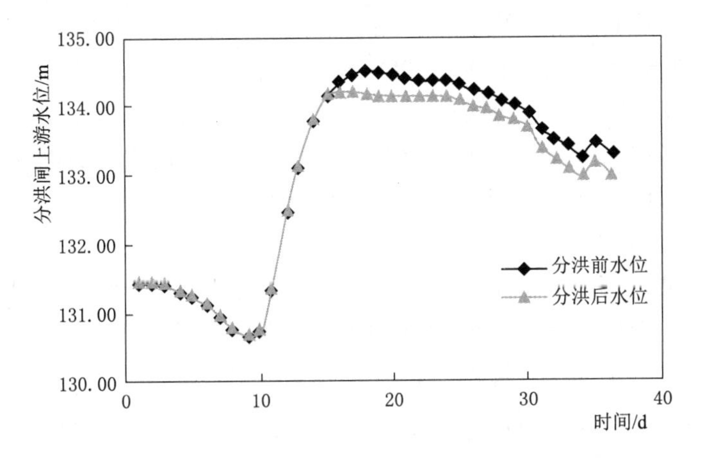

4.2-12 1969年典型洪水过程分洪前后嫩江干流水位变化情况

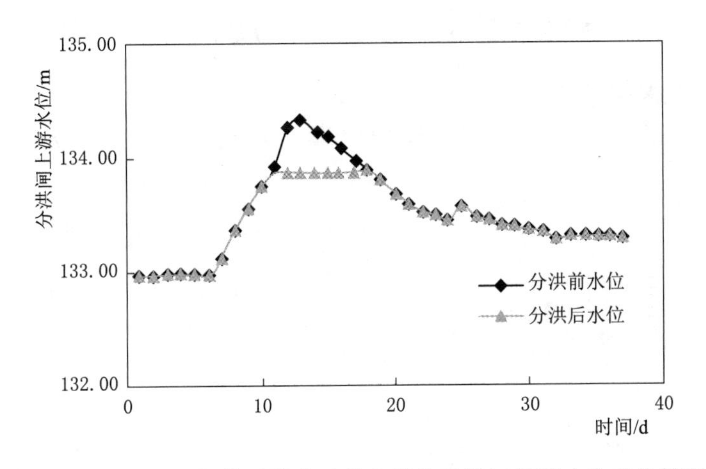

4.2-13 1998年典型洪水过程分洪前后嫩江干流水位变化情况

由图4.2-10～图4.2-13可见，嫩江干流水位受老龙口分洪口门分洪的影响均有不同程度的降低。具体而言，1957年典型洪水分洪后嫩干水位较分洪前降低了0.30～0.63m，平均约降低了0.41m；1960年典型洪水分洪后嫩干水位较分洪前降低了0.12～0.72m，平均约降低了0.43m；1969年典型洪水和1998年典型洪水分洪后嫩干水位分别较相应的分洪前降低了0.17～0.35m和0.01～0.46m，其相应的平均降低值分别为0.27m和0.24m。

根据二维数学模型的计算结果可知，在老龙口分洪口门分洪开始后，水流从河道大量涌入蓄滞洪区，且闸口附近流速远大于河道流速，使得嫩江干流河道在以分洪闸为中心的200m扇形范围内形成明显的横比降，这主要是因为在分洪闸刚打开时，分洪闸下游处于无水状态，使得分洪闸上下游水头差较大，相应的势能在较短时间内转化为动能，形成了类似溃坝的水流形态，而对于闸口上游600m处的水位（此处水位可作为计算过闸流量的闸上行进水头）略低于老龙口横断面平均水位，且二者水位差随着分洪时间的递进逐渐减小，其缩小的速度与洪水来流量以及初始水位有关，洪水流量越大、初始水位越高，则两者之间的差距减小得越快。具体而言，老龙口横断面平均水位较闸上行进水位最大高出 0.068m，且持续时间较短，开始分洪一段时间后（一般不超过 24h），其断面平均水位较行进水位高出不足 0.02m。由此表明，启用胖头泡蓄滞洪区分洪时，老龙口横断面除了闸口附近受行进水头的影响产生横比降之外，其余位置的水面横比降均很小，可以用横断面平均水位作为闸上行进水头来计算分洪闸的过流能力。

在老龙口分洪口门分洪方案比较分析时，闸上行进水头均采用老龙口横断面的平均水位（通过嫩江干流老龙口横断面处的水位流量关系获得），闸下水位通过胖头泡行洪通道过流能力数学模型计算获得，同时结合前文分洪口门泄流能力实体模型试验结果，计算得出相应的分洪口门的过流能力，并依据此结果进一步比较分析合适的分洪方案。

4.2.4　方案一：设计流路典型洪水的分洪过程及分析

4.2.4.1　1957 年典型洪水

将 1957 年典型洪水老龙口分洪口门原方案分洪过程与拟定的分洪过程进行比较，如图 4.2-14 所示。

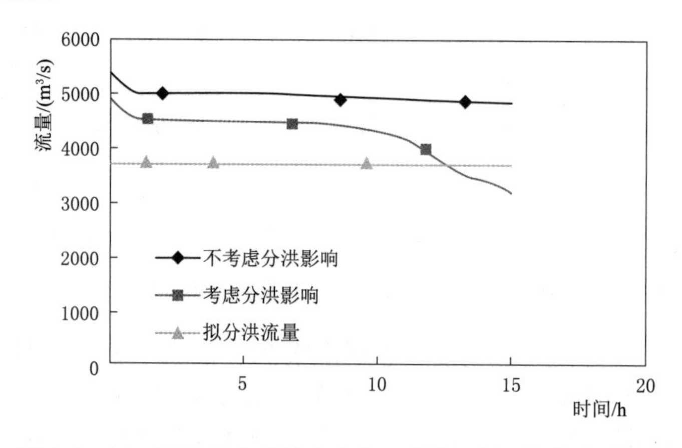

图 4.2-14　1957 年典型洪水老龙口分洪口门原方案分洪过程

由图 4.2-14 可见，对于 1957 年典型洪水而言，在不考虑老龙口分洪口门分洪对闸上行进水头的影响时，老龙口分洪口门分洪能力（15h 内）能够满足拟定的分洪过程，最大分洪流量约为 $5366m^3/s$，且其分洪流量随分洪时间的增加呈现逐渐减小的趋势；在考虑老龙口分洪口门分洪对闸上行进水头的影响时，初始分洪时分洪流量可达到最大，约为 $4885m^3/s$，且随着分洪历时的增加呈现减小的趋势，在分洪 12h 后，其分洪流量已不能满足拟定的分洪过程，这主要是因为随着老龙口分洪口门分洪的演进，蓄滞洪区的水从无到有、水位从低到高，使得分洪闸上下游水头差逐渐减小，分洪闸下游 7 号坝的卡口壅水逐渐对上游水位产生顶托作用，致使经过分洪口门的水流也由自由出流发展为淹没出流，进而大大减小了分洪口门的过流能力，使其无法满足拟定的分洪过程。

图 4.2-15 所示为 1957 年典型洪水老龙口分洪口门分洪时的分流比变化情况。

由图 4.2-15 可以看出，对于 1957 年典型洪水通过老龙口分洪口门进行分洪时，老龙口分洪口门分流比随时间的变化规律与相应的分洪流量变化规律基本一致。以考虑分洪影响的工况为例，在分洪过程中，老龙口分洪口门分流比为 25.8%～39.0%，初始分洪时分流比最大，约为 39.0%，随着闸下游水位的抬升，分洪流量逐渐减小，分流比也逐渐减小。当分洪 12h 后，分流比开始小于拟定的分流比，即分洪流量小于拟定的分洪流量。

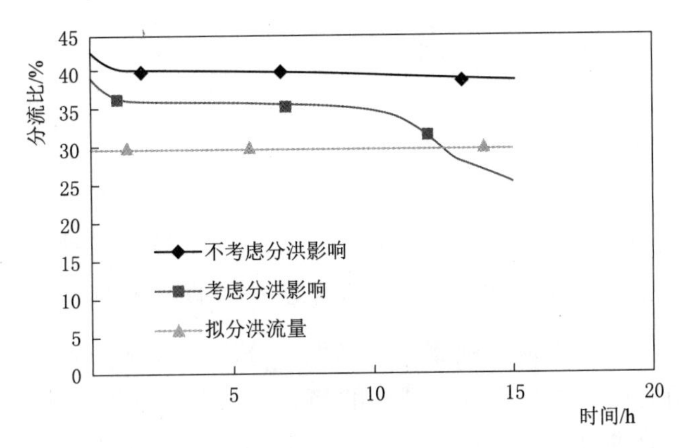

图 4.2-15 1957 年典型洪水老龙口分洪口门分流比变化

4.2.4.2 1960 年典型洪水

图 4.2-16 所示为 1960 年典型洪水计算原方案分洪过程与拟定分洪过程的比较。

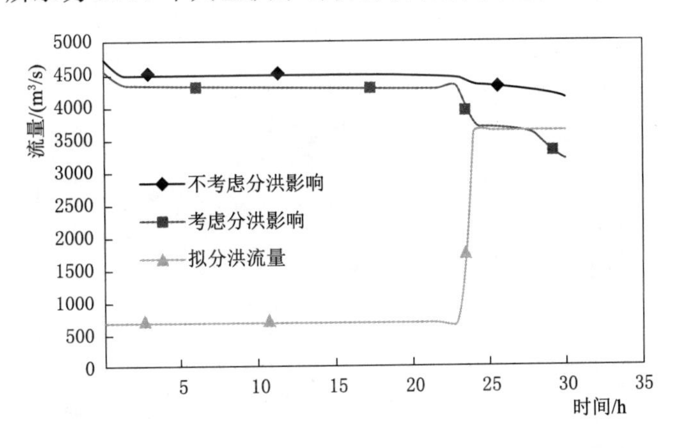

图 4.2-16 1960 年典型洪水老龙口分洪口门分洪过程

由图 4.2-16 可见，1960 年典型洪水，在不考虑分洪对嫩江干流水位影响时，老龙口分洪口门分洪流量（在 30h 内）可以满足拟定分洪要求，但其分洪流量在初始分洪时流量最大，约为 $4729m^3/s$，且随着分洪时间的增加呈现减小的趋势；在考虑分洪对嫩江干流水位影响工况下，老龙口分洪口门分洪流量最大约为 $4569m^3/s$，且其也具有随分洪时间增加而呈现减小的趋势，在分洪 24h 后，随着拟定分洪流量的增加和分洪口门实际分洪流量的减小，使得分洪口门分洪流量在分洪 27h 后开始小于拟定的分洪流量，即开始不满足拟定分洪的要求。

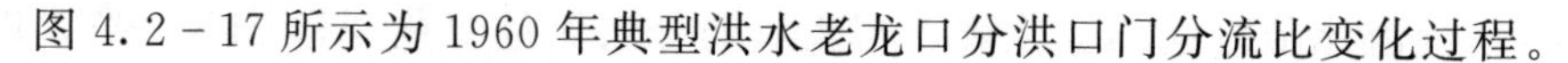

图 4.2－17 所示为 1960 年典型洪水老龙口分洪口门分流比变化过程。

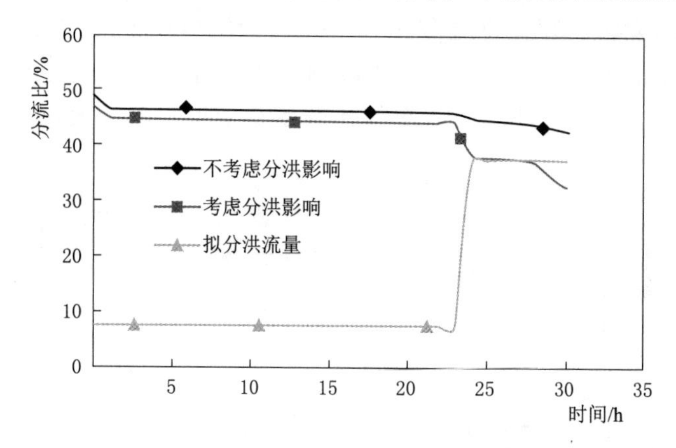

图 4.2－17　1960 年典型洪水老龙口分洪口门分流比变化

由图 4.2－17 可见，1960 年典型洪水老龙口分洪口门分洪时，老龙口分洪口门的分流比随着分洪历时的增加呈现逐渐减小的趋势，以考虑分洪对嫩江干流水位影响的工况为例，其初始分洪时的分流比最大，约为 47.1%，在分洪 27h 后，其分流比开始小于相应的拟定分流比，即分洪能力已不满足分洪要求。

4.2.4.3　1969 年典型洪水

图 4.2－18 所示为 1969 年典型洪水原方案计算分洪过程与拟定分洪过程的比较。

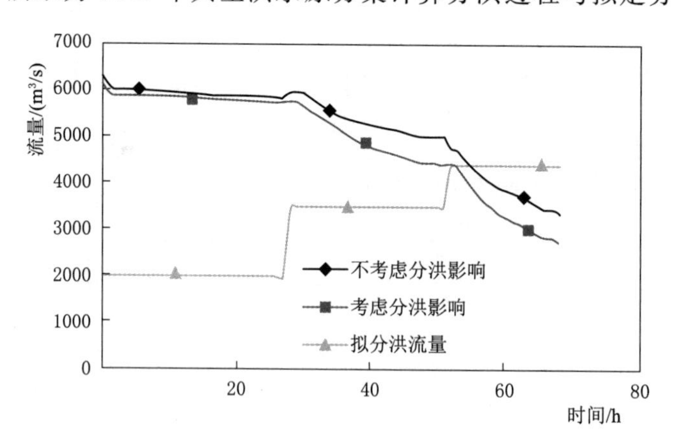

图 4.2－18　1969 年典型洪水老龙口分洪口门分洪过程

由图 4.2－18 可见，1969 年典型洪水原方案条件下，无论考虑还是不考虑分洪对嫩江干流水位的影响，均在分洪一定时间后无法满足拟定的分洪条件，相应的分别分洪 52h 和 55h 后开始不能满足拟定的分洪过程。其中，在考虑分洪对嫩江干流水位影响时，老龙口分洪口门初始分洪的流量达到最大，约为 6123m^3/s，其后分洪流量有逐渐减小的趋势。

图 4.2-19 所示为 1969 年典型洪水老龙口分洪口门分流比变化情况。由图 4.2-19 可以看出，老龙口分洪口门分流比随着分洪历时的增加而减小，在考虑分洪对嫩江干流水位影响的情况下，最大分流比为初始分洪时的 31.6%，当分洪 52h 后，分流比小于拟定的分流比，即不满足拟定的分洪过程。

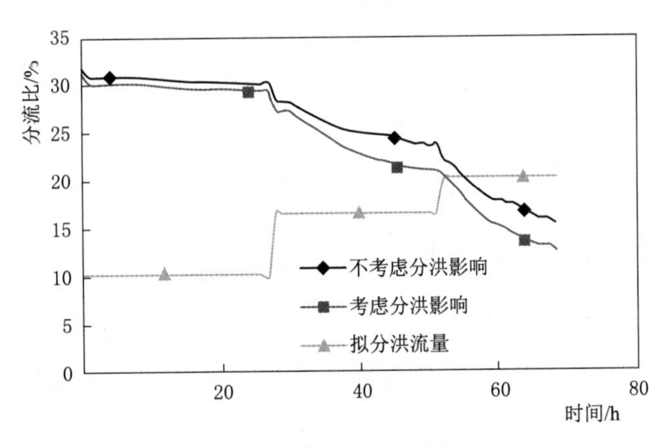

图 4.2-19　1969 年典型洪水老龙口分洪口门分流比变化

4.2.4.4　1998 年典型洪水

图 4.2-20 所示为 1998 年典型洪水老龙口分洪口门原方案分洪流量过程及拟定的分洪流量过程。

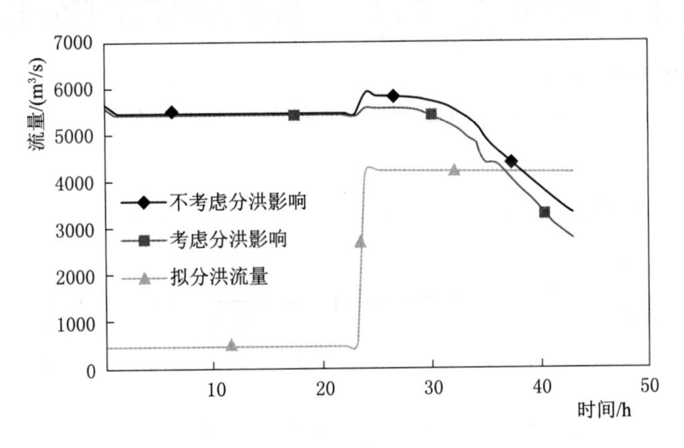

图 4.2-20　1998 年典型洪水老龙口分洪口门分洪过程

由图 4.2-20 可以看出，1998 年典型洪水老龙口分洪口门在开始分洪 23h 内，考虑分洪对嫩干水位的影响和不考虑分洪对嫩干水位的影响两种工况的分洪流量较为接近，且均大于拟定的分洪流量。这主要是因为在该段时间内拟定的分洪流量较小，仅为 449m^3/s，约占嫩干流量的 3%，因此其分洪前和分洪后嫩干水位变化较小，致使其最大分洪能力相差较小；随后拟定分洪流量增加到 4206m^3/s，此时分洪前和分洪后的嫩干水位出现较为明显的变化，致使相应的分洪流量出现较为明显的差别，且分

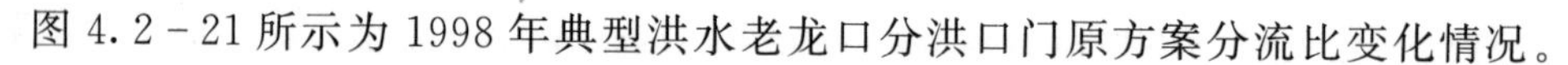

洪流量随着分洪历时的增加有逐渐减小的趋势，当分别在分洪 39h 后和 36h 后，相应的分洪流量小于拟定的分洪要求。

图 4.2-21 所示为 1998 年典型洪水老龙口分洪口门原方案分流比变化情况。

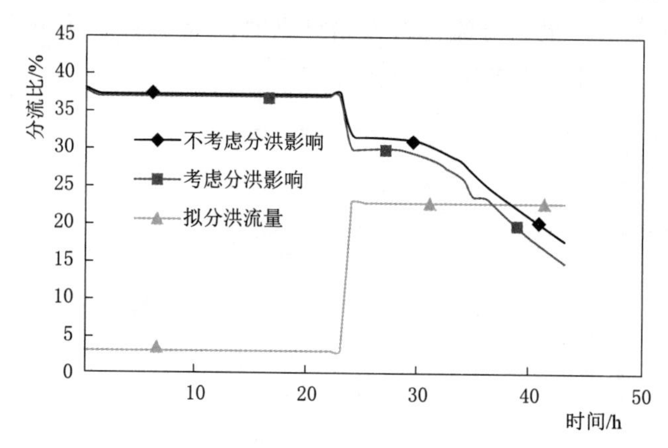

图 4.2-21　1998 年典型洪水老龙口分洪口门分流比变化

由图 4.2-21 可见，1998 年典型洪水老龙口分洪口门原方案分流比的变化规律与分洪流量相对应，即随着分洪历时的增加而呈现减小的趋势，在考虑分洪对嫩干水位影响时，最大分流比约为 38.0%，在分洪 36h 后，其相应的分流比开始小于拟定的分流比（22.9%左右），即分洪过程不满足拟定的分洪要求。

4.2.5　方案二：设计流路+开挖 350m 通道典型洪水的分洪过程及分析

4.2.5.1　1957 年典型洪水

图 4.2-22 所示为 1957 年典型洪水计算开挖 350m 方案老龙口分洪口门分洪过程及拟定的分洪过程。

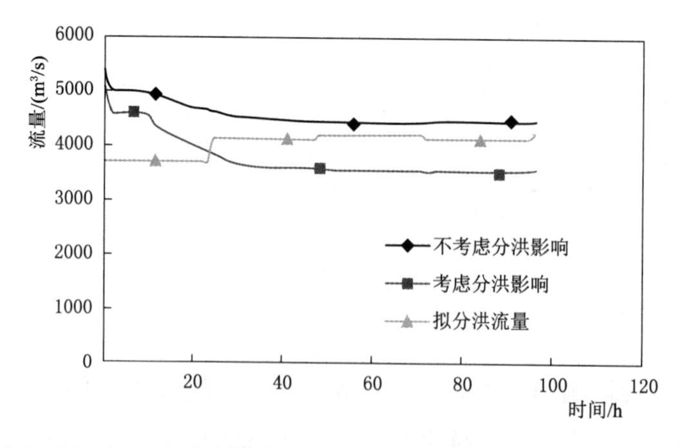

图 4.2-22　1957 年典型洪水开挖 350m 方案老龙口分洪口门分洪过程

由图 4.2-22 可见，1957 年典型洪水开挖 350m 方案在不考虑分洪对嫩江干流水位的影响时最大分洪能力约为 5366m^3/s，且其在分洪初始时段随分洪历时增加有减小的趋势，在分洪一段时间后，分洪流量随分洪历时增加变化不大。从图 4.2-22 中还可以看出，在不考虑分洪对嫩江干流水位影响工况下，1957 年典型洪水老龙口分洪口门分洪过程满足拟定的分洪过程；考虑分洪对嫩干水位影响时，在老龙口分洪口门分洪 24h 后，其分洪流量小于拟定的分洪流量，即不满足拟定的分洪过程。

图 4.2-23 所示为 1957 年典型洪水开挖 350m 方案老龙口分洪口门分流比变化过程。

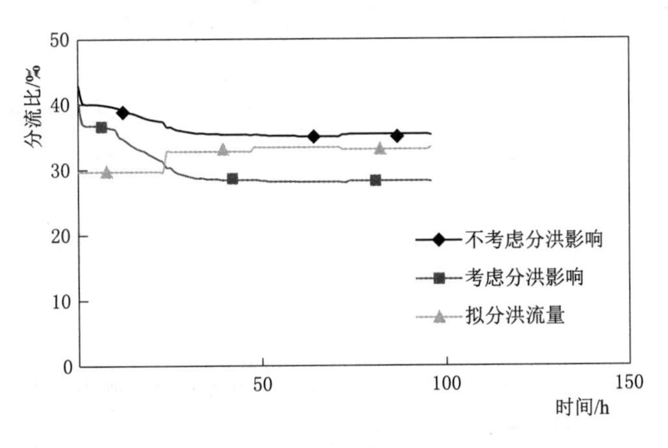

图 4.2-23　1957 年典型洪水开挖 350m 方案老龙口分洪口门分流比变化

由图 4.2-23 可见，1957 年典型洪水 350m 开挖方案老龙口分洪口门分流比与其相应的分洪流量规律类似，在初始分洪时达到最大，其后随分洪历时增加而减小，而在分洪一段时间后，其分流比随分洪历时变化不大。具体而言，考虑分洪对嫩干水位影响工况下，分洪口门最大分流比约为 40.2%，在分洪 24h 后，其分流比减小为 31.2%左右，小于拟定的分流比 32.8%左右，随后其分流比继续减小，最小减至 28.1%左右。

4.2.5.2　1960 年典型洪水

图 4.2-24 所示为 1960 年典型洪水开挖 350m 方案计算老龙口分洪口门分洪过程及拟定的分洪过程。

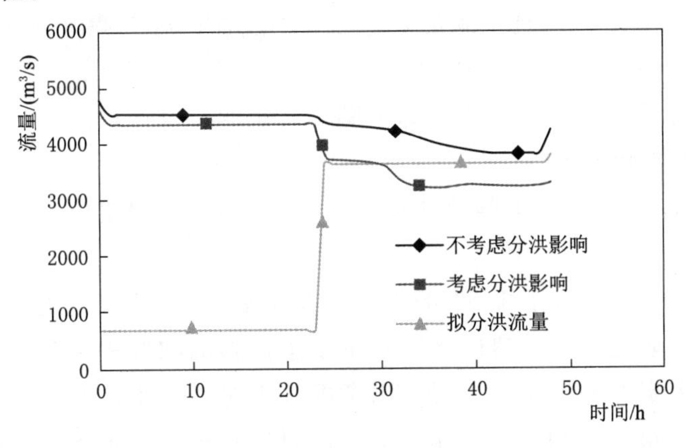

图 4.2-24　1960 年典型洪水开挖 350m 方案老龙口分洪口门分洪过程

由图4.2-24可见，1960年典型洪水开挖350m方案老龙口分洪口门初始分洪时的流量最大，考虑分洪对嫩干水位影响工况下的最大分洪流量约为4624m^3/s，且因拟定的初始分洪流量较小，分洪口门前水位在分洪前后变化不大，使得不考虑分洪对嫩干水位影响工况下的最大分洪流量略大于考虑分洪影响工况下的分洪流量，约为4696m^3/s，其后分洪流量随着分洪历时的增加呈现减小的趋势，且在分洪一段时间后，分洪流量随分洪历时变化不大。由图4.2-24还可以看出，不考虑分洪对嫩干水位影响工况下，分洪口门的分洪流量可以满足拟定的分洪过程；对于考虑分洪对嫩干水位影响工况而言，当分洪历时24h后，随着拟定分洪流量的增加和老龙口分洪口门实际分洪流量的减小，使得老龙口分洪口门的分洪流量在分洪29h后开始小于拟定的分洪过程。

图4.2-25所示为1960年典型洪水开挖350m方案计算得到的老龙口分洪口门分流比变化过程。

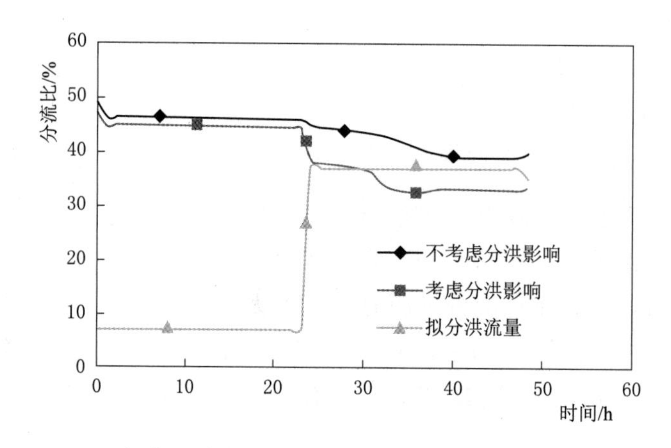

图4.2-25　1960年典型洪水开挖350m方案老龙口分洪口门分流比变化过程

由图4.2-25可以看出，1960年典型洪水老龙口分洪口门分流比变化规律与其相应分洪流量的规律一致，在不考虑分洪对嫩干水位影响的工况下，老龙口分洪口门分流比位于39.2%～49.3%，且其满足拟定的分洪过程；对于考虑分洪对嫩干水位影响工况而言，分洪口门分流比位于32.9%～47.7%，且在分洪历时29h后，其相应分流比开始小于拟定分洪过程的分流比，即不满足拟定的分洪过程。

4.2.5.3　1969年典型洪水

图4.2-26所示为1969年典型洪水开挖350m方案计算老龙口分洪口门分洪流量过程及拟定分洪流量过程。

由图4.2-26可见，对于1969年典型洪水开挖350m方案老龙口分洪口门分洪而言，考虑和不考虑老龙口分洪口门分洪对嫩干水位影响的两种工况下，其相应的分洪流量过程均满足拟定的分洪流量过程。以考虑分洪对嫩干水位影响工况为例，其初始分洪时的分洪流量最大，约为6011m^3/s，其后随着分洪历时有所减小，且减小幅度逐渐趋缓，在整个分洪过程中，最小分洪能力约为5183m^3/s，大于拟定的分洪能力要求。

图 4.2-27 所示为 1969 年典型洪水开挖 350m 方案计算得到的老龙口分洪口门分流比变化过程。

由图 4.2-27 可以看出，1969 年典型洪水开挖 350m 方案计算得到的老龙口分洪口门分流比均大于相应的拟定分流比。以考虑分洪对嫩江干流水位影响的工况为例，老龙口分洪口门分流比为 24.2%～31.0%，其中初始分洪时的分流比最大。

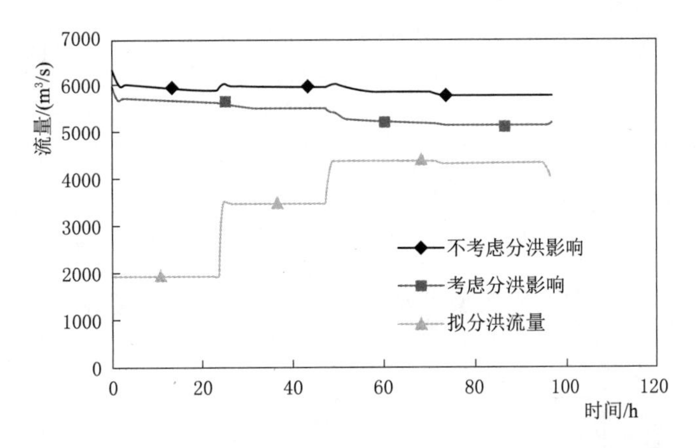

图 4.2-26 1969 年典型洪水开挖 350m 方案老龙口分洪口门分洪流量过程

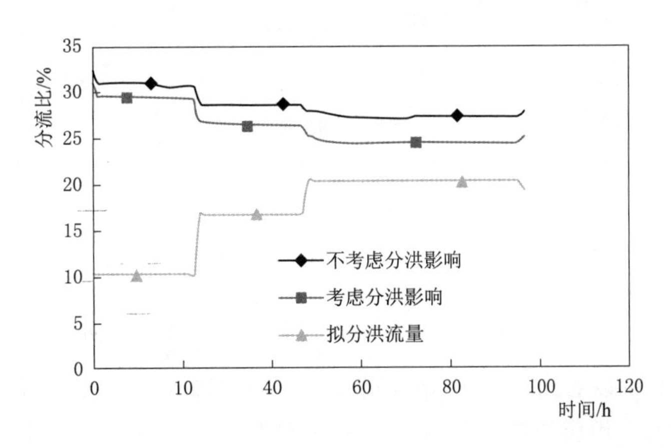

图 4.2-27 1969 年典型洪水开挖 350m 方案老龙口分洪口门分流比变化过程

4.2.5.4 1998 年典型洪水

图 4.2-28 所示为 1998 年典型洪水开挖 350m 方案计算老龙口分洪口门分洪流量过程及拟定的分洪流量过程。由图 4.2-28 可见，1998 年典型洪水开挖 350m 方案计算得出的分洪流量过程，无论是考虑分洪对嫩干水位的影响，还是不考虑分洪对嫩干水位的影响，其分洪流量过程均满足拟定的分洪流量过程，且从图 4.2-28 中可以看出在拟定初始分洪流量较小时，分洪对嫩江干流水位影响不大，致使计算出的两种工况下分洪流量相差不大，而随着拟定分洪流量的增加，这种差别逐渐增加，但其随分洪历时增加的趋势基本一致。具体而言，考虑和不考虑分洪对嫩干水位影响的两种工

况，分洪口门分洪流量分别位于 5034～5668m^3/s 和 5330～5861m^3/s。

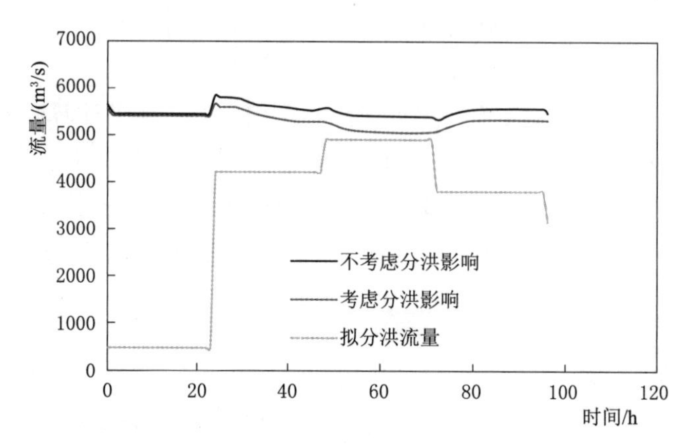

图 4.2-28 1998 年典型洪水开挖 350m 方案老龙口分洪口门分洪流量过程

图 4.2-29 所示为 1998 年典型洪水开挖 350m 方案计算老龙口分洪口门分流比变化过程。

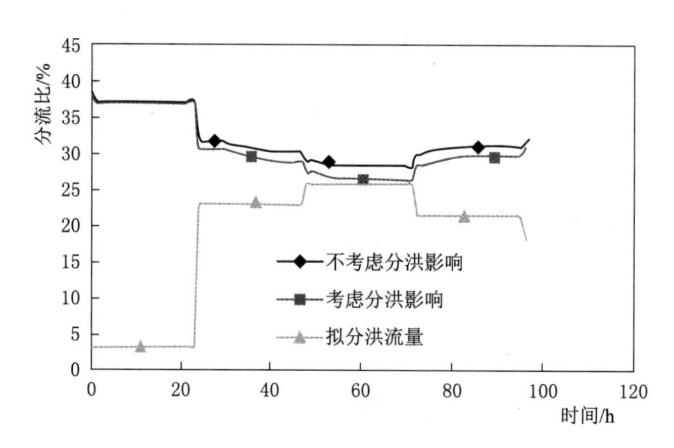

图 4.2-29 1998 年典型洪水开挖 350m 方案老龙口分洪口门分流比变化过程

由图 4.2-29 可以看出，1998 年典型洪水开挖 350m 方案计算得出的老龙口分洪口门分流比，均大于相应的拟定分流比。考虑和不考虑分洪对嫩江干流水位影响的两种工况下，其相应的老龙口分洪口门分流比分别为 26.3%～38.2% 和 28.0%～38.5%的变化。

4.2.6 方案三（设计流路＋开挖 350m 通道＋临时清障措施）典型洪水的分洪过程及分析

通过前述分析可知，哈尔滨站的四种典型洪水过程中，其洪水主要来自嫩江干流发生的 1969 年典型洪水和 1998 年典型洪水，通过开挖 350m 分洪通道既可以满足拟定的分洪方案，而对于洪水是由嫩江干流洪水和第二松花江洪水共同作用形成的 1957 年型洪水和 1960 年典型洪水而言，仅通过开挖 350m 分洪通道仍然不能满足拟定的分洪方案，因此对于这两种典型洪水过程建议在开挖 350m 方案的基础上，当预测分洪流量不能满足拟定分洪方案时，通过临时清障措施，即在胖头泡蓄滞洪区内的局部地势较高的地形采用扒口措施，如图 4.2-1 所示，相当于在 350m 开挖处下游右侧新增一条分洪通道，将部分分泄洪水直接引至分洪口门右侧较为低洼处（Ⅱ区），Ⅱ区上游地面平均高程约为 129.87m，面积约为 396.57km²，而下游地面平均高程约为 125.87m，面积约为 62.65km²，通过进一步试算分析并优化可得，在此处扒口宽度 100m 左右、地面高程 129.87m 时，即可使 1957 年典型和 1960 年典型两种典型洪水过程下老龙口分洪口门的分洪流量满足拟定的分洪方案。需要说明的是在试算过程中仅考虑了此处分洪流量对扒口上游水位（即分洪口门下游水位）影响，未计入此处分洪流量对分洪口门上游水位的影响。

4.2.6.1　1957 年典型洪水

图 4.2-30 所示为 1957 年典型洪水计算方案三（开挖 350m +临时清障措施方案，下同）工况下老龙口分洪口门分洪过程及拟定的分洪过程。

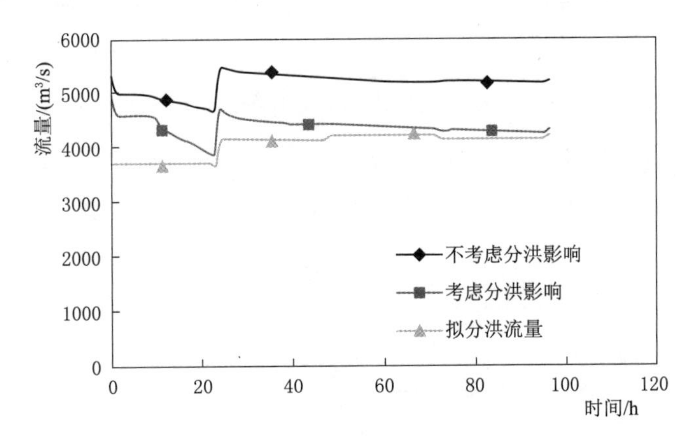

图 4.2-30　1957 年典型洪水老龙口分洪口门分洪流量过程

由图 4.2-30 可见，在方案三中，1957 年典型洪水在分洪初始时段随着分洪历时的增加有减小趋势，在分洪 24h 后，拟定分洪流量有所增加，老龙口分洪口门的分洪流量将不满足拟定分洪，此时采取临时措施，使得分洪流量出现了一个突增，随后又随分洪历时有所减小且逐渐趋于平缓。从图 4.2-30 中还可以看出，考虑和不考虑分洪对嫩江干流水位影响的两种工况，其分洪过程均能够满足拟定的分洪过程，在采取清障措施前，相应地分洪口门分洪流量分别位于 3945～5038m³/s 和 4671～5366m³/s，采取清障措施后，其相应的分洪流量分别位于 4270～4685m³/s 和 5167～5468m³/s。

图 4.2-31 所示为 1957 年典型洪水方案三工况下老龙口分洪口门分流比变化过程。

由图 4.2-31 可见，在方案三工况下，1957 年典型洪水老龙口分洪口门分流比与其相应的分洪流量规律类似，具体而言，考虑分洪对嫩干水位影响工况下，分洪口门分流比在初始分洪时最大，约为40.2%，其后随分洪历时增加而减小，减小到分洪24h后的31.2%左右，而在分洪24h后采取清障措施后，其分流比出现突增，增加到37.1%左右，随后其分流比又随分洪历时逐渐减小，最小减小到33.9%左右。从图4.2-31中还可以看出，方案三工况下的老龙口分洪口门的分流比均大于拟定分流比，即满足拟定分洪过程。

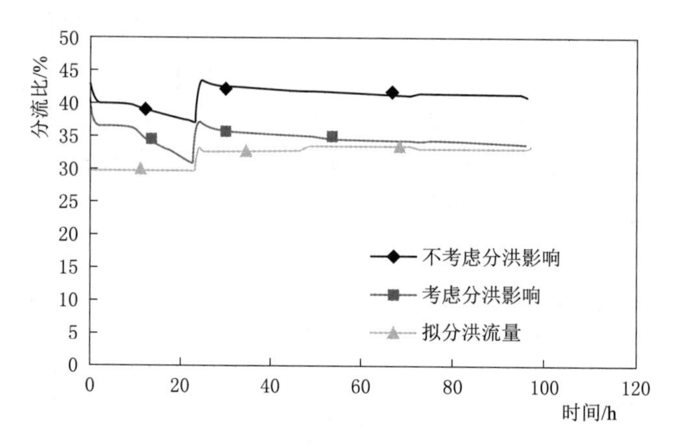

图4.2-31　1957年典型洪水老龙口分洪口门分流比变化

4.2.6.2　1960年典型洪水

图4.2-32所示为1960年典型洪水计算方案三在工况下老龙口分洪口门分洪过程及拟定的分洪过程。

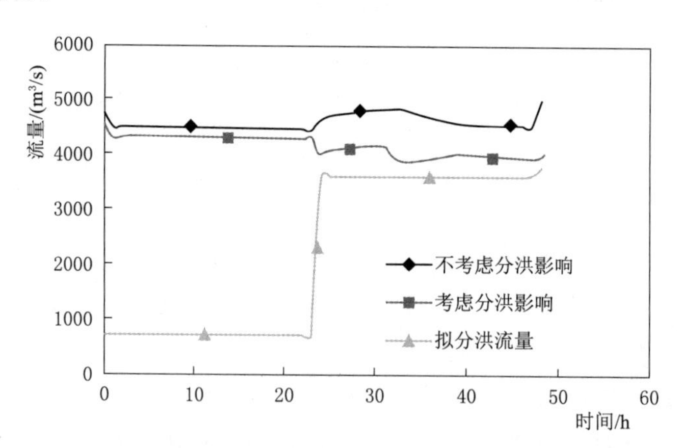

图4.2-32　1960年典型洪水老龙口分洪口门分洪流量过程

由图4.2-32可见，1960年典型洪水在方案三工况下，老龙口分洪口门的分洪流量过程能够满足拟定的分洪过程。以考虑分洪对嫩江干流水位影响的工况为例，初始分洪时，分洪口门分洪流量最大，约为4624m^3/s，远大于拟定分洪流量702m^3/s，随分洪历时的增加，其分洪口门的实际分洪流量减小到4300m^3/s左右，并趋于稳定，此时分洪闸下游水位在130.47～130.73m变化，在分洪24h后，拟定分洪流量陡增到3614m^3/s，其相应的分洪闸下游水位也由130.73m抬升到131.46m，预计分洪口门的分洪流量将不能满足拟定的分洪流量，故此时采取清障措施，老龙口分洪口门的分洪流量受分洪闸下游水位变化的影响在 3900～4200m³/s 之间变化，并逐渐趋于稳定，且其大于拟定 3614～3791m³/s 的分洪流量，即在方案三工况下，老龙口分洪口门的分洪流量满足拟定的分洪流量过程。

图 4.2-33 所示为方案三工况下 1960 年典型洪水老龙口分洪口门分流比变化过程。

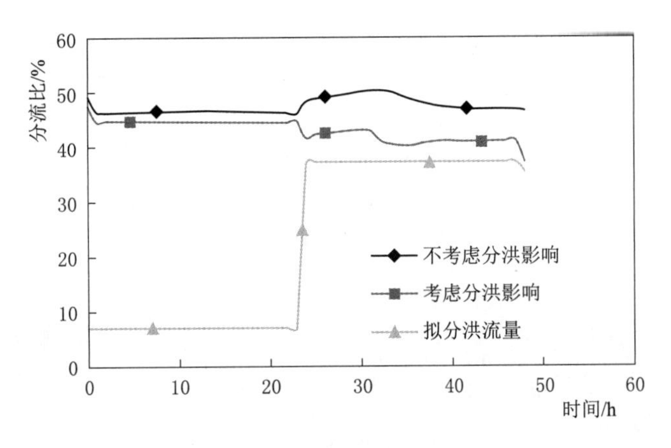

图 4.2-33　1960 年典型洪水老龙口分洪口门分流比变化

由图 4.2-33 可见，在方案三中，考虑分洪对嫩江干流水位影响工况下，1960 年典型洪水在老龙口分洪口门初始分洪时分流比达到最大，约为 47.7%，随后基本稳定在 44.4%～44.8%之间变化，当分洪 24h 后，由于拟定分洪流量大幅增加和分洪闸下游水位抬升，必然会使分洪口门的分洪流量大幅减小，预测其将不能满足拟定分洪要求，此时采用临时清障措施。采取清障措施后，老龙口分洪口门的分流比基本稳定在 40.3%～43.0%之间变化，在分洪 48h 后分流比减小到 37.6%，主要是因为嫩江干流流量由 9676m³/s 增加到 10691m³/s 所致。从图 4.2-33 中还可以看出，老龙口分洪口门的分流比要明显大于拟定的分流比，即 1960 年典型洪水，在方案三工况下老龙口分洪口门分洪流量过程满足拟定的分洪要求。

4.2.7　综合分析

通过前述分析可知，对于各种工况下的四种典型洪水过程，由于受老龙口分洪口门分洪的影响，分洪口门下游水位不断抬升，致使其对分洪口门上游的水位起到顶托的作用，使得分洪口门上游和下游的水头势能差减小，致使经过分洪口门的水流也由自由出流发展为淹没出流，进而导致分洪口门的分洪流量和相应的分流比均出现不同程度的减小，甚或无法满足拟定的分洪过程。

为了便于对比分析，现将三种分洪方案下四个典型洪水过程考虑分洪影响的分洪过程进行汇总，如图 4.2-34 所示；同时将考虑分洪对嫩江干流水位影响工况下老龙口分洪口门分洪过程进行统计，见表 4.2-1。

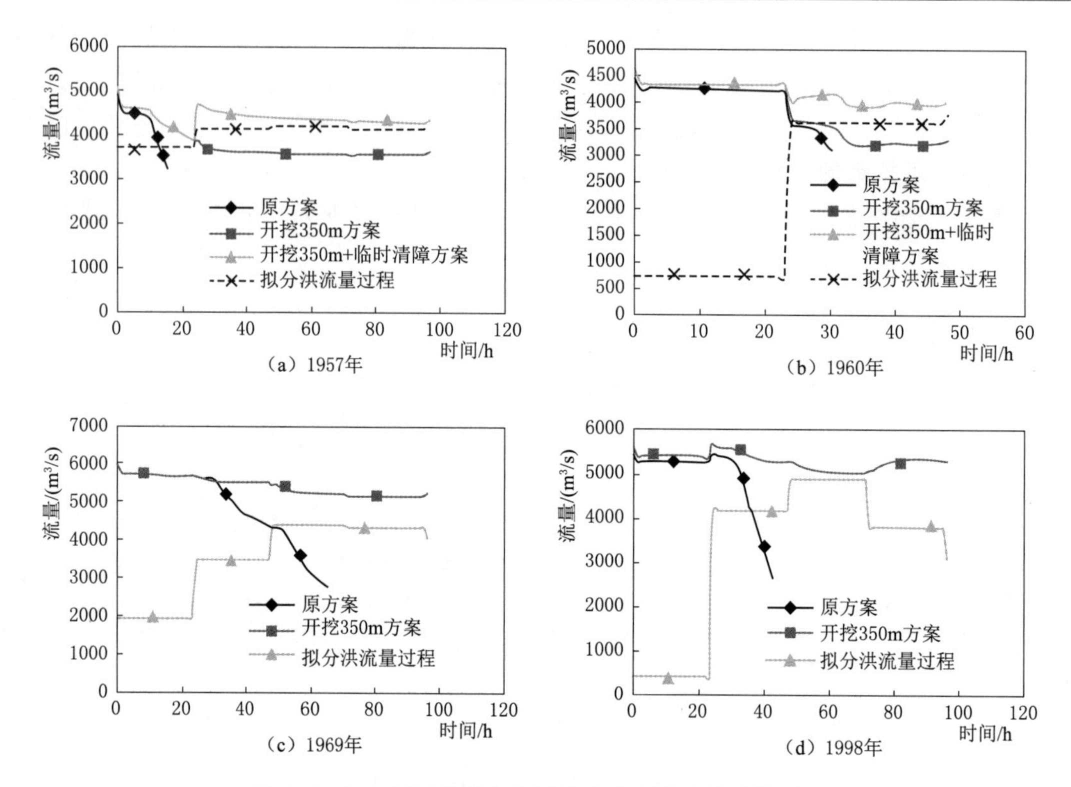

图 4.2-34 不同分洪方案下四个典型洪水的分洪过程

表 4.2-1 老龙口分洪口门各方案分洪过程的比较

典型洪水	嫩干洪水占比/%	方案	分洪流量/(m³/s)	分流比/%	分洪历时/h	是否满足拟定分洪要求
1957年	53.0～60.3	原方案	3235～4885	25.8～39.0	12	否
		开挖 350m 方案	3522～5038	28.1～40.2	24	否
		开挖 350m 方案＋临时清障措施	3908～5038	31.2～40.2	—	是
1960年	39.0～54.0	原方案	3186～4569	32.9～47.1	27	否
		开挖 350m 方案	3186～4624	32.9～47.7	29	否
		开挖 350m 方案＋临时清障措施	3906～4624	37.6～47.7	—	是
1969年	86.9～94.0	原方案	2741～6123	12.8～31.6	52	否
		开挖 350m 方案	5183～6011	24.3～31.0	—	是
1998年	81.5～86.4	原方案	2767～5573	15.0～38.0	36	否
		开挖 350m 方案	5034～5668	26.3～38.2	—	是

由汇总图表中可以得出：

(1) 开挖 350m 方案与原方案相比，各典型洪水过程老龙口分洪口门的分洪能力有明显的提升或提升的趋势。具体而言，对于嫩江干流洪水占哈尔滨洪水 80%以上的

1969年典型洪水和1998年典型洪水，开挖350m方案较原方案的分洪能力提升较为明显，其最小分流比分别由12.8%增加到24.3%和由15.0%增加到26.3%，且两种典型洪水过程均由不满足拟定分洪过程变为开挖350m方案的满足拟定分洪过程；对于嫩江干流洪水占哈尔滨洪水53.0%～60.3%的1957年典型洪水，开挖350m方案较原方案的分洪能力有所提升，最小分流比由25.8%增加到28.1%左右，原方案和开挖350m方案分别在分洪12h和分洪24h后其分洪能力不满足拟定分洪过程，即开挖350m方案使得满足条件的分洪历时得以延长，这也进一步说明开挖350m方案较原方案的分洪能力有所增加；对于嫩江干流洪水占哈尔滨洪水39.0%～54.0%的1960年型洪水，开挖350m方案较原方案分洪能力呈现提升的趋势，前者将满足拟定分洪过程的历时由原方案的27h延长至29h，延长了2h，在一定意义上表明了前者的分洪能力较后者有提升的趋势。

(2) 方案三（开挖350m＋临时清障措施方案，下同）与开挖350m方案比较，前者的老龙口分洪口门分洪流量和分流比均比后者有了显著的提升。具体而言，1957年典型洪水，方案三中通过采取临时清障措施，使得老龙口分洪口门的分洪流量有所提升，在采取清障措施24h后，老龙口分洪口门下游水位较开挖350m方案累计降低了18.1cm左右，仅考虑清障分担的洪水流量情况下，老龙口分洪口门分洪流量增加了829m^3/s，分洪能力约提升了23.1%，在清障48h和72h后，相应的分洪口门下游水位分别累计降低了33.9cm和46.9cm，分洪口门的分洪流量分别增加了777m^3/s和718m^3/s，分洪能力分别提升了21.9%和20.2%左右；1960年典型洪水，在采取清障措施12h后，分洪口门下游水位较开挖350m方案累计降低了7.8cm左右，在仅考虑清障对洪水流量影响的情况下，分洪口门分洪流量约增加了720m^3/s，其增加幅度约为22.6%，在清障24h后，相应的分洪口门下游水位累计降低了16.1cm左右，分洪口门分洪流量约增加了737m^3/s，增幅在22.9%左右。由此可见，在开挖350m方案的基础上，通过采取临时清障措施，能够较为明显的提升老龙口分洪口门的分洪能力，进而使其满足拟定的分洪要求。

综上分析可知，由于老龙口分洪口门位于嫩江干流滩地上，所以对于嫩江干流洪水为主的典型洪水过程而言，通过老龙口分洪口门分洪嫩江干流洪水、进而减轻洪水对哈尔滨的威胁，效果更为显著。通过方案比选，本次研究推荐开挖350m＋临时清障措施方案作为老龙口分洪口门的最终分洪方案。

参 考 文 献

[1] 窦国仁. 全沙模型相似律及设计实例 [J]. 水利水运科技情报，1977 (3)：1-20.

[2] 钱宁，万兆惠. 泥沙运动力学 [M]. 北京：科学出版社，1983.

[3] 王延贵，王兆印，曾庆华，等. 模型沙物理特性的试验研究及相似分析 [J]. 泥沙研究，1992 (3)：74-84.

[4] 张幸农，窦国仁. 常用模型沙及其特性综述 [J]. 水利水运科学研究，1994 (Z1)：45-51.

[5] 水利部松辽水利委员会，黑龙江省水利厅，黑龙江省水利水电勘测设计研究院．黑龙江省大庆地区胖头泡蓄滞洪区安全建设规划报告［R］．哈尔滨：黑龙江省水利水电勘测设计研究院，2005.
[6] 黑龙江省水利水电勘测设计研究院．黑龙江省松花江流域胖头泡蓄滞洪区防洪工程与安全建设项目初步设计报告［R］．哈尔滨：黑龙江省水利水电勘测设计研究院，2016.
[7] 张瑞瑾，谢鉴衡，等．河流泥沙动力学［M］．北京：水利电力出版社，1989.
[8] 谢鉴衡．河流泥沙工程学：下册［M］．北京：水利出版社，1981.
[9] 韩其为．泥沙起动规律及起动流速［J］．泥沙研究，1982（2）：11-26.
[10] 韩其为，何明民．非均匀沙起动机理及起动流速［J］．长江科学院院报，1996（3）：15-20.
[11] 谢鉴衡．河床冲刷粗化计算［J］．武汉水利电力学院学报，1959（2）：1-16.
[12] 秦荣昱，王崇浩．河流推移质运动理论及应用［M］．北京：中国铁道出版社，1996.
[13] 韩其为，何明民．泥沙运动统计理论［M］．北京：科学出版社，1984.
[14] 毛继新，韩其为．水库下游河床粗化计算模型［J］．泥沙研究，2001（1）：57-61.
[15] 韩其为．非均匀沙推移质运动理论研究及其应用［R］．北京：中国水利水电科学研究院，2011.
[16] 韩其为，何明民．三峡水库修建后下游长江冲刷及其对防洪的影响［J］．水力发电学报，1995（3）：34-46.

第 5 章　胖头泡蓄滞洪区分洪运用及其灾情风险评估

5.1　概况

为贯彻落实新时期中央水利工作方针、实施洪水风险管理、最大程度减轻洪涝灾害，水利部在全国范围内开展了重点地区洪水风险评估制工作。通过建立洪水风险应用管理制度，确保洪水风险管理的实施能够有据可循，推进洪水风险图在防汛指挥、避洪转移、洪水风险区土地管理、增强全民水患意识和洪水影响评价等领域的实际应用，进一步提高洪水风险管理能力和水平。

本次风险评估以《全国重点地区洪水风险图编制项目管理细则》《洪水风险图编制导则》以及黑龙江省重点地区风险图项目相关管理要求为指导，以经过批复的《胖头泡蓄滞洪区洪水风险图编制技术大纲》为依据开展洪水风险评估工作，充分反映了胖头泡蓄滞洪区洪水特点，提出风险程度，指导人员避险转移等工作，风险评估范围见图 5.1-1。

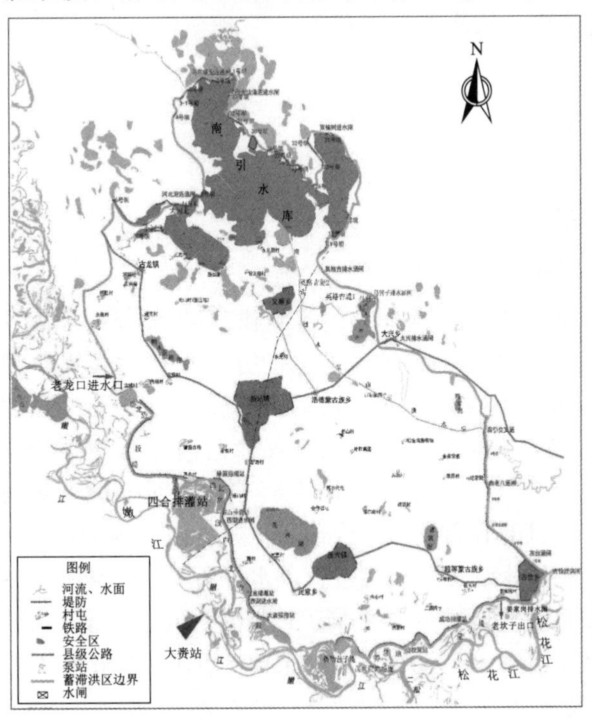

图 5.1-1　胖头泡蓄滞洪区防洪风险评估范围

风险评估编制依据包括：

（1）《黑龙江省2013—2014年度洪水风险图编制项目》招标文件（CD2015F354）。

（2）《洪水风险图编制导则》（SL 483—2010）。

（3）《洪水风险图编制技术细则（试行）》（2013年）。

（4）《洪水风险图编制项目技术大纲编写要求》（2015年）。

（5）《防洪风险评价导则》（SL 602—2013）。

（6）《防洪标准》（GB 50201—2014）。

（7）《水利水电工程设计洪水计算规范》（SL 44—2006）。

（8）《水电水利工程水文计算规范》（DL/T 5431—2009）。

（9）《水利工程水利计算规范》（SL 104—2015）。

（10）《国家基本比例尺地形图图式　第二部分：1∶5000、1∶10000地形图图式》（GB/T 20257.2－2006）。

（11）《防汛抗旱用图图式》（SL 73.7—2013）。

（12）《水利工程数据库表结构》（DB11/T 306）。

（13）《基础地理信息要素分类与代码》（GB/T 13923—2006）。

（14）《全国重点地区（2013—2015年）洪水风险图编制项目管理细则》。

（15）《黑龙江省洪水风险图编制项目实施方案（2013—2015年）》。

（16）《黑龙江省洪水风险图编制项目2014年度实施方案》。

（17）《松花江流域防洪规划》（2008年）。

（18）其他相关法律、法规及技术规范。

5.2　技术方案

5.2.1　模型方法

5.2.1.1　洪水分析模型

根据《洪水风险图编制技术细则》，蓄滞洪区洪水分析原则上应采用水力学法。本次胖头泡蓄滞洪区计算方案的设置考虑主动分洪和被动破堤两种情况。当胖头泡主动分洪时，它的主要作用是保障哈尔滨市的防洪安全，需要考虑的河流有嫩干、二松和拉林河；当胖头泡被动破堤分洪时，出于保障区内自身防洪安全的角度，需要考虑的河流为嫩干和二松。嫩干、松干和二松主河道具有明显的一维特性，采用一维水动力学模型进行洪水分析计算；蓄滞洪区内部为平原地区，地面洪水具有明显的平面二维宽浅水流特性，采用二维水动力学模型进行洪水分析计算。洪水计算模型选择《重点地区洪水风险图编制项目软件名录》中的MIKE模型，河道一维、蓄滞洪区地面二维分别采用MIKE模型中的MIKE 11、MIKE 21，采用MIKE Flood模块进行一维、二维耦合。

5.2.1.2　洪水影响分析方法

洪水影响分析主要指淹没范围和各级淹没水深区域内社会经济指标的统计分析，

主要采用统计分析方法。采用中国水利水电科学研究院编制的"洪灾损失评估系统"[1]，将洪水分析得到的淹没图层分别与行政区图层、居民地图层以及耕地面状图层相叠加，即可得到对应不同方案不同淹没水深等级下的受淹行政区面积、受淹居民地面积、受淹耕地面积等。淹没图层与交通干线矢量图层叠加，得到受影响交通干线里程。洪水社会影响通过受影响人口的统计值反映；洪水经济影响通过受淹面积、受淹耕地面积、受淹居民地面积、受淹交通干线（省级以上公路、铁路）里程、受影响重点单位数量以及受影响 GDP 等统计值反映。

5.2.1.3 避洪转移分析方法

根据本区洪水计算方案的结果，以 100 年一遇洪水在蓄滞洪区的淹没分析计算结果为依据，选取各方案计算结果的最大水深值，形成水深分布包络图，并将各方案淹没范围叠加得到可能最大淹没水深分布，并对淹没水深进行分区分析确定避洪转移方式。以淹没区居民地为避洪单元，并依据绘制的洪水淹没包络图确定待转移的人员及其分布情况、可供安置撤离人员的地点（如避险桩台或未被淹的高地等）及该地所具备的安置条件、可行的避洪转移路线等，从而分析确定得到避洪转移的相关信息（如待转移人员数量及分布情况、安置场所等）并制定合理的避洪转移路线和转移时机。

5.2.2 洪源分析和量级确定

5.2.2.1 区域可能洪水及其影响

（1）可能的洪水来源。根据保护对象的不同，蓄滞洪区可能的洪水来源分两种情况考虑：一是保证蓄滞洪区自身的防洪安全，即被动分洪，此时可能的洪水来源有嫩江和二松；二是保证哈尔滨市防洪安全，即主动分洪，此时可能的洪水来源有嫩江、二松和拉林河。

（2）各洪水来源影响分析：

1）考虑蓄滞洪区自身防洪安全（被动分洪）。嫩江流域的洪水多数是在几次降雨过程叠加后再遇强度较大的短历时暴雨而形成，一次洪水过程可达 30d 以上，而主要洪量集中在 15d 左右。由于一次大洪水是由几次降雨过程叠加而成，因而洪水峰型一般为矮胖的单峰型。嫩江干流齐齐哈尔至三岔河口段堤防设计承担 35 年一遇防洪标准，结合尼尔基水利枢纽将标准提高到 50 年一遇。

第二松花江大洪水一般发生在 6—9 月，尤以 7 月、8 月为最多，洪水既有单峰型，也有双峰及多峰洪水发生，单峰型洪水过程历时为 7～11d，双峰洪水总历时一般为 14～19d，洪水 3d 洪量较集中。第二松花江通过白山、丰满水库的调节作用使松原市的防洪标准达到 100 年一遇，其他保护区的防洪标准达到 50 年一遇。当嫩江或二松发生超标准洪水时，除对河流两岸堤防保护区造成溃堤决口、危及保护区内人口、作物、房屋外，也会加大胖头泡蓄滞洪区的防洪压力，可能造成蓄滞洪区外围堤防溃决，给蓄滞洪区内部造成严重的影响。

2）考虑下游哈尔滨市的防洪安全（主动分洪）。除上述两条河流外，还需考虑松干右岸一级支流拉林河。拉林河地理位置偏南，天气系统多受南来暖湿空气影响，又具备较好的地形抬升条件，容易形成暴雨。上游建有磨盘山水库，洪水过程尖瘦，陡涨陡落，洪水过程多数为单峰型，个别有双峰型，一次洪水过程历时为7d左右，洪水总量大多数集中在1～3d之内；中游洪水过程一般为多峰型，一次洪水过程历时为15d左右，有时长达30d。

哈尔滨站历史上发生的几场大洪水大致可以分为以下3种类型：嫩江、二松、拉林河同时发生洪水，如1956年、1960年；嫩江、二松发生洪水，拉林河洪水很小，如1953年、1957年、1991年；嫩江洪水特大，二松、拉林河洪水均较小，如1969年、1998年[2]。

统计上述若干年典型哈尔滨站的洪峰流量和60d洪量组成，成果见表5.2-1和表5.2-2。1998年由以右侧支流来水为主的嫩江干流发生超标准洪水，胖头泡段堤防决口，决口宽度538m，深度16.5m，淹没面积为1160km²，总过水天数长达37d，通让铁路停运。并造成105万亩耕地受淹，101万亩农田绝产，倒塌、毁坏房屋共17.5万间，受灾人口为12.5万人，总经济损失达33.8亿元[3]。

表5.2-1　　哈尔滨站大水年洪峰组成表

年份	哈尔滨	大赉		扶余		蔡家沟		$Q_{合成}$ /(m³/s)
	Q_m/(m³/s)	$Q_{相应}$ /(m³/s)	占$Q_{合成}$ /%	$Q_{相应}$ /(m³/s)	占$Q_{合成}$ /%	$Q_{相应}$ /(m³/s)	占$Q_{合成}$ /%	
1953	9530 (11700)	4460	53.6	3750 (6560)	45.0	120	1.4	8330
1956	11700 (12200)	6140	48.6	3020 (3140)	23.9	3480	27.5	12640
1957	12200 (14300)	7790	53.5	5760 (7670)	39.6	1000	6.9	14550
1960	9100 (10000)	4820	50.3	2360 (3720)	24.7	2390	25.0	9570
1969	8500 (8730)	8810	91.4	687 (1050)	7.1	146	1.5	9640
1986	8540 (10000)	3590	41.7	4540 (7010)	52.7	480	5.6	8610
1991	10700 (13500)	5430	58.8	2500 (5730)	27.1	1300	14.1	9230
1998	21300 (23500)	22100	96.1	635 (2780)	2.8	263	1.1	23000

注　1. 括号内的洪峰流量，系将丰满水库调节作用还原后的流量。
2. $Q_{合成}$系大赉、扶余、蔡家沟3站洪峰流量相加。

表5.2-2　　哈尔滨站大水年60d洪量组成表

年份	哈尔滨		大赉		扶余		蔡家沟	
	W_{60}/亿m³	$W_{60哈}/W_{60哈}$ /%	W_{60}/亿m³	$W_{60大}/W_{60哈}$ /%	W_{60}/亿m³	$W_{60扶}/W_{60哈}$ /%	W_{60}/亿m³	$W_{60蔡}/W_{60哈}$ /%
1953	327.9	100	163.3	49.8	152.1	46.4	12.5	3.8
1956	355.4	100	151.3	42.6	160.9	45.3	43.2	12.1

续表

年份	哈尔滨		大赉		扶余		蔡家沟	
	W_{60}/亿 m³	$W_{60哈}/W_{60哈}$/%	W_{60}/亿 m³	$W_{60大}/W_{60哈}$/%	W_{60}/亿 m³	$W_{60扶}/W_{60哈}$/%	W_{60}/亿 m³	$W_{60蔡}/W_{60哈}$/%
1957	389.6	100	236.7	60.8	132.8	34.0	20.1	5.2
1960	322.2	100	173.5	53.8	116.9	36.3	31.8	9.9
1969	234.7	100	182.1	77.6	89.9	38.3	12.7	5.4
1986	310	100	133	42.9	163	52.6	20.9	6.6
1991	356	100	216	60.7	114	31.8	29.0	8.0
1998	570.1	100	479	84.0	85.1	14.9	6.0	1.10

5.2.2.2 洪水来源和洪水量级确定

(1) 洪源对象的选定。根据前面洪水来源分析，当蓄滞洪区被动分洪时，洪水来源为嫩江和二松；当蓄滞洪区主动分洪时，洪水来源为嫩江、二松和拉林河。

(2) 洪水量级的确定。洪水量级选择设计标准洪水与超标准洪水两种情景，其中超标准洪水采用高于设计标准一个等级的洪水。在被动分洪情况下，以对胖头泡自身防洪安全最不利的 1957 年作为典型年，对 20 年、50 年、100 年洪水进行分析计算；在主动分洪情况下，由于胖头泡蓄滞洪区外围堤防在 1998 年出现溃口，因此选择 1998 年作为典型年，另外在发生 1957 年典型洪水时，胖头泡蓄滞洪区分洪流量为各典型年分洪流量的最大值，对胖头泡蓄滞洪区防洪安全最不利，故本次风险评估选择 1957 年、1998 年两场典型洪水作为主动分洪情况进行分析计算。

5.2.2.3 溃口设置方案

(1) 溃口设定原则。溃口位置的确定主要考虑对蓄滞洪区影响较大和各种不利情况的组合，综合河势地形、地质状况、工程状况、历史出险情况等，并结合现场调查、专家咨询和胖头泡建设管理处征求意见等确定。对溃口遴选的判别条件和确定原则见表 5.2-3。

表 5.2-3　溃口位置设定原则

序号	判别条件	具体原则
1	河势情况	河势急弯、河道缩窄、主河槽临堤等
2	堤防情况	堤防薄弱，属险工工程
3	地质情况	堤防地质条件差，受洪水冲刷或浸泡易溃或塌陷等
4	社经情况	堤后有大量人口、村庄、耕地、重要设施、行政中心等
5	地形情况	堤后地形平缓或低洼，下游地势低，洪水易形成较大范围淹没等
6	历史情况	历史上出现过因洪水溃堤，即有历史溃痕
7	比较优选	按以上条件，在计算区内综合比较各备选溃口情况，根据堤防溃决后可能产生最大损失和可能产生最大次生灾害，选择风险最不利的

（2）溃口位置。

1）被动分洪。当蓄滞洪区被动破堤的情况下，考虑到蓄滞洪区由嫩干堤防和松干堤防围合而成，故设置两个溃口，分别位于嫩干堤防段和松干堤防段，见图5.2-1。嫩干溃口选在勒勒营子堤0+540处，此处地势较低，堤防现状防洪能力不足50年一遇，由于堤内积水堤脚冲刷严重，汛期迎风浪造成堤防险工2处、长1.4km。本次选定溃口位于堤防迎风顶流处，当上游发生大水时，容易造成堤防溃决，危及蓄滞洪区内部防洪安全。松干溃口选在肇源堤17+910处，此处位于松干肇源堤的险工弱段，堤防土方尚未达标，防洪标准仅为20年一遇，堤体土料以黏性土为主。肇源堤0+000～45+000段松花江干流主河槽靠近堤防，会对堤脚造成一定的冲刷，且17+910处位于堤防迎风顶流处，当上游来水过大时容易造成堤防溃决，危及蓄滞洪区内部防洪安全。溃口位置如图5.2-1所示。

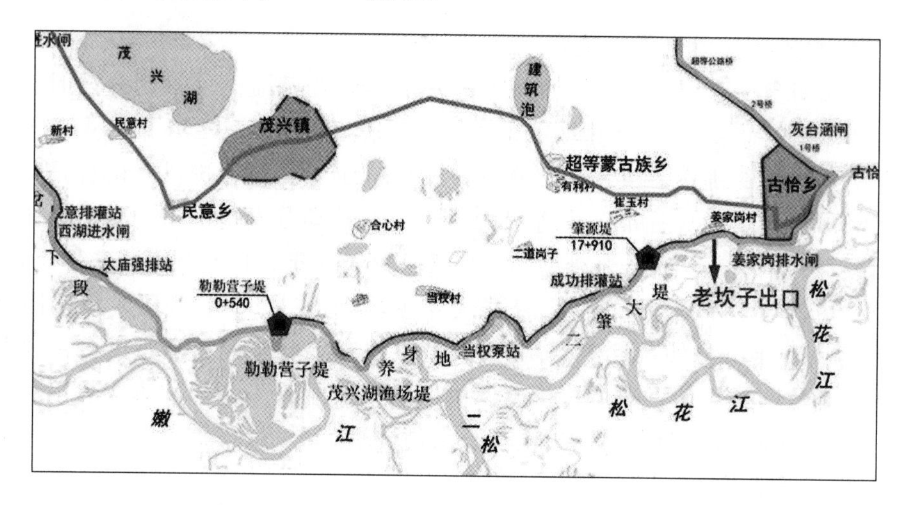

图5.2-1　溃口位置示意图

2）主动分洪。结合胖头泡蓄滞洪区安全建设现状，选定老龙口作为分洪进水口，分洪及泄水口门位置如图5.2-2和图5.2-3所示。

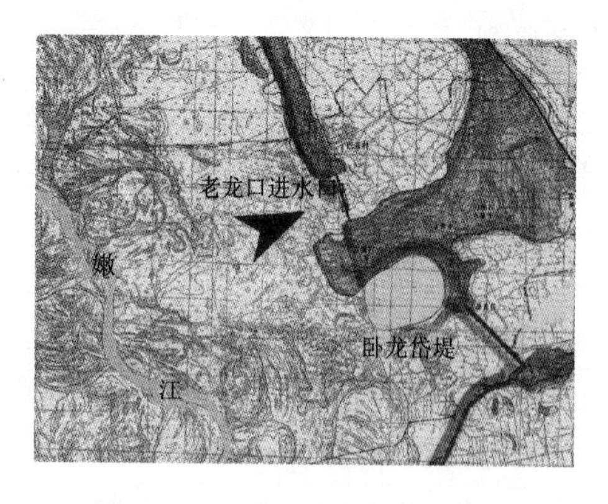

图5.2-2　分洪口门位置示意图

图5.2-3　泄水口门位置示意图

（3）溃口方式和形态。堤防决口方式有漫决、冲决、溃决。漫决是指水位超过堤顶，洪水漫溢造成堤防决口；冲决和溃决是指水位尚未到堤顶，由于淘刷、堤防质量、串漏等原因水流冲垮堤防造成决口。根据蓄滞洪区的河势及堤防形式，从风险分析时分洪量尽可能大的角度考虑，本次堤防决口方式为溃决，溃口过程为瞬时全溃，溃口底高程初步定为堤底高程。

1）被动分洪。溃口宽度主要与堤身建筑质量有关，其次与河宽、洪水水流方向等有关。溃口初始形态和最终形态选择为矩形，溃口的底高程取溃口所在河段蓄滞洪区临堤地面高程，溃口形成时间根据经验公式确定[4]。本次风险评估工作选取300m作为溃口宽度。

2）主动分洪。本次编制工作选取1957年和1998年典型洪水进行分析计算，当发生1957年典型洪水时，胖头泡蓄滞洪区分洪规模最大，最大分洪流量为4246m^3/s，当堰高为129m、堰宽为375m时，胖头泡蓄滞洪区能达到最大分洪流量，故1957年典型洪水老龙口分洪口门宽度设定为375m。当发生1998年典型洪水时，胖头泡蓄滞洪区瞬时洪峰流量最大，最大分洪流量为4906m^3/s，当堰高为129m、堰宽为360m时，胖头泡蓄滞洪区能达到最大分洪流量，故1998年典型洪水老龙口分洪口门宽度设定为360m。

老坎子泄水口门的堰顶高程与地面高程为127.5m，采用闸堤结合方案进行调洪，泄水口门宽度为250m。

5.2.3 洪水影响分析方案

5.2.3.1 洪水影响分析思路

洪水影响分析主要是统计不同量级洪水各级水深淹没区域内的经济和社会指标，从而在一定程度上反映出洪水的危害程度。根据洪水分析得到的最大淹没范围、最大淹没水深等要素，结合淹没区社会经济情况，综合分析评估洪水影响程度。洪水影响分析指标主要有各级淹没水深区域范围内的人口、房屋、受淹面积、受淹耕地面积、受淹交通干线（省级以上公路、铁路）里程以及受影响GDP等社会经济指标。洪水影响分析以乡镇为统计单元进行。

5.2.3.2 洪水影响统计分析方案

洪水影响分析采用中国水利水电科学研究院开发的“洪灾损失评估系统”并结合ArcGIS软件进行。各洪水影响指标的统计方法如下：

（1）受淹行政区面积、受淹耕地面积及受淹居民地面积的统计。基于ArcGIS软件的叠加分析功能，将淹没图层分别与行政区图层、耕地图层以及居民地图层相叠加，得到对应不同洪水方案不同淹没水深等级下的受淹行政区面积、淹没耕地面积、受淹居民地面积等。

（2）受影响交通道路里程的统计。道路遭受冲淹破坏是洪水灾害主要类型之一。道路在ArcGIS矢量图层上呈线状分布，受淹道路的统计通过道路线图层与洪水模拟面图层叠加运算实现，能够获取不同淹没方案下的受淹道路长度等数据信息。

（3）受影响行政机关、企事业单位及水利等重要设施的统计。行政机关、企事业单位、水利设施等在 ArcGIS 图层上通常呈点状分布。根据需要可以附给点对象如行政区名称、水利设施技术参数等相应的属性值。属性信息数据量较大，以数据库的形式存储，通过关键字段建立空间位置与其属性信息间的关联。在得到洪水淹没特征之后，将淹没图层、行政区界图层和行政机关、企事业单位、水利等重要设施的分布图层进行空间叠加运算，即面图层与点图层的叠加运算得到位于淹没区的受灾行政机关、水利设施的数量、具体分布情况及其相关属性信息。

（4）受影响人口统计。采用居民地法对人口统计数据进行空间分析。居民地受淹面积通过行政区界、居民地图层以及淹没范围图层叠加统计得到。结合人口密度，对各行政单元受不同淹没水深影响的受灾人口进行统计。在确定了受影响人口的空间分布之后，与其相关的其他指标如 GDP、房屋、家庭财产等指标可在此基础上进一步推求。

（5）受影响 GDP 的统计。按照行政单元受淹面积与该行政区单位面积上的 GDP 值相乘来计算受影响 GDP。

5.2.4　洪水损失评估方案

5.2.4.1　损失评估方法

洪水影响分析主要指淹没范围和各级淹没水深区域内社会经济指标的统计分析，主要采用统计分析方法。

洪灾损失率是描述洪灾直接经济损失的一个相对指标，通常指各类财产损失的价值与灾前或正常年份原有各类财产价值之比[5]。影响洪灾损失率的因素很多，如地形、地貌、淹没程度（水深、历时等）、财产类型、成灾季节和抢救措施。

为分析本项目区域、各淹没等级、各类财产的洪灾损失率，选择一定数量、一定规模的典型区进行调查，结合成灾季节、范围、洪水预见期、抢救时间、抢救措施等，建立洪灾损失率与淹没深度、时间、流速等因素的相关关系。同时根据目前项目涉及流域的社会经济发展水平、调研淹没区域的现实情况，依据损失率随时间空间变化的一般规律，做出相对合理的调整，最后确定出适合评估目的和要求的损失率。

洪灾损失率与灾区地形地貌、经济状况、淹没程度（深度、时间、流速）、上次成灾洪水到本次洪水的间隔时间、洪水过程线的变化特征、洪水在年内发生的时间、天气季节、灾区范围、预报期、抢救情况（时间、速度）、指挥组织等因素有关，涉及因素繁多，确定起来十分困难。分析确定损失率一般有两种方法：一是洪灾发生后，调查收集各类承灾体的灾前及灾后价值，运用统计学方法，采用参数统计模型建立单项的洪水淹没特征与洪灾损失率的关系；二是按照一定的原则，选择前人总结出的具有一定可信度的损失率并借鉴相似地区已经审查过的成果资料作为参考样本，根据目前评估流域的社会经济发展水平，结合淹没区的现实情况，依损失率随时间空间变化的一般规律，做出相对合理的调整，最后确定出适合评估目的和要求的损失率。本次评估结合两种方法来确定洪灾损失率。洪灾损失率在计算淹没方案后根据淹没历时、淹没时间再综合确定。

5.2.4.2 损失统计方案

在确定了各类承灾体受淹程度、灾前价值之后，根据洪灾损失率关系，即可进行洪灾直接经济损失估算。直接经济损失类别主要包括如下。

（1）城乡居民家庭财产、住房洪涝灾害损失计算：

$$R_{家直损} = \sum_{i=1}^{n} R_{家损i} = \sum_{i=1}^{n}\sum_{j=1}^{m}\sum_{k=1}^{l} W_{家产ijk}\eta_{ijk}$$

式中：$R_{家直损}$为城乡居民家庭财产洪涝灾直接损失值，元；$R_{家损i}$为各类家庭财产洪灾直接损失值，元；$W_{家产ijk}$为第k级淹没水深下，第i类第j种家庭财产灾前价值，元；η_{ijk}为第k级淹没水深下，第i类第j种财产洪灾损失率，%；n为财产类别数；m为各类财产种类数；l为淹没水深等级数。考虑到城乡居民家庭财产种类的差别，按城市（镇）与乡村分别计算居民家庭财产损失值，然后累加。

（2）工商企业洪涝灾损失估算。

1）工商企业资产损失估算。计算工商企业各类财产损失时，需分别考虑固定资产（厂房、办公 、营业用房，生产设备、运输工具、……）和流动资产（原材料、成品、半成品及库存物资等），其计算公式如下：

$$R_{财} = R_1 + R_2 = \sum_{i=1}^{n} R_{1i} + \sum_{i=1}^{n} R_{2i} = \sum_{i=1}^{n}\sum_{j=1}^{m}\sum_{k=1}^{l} W_{ijk}\eta_{ijk} + \sum_{i=1}^{n}\sum_{j=1}^{m}\sum_{k=1}^{l} B_{ijk}\beta_{ijk}$$

式中：$R_{财}$为工商企业洪涝灾财产总损失值，元；R_1为企业洪涝灾固定资产损失值，元；R_2为企业洪涝灾流动资产损失值，元；R_{1i}为第i类企业固定资产损失，元；R_{2i}为第i类企业流动资产损失，元；W_{ijk}为第k级淹没水深下，第i类企业第j种固定资产值，元；η_{ijk}为第k级淹没水深下，第i类企业第j种固定资产洪灾损失率，%；B_{ijk}为第k级淹没水深下，第i类企业第j种流动资产值，元；β_{ijk}为第k级淹没水深下，第i类企业第j种资产洪涝灾损失率，%；n为企业类别数；m为第i类企业财产种类数；l为淹没水深等级数。

2）工商企业停产损失估算。企业的产值和主营收入损失是指因企业停产停工引起的损失，产值损失主要根据淹没历时、受淹企业分布、企业产值或主营收入统计数据确定。首先从统计年鉴资料推算受影响企业单位时间（时、日）的产值或主营收入，再依据淹没历时确定企业停产停业时间后，进一步推求企业的产值损失。

（3）农作物损失估算。计算公式为

$$R_{农直} = \sum_{i=1}^{n}\sum_{j=1}^{m} W_{ij}\eta_{ij}$$

式中：$R_{农直}$为农业直接经济损失，元；η_{ij}为第j级淹没水深下，第i类农作物洪涝灾损失率；W_{ij}为第j级淹没水深范围内，第i类农作物正常年产值，元；n为农作物种类数；m为淹没水深等级数。

（4）道路交通等损失估算。根据不同等级道路受淹长度与单位长度的修复费用进行计算。

（5）总经济损失计算。各类财产损失值的计算方法如上所述，各行政区的总损失包括家庭财产、家庭住房、工商企业、农业、基础设施、……，各行政区损失累加得出受影响区域的经济总损失。

$$D = \sum_{i=1}^{n} R_i = \sum_{i=1}^{n}\sum_{j=1}^{m} R_{ij}$$

式中：R_i 为第 i 个行政分区的各类损失总值，元；R_{ij} 为第 i 个行政分区内，第 j 类损失值；n 为行政分区数；m 为损失种类数。

5.2.5　避洪转移分析方案

5.2.5.1　避洪转移分析目的

避洪转移分析解决的主要问题是在高标准洪水下，为编制范围内的人员安全转移做出科学、可靠的分析，为防汛部门提供应急指挥的决策，提供依据。根据胖头泡蓄滞洪区各个计算方案的计算结果，依据淹没范围、洪水淹没水深、洪水流速以及洪水前锋到达时间等洪水风险要素，分析统计各方案计算结果的最大水深值和最短到达时间值，形成水深分布到达时间包络图，并将各方案淹没范围叠加得到可能最大淹没范围。以淹没区居民地为避洪单元，并依据绘制的洪水淹没包络图确定待转移的人员及其分布情况、可供安置撤离人员的地点及该地所具备的安置条件、可行的避洪转移路线等，从而分析确定得到避洪转移的相关信息（如待转移人员数量及分布情况、规划安置场所等）并制定合理的避洪转移路线和转移时机。

5.2.5.2　避洪转移分析主要内容及分析方法

（1）避洪转移分析的主要内容如下：

1）确定 50 年一遇设计洪水所涉及的村庄和重点单位。

2）评估现有国道和县道是否能够作为避险的安全通道。

3）根据洪峰到达时间确定受洪水威胁人口及避险方式。

4）根据洪峰到达时间、淹没水深、淹没历时确定应急避险响应时间要求、撤退批次、潜在可利用/规划安置区域、可能的转移路径/方向、转移距离等。

（2）避洪转移分析方法内容如下：

1）转移单元确定。根据蓄滞洪区各溃口最大量级洪水演进情况，提取最大淹没水深和最短到达时间数据，绘制最大水深最短时间范围包络图，确定淹没范围即为危险区。

2）避洪转移人口分析。避洪转移是以人员的安全转移为前提的，因而对受淹区域人口的分析是避洪转移分析的核心环节。以乡镇为统计单元，通过居民地数据与淹没水深、到达时间分区数据的空间地理分析，从而求算出各乡镇的实际避难人数。

3）避洪方式确定。选取计算结果的最大水深值和最短到达时间值，形成水深分布和到达时间包络图，通过与人口、社会经济数据的空间叠加分析，结合道路通达性、安全楼分布等基础设施情况确定避洪方式。

4）安置场所选择。安置场所指可容纳避难居民且适宜建设避难设施，如房台、避难用房的安全区域。按照居住点的不同位置、不同情况，制订转移安置方案，做到有计划、有秩序、有准备地转移。

5）转移路线分析。转移路线应根据安置场所规划、转移任务、转移道路通行能力、洪水淹没的路段等情况，考虑洪水传播和转移准备的时间，确保满足安全的要求，依据最短路径、就近便捷的原则制定。

5.3 基础资料收集及处理

5.3.1 基础资料收集

5.3.1.1 基础资料

(1) 图像资料。覆盖胖头泡蓄滞洪区洪水影响计算范围的 1∶10000 矢量地图和 DEM 数据，包括行政区划、居民点、道路交通图、河流水系（*.shp 格式）和土地利用图或近期的遥感影像资料等。

(2) 基础地理资料。收集 168 幅 1∶10000 DEM 和 DLG，涉及肇源县下辖 10 个乡镇，70 个村，210 个自然屯。收集的 DLG 数据共分为 8 个数据类 39 个数据层，包含了计算所需要的水系、居民地、耕地、植被、公路、铁路、行政区界等基础地理数据。

蓄滞洪区范围内收集的地理基础资料包括肇源县、乡镇的各级行政区界，政府驻地位置、居民地位置，工矿用地、商业用地位置、企事业单位分布，耕地、林地、鱼塘等分布，公路、铁路等交通道路基础设施的位置，水系分布等。

(3) 河道断面资料。1999 年松花江干流和嫩江干流的断面资料，已建、在建工程所在位置的桥梁断面和河道横断面资料。

(4) 水文资料。大赉、扶余、下岱吉、哈尔滨等水文站实测洪水资料、设计洪水过程，1998 年典型洪水过程、水位流量关系等。

5.3.1.2 构筑物及工程调度资料

(1) 线状工程。根据现场调查，蓄滞洪区内路基大于 0.5m 的线状地物主要有铁路、高速公路、国道和渠湖堤防等。计算区域内对洪水演进形成阻滞作用的铁路主要为通让铁路（通辽—让胡路），公路为省道 S201 林肇公路（林甸—肇源）。

(2) 穿堤建筑物。胖头泡蓄滞洪区现有穿堤涵闸 19 座，其中嫩干堤防段有 7 座，松干堤防段有 6 座，南引水库外部围堤段有 3 座，安肇新河右回水堤段有 3 座。

(3) 预案。收集有《2013 年肇源县洪水灾害应急预案》。

5.3.1.3 社会经济资料

收集到肇源县 2015 年社会经济统计年鉴，社会经济数据统计单元为乡镇（街道办），社会经济资料主要指标见表 5.3-1。

表 5.3-1　　蓄滞洪区社会经济资料的主要指标

数据名称	数据内容
人口	农业人口数、非农业人口数、从业人员数、人口增长率、户数等
国内生产总值	GDP，第一、二、三产业增加值
工业/建筑业、商贸服务业	企业单位数、从业人员、工业总产值、固定资产净值、流动资产年平均余额
交通运输业	公路、铁路的条数、里程
农业	粮食、经济作物、蔬菜的播种面积、产量
其他	林业、畜牧业、渔业产值

5.3.2　设计洪水

被动分洪计算需要洪水过程的边界断面2处，分别是嫩干大赉水文站、二松扶余水文站，洪水设计频率均为20年一遇、50年一遇、100年一遇。主动分洪计算需要洪水过程的边界断面也是2处，分别是老龙口分洪口门和老坎子泄洪口门，洪水设计采用1957年典型年和1998年典型年。

5.3.2.1　控制断面的设计洪水

胖头泡蓄滞洪区控制断面大赉站、扶余站、下岱吉站、哈尔滨站的设计洪峰流量、设计洪量均采用《松花江流域防洪规划》中的成果数据，设计洪水主要特征参数见表5.3-2。考虑到松花江流域上各大、中型水库具有一定的调洪作用，其中对蓄滞洪区影响较大的为嫩干上游尼尔基水库，二松白山、丰满水库，受水库影响后的水文站洪峰流量见表5.3-3。

表 5.3-2　　控制断面设计洪水主要特征参数

河名	站名	项目	设计值				
			$P=1\%$	$P=2\%$	$P=5\%$	$P=10\%$	$P=20\%$
嫩江干流	大赉 $F=221715km^2$	$Q_m/(m^3/s)$	17100	14300	10600	7850	5260
		W_3/亿 m^3	41.6	34.8	26	19.5	13.3
		W_7/亿 m^3	93	78	58.6	44.2	30.4
		W_{15}/亿 m^3	180	152	115	87.6	60.8
		W_{30}/亿 m^3	294	250	193	150	107
二松	扶余 $F=71783km^2$	W_1/亿 m^3	10.3	8.97	7.24	5.9	4.54
		W_3/亿 m^3	30.3	26.5	21.4	17.4	13.4
		W_7/亿 m^3	59.4	52.8	43.7	36.6	29
		W_{15}/亿 m^3	93.3	83.6	70.3	59.7	48.2
		W_{30}/亿 m^3	137	124	105	90.1	73.9

续表

河名	站名	项目	设计值				
			P=1%	P=2%	P=5%	P=10%	P=20%
松花江干流	下岱吉 F=363923km²	Q_m/(m³/s)	19100	16200	12400	9610	6800
		W_3/亿 m³	45.9	39	30	23.2	16.5
		W_7/亿 m³	105	89.5	68.8	53.2	37.9
		W_{15}/亿 m³	208	178	137	107	76.6
		W_{30}/亿 m³	349	298	231	181	131
	哈尔滨 F=389769km²	Q_m/(m³/s)	19200	16300	12600	9770	6990
		W_3/亿 m³	48	41	31.8	24.7	17.8
		W_7/亿 m³	110	93.7	72.5	56.5	40.7
		W_{15}/亿 m³	218	187	145	114	82.6
		W_{30}/亿 m³	369	318	250	199	147

表 5.3-3　　水库调蓄后主要水文站的设计洪峰流量

序号	控制断面	流域面积/km²	设计值/(m³/s)				
			P=1%	P=2%	P=3.3%	P=5%	P=10%
1	下岱吉	363923	17650	14890	12900	11250	8580
2	哈尔滨	389769	17900	15140	13200	11600	8900

5.3.2.2　设计洪水过程线

（1）被动分洪。蓄滞洪区的洪水来源分别为嫩江和第二松花江，以大赉水文站作为嫩江控制站，扶余站为二松控制站，选取对胖头泡分洪压力最大的 1957 年作为典型年，在单站设计频率天然洪水过程线的基础上考虑尼尔基水库和白山、丰满水库的削峰作用，且在计算过程中保证洪峰流量和洪量与设计值的误差在 5%以内。水文站典型年设计洪水过程线如图 5.3-1 和图 5.3-2 所示。

（2）主动分洪。以老龙口作为分洪口门，老坎子作为泄水口门，采用 1957 年典型年和 1998 年典型年的洪水过程进行分析计算。由于胖头泡蓄滞洪区的功能是当哈尔滨断面上游发生大水时，通过胖头泡调洪使得哈尔滨断面的洪峰流量不超过 100 年一遇的 17900m³/s，因此在调洪演算过程中严格控制哈尔滨断面的流量。水文站各典型年分洪、退水过程线如图 5.3-3～图 5.3-6 所示。

5.3.3　基础资料和特殊问题的处理

5.3.3.1　基础图层数据处理

基础图层数据资料的种类和样式多，既有纸质文档、纸质地图，又有电子文档、

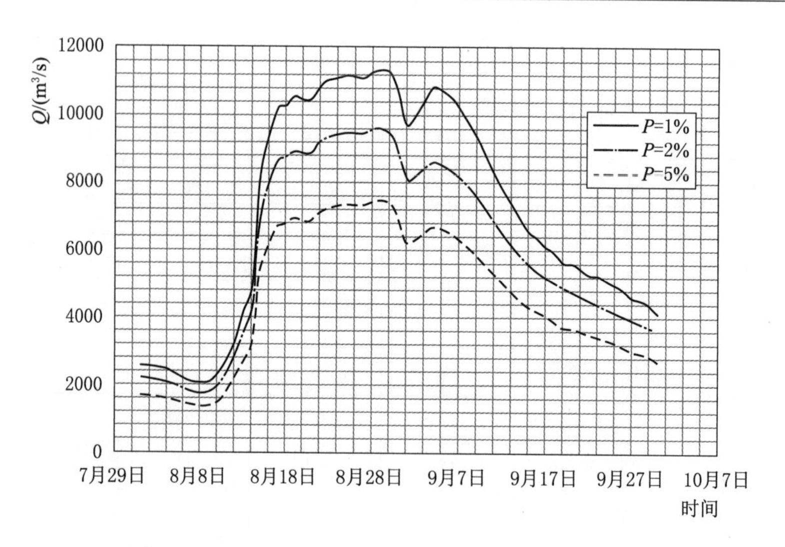

图 5.3-1　1957 年典型年大赉站设计洪水过程线

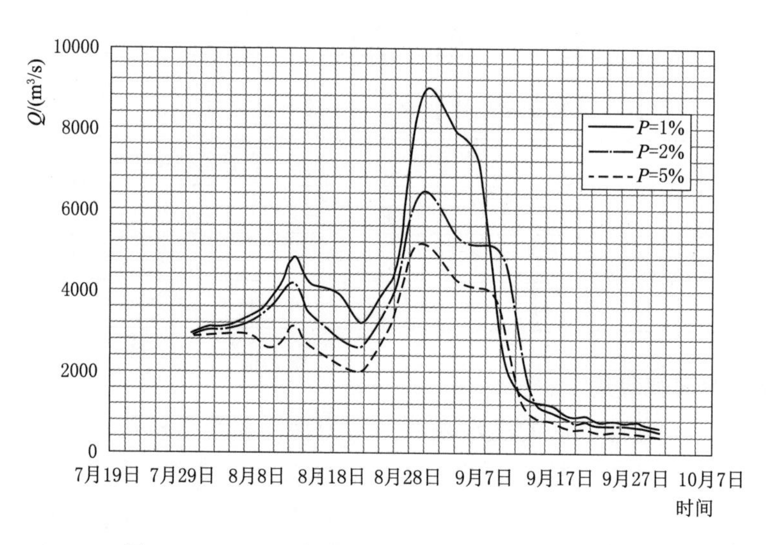

图 5.3-2　1957 年典型年扶余站设计洪水过程线

电子地图；有些数据具有空间坐标属性，有些数据则没有空间坐标属性。因此，为制作基础工作底图，在使用这些数据资料之前，需要对其进行相关加工处理，以保证数据的一致性、完备性。

（1）属性与空间位置的关联。本次收集的部分水利工程（如干流堤防工程的平面位置）与由水利部门收集的分布情况存在差异，结合现场调查、收集的资料及利用 Google 地图和数字影响地图进行补充和更新。

（2）空间坐标系统的转换。收集的电子地形数据，坐标系统均为 2000 中国大地坐标，但有些数据投影不符合要求，需要通过 ArcGIS 转换工具，将这些数据统一转换到国家大地 2000 坐标系，之后再利用转换工具将这些数据统一为高斯－克吕格投影，以方便使用。

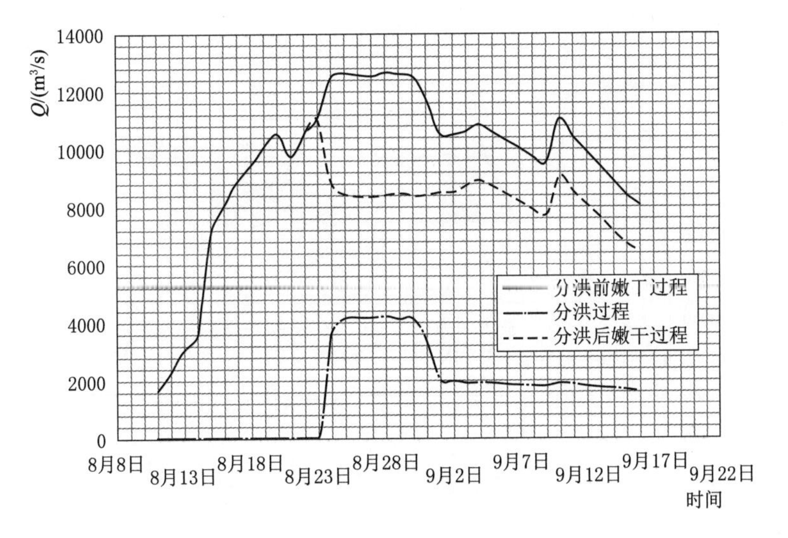

图 5.3-3 1957 年典型年老龙口洪水过程线

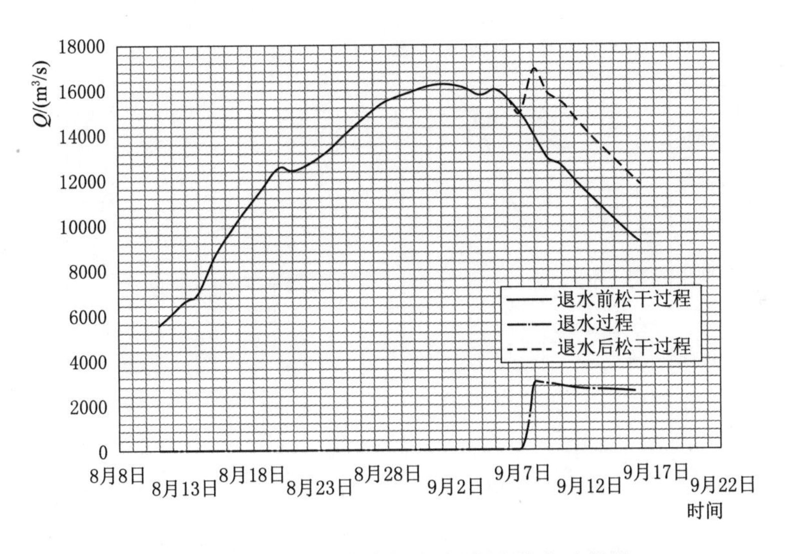

图 5.3-4 1957 年典型年老坎子洪水过程线

（3）图层配准、拼接。将收集到的胖头泡蓄滞洪区范围的 1∶10000 比例尺 DLG 矢量数据图和 DEM 数据进行了相应图层的配准和拼接。

（4）图层数据检查、补充与更新。基础图层数据来源渠道、存储形式、采集时间、数据精度均存在差异，在图层工作底图数据准备完成后，根据调查收集的资料对图层数据拓扑关系、数据是否有遗漏以及是否存在更新进行了检查。

5.3.3.2 主要构筑物概化处理

胖头泡蓄滞洪区内影响洪水演进的线状工程与地物主要为堤防、不同类型的道路，其中通让铁路路基高程为 130.10～147.30m，启用胖头泡滞洪区后，设计洪水位为 131.67m，300 年一遇的最高洪水位可能达 132m，部分路基过水，铁路桥现状不能

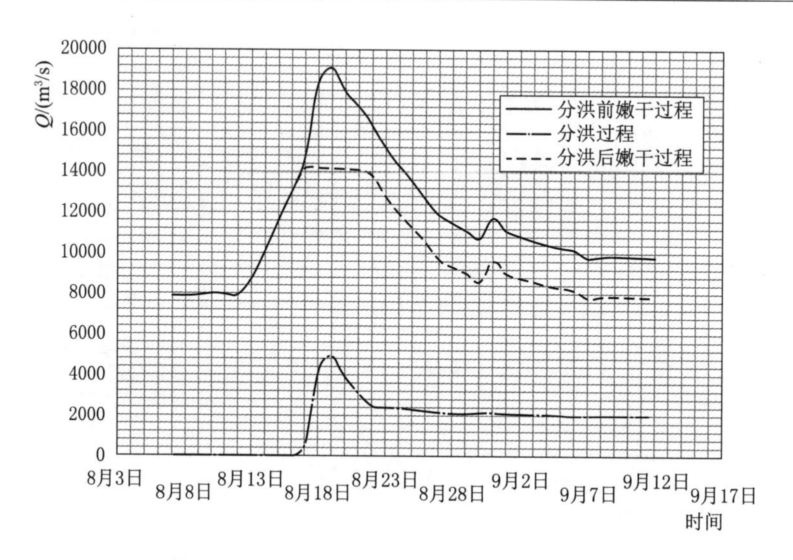

图 5.3-5 1998年典型年老龙口洪水过程线

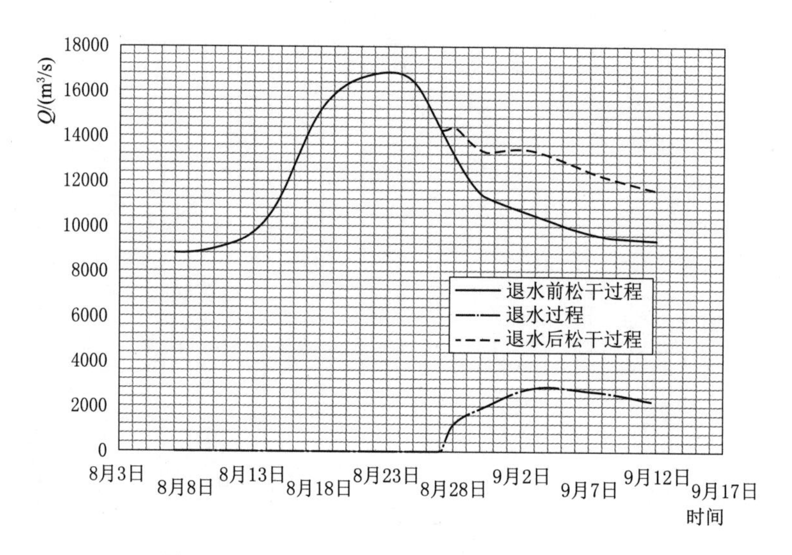

图 5.3-6 1998年典型年老坎子洪水过程线

开通，需增设桥梁。综合考虑通让铁路桥附近地形及南引泄水干渠的影响，蓄滞洪区考虑3处桥梁保证过水：

(1) 距义顺乡东发村东700m处，增设桥孔宽度为300～400m的桥梁。

(2) 距小革志屯南600m处，增设桥孔宽度为350～450m的桥梁。

(3) 距花尔屯东北1.4km处，增设桥孔宽度为400～500m的桥梁。

(4) 南引泄水干渠需要跨过，两侧各留约20m桥洞。

对于通让铁路沿线的桥梁和涵洞，根据涵洞和桥梁的过水能力，在桥梁或涵洞的位置构筑一个缺口，减低该部分地物的高程至地面高程，缺口的宽度根据经验公式估算。

对于蓄滞洪区积水漫过堤防回流到干流的情况，通过侧向链接将一维河道与二维地形耦合，从而实现同时导水的特征。

对于省道和县道路基等线状工程，采用 MIKE 21 中的“dike”建筑物概化，该结构物可以设定沿着路基空间变化顶部高程，当水位没有漫过顶部高程时起挡水作用，当水位超过顶部高程并发生漫堤情况时，模型以堰流公式形式计算漫堤流量。公路沿程有缺口或桥涵时，各桥梁、缺口范围内降低公路顶部高程至原地面高程进行概化，形成缺口，线状构筑物概化成果示意如图 5.3-7 所示。

对于蓄滞洪区内有过水作用的涵洞、闸门，将其概化为模型中的涵洞（culverts）形式，模拟计算时反映其水流过程。蓄滞洪区的安全区围堤计算超高为 1.59～2.53m，平均为 2.0m 左右。安全区围堤采用 MIKE 21 中的“dike”建筑物概化。

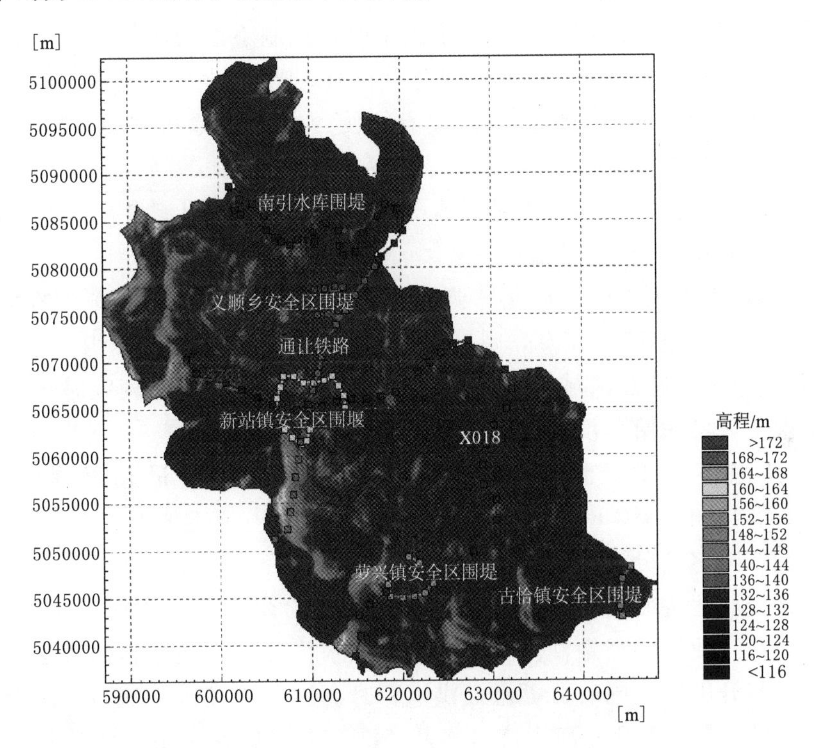

图 5.3-7　线状构筑物在二维模型中的概化示意图

5.3.3.3　工程调度规则及概化

（1）尼尔基水库。尼尔基水库洪水调度采用补偿调节方式，调度原则为水库放流与区间洪水组合流量不大于下游河道控制断面的安全泄量，即当下游河道控制断面洪水不大于 50 年一遇时，水库控制放流与区间洪水组合，控制断面齐齐哈尔市洪峰流量不大于 8850m^3/s（20 年一遇），大赉站洪峰流量不大于 12900m^3/s（35 年一遇）；当洪水超过 50 年一遇但不大于 100 年一遇时，齐齐哈尔市洪峰流量不大于 12000m^3/s（50 年一遇）[6]。以此为依据，拟定的水库调度规则如下：

1）一般情况下。当德都站、古城子站、尼尔基入库三站合成流量不大于 5800m^3/s

时，出库流量为入库流量；当三站流量大于5800m³/s，且不大于13100m³/s时，出库流量为5800－$Q_{古}$－$Q_{德}$，但三站合成流量洪峰出现3d以后，出库流量为7400－$Q_{古}$－$Q_{德}$；当三站合成流量大于13100m³/s时，出库流量为8760－$Q_{古}$－$Q_{德}$，但三站合成流量洪峰出现3d以后，出库流量为9200－$Q_{古}$－$Q_{德}$。

2）如1998年特殊暴雨洪水类型。当德都站、古城子站、尼尔基入库三站合成流量不大于4000m³/s时，出库流量为入库流量；当三站流量大于4000m³/s，且不大于11200m³/s时，出库流量为4000－$Q_{古}$－$Q_{德}$，但三站合成流量洪峰出现2d以后，出库流量为8000－$Q_{古}$－$Q_{德}$；当三站合成流量大于11200m³/s时，出库流量为6340－$Q_{古}$－$Q_{德}$，但三站合成流量洪峰出现2d以后，出库流量为10000－$Q_{古}$－$Q_{德}$。

（2）白山水库和丰满水库。

1）当丰满水库发生50年一遇及以下洪水时，控制下泄流量不超过4000m³/s，使松花江两岸农村段保护区达到50年一遇防洪标准；当丰满水库发生100年一遇及以下洪水时，控制下泄流量不超过5500m³/s，使吉林、松原市达到100年一遇防洪标准。

2）当丰满水库发生5～10年一遇洪水时，尽可能控制下泄流量在2500～3000m³/s，以减少二松滩区农田的淹没损失。

3）当丰满水库发生大于100年一遇洪水时，在保证水库大坝安全的情况下，尽量控制下泄流量不超过7500m³/s，减轻吉林市超标准洪水的防洪压力。

4）哈尔滨市是松花江流域重要的防洪保护对象，水库实际调度时须在保证水库大坝安全情况下，考虑哈尔滨市紧急情况下的错峰要求。

（3）月亮泡蓄滞洪区。当预报哈尔滨水文站洪峰流量超过堤防安全泄量17900m³/s，而且水位继续上涨时，启用蓄滞洪区分洪，并且按照先月亮泡后胖头泡的顺序启用。在哈尔滨分洪前，月亮泡蓄滞洪区水位不低于起调水位131.0m时，哈尔金闸全部开启，泄洮儿河洪水入嫩江；当需要为哈尔滨市分洪时，关闭哈尔金闸，拦蓄洮儿河洪水，此期间当嫩江洪水较大，嫩江水位高于月亮泡蓄滞洪区水位时，月亮泡蓄滞洪区打开闸门，同时分蓄嫩江洪水；月亮泡蓄滞洪区蓄满后，维持最高水位134.57m，控制泄流等于洮儿河入流；当月亮泡蓄滞洪区库容或分洪流量无法满足哈尔滨市防洪要求时，同时启用胖头泡蓄滞洪区。

（4）胖头泡蓄滞洪区。当嫩干大赉水文站、二松扶余水文站以及拉林河蔡家沟水文站的合成流量超过哈尔滨100年一遇洪峰流量17900m³/s时，胖头泡开始分洪，分洪流量为三站合成流量与哈尔滨断面100年一遇洪峰流量之差，满足哈尔滨断面洪峰流量在发生100～200年一遇洪水时，通过胖头泡分洪削减到100年一遇。从进口闸门调度和哈尔滨防洪安全角度考虑，可适当地提前1d开启闸门，但需控制分洪量不能过大，否则会导致胖头泡蓄滞洪区难以满足设计任务。

由于胖头泡、月亮泡蓄滞洪区位于哈尔滨市上游，洪水由胖头泡分洪口门至哈尔滨市的传播时间近一个星期，蓄滞洪区分洪时间必须在哈尔滨市洪峰出现一周之前进行。

5.4 模型构建与验证

5.4.1 模型构建思路及模型选择

5.4.1.1 模型构建思路

胖头泡蓄滞洪区，需考虑河道洪水对蓄滞洪区的影响。河道洪水演进和溃口采用一维模型，蓄滞洪区淹没分析采用二维模型，溃口和蓄滞洪区淹没衔接采用一维、二维模型耦合。根据蓄滞洪区特性，洪水分析计算方案采用溃堤方案，通过构建洪水模型用于计算溃堤洪水对蓄滞洪区的影响，模型构建的技术路线如图5.4-1所示。在计算分析时，采用主动分洪和被动分洪两种方式，其中主动分洪根据前面溃口宽度分析，当发生1957年典型洪水时，老龙口分洪口门宽度设定为375m；当发生1998年典型洪水时，老龙口分洪口门宽度设定为360m；给定1957年和1998年典型洪水过程线让洪水通过老龙口入水口，分流洪水进入蓄滞洪区内，又给定出水过程线以老坎子为泄水口门，让蓄滞洪区内的水在一段时间后流回松花江，通过蓄滞洪区的调节以保证哈尔滨的安全。被动分洪以大赉站为上边界，下岱吉为下边界，二松支流汇入建立一维模型；在二松汇流处上游嫩干勒勒营子堤0+540和二松汇入处下游松干肇源堤17+910处各设立一个溃口，溃口宽度设置为300m，计算100年、50年、20年三种频率计算方案。

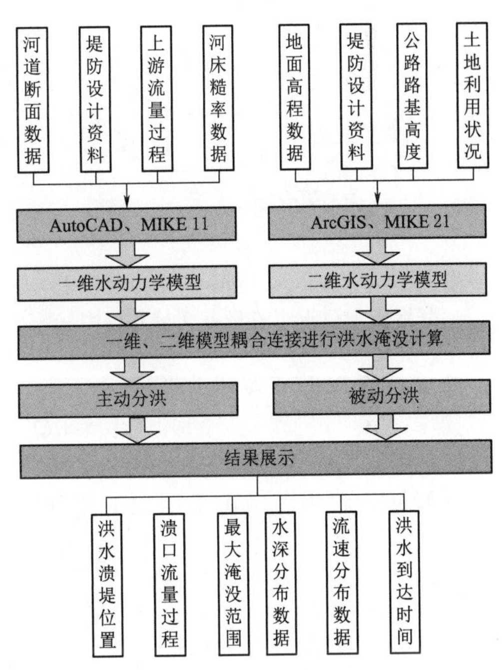

图5.4-1 洪水分析计算技术路线图

5.4.1.2 模型选择

洪水分析软件采用DHI MIKE软件进行洪水分析计算，其中采用MIKE 11一维非恒定流模型计算河道洪水，采用MIKE 11的DAMBREAK模块计算溃堤洪水、采用MIKE 21二维非恒定流模型模拟淹没区洪水，同时采用MIKE FLOOD软件将上述三者连接为一个整体，三者相互耦合，同步求解，可以很好解决三个模型分别计算成果不匹配的问题。

5.4.1.3 一维水动力模型

一维水动力模型原理如下：

(1) 基本方程。MIKE 11中描述河道洪水运动的基本方程为圣·维南（Saint-Venant）方程组，公式如下。

连续性方程：$$\frac{\partial Q}{\partial x}+\frac{\partial A}{\partial q}=q,\quad \frac{\partial Q}{\partial x}+\frac{\partial A}{\partial f}=q$$

动量方程：$$\frac{\partial Q}{\partial t}+\frac{\partial}{\partial x}\left(\alpha\frac{Q^2}{A}\right)+gA\frac{\partial h}{\partial x}+g\frac{Q|Q|}{C^2AR}=0$$

式中：Q 为断面流量，m^3/s；A 为过水断面面积，m^2；q 为源汇的单宽流量，m^2/s；x、t 分别为距离坐标和时间坐标；h 为水深，m；C 为谢才系数；R 为水力半径，m；g 为重力加速度；α 为动量校正系数。

（2）求解方法。MIKE 11 采用的离散方法是 Abbott-Ionescu 六点有限差分格式，计算时在网格点按顺序交替计算流量和水位，如图 5.4-2 所示 h 点和 Q 点，以其为中心对控制方程进行离散，如图 5.4-3 所示。

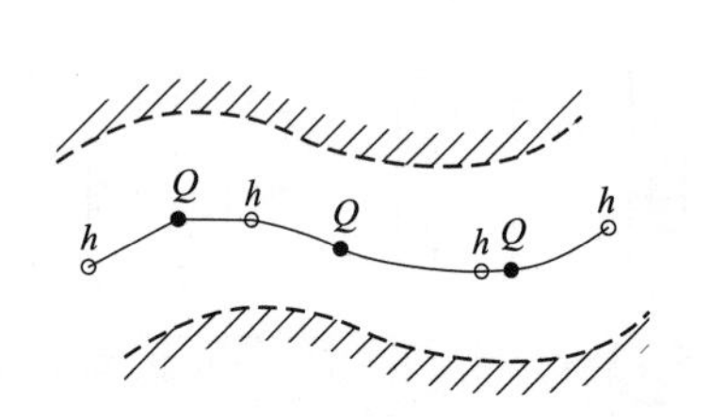

图 5.4-2　Abbott-Ionescu 六点有限差分格式水位点、流量点交替布置图

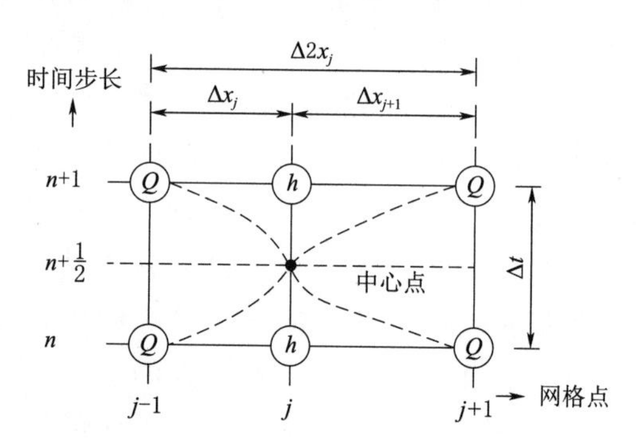

图 5.4-3　Abbott-Ionescu 六点有限差分格式计算方法示意图

连续性方程可写为如下格式：

$$\frac{\partial Q}{\partial x}+\frac{\partial A}{\partial f}=q$$

连续性方程中各项可采用如下差分形式：

$$\frac{\partial Q}{\partial x}=\frac{\dfrac{Q_{j+1}^{n+1}+Q_{j+1}^{n}}{2}-\dfrac{Q_{j-1}^{n+1}+Q_{j-1}^{n}}{2}}{\Delta x_j+\Delta x_{j+1}}$$

$$B_s=\frac{\Delta A_j+\Delta A_{j+1}}{\Delta x_j+\Delta x_{j+1}}$$

$$\frac{\partial h}{\partial t}=\frac{h_j^{n+1}-h_j^n}{\Delta t}$$

式中：B_s 为蓄存宽度；ΔA_j、ΔA_{j+1} 分别为网格点 $j-1$ 与 j、j 与 $j+1$ 之间的水面面积；Δt 为时间步长；上标 n、$n+1$ 分别表示在 $t=n\Delta t$、$t=(n+1)\Delta t$ 时刻取值；下标 $j-1$、j、$j+1$ 分别为在网格点 $j-1$、j、$j+1$ 处取值。

根据上述连续性方程和动量方程离散后的差分形式，河道内任一网格点与相邻网格点的水力参数 Z（水位 h 或流量 Q）可表示为如下格式：

$$\alpha_j Z_{j-1}^{n+1}+\beta_j Z_j^{n+1}+\gamma_j Z_{j+1}^{n+1}=\delta_j$$

（3）边界条件。在计算过程中，上、下游边界可分为三种类型：水位过程、流量过程和水位流量关系。下面分别对这三种情况处理边界。

1）边界为定水位过程。水位随时间的变化过程用 $h=h(t)$ 表示，则上、下游边界如下：

$$h_1^{n+1}=H_u^{n+1},h_n^{n+1}=H_d^{n+1}$$

2）边界为定流量过程。流量过程用 $Q=Q(t)$ 表示，根据连续性方程可得

$$\frac{II^{n+1}-H^n}{\Delta t}A=\frac{1}{2}(Q_0^n-Q_2^n)+\frac{1}{2}(Q_0^{n+1}-Q_2^{n+1})$$

其中，Q_0 为边界流量。上述公式可表示为

$$\frac{H^{n+1}-H^n}{\Delta t}A=\frac{1}{2}(Q_0^n-Q_2^n)+\frac{1}{2}[Q_0^{n+1}-(c_2-a_2H^{n+1}-b_2H_d^{n+1})]$$

3）边界为定水位流量关系。水位流量关系用 $Q=Q(h)$ 表示，边界处理方法与上述已知流量过程一样。

（4）溃口流量计算。堤防溃口流量过程采用美国国家气象局 DAMBRK 方法计算，具体如下：

$$Q=c_vk_s[0.546430b\sqrt{g(h-h_b)}(h-h_b)+0.431856S\sqrt{g(h-h_b)}(h-h_b)^2]$$

式中：Q 为瞬时溃口流量，m^3/s；b 为瞬时溃口底宽，m；g 为重力加速度，m/s^2；h 为上游水位，m；h_b 为瞬时溃口底高程，m；S 为溃口边坡；c_v 为行近流速系数；k_s 为淹没系数。

行近流速系数 c_v 采用下式计算：

$$c_v=1+\frac{0.740256Q^2}{gW_b^2(h-h_{b,\mathrm{term}})^2(h-h_b)}$$

式中：W_b 为坝长，m；$h_{b,\mathrm{term}}$ 为最终溃口的底部高程，m。

淹没系数 k_s 采用下式计算：

$$k_s=\max\left[1-27.8\left(\frac{h_{ds}-h_b}{h-h_b}-0.67\right)^3,0\right]$$

式中：h_{ds} 为下游水位，m。

5.4.1.4 二维水动力学模型

该模块属于平面二维水流模型，适合模拟具有自由表面的港口、河流、湖泊及海洋等，采用二维非恒定流方程组作为控制方程，包括水流连续性方程、水流沿 x 方向及 y 方向的动量方程。

二维非恒定流方程由水流连续方程和动量方程组成，具体形式如下：

$$\frac{\partial h}{\partial t}+\frac{\partial(hu)}{\partial x}+\frac{\partial(hv)}{\partial y}=q$$

$$\frac{\partial(hu)}{\partial t}+\frac{\partial(hu^2)}{\partial x}+\frac{\partial(huv)}{\partial y}+gh\frac{\partial Z}{\partial x}+g\frac{n^2u\sqrt{u^2+v^2}}{h^{1/3}}=0$$

$$\frac{\partial(hv)}{\partial t}+\frac{\partial(huv)}{\partial x}+\frac{\partial(hv^2)}{\partial y}+gh\frac{\partial Z}{\partial y}+g\frac{n^2v\sqrt{u^2+v^2}}{h^{1/3}}=0$$

式中：h为水深，m；Z为水位，m；u、v为x、y方向沿垂线平均的水平流速分量，m/s；g为重力加速度，m/s^2；n为糙率；q为源汇项，m/s。

MIKE 21具有两套空间离散系统，分别是矩形结构和三角形非结构网格，如图5.4-4所示。非结构网格具有复杂区域适应性好、局部加密灵活和便于自适应的优点，能很好地模拟自然边界及复杂的水下地形，提高边界模拟精度，因此本次洪水分析采用非结构三角形对溃堤影响区域进行剖分。

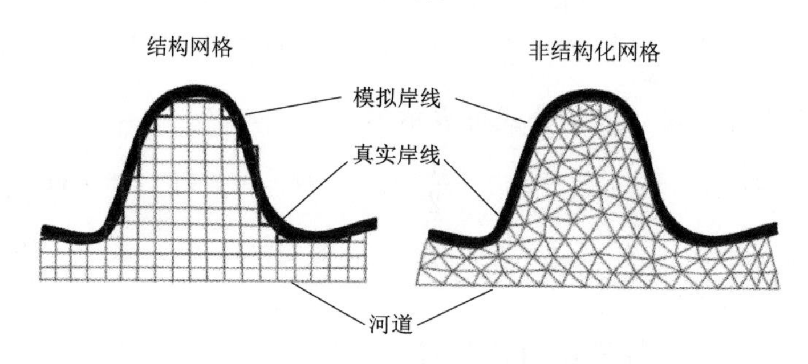

图5.4-4　矩形网格与非结构网格边界拟合对比图

5.4.1.5　一维、二维模型耦合

一维、二维模型与溃堤模型耦合的原理是在三者的连接断面处补充物理量之间的关系，以此实现三者的耦合。

(1) 一维模型与溃堤模型之间的连接条件为

水位连接条件：　$Z_1=Z_{溃1}$

流量连接条件：　$Q_1=Q_{溃1}$

式中：Z_1为一维模型在连接断面处的水位，m；$Z_{溃1}$为溃堤模型在连接断面处的水位，m；Q_1为一维模型在连接断面上的流量，m^3/s；$Q_{溃1}$为溃堤模型在连接断面上的流量，m^3/s。

(2) 溃堤模型与二维模型之间的连接条件为

水位连接条件：　$Z_{溃2}=Z_2$

流量连接条件：　$Q_{溃2}=\int Uh\,\mathrm{d}\xi$

式中：$Z_{溃2}$为溃堤模型在连接断面处的水位，m；Z_2为二维模型在连接断面处的水位，m；$Q_{溃2}$为溃堤模型在连接断面上的流量，m^3/s；U为二维模型在连接断面法向流速，m/s；h为二维模型在连接断面处的水深，m；ξ为溃堤模型与二维模型连接断面坐标。

耦合过程为一维模型从二维模型中提取n时步的水深h_n，计算得出n时步的流量Q_n；一维模型再根据Q_n和h_n通过内部预测器预测出$n+1/2$时步的流量$Q_{n+1/2}$，并作为源项提供给二维模型；二维模型根据$Q_{n+1/2}$计算出$n+1$时步的水深h_{n+1}，依次类推，交替进行数值求解，在耦合处传递结果，实现耦合，如图5.4-5所示。

5.4.2　模型构建

洪水分析计算中，分为被动分洪和主动分洪两种方式。被动分洪模型中，蓄滞洪区外围河道，嫩江干流和松花江干流河道采用一维非恒定流模型，模拟嫩干和松花江河道洪水演进；蓄滞洪区采用二维非恒定流模型，模拟洪水在蓄滞洪区内的演进过程；因此需要将河道一维非恒定流模型和淹没区二维非恒定流模型互相耦合、联立求解，得到不同洪水条件下蓄滞洪区内的淹没水深、洪水前锋到达时间等信息。主动分洪模型中，二维水流模拟以老龙口为进水口，以老坎子为出水口，老龙口进水和老坎子出水通过采用给定的进水过程线和出水过程线，采用二维非恒定流模型模拟蓄滞洪区内洪水的演进过程，得到典型年蓄滞洪区内的淹没水深、淹没历时、到达时间等风险信息。

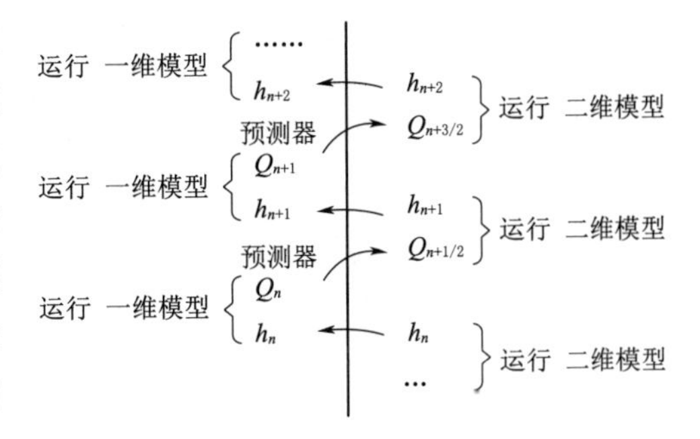

图 5.4-5　耦合模型耦合过程示意图

5.4.2.1　河道一维模型构建

1. 建模范围

一维模型建模对象包括嫩江、松花江两条河流。其中嫩江计算范围为从大赉水文站至二松汇松花江处，松花江计算范围为从第二松花江汇入处至下岱吉水文站。

2. 模型构建流程

一维河道水力学模型采用 MIKE 11 软件构建，建模流程为：①构建河网文件（文件扩展名：*.nwk11)；②构建断面文件（文件扩展名：*.xns11)；③设置边界条件，构建边界文件（文件扩展名：*.bnd11)；④根据水文计算成果，构建时间序列文件（文件扩展名：*.dfs0)；⑤设置初始条件，构建参数文件（文件扩展名：*.hd11)；⑥设置计算时间步长，构建模拟文件（文件扩展名：*.sim11)。建模流程如图 5.4-6 所示。

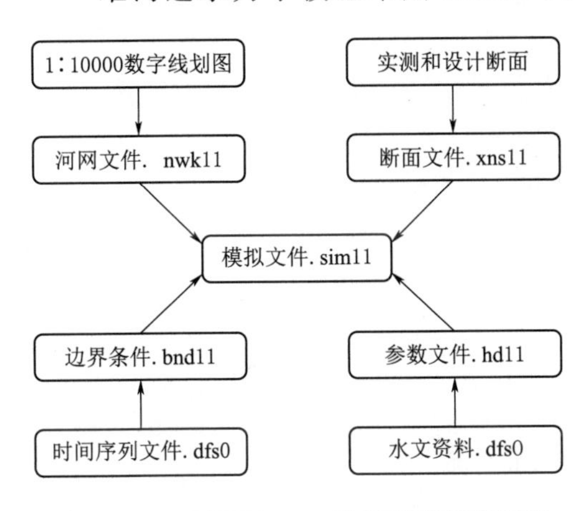

图 5.4-6　MIKE 11 一维河道建模流程图

(1) 河网文件。在 1∶10000 矢量图层上提取河道计算范围内干流图层 shp 文件，导入 MIKE 11，胖头泡蓄滞洪区没有涉及第二松花江左右岸保护区，在构建河网文件过程中，第二松花江以点源的形式输入松花江干流，从而构建河网文件。

根据一维模型计算范围，构建胖头泡蓄滞洪区一维河网文件，如图 5.4-7 所示。

(2) 断面文件。采用收集到的实测断面及补充测量的断面资料作为河道一维模型计算断面，一维模型考虑了嫩江和松花江两条河道，河道总长 15km，设置断面 20 个，断面分布情况如图 5.4-8 所示。

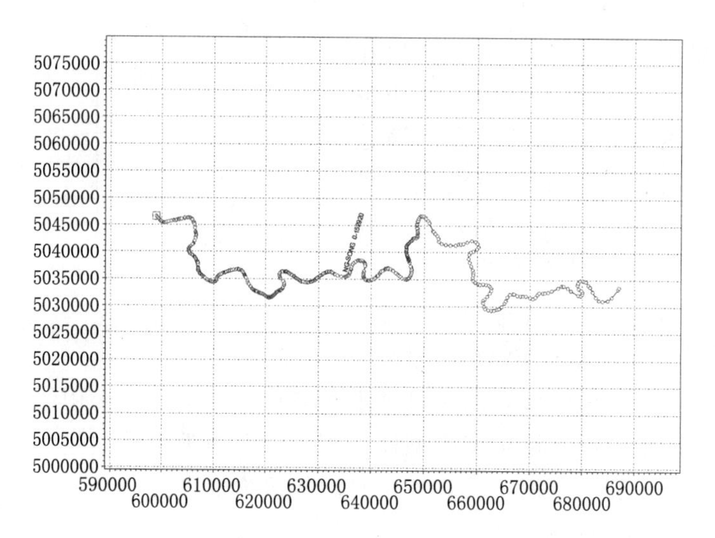

图 5.4-7　胖头泡蓄滞洪区河网文件示意图

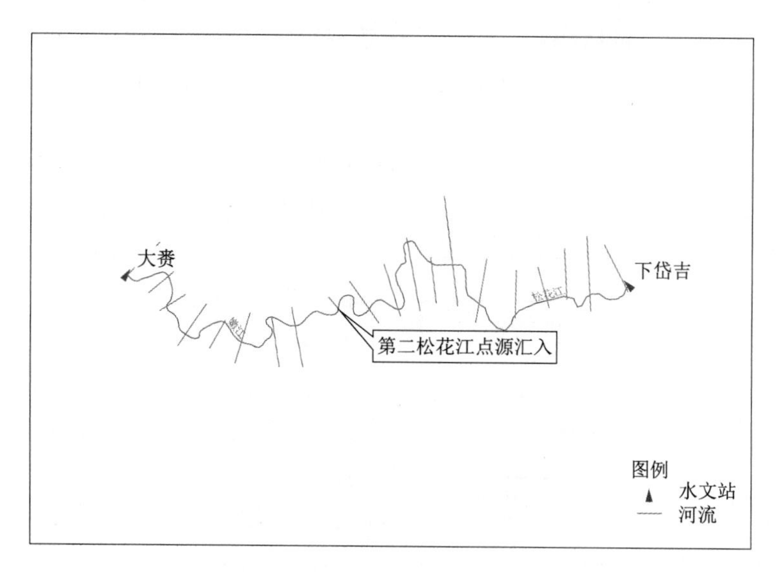

图 5.4-8　断面分布情况

将整理好的河道断面数据导入到 MIKE 11 模型中，建立断面文件，如图 5.4-9 所示。

(3) 边界文件。边界条件分为外部边界条件和内部边界条件。外部边界是指流入和流出模型区域的自由端，内部边界是指从河道某点流入或流出模型区域的地方，可根据实际情况设定。本次计算的外部边界条件包括河道的上边界和下边界，河道的上边界设置进口流量过程，下边界设置水位流量关系，见表 5.4-1。

在 MIKE 11 软件中，流量过程是以等时间序列文件形式加入模型中，如图 5.4-10 所示（以 1998 年典型入流过程为例）。

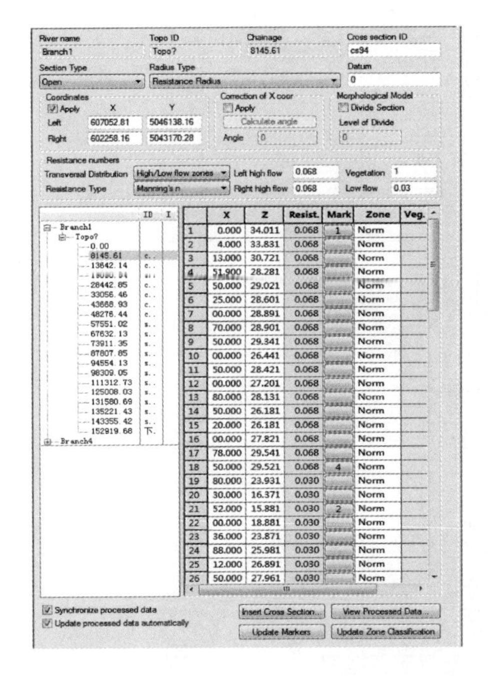

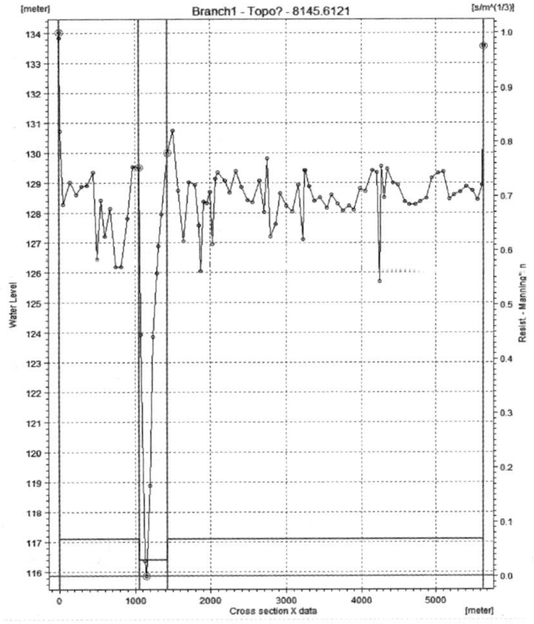

图 5.4-9 河道断面设置示意图

表 5.4-1 **一维模型边界设置统计表**

河流名称	上边界	下边界
嫩江	设计洪水过程	无
松花江	无	水位流量关系
第二松花江	设计洪水过程	内边界：以点源形式加入松花江

(4) 参数文件。

初始条件：初始条件设定的目的是让模型平稳启动，所以原则上初始水位和流量的设定应尽可能与模拟开始时刻的河网水动力条件一致。本次计算中，各河道初始状态取洪水过程第 1 个时段流量迭代至恒定。

河床糙率：胖头泡蓄滞洪区外河道糙率选取参考《水工设计手册》（第一册）、《黑龙江省嫩江干流工程初步设计》（黑龙江省水利水电勘测设计研究院）、《松花江流域防洪规划》（内蒙古自治区水利水电勘测设计院）等相关资料，初选各河段糙率，最终采用值通过率定和验证确定，在 MIKE 11 软件中，主槽和滩地的糙率值可在断面文件中进行设置[7-9]。

(5) 模拟文件。建立模拟文件，选择水动力模型，设定模拟方式为非恒定流，引入河网文件、断面文件、边界文件、参数文件，通过模拟文件编辑器把所有文件链接起来，同时定义模拟时间步长、结果输出文件名等。时间步长的确定与河床地形与边界条件密切相关，经反复试算调整，时间步长设为 10s 时，模型可稳定收敛计算，输

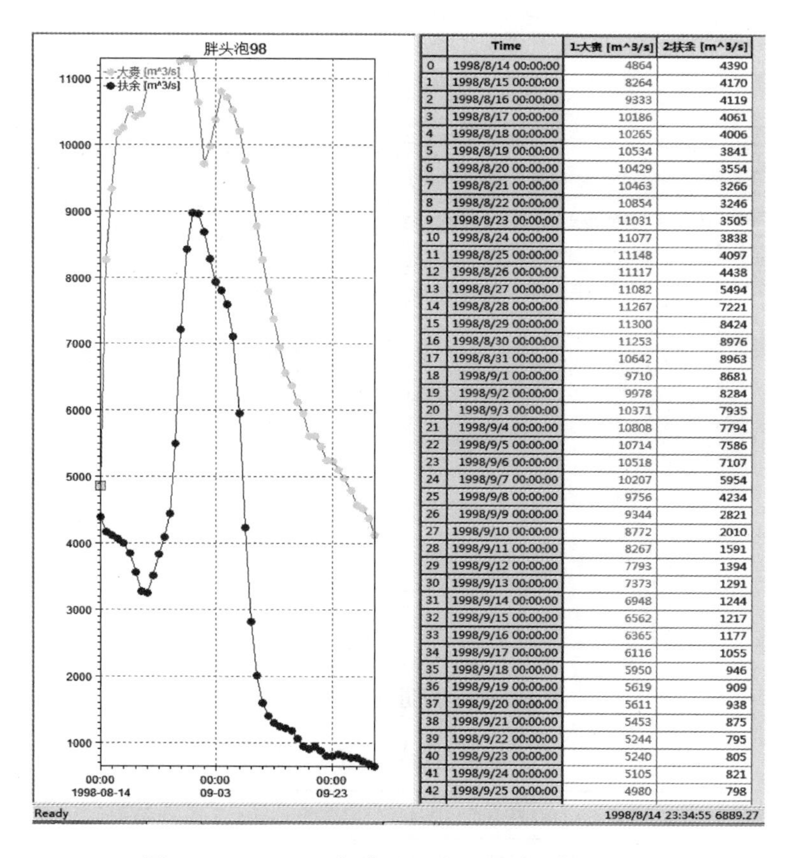

	Time	1:大赉 [m^3/s]	2:扶余 [m^3/s]
0	1998/8/14 00:00:00	4864	4390
1	1998/8/15 00:00:00	8264	4170
2	1998/8/16 00:00:00	9333	4119
3	1998/8/17 00:00:00	10186	4061
4	1998/8/18 00:00:00	10265	4006
5	1998/8/19 00:00:00	10534	3841
6	1998/8/20 00:00:00	10429	3554
7	1998/8/21 00:00:00	10463	3266
8	1998/8/22 00:00:00	10854	3246
9	1998/8/23 00:00:00	11031	3505
10	1998/8/24 00:00:00	11077	3838
11	1998/8/25 00:00:00	11148	4097
12	1998/8/26 00:00:00	11117	4438
13	1998/8/27 00:00:00	11082	5494
14	1998/8/28 00:00:00	11267	7221
15	1998/8/29 00:00:00	11300	8424
16	1998/8/30 00:00:00	11253	8976
17	1998/8/31 00:00:00	10642	8963
18	1998/9/1 00:00:00	9710	8681
19	1998/9/2 00:00:00	9978	8284
20	1998/9/3 00:00:00	10371	7935
21	1998/9/4 00:00:00	10808	7794
22	1998/9/5 00:00:00	10714	7586
23	1998/9/6 00:00:00	10518	7107
24	1998/9/7 00:00:00	10207	5954
25	1998/9/8 00:00:00	9756	4234
26	1998/9/9 00:00:00	9344	2821
27	1998/9/10 00:00:00	8772	2010
28	1998/9/11 00:00:00	8267	1591
29	1998/9/12 00:00:00	7793	1394
30	1998/9/13 00:00:00	7373	1291
31	1998/9/14 00:00:00	6948	1244
32	1998/9/15 00:00:00	6562	1217
33	1998/9/16 00:00:00	6365	1177
34	1998/9/17 00:00:00	6116	1055
35	1998/9/18 00:00:00	5950	946
36	1998/9/19 00:00:00	5619	909
37	1998/9/20 00:00:00	5611	938
38	1998/9/21 00:00:00	5453	875
39	1998/9/22 00:00:00	5244	795
40	1998/9/23 00:00:00	5240	805
41	1998/9/24 00:00:00	5105	821
42	1998/9/25 00:00:00	4980	798

图 5.4-10　1998 年典型入流过程时间序列文件

出结果根据文件大小和精度需要，间距取 1h。

5.4.2.2　平面二维模型构建

1. 建模范围与网格剖分

（1）建模范围。二维模型计算范围为整个蓄滞洪区，东面以安肇新河右堤、马营子堤段、格吉堤防、大兴堤防为界，西面以嫩江左岸分水岭为界，南边以松花江左岸分水岭为界，北边以南引水库 33 号围堤，主要以 144m 等高线为边界，计算面积约为 1994km²，计算范围如图 5.4-11 所示。

（2）网格剖分。二维模型计算区网格采用不规则三角形网格进行剖分，网格面积控制在 0.1km² 以内，胖头泡蓄滞洪区总面积 1994km²，剖分后网格数为 39618 个，网格剖分示意图如图 5.4-12 所示。

2. 模型构建流程

蓄滞洪区地面二维模型采用 MIKE 21 软件构建，建模流程为：①创建蓄滞洪区地形文件（文件扩展名：.mesh）；②构建模拟文件（文件扩展名：.m21fm）；③设置边界条件；④设置模型基本参数和水动力参数；⑤添加构筑物；⑥输出模型计算结果（文件扩展名：.dfsu 文件）。建模流程如图 5.4-13 所示。

（1）建立胖头泡蓄滞洪区地形文件。对各计算分区进行网格剖分后，采用 1：

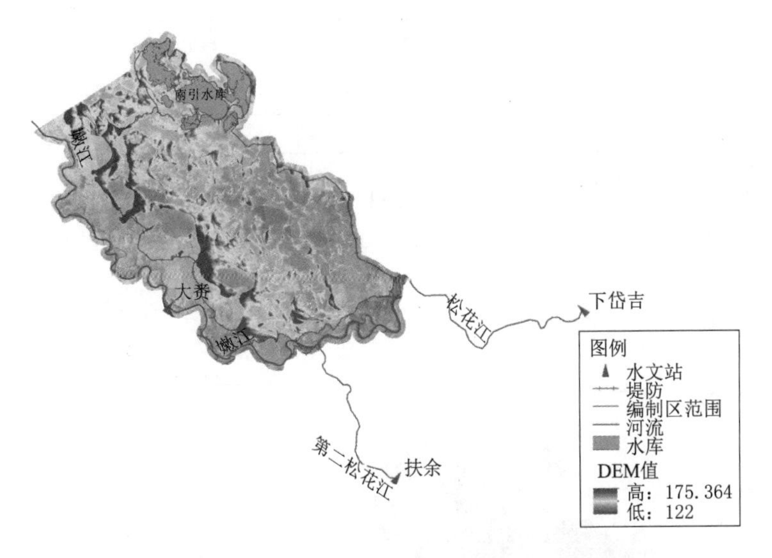

图 5.4-11　胖头泡蓄滞洪区二维模型计算范围

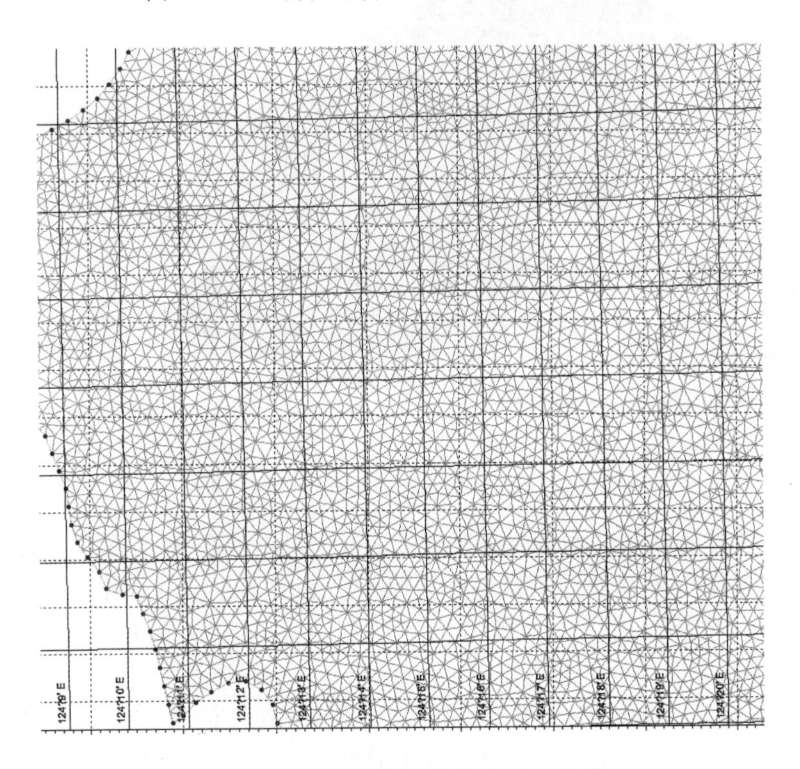

图 5.4-12　二维模型网格剖分示意图

10000 比例尺的高程数据，通过 ArcGIS 导出离散高程点，然后以文本形式导入 MIKE 21 的网格文件里，进行网格高程插值，得到胖头泡蓄滞洪区基础地形文件，如图 5.4-14 所示。

(2) 构建模拟文件。MIKE 21 水流模型是模拟二维自由表面水流的模型系统，在

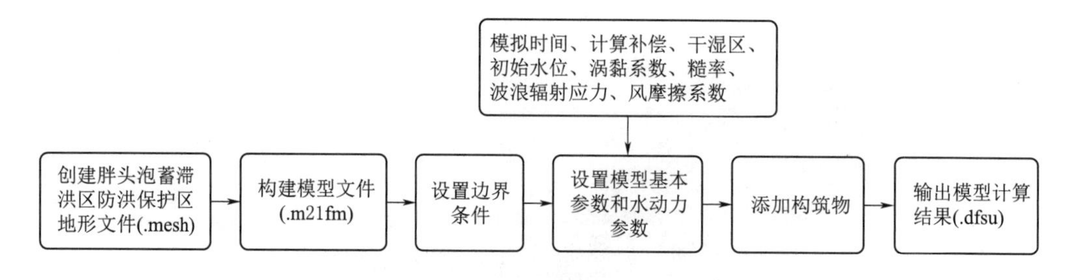

图 5.4-13 二维模型建模流程

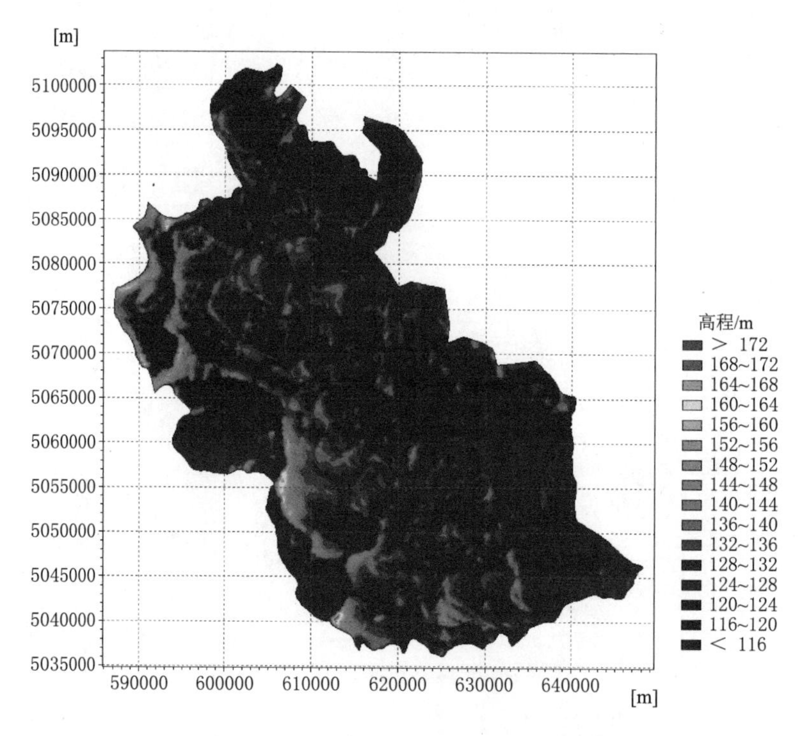

图 5.4-14 建立胖头泡蓄滞洪区地形

MIKE Zero 中创建适用于非规则网格的 . m21fm 文件，其界面如图 5.4-15 所示。

（3）边界条件。根据蓄滞洪区特性，洪水分析计算方案采用溃堤方案，通过构建洪水模型用于计算溃堤洪水对蓄滞洪区的影响。采用主动分洪和被动分洪两种方式。

（a）主动分洪。当嫩江干流上的大赉站、第二松花江的扶余站、拉林河的蔡家沟站这三站合成流量超过 17900m³/s 时，胖头泡采用主动分洪，分洪流量为三站合成流量与哈尔滨断面 100 年一遇洪峰流量之差，满足哈尔滨断面洪峰流量在发生 100～200 年一遇洪水（洪峰流量为 17900～22200m³/s）时，通过胖头泡分洪削减到 100 年一遇（洪峰流量为 17900m³/s）。

上边界：当嫩江干流上的大赉站、第二松花江的扶余站、拉林河的蔡家沟站这三站合成流量超过 17900m³/s 时，在老龙口处人为扒开一个口门，将嫩江的部分水引入

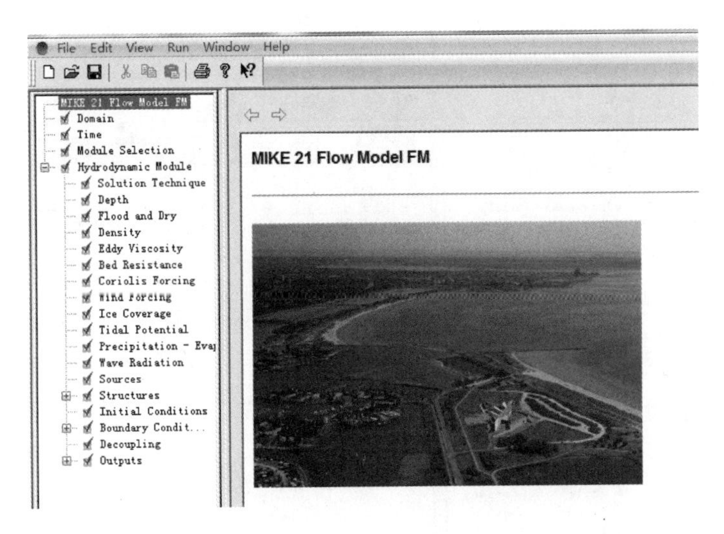

图 5.4-15 .m21m 文件界面

蓄滞洪区内。建立二维非恒定流模型时，将老龙口处设为上边界，通过点源给定入流过程。

下边界：区域内洪水在老坎子处排入松花江，因此，将该区域东南部老坎子处设为下边界，通过点源给定出流过程。

干湿边界：为避免过强浅水效应的影响，对过浅水域进行忽略处理，称为干湿边界，在模型中要选择使用干湿边界（Flood and Dry），如图 5.4-16 所示。然后定义干水深（Drying Depth）、淹没水深（Flooding Depth）和湿水深（Wetting Depth），当网格单元的水深小于干水深时网格单元不作为水域，之后，当该单元格水深大于淹没水深时，该单元格再次作为水域处理。

（b）被动分洪。二维水流模型的上游边界位于二维水流模型与溃堤模型的连接处，为动水位边界，由模型运行时自动计算；下游边界设置在计算分区下游边界处的松花江干流肇源堤防段，为水工建筑物（宽顶堰）边界（堰顶高程与堤顶高程一致），当蓄滞洪区水位超过堤顶高程时，则水流漫过堤防回归至河道。

（4）模型基本参数和水动力参数设置。

计算步长：计算时间步长是影响模型计算的一个比较重要的参数，为保证模型稳定运行且具有较高运行效率，模型根据网格质量、水流情况及区域地形复杂程度，最终确定运行时间步长为 5s。

初始水位：MIKE 21 模型初始水位的设置可以使用常数或从 dfsu 数据文件中读取。蓄滞洪区内水库、蓄滞洪区的初始水位按照现状蓄水位赋值，其他区域按照干边界考虑，初始水深为 0，即初始水位为地面高程。

糙率：在二维水动力模型中，糙率以曼宁 M（单位为 $m^{1/3}/s$）来表示，胖头泡蓄滞洪区不同用地类型的糙率分布如图 5.4-17 所示。

涡黏系数：涡黏系数对计算结果无明显影响，采用默认值。

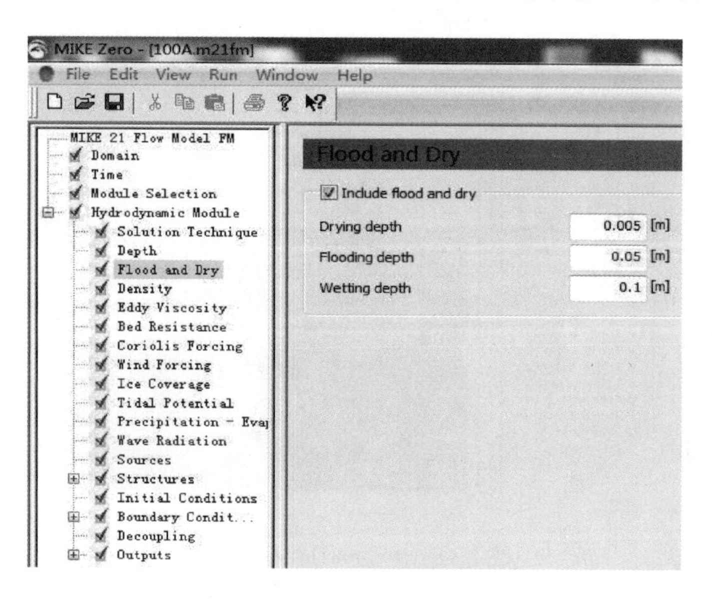

图5.4-16　设置干湿边界

波浪辐射应力和风摩擦系数：波浪辐射应力和风摩擦系数对计算结果无明显影响，采用默认值。

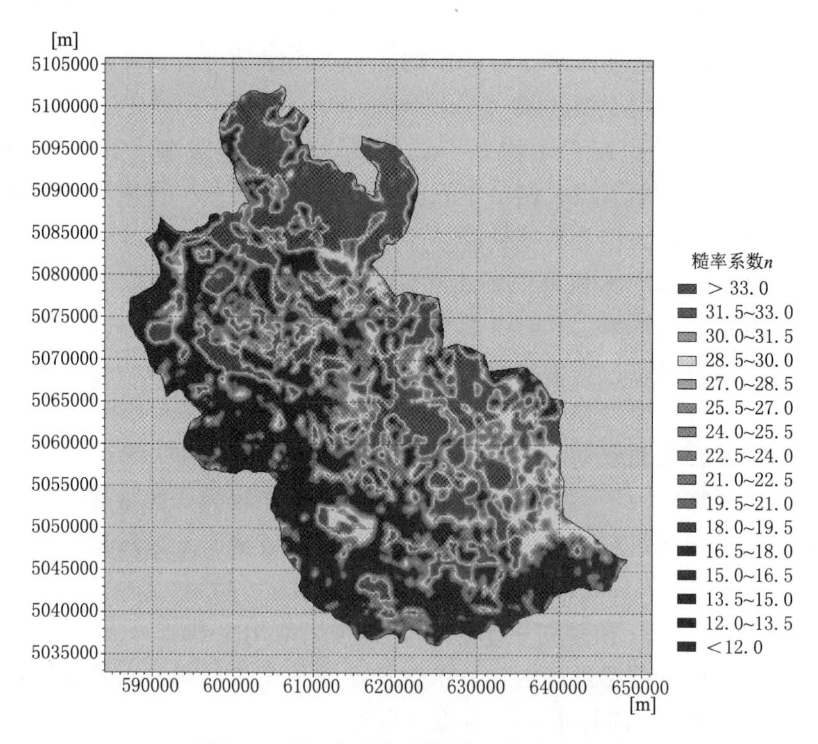

图5.4-17　胖头泡蓄滞洪区糙率分布图

（5）构筑物添加。蓄滞洪区的线状构筑物主要包括道路、堤防等各类线状地物，且只考虑可能对洪水进行阻滞的高出地面0.5m以上的线状地物。根据现场调查，蓄滞洪区内路基大于 0.5m 的线状地物主要有铁路、高速公路、国道等，蓄滞洪区内线状构筑物统计及设置情况如图 5.4－18 所示。

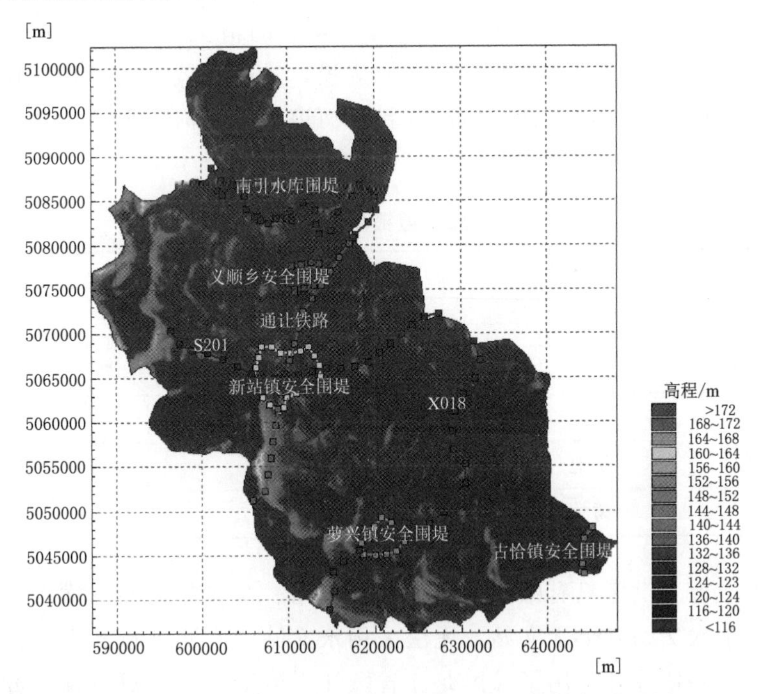

图 5.4－18　二维水动力模型中阻水线状构筑物设置图

5.4.2.3　模型耦合

胖头泡蓄滞洪区采用被动分洪时，为准确描述河道一维模型与地表二维模型之间的这种水量交互，需建立河道一维模型和地表二维模型的耦合模型。

一维模型的河道两岸和二维模型的蓄滞洪区地表采用侧向连接进行耦合，一维模型的河道上设置的溃口构筑物和二维模型的蓄滞洪区地表采用标准连接进行耦合。一维和二维模型的耦合采用 MIKE Flood 模块实现，模型耦合设置如图 5.4－19 所示。

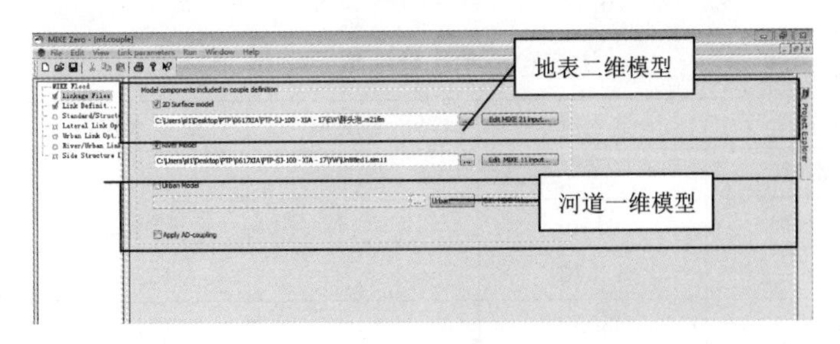

图 5.4－19　MIKE 11、MIKE 21 模型耦合设置

5.4.3　模型参数选取与率定

5.4.3.1　河道一维模型率定

对一维模型精度影响较大的参数主要为河道糙率，嫩江、松花江干流河床行洪区

两侧滩面宽阔平坦，土壤肥沃，历年水位上涨至滩地的次数很少，多数被垦为良田，滩地现种植了大面积高秆农作物，使得汛期河床阻力加大。松花江流域防洪规划及嫩江干流河道治理工程设计中，均按考虑河道清障后的情况，统一取河道糙率 0.03 计算河道水面线。由于河道内大量的良田已成规模，难以开展河道清障工作，考虑此实际情况，本次参照河道植被条件、地形资料、河道形态、河床形态等对河道横断面进行分区，各区分别采用不同糙率，成果见表 5.4-2。

表 5.4-2　　嫩江河道糙率取值表

序号	河床特性	主槽	边槽
1	主槽	0.025	
2	沙滩		0.03
3	草地		0.04
4	耕地		0.05
5	树林		0.065

由于胖头泡蓄滞洪区只有嫩江上的大赉水文站、松花江上的下岱吉水文站和第二松花江上的扶余水文站三个水文站，无法采用水文站的实测流量和水位进行一维模型率定。本次风险评估计算采用了《黑龙江省嫩江干流治理工程可行性研究》和《黑龙江省松花江干流治理工程可行性研究》中的 1998 年嫩江和松花江实测洪痕对河道沿程糙率进行了率定[10-11]，1998 年肇源县胖头泡决口，决口位置位于大赉水文站以上，大赉站 1998 年的实测水文资料是已经考虑过胖头泡跑水量，因此 1998 年的实测洪痕数据能真实反映 1998 年实际的洪水过程。以大赉站的实测流量过程、扶余站的实测流量过程作为嫩江、第二松花江的入流过程，通过调整嫩江和松花江主槽和滩地的糙率参数，使得各断面模拟水位与实测洪痕，误差在正负 20cm 以内，满足模型模拟精度要求，率定结果见表 5.4-3。

表 5.4-3　　嫩江和松花江糙率率定结果

序号	断面	里程/m	1998 年洪痕/m	模拟水位/m	误差/m
1	大赉站	0	133.98	134.16	0.18
2	cs94	8145	133.42	133.24	−0.18
3	cs95	13642	133.20	133.28	0.08
4	cs98	33056	131.47	131.50	0.03
5	cs99	43668	131.22	131.40	0.18
6	song1	57551	130.64	130.55	−0.09
7	song2	67632	130.47	130.59	0.12
8	song4	87807	129.79	129.78	−0.01
9	song5	94554	129.56	129.41	−0.15

续表

序号	断面	里程/m	1998年洪痕/m	模拟水位/m	误差/m
10	song6	98309	129.30	129.10	−0.20
11	song8	125008	128.77	128.74	−0.03
12	song9	131580	128.48	128.49	0.01
13	song10	135221	128.22	128.22	0.00
14	下岱吉站	152919	127.76	127.68	−0.08

5.4.3.2 平面二维模型率定

淹没区下垫面类型及糙率的选取对洪水分析结果有很大影响，地表类型及糙率确定的准确性取决于对下垫面地物分析的精度和用来率定模型糙率所需的实际洪水资料的准确性和全面性。根据胖头泡蓄滞洪区1998年的实际淹没情况调查，结合图5.4-20中土地利用和地物分布情况，共将淹没区分为居民用地、林地、旱地、水域、道路、裸地共6种地表类型，不同下垫面糙率取值见表5.4-4。

表5.4-4　　不同下垫面糙率表

下垫面	居民用地	林地	旱地	水域	道路	裸地	水田
糙率 n	0.07	0.065	0.06	0.03	0.03	0.035	0.05

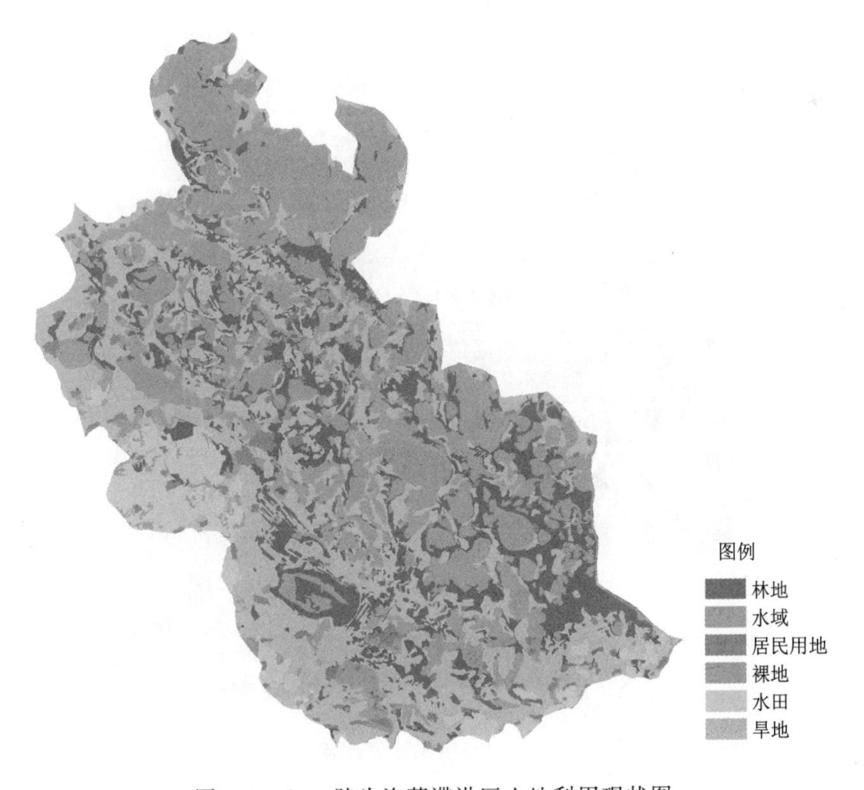

图5.4-20　胖头泡蓄滞洪区土地利用现状图

5.4.4 模型验证

5.4.4.1 河道一维模型验证

采用经过参数率定后的一维河道模型，计算嫩江和松花江河道的水面线，模型计算水位与《胖头泡蓄滞洪区初步设计报告》中嫩江和松花江的堤防设计水位（50年一遇设计洪水）的差值均小于0.2m，验证结果如图5.4-21所示。

5.4.4.2 二维水动力模型验证

采用1998年历史洪水过程对胖头泡蓄滞洪区二维数学模型进行验证，验证计算采用的决口入流过程线分别参考决口附近主要控制断面的典型洪水过程线，并结合调查的决口入流水量、历时、最大流量等资料综合确定。计算验证所需堤防决口时间、决口入流过程、淹没范围、历时、水深等参数多为灾后调查，可能会与实际数据存在一定出入，但淹没范围分布、淹没面积等参数误差应该较小。

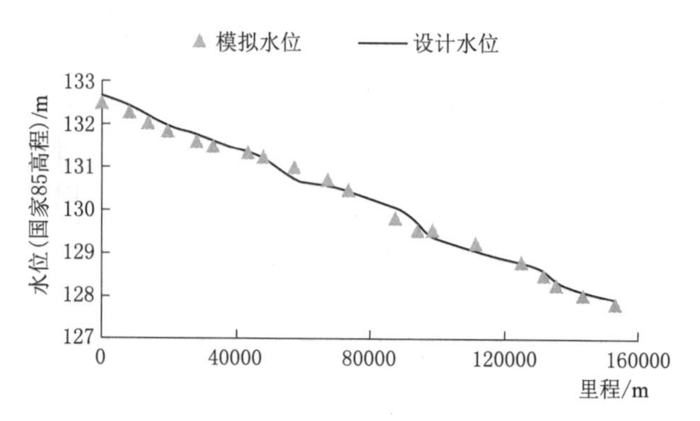

图5.4-21 50年一遇设计水面线与模型计算水面线的比较

(1) 1998年洪水淹没范围。图5.4-22为1998年大洪水过后美国陆地卫星(TM)和加拿大雷达卫星(RADAR-SAT)的遥感影像合成图。

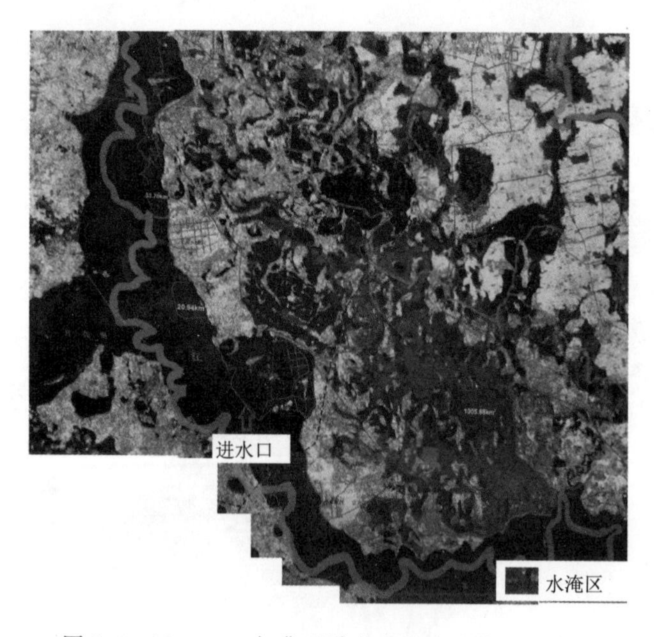

图5.4-22 1998年典型洪水实况淹没范围示意图

（2）堤防溃决洪水过程线。1998 年大洪水后，黑龙江省水利水电勘测设计研究院相关研究人员推算了胖头泡堤决口流量过程和老坎子堤段的退水过程，其中决口流量过程见表 5.4-5，老坎子退水过程见表 5.4-6。

表 5.4-5　1998 年胖头泡堤决口进水流量过程

时间	决口流量/(m^3/s)	时间	决口流量/(m^3/s)
8月13日	0	9月2日	2000
8月14日	0	9月3日	1970
8月15日	74	9月4日	1920
8月16日	1300	9月5日	1680
8月17日	3580	9月6日	1450
8月18日	4710	9月7日	1420
8月19日	4190	9月8日	1370
8月20日	3950	9月9日	1320
8月21日	3650	9月10日	1280
8月22日	3350	9月11日	1240
8月23日	3230	9月12日	1200
8月24日	3110	9月13日	1170
8月25日	2730	9月14日	1140
8月26日	2400	9月15日	1100
8月27日	2330	9月16日	1070
8月28日	2250	9月17日	1040
8月29日	2170	9月18日	1010
8月30日	2080	9月19日	986
8月31日	2020	9月20日	966
9月1日	2000		

表 5.4-6　1998 年老坎子退水流量过程

时间	退水流量/(m^3/s)	时间	退水流量/(m^3/s)
8月28日	0	9月3日	958
8月29日	60	9月4日	1483
8月30日	140	9月5日	1798
8月31日	220	9月6日	1972
9月1日	300	9月7日	1909
9月2日	407	9月8日	1998

续表

时间	退水流量/(m^3/s)	时间	退水流量/(m^3/s)
9月9日	1893	9月24日	950
9月10日	1911	9月25日	890
9月11日	1708	9月26日	860
9月12日	1607	9月27日	830
9月13日	1560	9月28日	780
9月14日	1490	9月29日	730
9月15日	1420	9月30日	690
9月16日	1360	10月1日	670
9月17日	1310	10月2日	640
9月18日	1250	10月3日	600
9月19日	1190	10月4日	560
9月20日	1140	10月5日	540
9月21日	1090	10月6日	520
9月22日	1040	10月7日	490
9月23日	990		

（3）糙率参数取值。根据1999年6月卫星图像的土地类型分类成果，对模型建模区域的地表进行了分析，主要以绿植、裸土、盐碱地与水域为主，不同区域采用的糙率值见表5.4-7。

表5.4-7　　模型验证的下垫面糙率取值

下垫面	糙率 n	下垫面	糙率 n
居民用地	0.07	道路	0.03
林地	0.065	裸地	0.035
旱田	0.06	水域	0.030
水田	0.05		

（4）验证结果。从模型计算结果来看，胖头泡分洪淹没区共计1140.58km^2，平均淹没水深2.84m，如图5.4-23所示。其中通让铁路以西淹没面积为382.68km^2，洪水总量为13.2亿m^3，平均水深为3.45m。通让铁路以东到库里泡泄洪渠之间淹没面积为757.9km^2，洪水总量为19.17亿m^3，平均水深2.53m。

从实际统计结果来看，胖头泡蓄滞洪区决堤淹没面积1160km^2，平均淹没水深3.05m，其中通让铁路以西淹没面积为450km^2，洪水总量为17.3亿m^3，平均水深为3.85m。通让铁路以东到库里泡泄洪渠之间淹没面积为711km^2，洪水总量为18.2亿

m^3，平均水深 2.55m。从图 5.4-24 中实际调查淹没范围与模拟计算淹没范围的比较结果来看，模拟淹没范围与实际调查范围基本一致，局部偏小，整体相差不大，模型能够满足胖头泡蓄滞洪区洪水风险评估的精度要求。

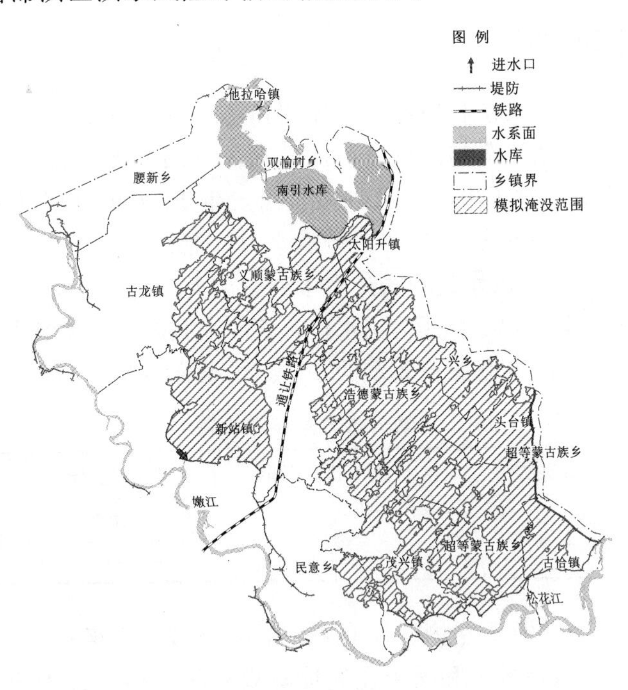

图 5.4-23 二维模型模拟计算的淹没范围

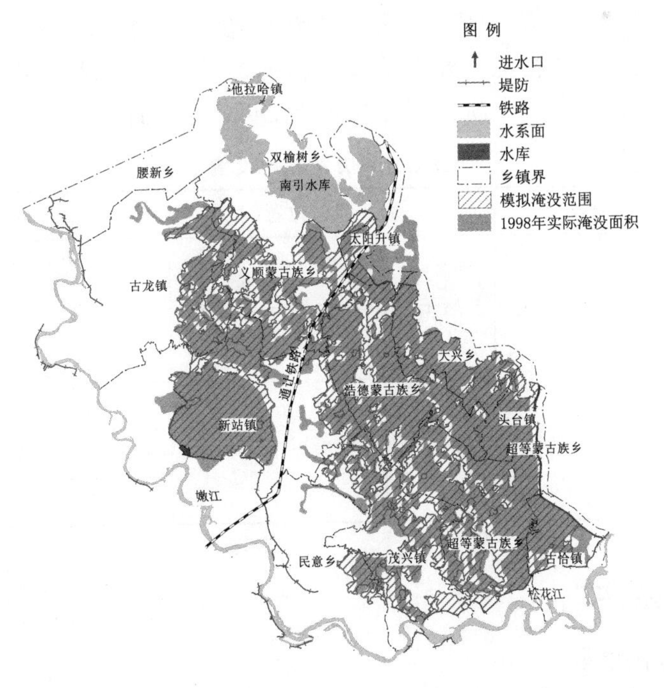

图 5.4-24 实际调查淹没范围与模拟计算淹没范围的比较

5.5 洪水计算成果与风险要素分析

5.5.1 洪水计算方案

综合考虑嫩江干流、二松和松花江干流河道堤防和蓄滞洪区情况，将计算方案分为人工扒口门的主动分洪方案和溃堤分洪的被动方案两大类型。

（1）主动分洪方案。对于主动分洪方案，当发生1957年典型洪水时，老龙口分洪口门宽度设定为375m；当发生1998年典型洪水时，老龙口分洪口门宽度设定为360m。给定1957年和1998年典型洪水过程线让洪水通过老龙口进水口，分流洪水进入蓄滞洪区内，然后给定出水过程线以老坎子为出水口，蓄滞洪区内的洪水演进至老坎子后流回松花江，通过蓄滞洪区的调节以保证哈尔滨的安全。主动分洪方案共两个，详见表5.5-1。

表5.5-1 主动分洪方案参数设置

方案编号	方案类型	人工扒口位置	溃口宽度/m	河道洪水量级
1	主动分洪	老龙口	360	1998年典型
2			375	1957年典型

（2）被动分洪方案。嫩干左侧堤防现状防洪标准为35年一遇，松干左侧堤防现状防洪标准为20年一遇，嫩干和松干左侧堤防规划防洪标准都为50年一遇，目前嫩江干流肇源段、松花江干流肇源至哈尔滨段堤防均已达标，因此选定的洪水量级为20年一遇、50年一遇和100年一遇。以大赉站为上边界，下岱吉站为下边界，二松支流汇入建立一维模型，在二松汇流处上游嫩干勒勒营子0+540和二松汇入处下游松干肇源堤17+910处各设立一个溃口，总共6个溃堤方案，详见表5.5-2。

表5.5-2 被动分洪方案参数设置

方案编号	方案类型	堤防溃口位置		溃口宽度/m	河道洪水量级
1	溃堤	嫩干	勒勒营子0+540	300	20年一遇
2				300	50年一遇
3				300	100年一遇
4		松干	肇源堤17+910	300	20年一遇
5				300	50年一遇
6				300	100年一遇

5.5.2 边界条件

5.5.2.1 主动分洪模型

主动分洪模型用于哈尔滨站超100年一遇洪水，根据主动分洪方案设置，二维蓄滞洪区演进模型边界条件如下：

溃堤模型需要处理的边界条件为溃口形态的变化过程，采用预先制定的溃口形态变化过程结果。由于溃堤洪水模型与一维、二维水流模型进行联立求解，三者连接处的边界条件不需设定。

5.5.2.2 被动分洪模型

被动分洪模型用于溃堤方案的计算，根据溃堤方案设置，洪水模型一维、二维模型边界条件如下：

(1) 河道一维模型边界条件。一维非恒定流模型的边界条件包括上边界条件、下边界条件以及内部边界条件。边界条件的选择取决于模拟对象的物理特性和资料条件。一维非恒定流模型的上边界条件一般选用流量过程，下边界条件一般选用水位过程或水位-流量关系曲线，内部边界根据模型的实际条件给出。

1) 外部边界。

上游边界：洪水分析时共设置了两个上边界，嫩江上边界位于嫩江干流大赉水文站，采用大赉站相应的设计洪水过程，设置为开边界；第二松花江作为松花江干流的支流，上边界第二松花江扶余水文站，采用扶余站相应的设计洪水过程，设置为点源边界。

下游边界：洪水分析时设置了1个下边界，松花江下边界位于下岱吉水文站，采用下岱吉水文站的水位-流量关系曲线作为河道模型的下边界条件，设置为开边界，边界位置见表5.5-3。边界位置分布见图5.5-1，大赉站、扶余站设计洪水过程线及下岱吉水位流量关系曲线如图5.5-2～图5.5-4所示。

表5.5-3　一维数学模型边界条件统计

项目	所属河流	边界条件	模型设置形式
上游边界	嫩江干流	大赉站各频率设计洪水过程线	开边界
	第二松花江	扶余站同频率设计洪水过程线	点源
下游边界	松花江干流	下岱吉站水位流量关系	开边界

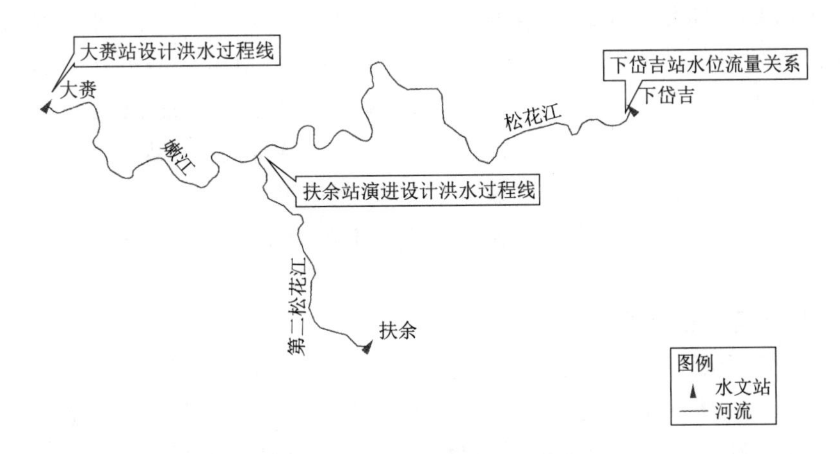

图5.5-1　模型边界位置示意图

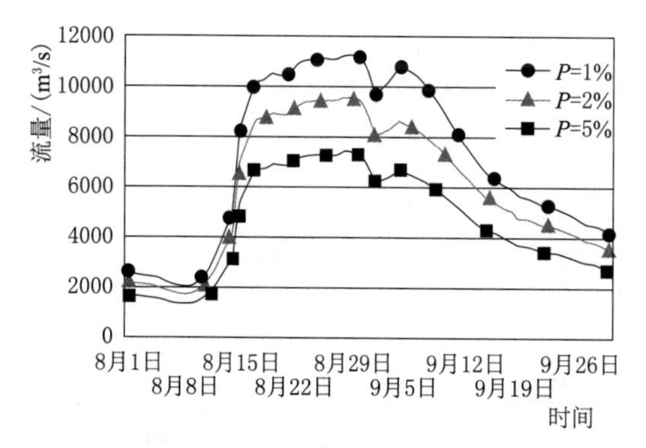

图5.5-2　大赉站设计洪水过程线图

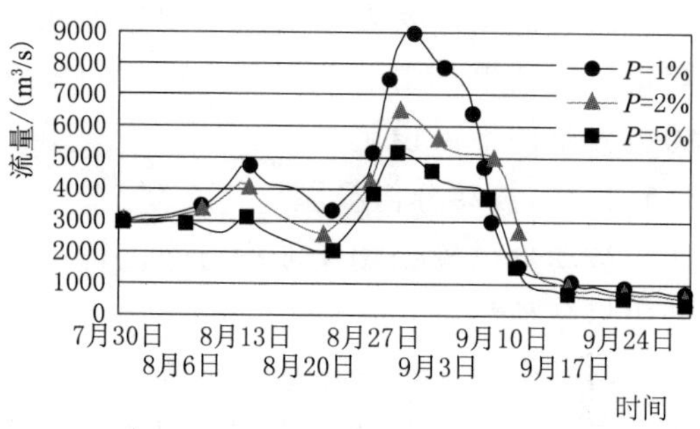

图5.5-3　扶余站设计洪水过程线图

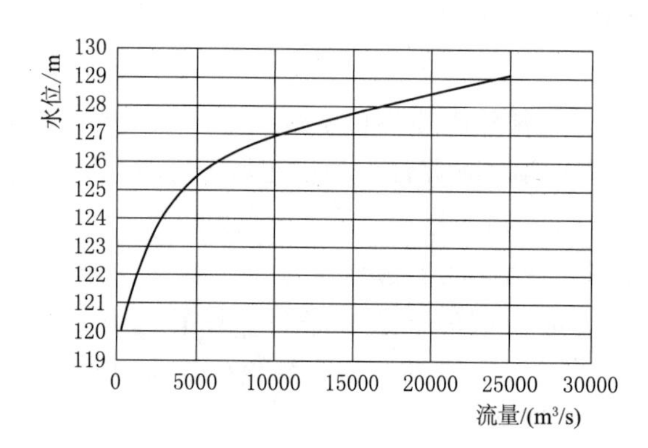

图5.5-4　下岱吉站水位流量关系图

2）内部边界。各溃口方案的内部边界分别设定为各溃口上游断面的流量过程，该过程从相应工况相应频率的河道演进方案中提取。

（2）平面二维模型边界条件。二维水流模型设置了上游边界与下游边界。上游边界位于二维水流模型与溃堤模型的连接处，为动水位边界，由模型运行时自动计算；下游边界设置在松花江干流老坎子附近，退水口口门宽度为250m。

5.5.3　洪水计算成果及合理性分析

5.5.3.1　洪水计算成果

模型方案计算得到的主要结果包括最大淹没水深、洪水淹没面积、溃口流量过程及总水量等信息，各方案的计算结果见表5.5-4。从表5.5-4中可以看出，由于蓄滞洪区内地势较平坦，溃堤跑水水量较大，上游溃口溃堤洪水会顺地势蔓延至下游很远区域，淹没面积较大。单一溃口100年一遇溃堤洪水淹没面积较大的是肇源堤溃口，淹没面积为778.37km²；淹没面积较小的是勒勒营子堤溃口，淹没面积为582.2km²。溃口洪峰流量因受溃口底高程和堤外地形的影响，不同溃口位置相差较大，100年一遇洪水时，勒勒营子堤溃口洪峰流量为1237.15m³/s，肇源堤溃口洪峰流量为1806.079m³/s。

5.5.3.2　各方案计算结果分析

（1）勒勒营子溃口。勒勒营子溃口位于二松汇流处上游左堤0+540处，以100年一遇洪水为例，嫩江干流发生100年一遇洪水，勒勒营子溃口处河道达到特征水位131.58m，开始发生溃决，最大溃口宽度300m，溃口最大流量1237.15m³/s。至洪水过程结束，共进入蓄滞洪区总水量 70695.19 万 m^3，最大淹没范围 582.20km^2，最大淹没水深达 4.32m。各洪水工况溃口流量过程如图 5.5-5 所示，各洪水工况溃口最大淹没范围如图 5.5-6～图 5.5-8 所示。

表 5.5-4　　不同方案的计算结果汇总表

方案编码	溃口位置	溃决特征水位 /m	溃口最大流量 /(m^3/s)	最大水深 /m	淹没面积 /km^2	溃口洪量 /万 m^3
LLYZ-100	勒勒营子堤	131.58	1237.15	4.32	577.28	70695.19
LLYZ-50		131.58	1206.14	3.87	245.58	16480.96
LLYZ-20		130.91	569.10	2.11	39.20	3927.93
ZYD-100	肇源堤	130.73	1806.08	4.90	773.01	155192.62
ZYD-50		130.73	1300.19	3.99	524.30	86688.21
ZYD-20		130.09	750.72	3.24	418.64	46496.96
1998 年典型	老龙口	人工	4806.00	10.08	1078.46	160859.52
1957 年典型			3985.00	9.85	1102.79	375883.20

（2）肇源堤溃口。肇源堤溃口位于二松汇入处下游松干肇源堤 17＋910 处，以 100 年一遇洪水为例，嫩江干流发生 100 年一遇洪水，肇源堤溃口处河道达到特征水位 130.73m，开始发生溃决，最大溃口宽度 300m，溃口最大流量 1806.08m^3/s。至洪水过程结束，共进入蓄滞洪区总水量 155192.62 万 m^3，最大淹没范围 778.37km^2，最大淹没水深达 4.9m。

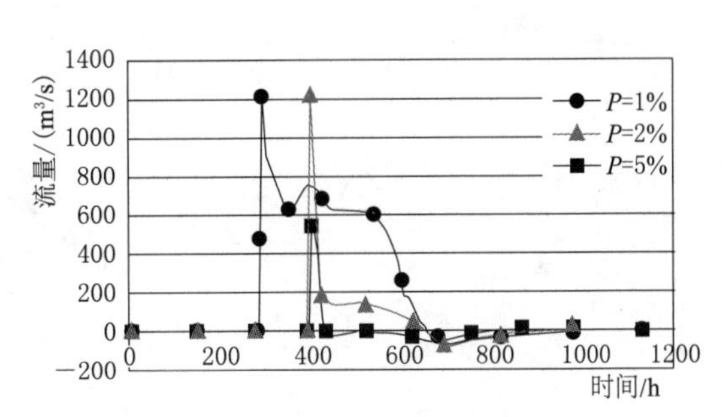

图 5.5-5　勒勒营子溃口各方案流量过程线

分析肇源堤溃口各方案的溃口流量过程线，不同频率的溃口均存在回水现象，其中 100 年一遇洪水的溃口回水量最大，这是由于溃口的底部高程较低，溃口附近蓄滞洪区的水位大于河道水位，导致溃堤洪水从蓄滞洪区流入河道。各洪水工况溃口流量过程如图 5.5-9 所示，各洪水工况溃口最大淹没范围如图 5.5-10～图 5.5-12 所示。

（3）1998 年典型方案。1998 年典型方案在老龙口处人工扒口，扒口宽度为 360m，溃口最大流量 4806m^3/s。至洪水过程结束，共进入蓄滞洪区总水量 160859.52 万 m^3，最大淹没范围 1078.46km^2，最大淹没水深达 10.08m。1998 年典型年溃口流量过程为人工给定流量，如图 5.5-13 所示，溃口最大淹没范围如图 5.5-14 所示。

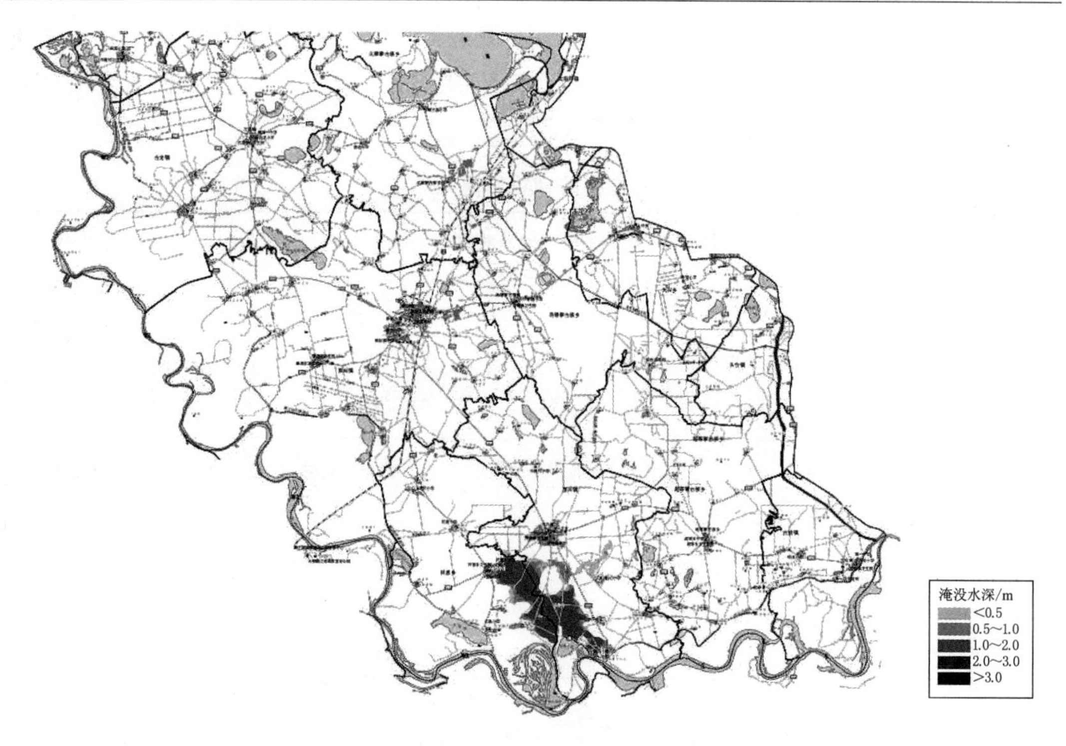

图5.5-6　勒勒营子溃口20年一遇洪水最大淹没范围示意图

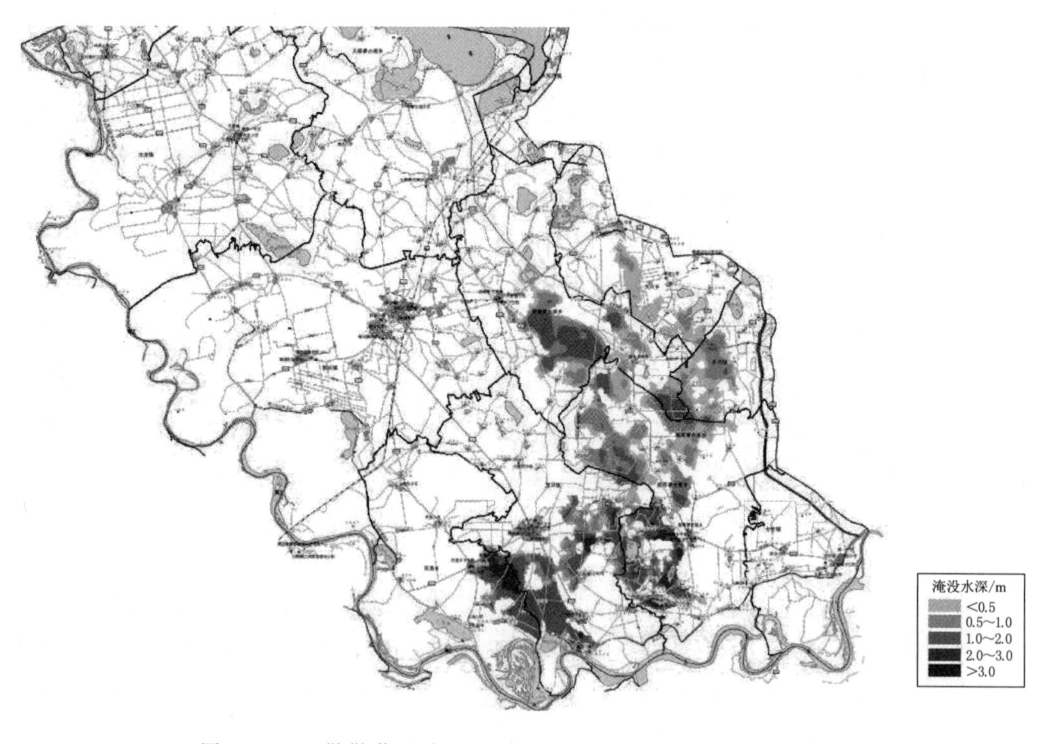

图5.5-7　勒勒营子溃口50年一遇洪水最大淹没范围示意图

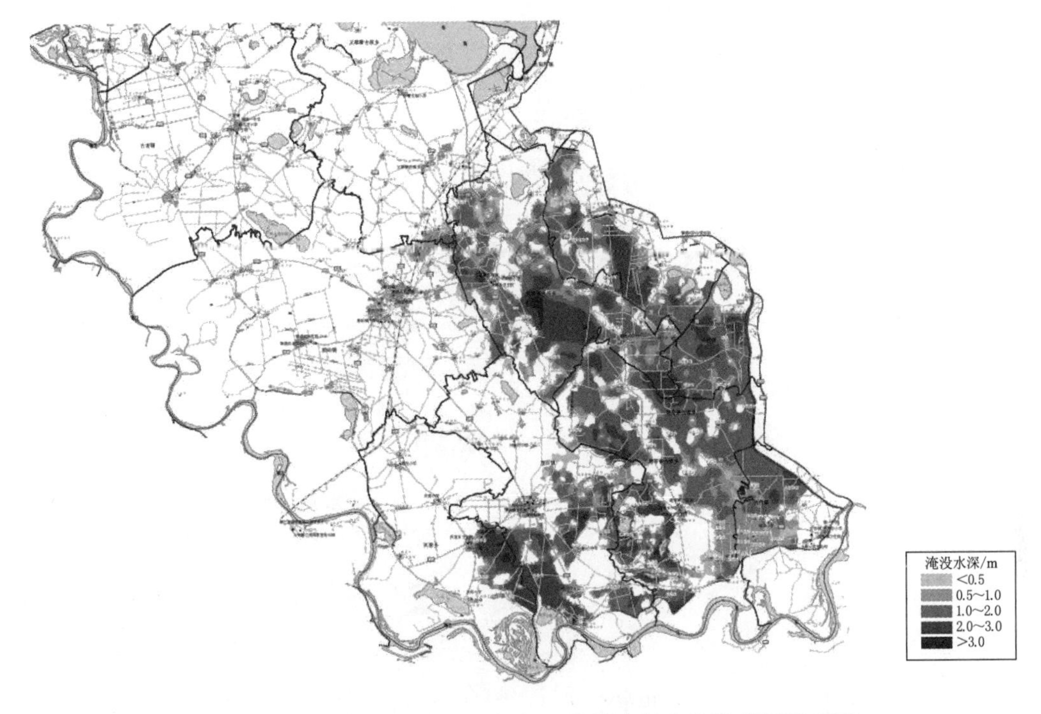

图 5.5-8 勒勒营子溃口 100 年一遇洪水最大淹没范围示意图

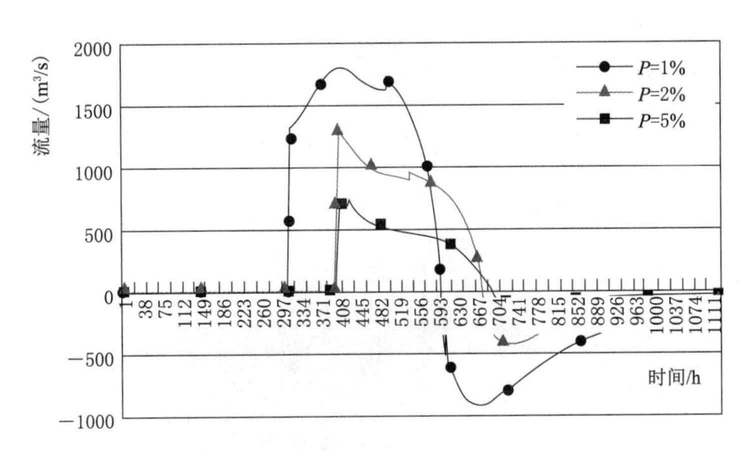

图 5.5-9 肇源堤溃口各方案流量过程线

(4) 1957 年典型方案。1957 年典型方案在老龙口处人工扒口，扒口宽度为 375m，溃口最大流量 3985m^3/s。至洪水过程结束，共进入蓄滞洪区总水量 375883.2 万 m^3，最大淹没范围 1102.79km^2，最大淹没水深达 9.85m。1957 年典型年溃口流量过程如图 5.5-15 所示，溃口最大淹没范围如图 5.5-16 所示。

(5) 胖头泡淹没范围。如果发生 100 年一遇洪水，勒勒营子和肇源堤全部发生溃口，最大淹没范围为 1350.29km^2，淹没范围如图 5.5-17 所示。

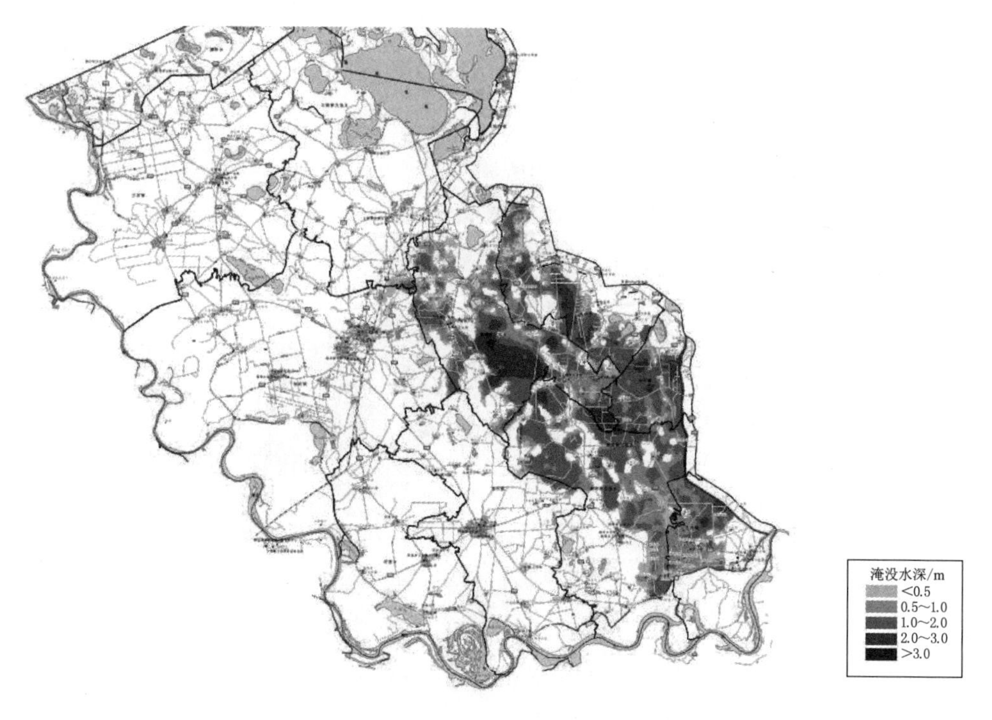

图 5.5-10　肇源堤溃口 20 年一遇洪水最大淹没范围示意图

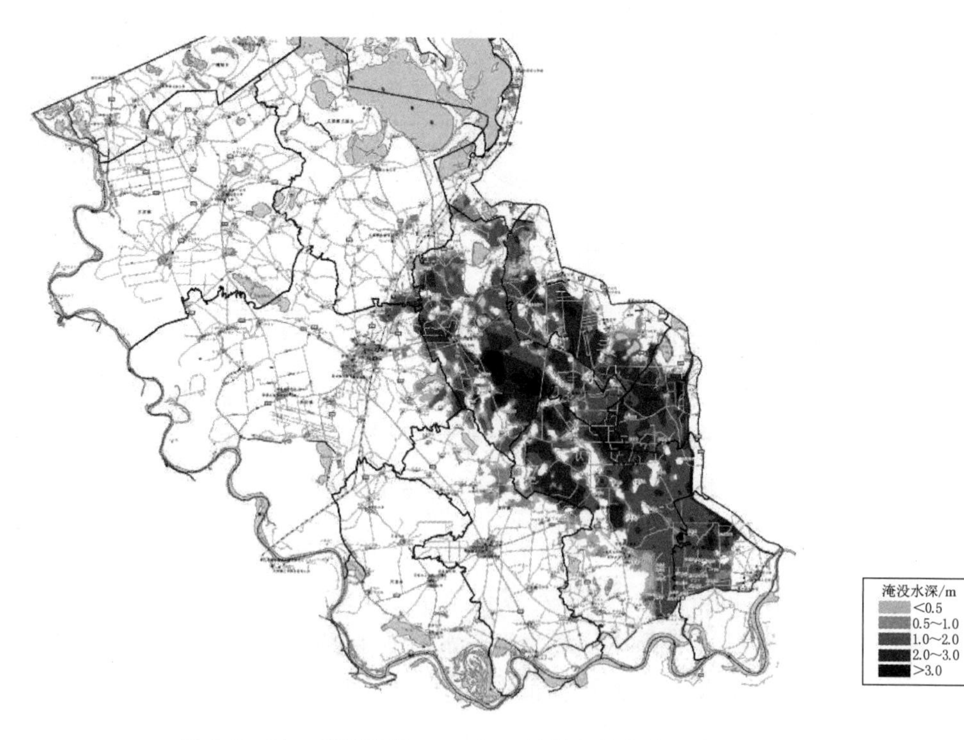

图 5.5-11　肇源堤溃口 50 年一遇洪水最大淹没范围示意图

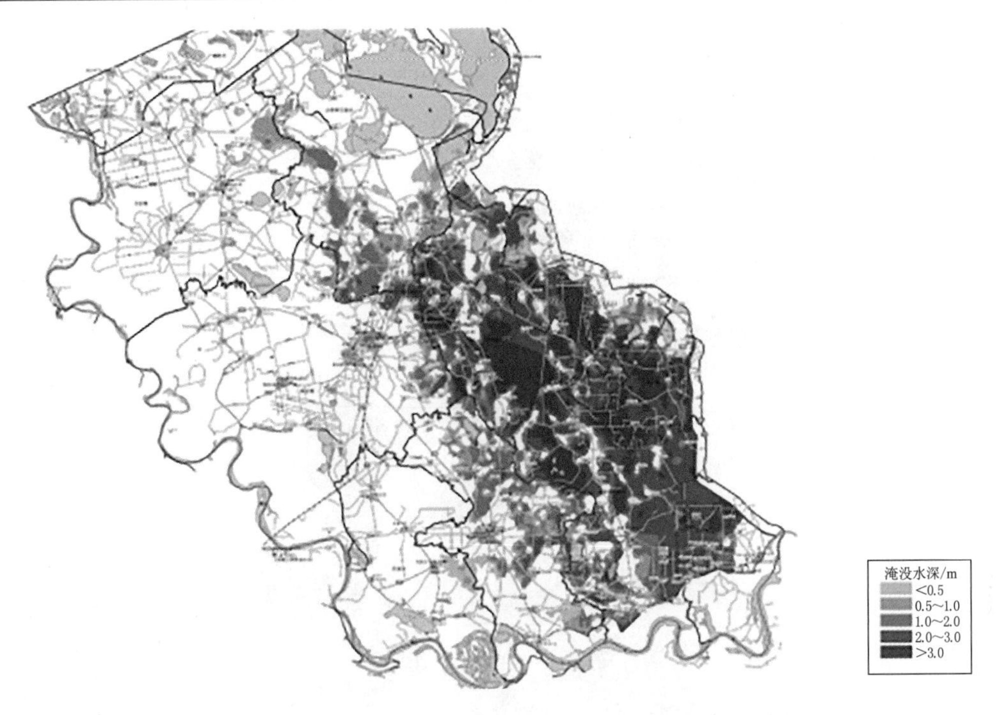

图 5.5-12　肇源堤溃口 100 年一遇洪水最大淹没范围示意图

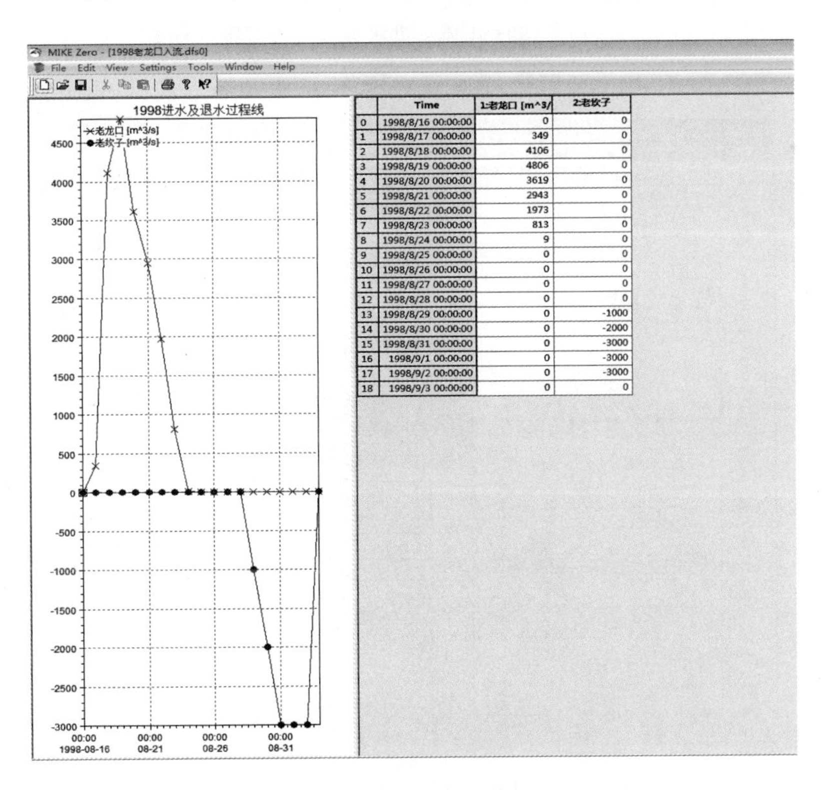

	Time	1:老龙口 [m^3/	2:老坎子
0	1998/8/16 00:00:00	0	0
1	1998/8/17 00:00:00	349	0
2	1998/8/18 00:00:00	4106	0
3	1998/8/19 00:00:00	4806	0
4	1998/8/20 00:00:00	3619	0
5	1998/8/21 00:00:00	2943	0
6	1998/8/22 00:00:00	1973	0
7	1998/8/23 00:00:00	813	0
8	1998/8/24 00:00:00	9	0
9	1998/8/25 00:00:00	0	0
10	1998/8/26 00:00:00	0	0
11	1998/8/27 00:00:00	0	0
12	1998/8/28 00:00:00	0	0
13	1998/8/29 00:00:00	0	-1000
14	1998/8/30 00:00:00	0	-2000
15	1998/8/31 00:00:00	0	-3000
16	1998/9/1 00:00:00	0	-3000
17	1998/9/2 00:00:00	0	-3000
18	1998/9/3 00:00:00	0	0

图 5.5-13　1998 年典型洪水溃口流量过程图

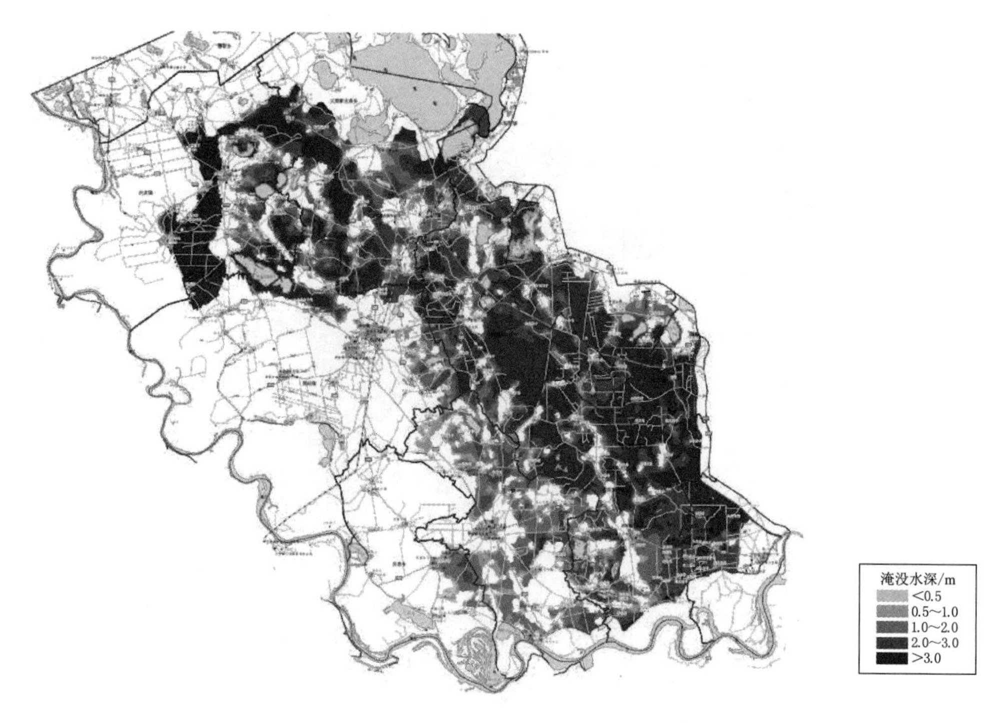

图 5.5-14　1998 年典型洪水最大淹没范围示意图

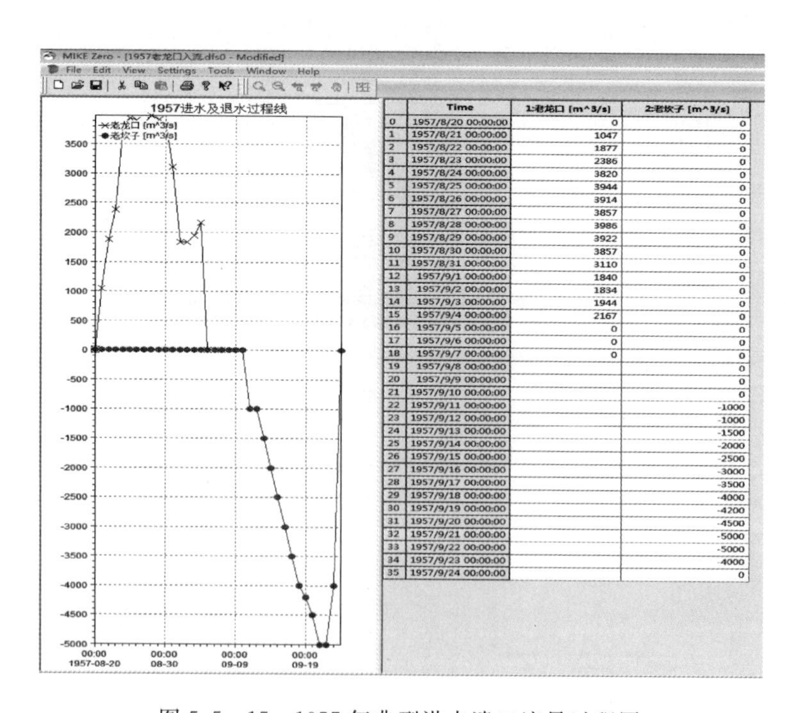

	Time	1:老龙口 [m^3/s]	2:老坎子 [m^3/s]
0	1957/8/20 00:00:00	0	0
1	1957/8/21 00:00:00	1047	0
2	1957/8/22 00:00:00	1877	0
3	1957/8/23 00:00:00	2386	0
4	1957/8/24 00:00:00	3820	0
5	1957/8/25 00:00:00	3944	0
6	1957/8/26 00:00:00	3914	0
7	1957/8/27 00:00:00	3857	0
8	1957/8/28 00:00:00	3986	0
9	1957/8/29 00:00:00	3922	0
10	1957/8/30 00:00:00	3857	0
11	1957/8/31 00:00:00	3110	0
12	1957/9/1 00:00:00	1840	0
13	1957/9/2 00:00:00	1834	0
14	1957/9/3 00:00:00	1944	0
15	1957/9/4 00:00:00	2167	0
16	1957/9/5 00:00:00	0	0
17	1957/9/6 00:00:00	0	0
18	1957/9/7 00:00:00	0	0
19	1957/9/8 00:00:00		0
20	1957/9/9 00:00:00		0
21	1957/9/10 00:00:00		0
22	1957/9/11 00:00:00		-1000
23	1957/9/12 00:00:00		-1000
24	1957/9/13 00:00:00		-1500
25	1957/9/14 00:00:00		-2000
26	1957/9/15 00:00:00		-2500
27	1957/9/16 00:00:00		-3000
28	1957/9/17 00:00:00		-3500
29	1957/9/18 00:00:00		-4000
30	1957/9/19 00:00:00		-4200
31	1957/9/20 00:00:00		-4500
32	1957/9/21 00:00:00		-5000
33	1957/9/22 00:00:00		-5000
34	1957/9/23 00:00:00		-4000
35	1957/9/24 00:00:00		0

图 5.5-15　1957 年典型洪水溃口流量过程图

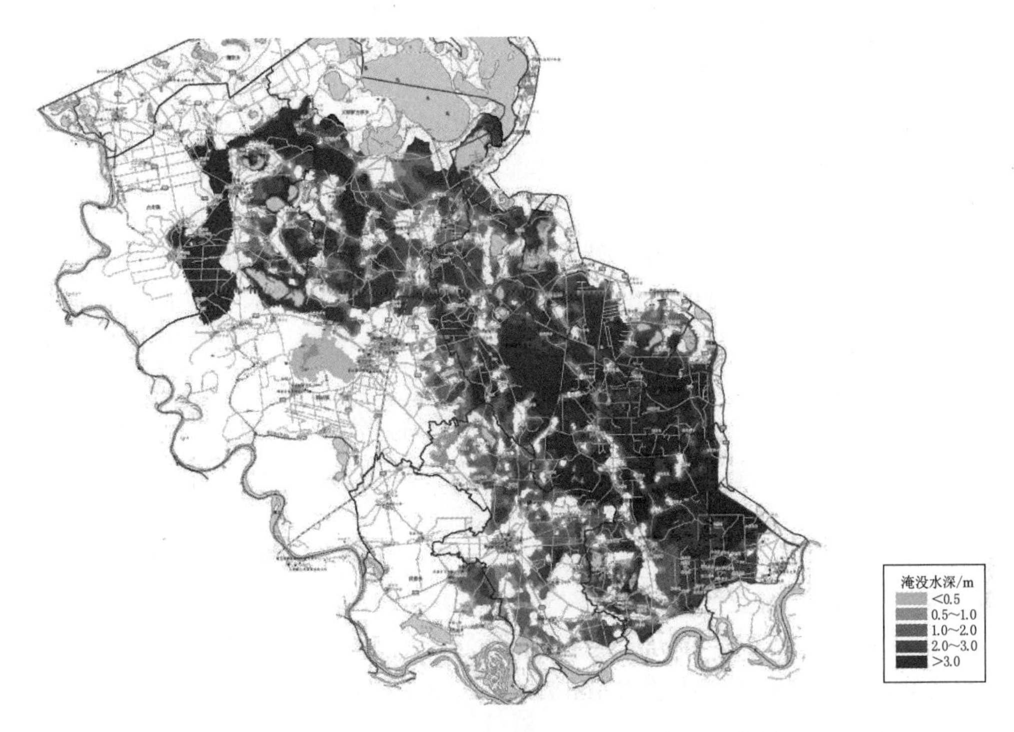

图 5.5-16 1957 年典型洪水最大淹没范围示意图

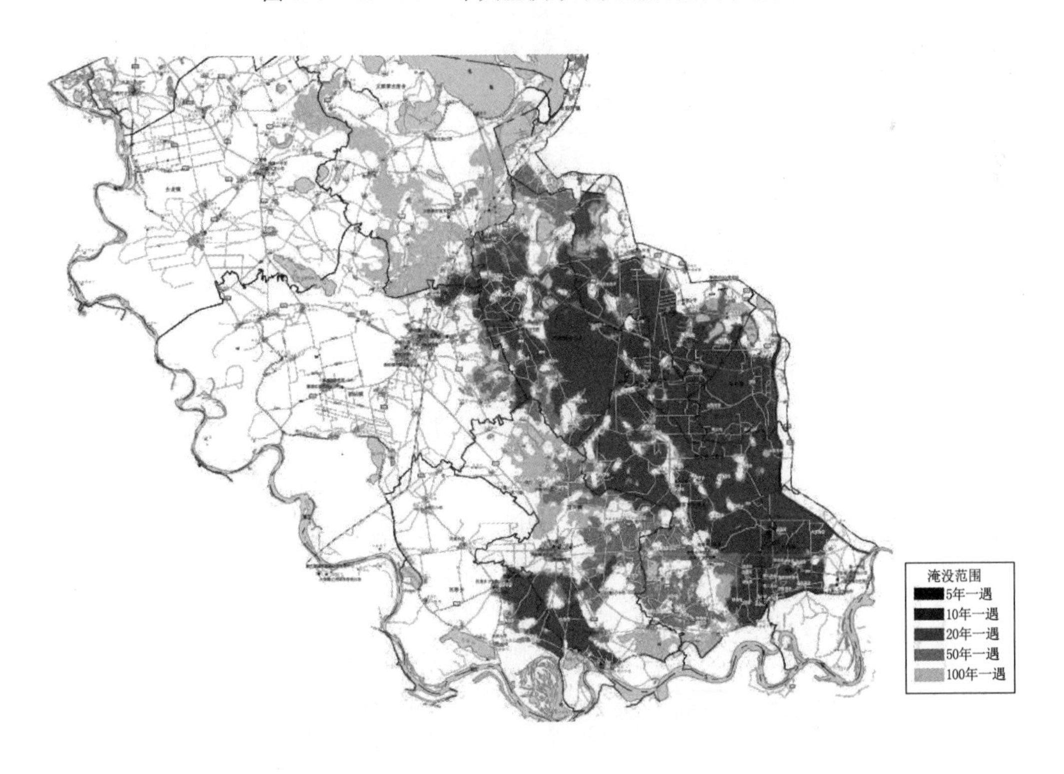

图 5.5-17 胖头泡蓄滞洪区 100 年一遇淹没范围示意图

5.5.3.3 计算结果合理性分析

为了分析计算结果并验证其合理性，对同一溃口的不同计算方案进行了对比分析，以肇源堤溃口为例，对该溃口各方案从溃决时刻、蓄滞洪区入流出流过程、洪水淹没水深等方面进行对比分析。此外，水量平衡分析也是模型计算结果合理性分析的重要方面。

（1）不同频率洪水对比分析。图5.5－18为肇源堤溃口不同量级洪水流量过程线对比图。从图5.5－18中可以看出，同一溃口位置不同量级洪水下的溃口流量过程遵循以下规律：溃口处的溃决时间随着洪水量级的增大而提前，溃口位置最大流量随着洪水量级的增大而增大，20年一遇、50年一遇、100年一遇洪水溃口位置最大流量分别为750.72m³/s、1300.19m³/s、1806.08m³/s。通过洪水分析计算成果可知，随着洪水量级的逐级增大，进入蓄滞洪区内的总水量、最大淹没范围、最大淹没水深等指标也均逐级增大。20年一遇洪水，自溃决开始至洪水过程结束，共进入蓄滞洪区总水量为46496.96×10⁴m³，最大淹没范围为423.13km²，最大淹没水深达3.24m；50年一遇洪水，自溃决开始至洪水过程结束，共进入蓄滞洪区总水量86688.21×10⁴m³，最大淹没范围527.94km²，最大淹没水深3.99m；100年一遇洪水，自溃决开始至洪水过程结束，共进入蓄滞洪区总水量155192.62×10⁴m³，最大淹没范围778.37km²，最大淹没水深达4.9m。

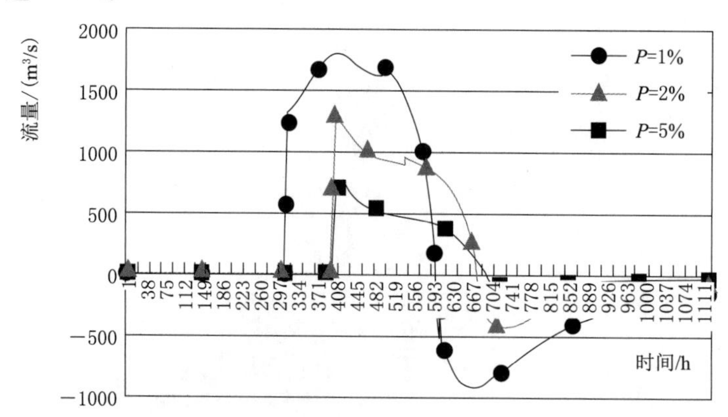

图5.5－18 肇源堤溃口不同量级洪水流量过程线对比图

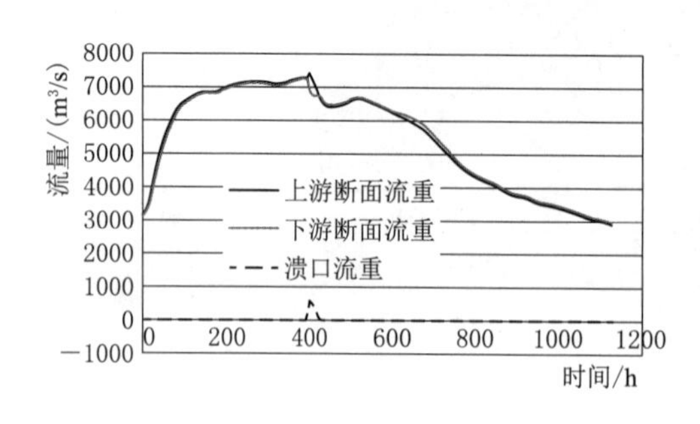

图5.5－19 勒勒营子溃口及上下游断面流量过程对比

（2）溃口上下游断面流量过程变化对比。河道中临近两个横断面的流量过程一般协调一致，差别较小，但该两断面之间发生堤防溃决时，下游断面的流量过程会因溃堤跑水而出现流量削减，削减部分基本为溃口出流过程。以嫩江干流发生100年一遇洪水勒勒营子溃口为例，将溃口流量过程与溃口上下游断面流量过程进行对比，如图5.5－19所示，因堤防发生溃决，溃口下游断面流量过程随着溃口流量的增大而减小，两者协调变化，而其组合流量与上游断面的流量过程一致，说明计算过程符合水量平衡原理。而且从流量过程的形状来看，上、下游断面流量与溃口流量平滑基本无波动，说明计算过程较稳定，未出现大的误差。

（3）洪水演进分析。以嫩江发生100年一遇洪水为例，绘制嫩干蓄滞洪区100年一遇肇源堤溃口5h、10h、15h、24h、48h的洪水淹没分布情况，如图5.5-20～图5.5-24所示。由此可以看出，溃决发生5h后，洪水演进淹没成功村，开始沿着地势由南向北演进，淹没面积为19.94km^2；溃决发生10h后，由于蓄滞洪区南部的地势较高，洪水继续向北演进至七棵树村，淹没面积为46.38km^2；溃决发生15h后，洪水向西北演进至豆芽岗子，并开始沿着堤防演进，淹没面积为69.07km^2；溃决发生1d后，洪水沿着堤防向北演进至白坟岗村；溃堤发生2d后，洪水继续向北向西演进至乌乎马拉村。从不同时刻的水深分布情况，可以看出模型模拟的结果符合水流由地势高的区域流向地势低的区域的趋势，同时也能看出堤防、道路等阻水建筑物对洪水演进的影响。

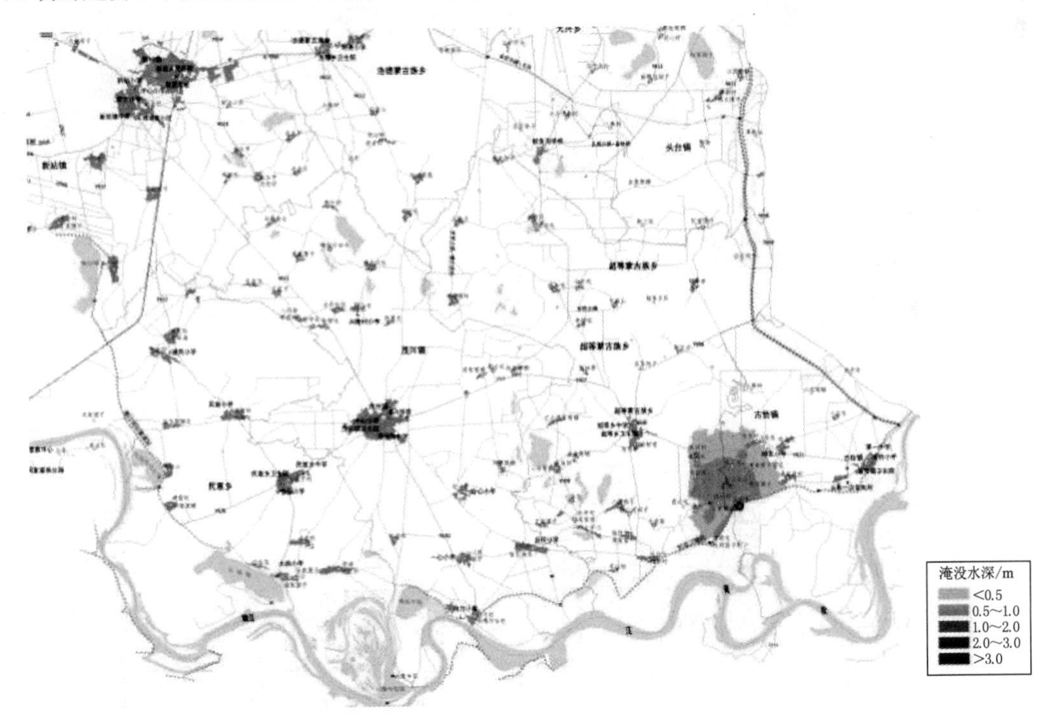

图5.5-20　100年一遇肇源堤溃口5h洪水演进过程图

综上所述，从不同时刻的水深分布和淹没范围可以看出，从溃口出水演进开始，随着时间的增长，流场的方向都是沿着地形较低的部分开始扩散，地势起伏较大的地方流速也较大；溃堤洪水总体上呈现自溃口优先向地势低洼地方演进的趋势，随着淹没历时的增加，洪水逐渐向周边高地势区域淹没的趋势，淹没范围扩大，低洼地区水深变深。因此，溃口溃决洪水演进趋势与地势高低非常匹配，二维模型的计算结果是

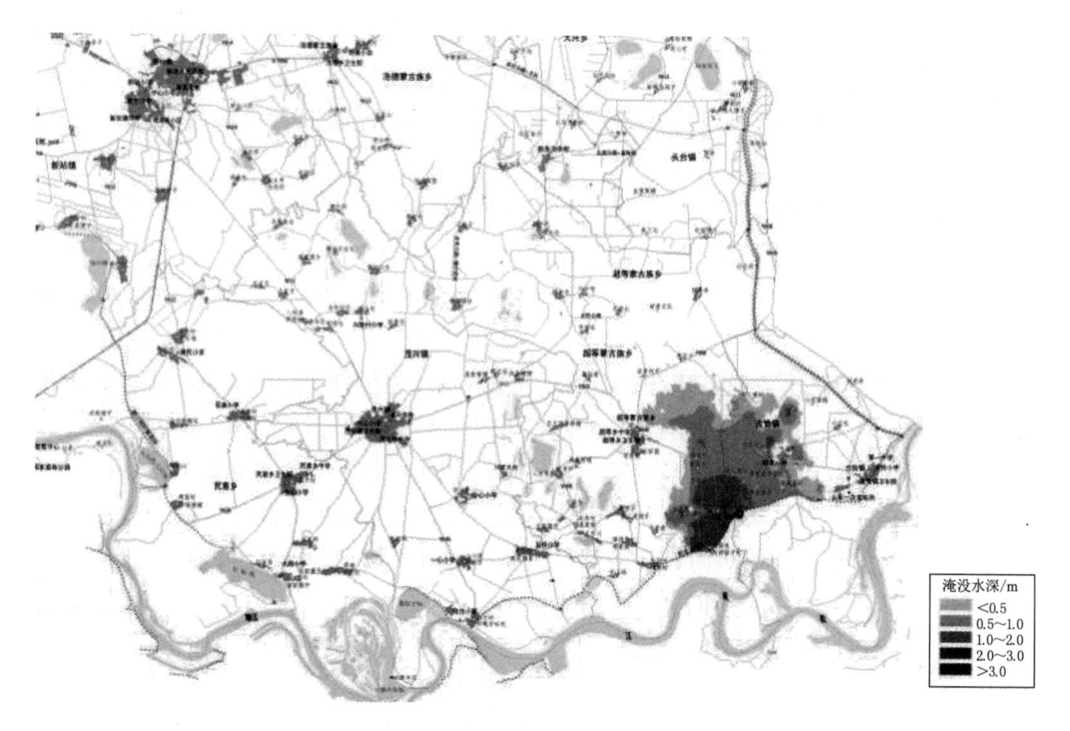

图 5.5-21　100 年一遇肇源堤溃口 10h 洪水演进过程图

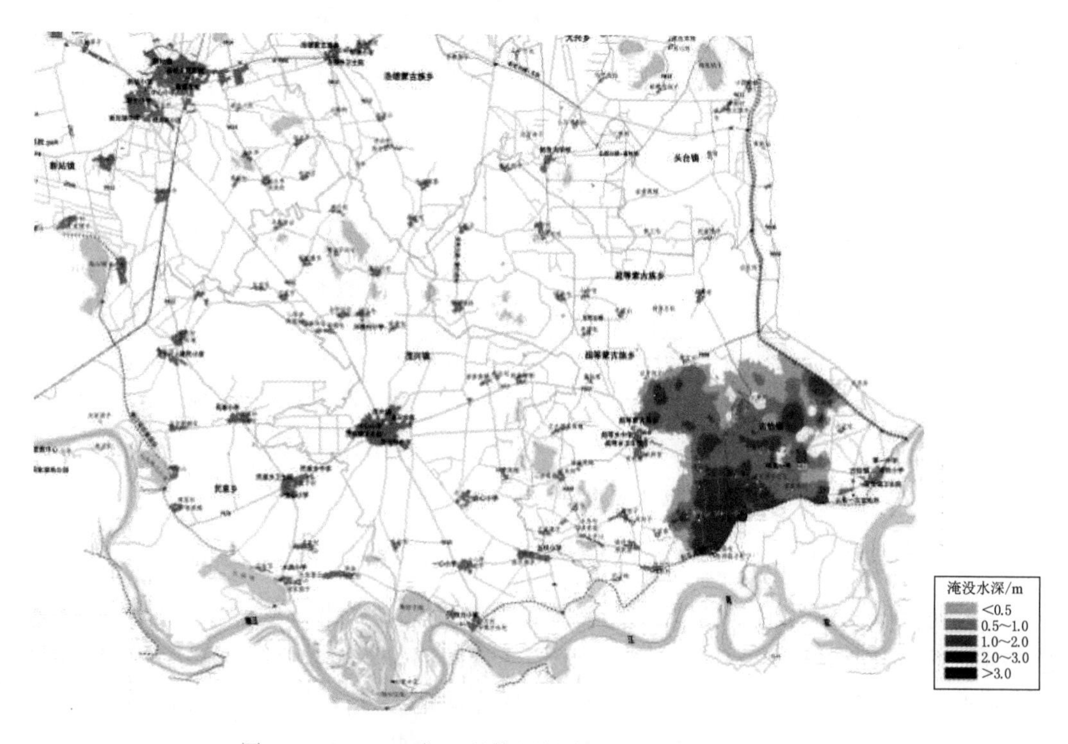

图 5.5-22　100 年一遇肇源堤溃口 15h 洪水演进过程图

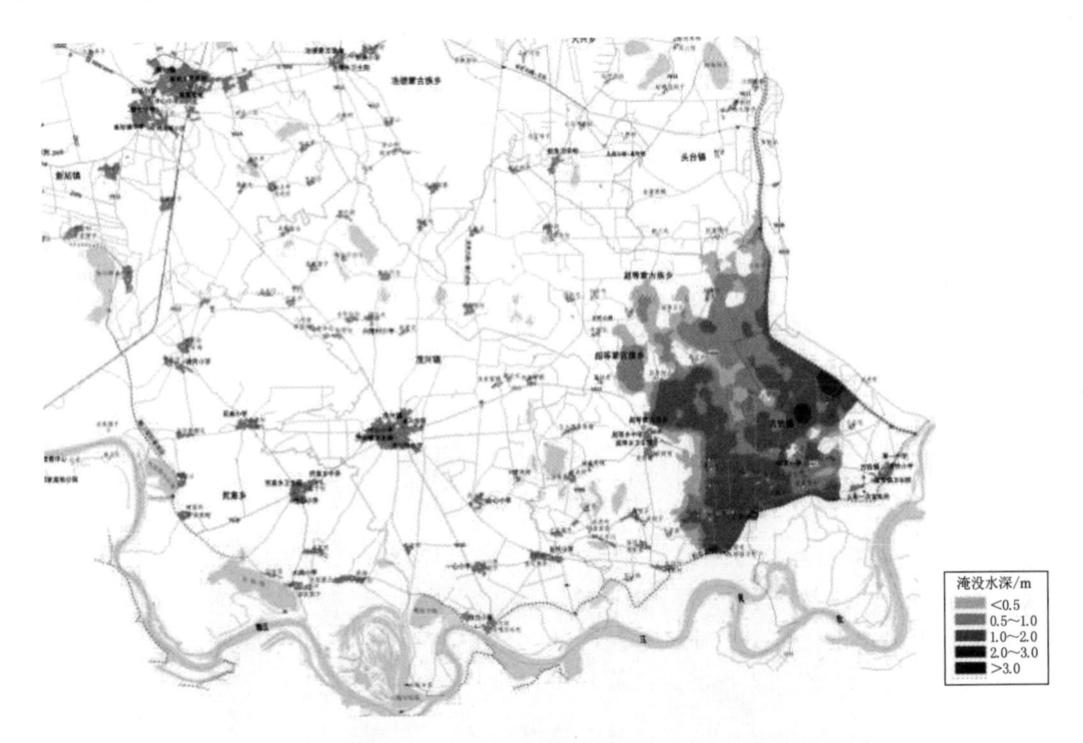

图 5.5-23　100 年一遇肇源堤溃口 24h 洪水演进过程图

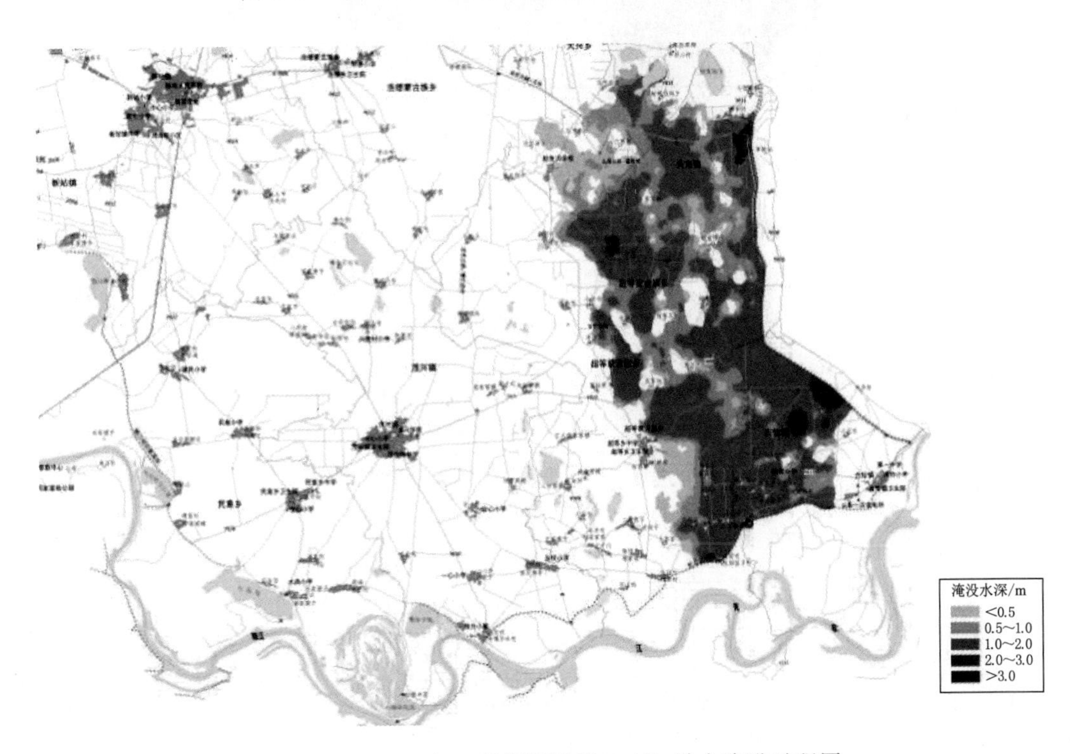

图 5.5-24　100 年一遇肇源堤溃口 48h 洪水演进过程图

基本合理的。

（4）流场分布。洪水演进应与空间地势相匹配，随着地形由高到低，洪水流动的趋势应遵循从高到低的原则，在地势相对低洼的区域会随着水深的增加出现水流回旋的情况。在对各计算分区剖分网格并内插高程后，各分区地势高低一目了然，蓄滞洪区总体呈南高北低，西高东低，因此蓄滞洪区溃堤洪水先是向地势低洼处汇集，总体上均呈现由南向北演进的趋势。以嫩江发生100年一遇洪水肇源堤溃决，分析洪水在蓄滞洪区内的流场分布情况，如图5.5-25所示。洪水进入蓄滞洪区内后，向区域内低洼处演进，局部地形变化较大的地方流场变化较大，低洼地带水流呈回旋趋势，流场分布与实际地形相符，洪水演进与地势匹配，模型结果合理。

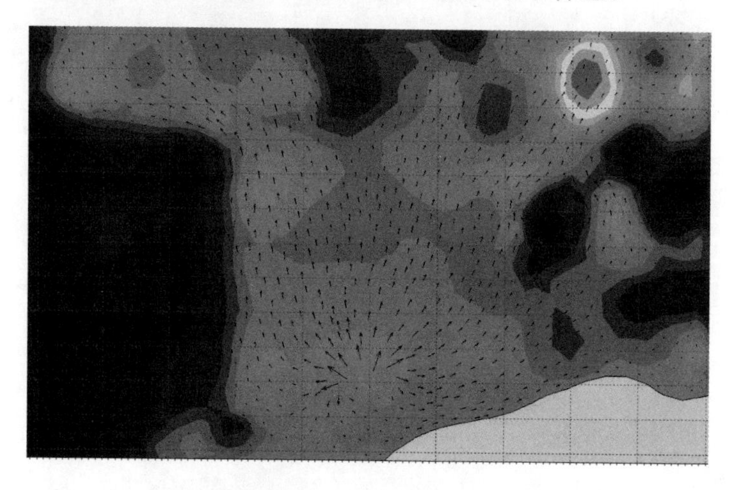

图5.5-25　溃口流场图

（5）水量平衡分析。对各方案的水量平衡进行了统计分析，通过计算入流量、出流量和区内淹没水量，判断分析入流量减去出流量，与区内淹没总水量的误差是否在10^{-6}以内，误差在10^{-6}以内可以认为洪水模拟结果合理。表5.5-5中给出了各方案的水量统计情况，从方案总进水量、出水量与最终蓄水量看，三者平衡，差别可以忽略不计。

表5.5-5　　不同方案淹没区水量统计表

方案编码	溃口位置	初始水量/万m^3	进水量/万m^3	最终蓄水量/万m^3	总出水量/万m^3	相对误差/%
LLYZ-20	勒勒营子堤溃口	0.00	3927.93	735.72	3192.21	0.00
LLYZ-50		0.00	16480.96	13013.81	3467.16	0.00
LLYZ-100		0.00	70695.19	66979.55	3715.64	0.00
ZYD-20	肇源堤溃口	0.00	46496.96	38610.16	7886.80	0.00
ZYD-50		0.00	86688.21	49876.49	36811.72	0.00
ZYD-100		0.00	155192.62	67149.83	88042.79	0.00

5.5.4 洪水风险要素综合分析

5.5.4.1 溃口流量分析

由表5.5-6中胖头泡蓄滞洪区不同溃口的洪峰流量可以看出，不同溃口位置相差较大，且无一定的变化规律，主要是堤防溃口洪峰流量和跑水水量除受河道流量过程影响外，还受溃口底高程和溃口位置堤外地形的综合影响。所有溃口方案中，老龙口溃口底高程较低，溃口堤外地形对洪水阻隔影响小，溃口洪峰流量最大，1998年典型洪水时溃口洪峰流量为4806.00m³/s；勒勒营子溃口底高程较高，溃口堤外地形对洪水阻隔较大，溃口洪峰流量最小，100年一遇洪水时溃口洪峰流量为1237.15m³/s。

表5.5-6　不同溃口及洪水量级的溃口洪峰流量对比

方案编码	溃口位置	溃口洪峰流量/(m³/s)	溃决时间/h	河道水位/m
LLYZ-100	勒勒营子堤	1237.15	285	131.58
LLYZ-50		1206.14	396	131.58
LLYZ-20		569.10	393	130.91
ZYD-100	肇源堤	1806.08	312	130.73
ZYD-50		1300.19	402	130.73
ZYD-20		750.72	404	130.09
1998年典型	老龙口	4806.00		
1957年典型		3985.00		

从同一溃口的不同量级洪水溃口流量过程线对比分析，溃口流量过程遵循以下规律：溃口处的溃决时间随着洪水量级的增大而提前，溃口位置最大流量随着洪水量级的增大而增大。以肇源堤溃口为例：20年一遇洪水溃口洪峰流量为750.72m³/s，溃决开始时间为模拟时间的第404h；50年一遇洪水溃口洪峰流量为1300.19m³/s，溃决开始时间为模拟时间的第402h；100年一遇洪水溃口洪峰流量为1806.08m³/s，溃决开始时间为模拟时间的第312h。肇源堤溃口的底部高程128.6m，嫩江20年一遇洪水时，河道水位为130.09m，与溃口最底部高程仅差1.49m，因此溃口的洪峰量较小，为750.72m³/s。

5.5.4.2 淹没面积分析

胖头泡蓄滞洪区内地势较南高北低，西高东低，如果堤防发生堤防溃决，且溃堤跑水水量较大时，洪水的淹没范围基本上顺着地势呈带状分布，洪水淹没范围较广。图5.5-26给出了不同溃口100年一遇洪水量级的溃堤洪水淹没面积的对比情况，从中可以看出，溃堤洪水淹没范围不同堤段差异性很大，这是由于溃口的淹没范围与溃口周围的地形有关。蓄滞洪区地势南高北低，溃堤洪水进入蓄滞洪区后顺着堤防向北演进至乌乎马拉村，淹没范围呈带状，淹没范围大；嫩江100年一遇洪水，肇源堤溃口淹没面积为778.37km²，勒勒营子溃口的淹没面积为582.2km²。

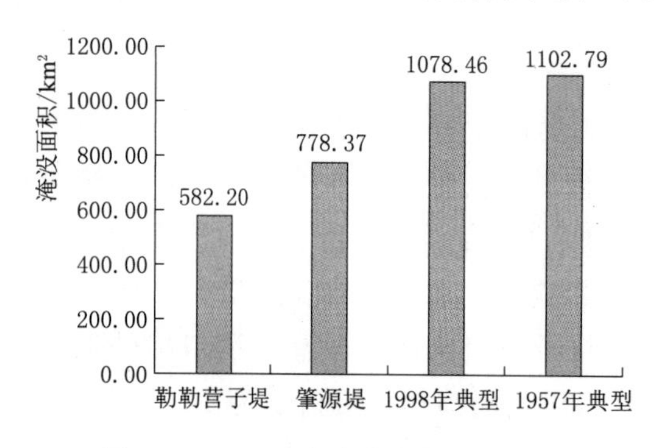

图5.5-26　胖头泡蓄滞洪区100年一遇洪水量级淹没面积对比

从同一溃口的不同量级洪水溃口淹没面积对比分析，随着洪水量级的增大，淹没面积相应增加，各量级洪水淹没面积差别大小不一致，如图5.5-27所示。勒勒营子溃口位于嫩干左堤，防洪现状达到35年一遇，库堤结合达到50年一遇。附近地形较高，阻水建筑物较多，所以建设区域内发生20年一遇洪水时，由于堤防达标，淹没范围较小。建设区域内发生50年一遇溃堤洪水淹没范围为251.39km²；100年一遇溃堤洪水淹没范围为577.28km²；由于50年一遇和100年一遇已经超过堤防防洪标准，所以淹没范围较大。肇源堤溃口位于松干左堤，防洪现状达到20年一遇，库堤结合达到50年一遇。附近地形较为平坦，发生溃堤后，洪水演进较为快速，所以发生20年一遇溃堤洪水时，淹没范围较大，淹没面积为423.13km²；50年一遇洪水溃堤洪水淹没面积为527.94km²；100年一遇溃堤洪水淹没面积为773.01km²。

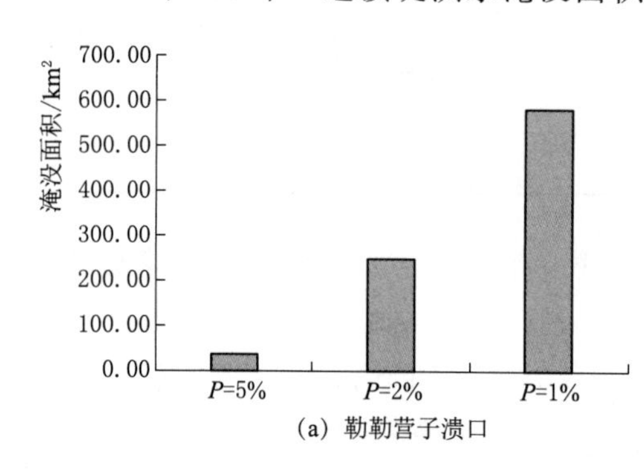

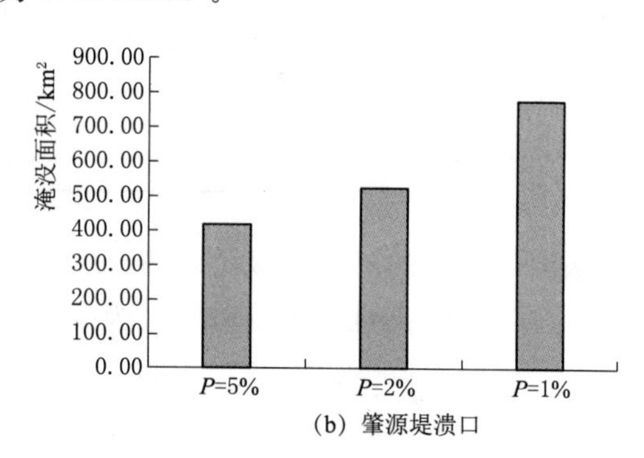

图5.5-27　胖头泡蓄滞洪区各方案淹没面积对比图

5.5.4.3　淹没水深分析

胖头泡蓄滞洪区地势北高南低，西高东低，溃堤洪水顺着地势呈带状演进。统计分析各溃口淹没水深分布成果，见表5.5-7。从表5.5-7中可以看出，肇源堤淹没水深在0.5～1m、1～2m、2～3m、>3m的几乎平均分配，因为肇源堤附近地势较为平坦，淹没比较均匀。勒勒营子溃口1～2m的淹没范围占整个淹没面积的比例可达48%以上，但是由于阻水建筑物作用，>3m淹没范围较小；1998年典型和1957年典型洪水由于超100年一遇，淹没水深在1m以上的皆达到85%以上，可见淹没水深随着洪水量级的增大而增大。通过分析对比，淹没水深较小的地区地势平缓，淹没水深大区域主要是由于出现地势低洼、嫩江堤防和公路等阻水线状构筑物前壅水区域。

表 5.5-7　　100 年一遇及典型年洪水不同溃口淹没水深分布统计

方案名称	淹没水深/m	淹没面积/km²	所占比例/%	方案名称	淹没水深/m	淹没面积/km²	所占比例/%
肇源堤	0.01～0.5	66.01	8.54	勒勒营子	0.01～0.5	57.48	9.96
	0.5～1.0	90.46	11.70		0.5～1.0	110.3	19.11
	1.0～2.0	192.95	24.96		1.0～2.0	279.43	48.40
	2.0～3.0	270.1	34.94		2.0～3.0	123.13	21.33
	≥3.0	153.49	19.86		≥3.0	6.94	1.20
1998 年典型	0.01～0.5	52.59	4.88	1957 年典型	0.01～0.5	65.17	5.91
	0.5～1.0	72.78	6.75		0.5～1.0	73.29	6.65
	1.0～2.0	219.71	20.37		1.0～2.0	214.61	19.46
	2.0～3.0	290.63	26.95		2.0～3.0	286.87	26.01
	≥3.0	442.75	41.05		≥3.0	462.85	41.97

5.6 洪水影响与损失估算分析

5.6.1 洪灾影响统计分析

根据防蓄滞洪区洪水分析得到的洪水淹没范围、最大淹没水深等洪水淹没数据和蓄滞洪区的社会经济统计数据，选用淹没水深作为参数，将淹没水深划分为<0.5m、0.5～1.0m、1.0～2.0m、2.0～3.0m、≥3.0m 五个分级进行共 8 个方案的受影响人口、受淹面积、淹没房屋面积、受淹家庭财产、受淹耕地面积、受影响 GDP、受影响道路等指标的统计分析。

5.6.1.1 社会经济数据库的建立

胖头泡蓄滞洪区涉及肇源县内古龙镇、义顺乡、大兴乡、新站镇、浩德乡、茂兴镇、民意乡、超等乡、古恰乡、头台镇等 10 个乡镇，根据搜集社会经济调查资料、社会经济统计资料以及空间地理信息资料，运用面积权重法、回归分析法等对社会经济数据进行空间求解，生成具有空间属性的社会经济数据库，反映社会经济指标的分布差异。社会经济数据库的数据内容见表 5.6-1。

表 5.6-1　　社会经济数据库数据内容

表名称	字段名称
综合	面积、地区生产总值
人口及居民生活	常住人口、户数、户均生产资料价值、户均生活用品价值、户均住宅价值
农业	耕地面积、农业总产值
工业/建筑业	工业及建筑业总产值
第三产业	第三产业总产值

5.6.1.2　淹没面积、淹没耕地面积、受影响房屋面积的统计

基于 ArcGIS 平台的叠加分析功能，将不同洪水方案的淹没图层与行政区界图层叠加得到不同洪水方案不同淹没水深等级下的淹没行政区面积。此外，基于 GIS 软件的叠加分析功能，将淹没图层分别与行政区、居民地等图层叠加，通过向并联的社会经济数据库，即可得到对应不同方案不同淹没水深等级下的受淹行政区面积、受淹居民地面积、受淹房屋面积、受淹耕地面积。对淹没范围边界仅部分区域受到淹没的居民地，按面积权重法计算该居民地的受淹房屋面积、受淹家庭财产。

5.6.1.3　受影响人口的统计

根据现场调查情况，胖头泡蓄滞洪区内村屯较多，但居民地相对较分散，因此采用居民地法对受影响人口数据进行统计，即认为人口是离散地分布在该行政区域的居民地范围内，每块居民地上又是均匀分布的变量。

受影响人口计算公式如下：

$$P_e = \sum_i \sum_j A_{i,j} d_{i,j}$$

式中：P_e为受灾人口；$A_{i,j}$为第 i 行政单元第 j 块居民地受淹面积；$d_{i,j}$为第 i 行政单元第 j 块居民地的人口密度。

5.6.1.4　受影响道路的统计

胖头泡蓄滞洪区内受洪水影响的道路包括通让铁路、S201 和 X018 等。通过道路图层与不同方案的淹没图层叠加运算，统计不同分析方案的受影响道路长度数据信息。

5.6.1.5　受影响 GDP 的统计

采用人均 GDP 法进行统计，按照不同行政单元受影响人口乘以该行政单元的人均 GDP 值计算受影响 GDP。

5.6.1.6　洪水影响统计成果

（1）洪水影响分析计算方案。根据洪水计算分析成果，确定主动分洪方案设置 2 个、溃堤方案设置 6 个，具体见表 5.6－2 和表 5.6－3。

表 5.6－2　主动分洪方案设置汇总表

方案编号	方案类型	人工扒口位置	溃口宽度/m	河道堤防条件	河道洪水量级
1	主动分洪	老龙口	360	现状	1998 年典型
2			375	现状	1957 年典型

表 5.6－3　被动分洪方案设置汇总表

方案编号	方案类型	堤防溃口位置		溃口宽度/m	河道堤防条件	河道洪水量级
1	溃堤	嫩干	勒勒营子 0＋540	300	现状	20 年一遇
2				300	现状	50 年一遇
3				300	现状	100 年一遇
4		松干	肇源堤 17＋910	300	现状	20 年一遇
5				300	现状	50 年一遇
6				300	现状	100 年一遇

（2）洪水影响分析计算结果。胖头泡蓄滞洪区洪水风险分析，淹没范围包括肇源县内古龙镇、义顺乡、大兴乡、新站镇、浩德乡、茂兴镇、民意乡、超等乡、古恰乡、头台镇等10个乡镇。洪水影响统计分析主要以不同计算方案下不同行政区域内不同水深级别的淹没面积、淹没耕地面积、受影响人口、受影响GDP、淹没道路长度来反映研究区域受灾情况。

1）各方案洪水影响结果统计。胖头泡蓄滞洪区洪水风险分析，淹没范围包括肇源县内古龙镇等10个乡镇。各统计分析方案洪水影响要素统计成果见表5.6-4及图5.6-1和图5.6-2。

表5.6-4　胖头泡蓄滞洪区洪水风险方案灾情统计表

方案编码	溃口名称	淹没面积/km^2	淹没居民地面积/万m^2	淹没耕地面积/hm^2	受影响公路长度/km	受影响铁路长度/km	受影响人口/万人	受影响GDP值/万元
1998年典型	老龙口	1078.46	226.26	98744.34	1269.22	12.26	6.7	791956.84
1957年典型		1102.79	227.72	101138.6	1289.49	12.7	6.94	840516.96
LKZ-20	肇源堤溃口	418.64	51.67	39357.97	447.08	1.12	2.03	111526.66
LKZ-50		524.3	69.49	49043.42	603.25	3.09	2.7	164570.68
LKZ-100		773.01	119.88	71506.8	879.87	7.93	4.5	422793.37
LLYZ-20	勒勒营子溃口	39.2	12.32	3607.13	44.67	0	0.49	18195.66
LLYZ-50		245.58	37.45	23185.47	250.58	0	1.74	70278.93
LLYZ-100		577.28	108.32	53993.08	660.71	2.12	3.48	174758.04

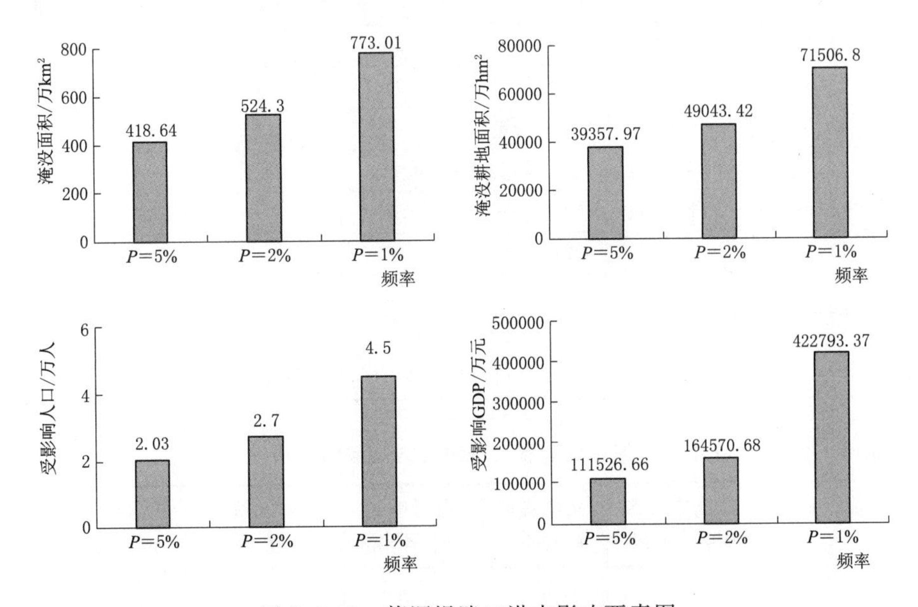

图5.6-1　肇源堤溃口洪水影响要素图

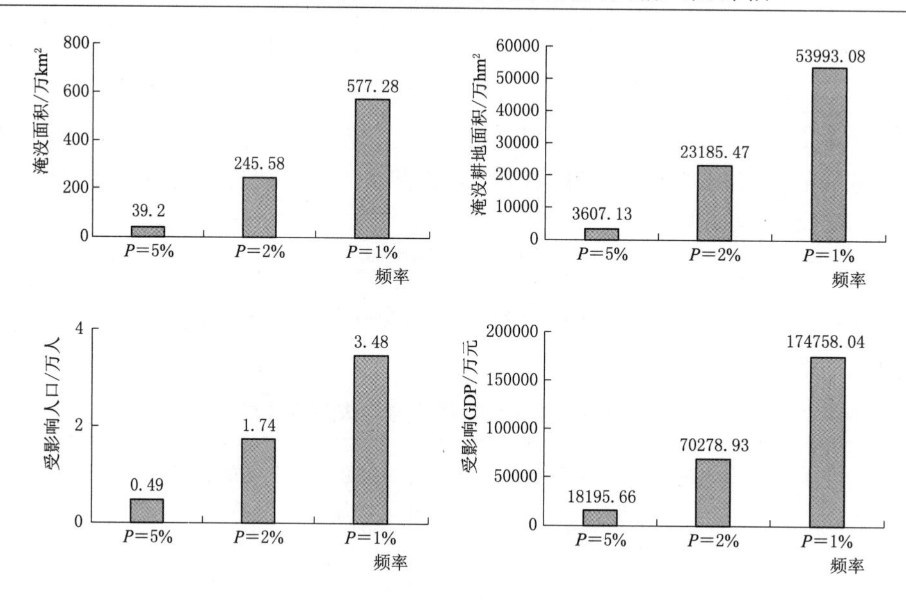

图5.6-2　勒勒营子溃口洪水影响要素图

通过分析对比，发现随着洪水量级的增加，淹没面积、淹没居民地面积、淹没耕地、受影响公路长度、受影响人口和受影响GDP呈增加趋势。

2）不同行政区划的洪水影响要素统计。据洪水方案计算得出洪水对不同行政区划的洪水影响情况，统计分析各行政区的洪水影响要素见表5.6-5～表5.6-12。

表5.6-5　　20年一遇肇源堤现状工况溃堤方案乡镇灾情统计表

乡镇名称	淹没面积/km²	淹没居民地面积/万m²	淹没耕地面积/hm²	受影响公路长度/km	受影响铁路长度/km	受影响人口/万人	受影响GDP值/万元
茂兴镇	3.64	0.02	362.57	4.10	0	0.04	1676.75
新站镇	5.35	0.27	504.06	3.34	1.12	0.07	11711.51
头台镇	47.47	1.45	4388.36	50.79	0	0.01	10706.16
古恰乡	41.24	14.40	3890.11	60.26	0	0.15	12229.38
超等乡	123.79	12.54	12071.94	117.29	0	0.83	24218.99
义顺乡	2.37	0	218.13	2.43	0	0.01	6314.64
浩德乡	127.78	21.34	12120.58	140.98	0	0.83	29767.88
大兴乡	67.00	1.65	5802.22	67.89	0	0.09	14901.35
合计	418.64	51.67	39357.97	447.08	1.12	2.03	111526.66

表5.6-6　　50年一遇肇源堤现状工况溃堤方案乡镇灾情统计表

乡镇名称	淹没面积/km²	淹没居民地面积/万m²	淹没耕地面积/hm²	受影响公路长度/km	受影响铁路长度/km	受影响人口/万人	受影响GDP值/万元
茂兴镇	17.82	0.66	1723.45	21.55	0	0.17	8208.7
新站镇	16.24	1.8	1459.91	16.9	1.85	0.2	35550.45

续表

乡镇名称	淹没面积/km²	淹没居民地面积/万 m²	淹没耕地面积/hm²	受影响公路长度/km	受影响铁路长度/km	受影响人口/万人	受影响GDP值/万元
头台镇	49.94	2.42	4605.94	54.53	0	0.02	11263.24
古恰乡	42.29	15.12	3987.3	63.15	0	0.14	12540.74
超等乡	146.12	16.96	14200.8	153.06	0	0.97	28587.77
义顺乡	4.72	0.13	447.76	6.36	1.24	0.03	12575.97
浩德乡	167.75	28.62	15641.65	200.49	0	1.07	38180.15
大兴乡	79.42	3.78	6976.61	87.21	0	0.1	17663.66
合计	524.30	69.49	49043.42	603.25	3.09	2.70	164570.68

表 5.6-7　　100 年一遇肇源堤现状工况溃堤方案乡镇灾情统计表

乡镇名称	淹没面积/km²	淹没居民地面积/万 m²	淹没耕地面积/hm²	受影响公路长度/km	受影响铁路长度/km	受影响人口/万人	受影响 GDP 值/万元
茂兴镇	86.34	8.79	8061.33	97.03	0	0.83	39772.12
古龙镇	9.55		942.62	7.63	0	0.05	3100.75
新站镇	27.61	2.77	2566.17	29.43	1.84	0.36	60440.13
头台镇	50.99	2.44	4695.78	55.41	0	0.02	11500.05
古恰乡	43.03	16.27	4053.37	64.99	0	0.15	12760.18
超等乡	194.47	38.77	18561.19	217.18	0	1.31	38047.24
民意乡	5.68	0.65	555.92	2.73	0	0.09	2665.13
义顺乡	72.17	5.03	6790.02	66.46	6.09	0.39	192289.93
浩德乡	194.72	38.92	17452.9	237.64	0	1.19	42545.85
大兴乡	88.45	6.24	7827.5	101.37	0	0.11	19671.99
合计	773.01	119.88	71506.80	879.87	7.93	4.50	422793.37

表 5.6-8　　20 年一遇勒勒营子堤现状工况溃堤方案乡镇灾情统计表

乡镇名称	淹没面积/km²	淹没居民地面积/万 m²	淹没耕地面积/hm²	受影响公路长度/km	受影响铁路长度/km	受影响人口/万人	受影响 GDP 值/万元
茂兴镇	23.05	5.72	2109.66	28.43	0	0.23	10617.87
民意乡	16.15	6.60	1497.47	16.24	0	0.26	7577.79
合计	39.20	12.32	3607.13	44.67	0	0.49	18195.66

表 5.6-9　　50 年一遇勒勒营子堤现状工况溃堤方案乡镇灾情统计表

乡镇名称	淹没面积/km²	淹没居民地面积/万 m²	淹没耕地面积/hm²	受影响公路长度/km	受影响铁路长度/km	受影响人口/万人	受影响 GDP 值/万元
茂兴镇	52.83	11.73	4933.50	74.57	0	0.51	24335.90
头台镇	21.62	0.22	2119.76	15.18	0	0.00	4876.07

续表

乡镇名称	淹没面积/km²	淹没居民地面积/万 m²	淹没耕地面积/hm²	受影响公路长度/km	受影响铁路长度/km	受影响人口/万人	受影响 GDP 值/万元
超等乡	83.76	11.39	7883.90	85.80	0	0.57	16387.29
民意乡	19.09	13.61	1744.06	21.12	0	0.30	8957.29
浩德乡	50.82	0.46	4892.68	37.16	0	0.33	11839.13
大兴乡	17.46	0.04	1611.57	16.75	0	0.03	3883.25
合计	245.58	37.45	23185.47	250.58	0	1.74	70278.93

表 5.6-10　100 年一遇勒勒营子堤现状工况溃堤方案乡镇灾情统计表

乡镇名称	淹没面积/km²	淹没居民地面积/万 m²	淹没耕地面积/hm²	受影响公路长度/km	受影响铁路长度/km	受影响人口/万人	受影响 GDP 值/万元
茂兴镇	74.95	15.14	7064.03	101.07	0	0.72	34525.37
新站镇	7.86	1.46	744.85	6.50	1.85	0.10	17206.06
头台镇	49.12	1.87	4533.98	52.73	0	0.01	11078.30
古恰乡	41.66	14.55	3931.31	61.15	0	0.15	12353.92
超等乡	167.68	31.04	16010.42	176.05	0	1.12	32805.89
民意乡	21.67	17.97	1973.85	25.67	0	0.35	10167.85
义顺乡	3.06		284.99	3.69	0.27	0.02	8153.07
浩德乡	140.85	23.47	13337.02	159.59	0	0.92	32803.37
大兴乡	70.43	2.82	6112.63	74.26	0	0.09	15664.21
合计	577.28	108.32	53993.08	660.71	2.12	3.48	174758.04

表 5.6-11　1998 年典型老龙口人工扒口方案乡镇灾情统计表

乡镇名称	淹没面积/km²	淹没居民地面积/万 m²	淹没耕地面积/hm²	受影响公路长度/km	受影响铁路长度/km	受影响人口/万人	受影响 GDP 值/万元
茂兴镇	116.17	18.03	10902.7	134.37	0	1.12	53513.17
古龙镇	129.16	50.78	11248.32	158.87	0	0.76	41936.51
新站镇	70.47	10.89	6552.34	81.18	1.69	0.9	154263.54
头台镇	52.02	4.9	4775.7	57.35	0	0.01	11732.36
古恰乡	43.38	15.95	4089.83	65.63	0	0.16	12863.97
超等乡	200.93	41.02	19172.6	226.57	0	1.34	39311.12
民意乡	14.9	12.55	1349.33	13.59	0	0.24	6991.27
义顺乡	152.65	21.41	14043.11	163.11	8.69	0.8	406721.07
浩德乡	207.19	43.02	18490.39	259.97	1.88	1.24	44253.46
大兴乡	91.59	7.71	8120.02	108.58	0	0.13	20370.37
合计	1078.46	226.26	98744.34	1269.22	12.26	6.70	791956.84

表 5.6-12　　1957 年典型老龙口人工扒口方案乡镇灾情统计表

乡镇名称	淹没面积/km²	淹没居民地面积/万 m²	淹没耕地面积/hm²	受影响公路长度/km	受影响铁路长度/km	受影响人口/万人	受影响 GDP 值/万元
茂兴镇	116.95	18.08	10978.18	135.15	0	1.11	53872.47
古龙镇	129.99	50.74	11326.87	161.1	0	0.76	42206
新站镇	90.29	10.9	8514.13	91.65	0	1.16	197650.84
头台镇	51.95	4.9	4769.16	57.35	1.69	0.01	11716.55
古恰乡	43.38	15.95	4089.83	65.63	0	0.16	12863.97
超等乡	201.04	41.02	19183.4	226.75	0	1.34	39332.63
民意乡	15.02	13.4	1356.64	14.12	0	0.23	7047.59
义顺乡	154.23	21.48	14201.88	166.92	9.13	0.81	410930.83
浩德乡	208.32	43.54	18595.47	262.19	1.88	1.25	44519.04
大兴乡	91.62	7.71	8123.04	108.63	0	0.11	20377.04
合计	1102.79	227.72	101138.6	1289.49	12.70	6.94	840516.96

3）各水深等级的洪水影响要素统计。据洪水方案计算得出洪水对各水深等级的洪水影响情况，统计分析各水深等级的洪水影响要素见表 5.6-13～表 5.6-20。

表 5.6-13　　20 年一遇肇源堤现状工况溃堤方案灾情统计表

淹没水深/m	淹没面积/km²	淹没居民地面积/万 m²	淹没耕地面积/hm²	受影响公路长度/km	受影响铁路长度/km	受影响人口/万人	受影响 GDP 值/万元
0.01～0.5	52.86	11.22	4933.9	78	0.24	0.3	20546.77
0.5～1.0	120.66	35.82	11533.53	162.94	0.88	0.62	32419.58
1.0～2.0	199.78	4.4	18601.13	178.12	0	0.91	48130.09
2.0～3.0	44.65	0.23	4220.19	28.02	0	0.2	10269.48
>3.0	0.69	0	69.22	0	0	0	160.74
合计	418.64	51.67	39357.97	447.08	1.12	2.03	111526.66

表 5.6-14　　50 年一遇肇源堤现状工况溃堤方案灾情统计表

淹没水深/m	淹没面积/km²	淹没居民地面积/万 m²	淹没耕地面积/hm²	受影响公路长度/km	受影响铁路长度/km	受影响人口/万人	受影响 GDP 值/万元
0.01～0.5	46.12	10.15	4365.17	77.69	0.71	0.31	22876.3
0.5～1.0	64.22	12.17	5947.47	91.17	1.25	0.39	27180.58
1.0～2.0	235.72	43.92	22338.46	288.94	1.13	1.23	71273.4

续表

淹没水深/m	淹没面积/km²	淹没居民地面积/万 m²	淹没耕地面积/hm²	受影响公路长度/km	受影响铁路长度/km	受影响人口/万人	受影响 GDP 值/万元
2.0～3.0	157.63	3.09	14449.35	134.23	0	0.67	38462.17
>3.0	20.61	0.16	1942.97	11.22	0	0.1	4778.23
合计	524.3	69.49	49043.42	603.25	3.09	2.7	164570.68

表 5.6-15　　100 年一遇肇源堤现状工况溃堤方案灾情统计表

淹没水深/m	淹没面积/km²	淹没居民地面积/万 m²	淹没耕地面积/hm²	受影响公路长度/km	受影响铁路长度/km	受影响人口/万人	受影响 GDP 值/万元
0.01～0.5	66.01	18.05	6114	91.93	1.81	0.49	67637.78
0.5～1.0	90.46	22.18	8484.32	107.3	1.85	0.63	88270.94
1.0～2.0	192.95	33.51	17552.15	245.06	3.29	1.25	148095.81
2.0～3.0	270.1	43.89	25068.91	312.94	0.98	1.42	82176.29
>3.0	153.49	2.25	14287.42	122.64	0	0.71	36612.55
合计	773.01	119.88	71506.8	879.87	7.93	4.5	422793.37

表 5.6-16　　20 年一遇勒勒营子堤现状工况溃堤方案灾情统计表

淹没水深/m	淹没面积/km²	淹没居民地面积/万 m²	淹没耕地面积/hm²	受影响公路长度/km	受影响铁路长度/km	受影响人口/万人	受影响 GDP 值/万元
0.01～0.5	6.28	3.92	522.92	7.35	0.00	0.07	2904.16
0.5～1.0	6.39	2.8	586.34	5.73	0.00	0.08	2964.94
1.0～2.0	26.34	5.6	2478.94	31.59	0.00	0.34	12237.41
2.0～3.0	0.19	0	18.93	0.00	0.00	0.00	89.15
>3.0	0	0	0	0.00	0.00	0.00	0.00
合计	39.2	12.32	3607.13	44.67	0.00	0.49	18195.66

表 5.6-17　　50 年一遇勒勒营子堤现状工况溃堤方案灾情统计表

淹没水深/m	淹没面积/km²	淹没居民地面积/万 m²	淹没耕地面积/hm²	受影响公路长度/km	受影响铁路长度/km	受影响人口/万人	受影响 GDP 值/万元
0.01～0.5	71.86	10.82	6968.09	86.62	0.00	0.38	18074.02
0.5～1.0	73.55	9.58	7035.02	67.61	0.00	0.48	19337.44
1.0～2.0	83.53	15.21	7865.15	86.31	0.00	0.71	27376.91
2.0～3.0	15.71	1.68	1267.27	9.48	0.00	0.16	5308.61
>3.0	0.93	0.16	49.94	0.56	0.00	0.01	181.95
合计	245.58	37.45	23185.47	250.58	0.00	1.74	70278.93

表 5.6-18　　100 年一遇勒勒营子堤现状工况溃堤方案灾情统计表

淹没水深/m	淹没面积/km²	淹没居民地面积/万 m²	淹没耕地面积/hm²	受影响公路长度/km	受影响铁路长度/km	受影响人口/万人	受影响 GDP 值/万元
0.01～0.5	57.48	22.08	5413.44	87.95	0.99	0.38	21925.06
0.5～1.0	110.3	46.51	10331.34	168.06	0.64	0.66	37681.18
1.0～2.0	279.43	27.72	26260.3	286.75	0.49	1.53	76821.8
2.0～3.0	123.13	11.66	11491.47	116.13	0	0.85	36493.64
>3.0	6.94	0.35	496.53	1.82	0	0.06	1836.36
合计	577.28	108.32	53993.08	660.71	2.12	3.48	174758.04

表 5.6-19　　1998 年典型老龙口人工扒口方案灾情统计表

淹没水深/m	淹没面积/km	淹没居民地面积/万 m²	淹没耕地面积/hm²	受影响公路长度/km	受影响铁路长度/km	受影响人口/万人	受影响 GDP 值/万元
0.01～0.5	52.59	29.79	4877.74	102.29	0.19	0.40	45483.68
0.5～1.0	72.78	36.72	6792.17	112.83	0.80	0.57	63151.48
1.0～2.0	219.71	56.58	20721.45	312.94	4.86	1.64	198014.07
2.0～3.0	290.63	58.27	26806.75	371.11	5.87	1.79	223930.30
>3.0	442.75	44.90	39546.23	370.05	0.54	2.30	261377.31
合计	1078.46	226.26	98744.34	1269.22	12.26	6.70	791956.84

表 5.6-20　　1957 年典型老龙口人工扒口方案灾情统计表

淹没水深/m	淹没面积/km²	淹没居民地面积/万 m²	淹没耕地面积/hm²	受影响公路长度/km	受影响铁路长度/km	受影响人口/万人	受影响 GDP 值/万元
0.01～0.5	65.17	25.92	6164.38	102.79	0.45	0.57	76921.58
0.5～1.0	73.29	40.00	6846.81	114.41	0.60	0.56	65042.54
1.0～2.0	214.61	58.28	20207.17	308.96	4.91	1.61	193305.56
2.0～3.0	286.87	58.68	26669.20	378.83	5.93	1.77	218041.96
>3.0	462.85	44.84	41251.04	384.50	0.81	2.43	287205.32
合计	1102.79	227.72	101138.60	1289.49	12.70	6.94	840516.96

5.6.1.7 洪灾影响分析

（1）溃口方案洪灾影响淹没面积、淹没农田面积、淹没房屋面积、受影响公路长度、受影响铁路长度、受影响人口总数、受影响 GDP 等各项淹没影响随着洪水重现期的增大而增加。

（2）由于现状设防标准为 20～35 年一遇，溃堤方案在 20 年一遇洪水量级时洪灾影响相对较小，在洪水量级超过20年一遇标准时，随着洪水量级增大而洪灾影响陡增。说明当洪水量级低于20年一遇标准（即在20年以下时），现状堤防可以起到有效的保护作用，但是洪水量级超过现状设防标准（20年一遇）时，现状堤防已经不能起到很好的保护作用，并随着洪水量级的增大而洪灾影响陡增。

5.6.2　洪灾损失评估结果统计分析

5.6.2.1　损失评估方法

根据影响区内各类经济类型和洪灾损失率关系，按下式评估计算洪灾经济损失：

$$D=\sum_{i}\sum_{j}W_{ij}\eta(i,j)$$

式中：W_{ij}为评估单元在第j级水深的第i类财产的价值；$\eta(i,j)$为第i类财产在第j级水深条件下的损失率。

在确定了各类承灾体受淹程度、灾前价值之后，根据洪灾损失率关系，即可进行分类洪灾直接经济损失估算。主要直接经济损失类别的计算方法如下：

（1）工商企业洪涝灾损失估算。计算工商企业各类财产损失时，需分别考虑固定资产（厂房、办公、营业用房，生产设备、运输工具等）与流动资产（原材料、成品、半成品及库存物资等），其计算公式为

$$R_{财}=R_1+R_2=\sum_{i=1}^{n}R_{1i}+\sum_{i=1}^{n}R_{2i}=\sum_{i=1}^{n}\sum_{j=1}^{m}\sum_{k=1}^{l}W_{ijk}\eta_{ijk}+\sum_{i=1}^{n}\sum_{j=1}^{m}\sum_{k=1}^{l}B_{ijk}\beta_{ijk}$$

企业的产值和主营收入损失是指因企业停产停工引起的损失，产值损失主要根据淹没历时、受淹企业分布、企业产值或主营收入统计数据确定。首先从统计年鉴资料推算受影响企业单位时间（时、日）的产值或主营收入，再依据淹没历时确定企业停产停业时间后，进一步推求企业的产值损失。

（2）道路交通等损失估算。可根据不同等级道路的受淹长度与单位长度的修复费用进行计算。损失估值可参考国内同类道路每公里造价（不含征地费）以及同类道路的洪灾受损率。

（3）其他农林牧渔、家庭资产损失按照流域综合规划中确定的损失率进行计算。

（4）总经济损失计算。各类财产损失值的计算方法如上所述，各行政区的总损失包括家庭财产、家庭住房、工商企业、农业、基础设施等，各行政区损失累加得出受影响区域的经济总损失。

$$D=\sum_{i=1}^{n}R_i=\sum_{i=1}^{n}\sum_{j=1}^{m}R_{ij}$$

5.6.2.2　洪灾损失率

洪灾损失评估包括对各量级洪水导致的交通运输、企事业单位、居民财产、农林牧渔等方面的直接损失估算分析。洪灾损失评估的关键是估算不同淹没水深（历时）条件下，各类财产洪灾损失率，建立淹没水深（历时）与各类财产洪灾损失率关系。遭受洪灾后各类财产的损失值可以通过损失率乘以灾前原有各类财产的价值进行估

算，因此损失率对于洪灾损失评估是很重要的。

洪灾损失率的确定一般有两种方法：一种是在洪灾区选择一定数量的典型区，调查收集各类承灾体的灾前和灾后价值，建立洪灾损失率与淹没深度、淹没历时、洪水流速等因素的相关关系；另一种是借鉴国内外已有的损失率作为参考样本，根据所在流域的社会经济发展水平，依据损失率随时间及空间变化的一般规律，做出相对合理的调整，最后确定出符合评估目的和要求的损失率。

本次农业洪灾损失率评估参考“八五”国家科技攻关课题“洪灾经济损失的调查与评估”和“北金堤滞洪区洪水风险分析及减灾措施研究”确定的农作物洪灾损失率[12]，以及黄河水利委员会治黄科研专项“黄河下游防洪工程体系减灾效益分析方法及计算模型研究报告”中确定的各类作物损失率[13]。工业损失率参考“八五”科技攻关时关于城市第二、第三产业洪灾经济损失评估成果[14]。并结合实地调查结果，确定蓄滞洪区各行业的洪灾损失率见表 5.6-21。

表 5.6-21　　淹没水深-损失率/损失值关系

资产种类	淹没水深				
	0.05～0.50m	0.50～1.00m	1.00～2.00m	2.00～3.00m	＞3.00m
家庭财产	9	19	33	46	58
家庭住房	9	19	33	46	58
农业损失	60	80	90	100	100
工业资产	5	10	15	30	40
商业资产	16	21	30	39	43
铁路	5	10	15	30	40
一级公路	5	10	15	30	40
二级公路	5	10	15	30	40

5.6.2.3 洪灾损失统计

胖头泡蓄滞洪区洪水风险分析，淹没范围包括肇源县内古龙镇、义顺乡、大兴乡、新站镇、浩德乡、茂兴镇、民意乡、超等乡、古恰乡、头台镇等 10 个乡镇。洪灾损失统计分析主要以不同计算方案下、不同行政区域内、不同水深级别的居民房屋损失、家庭财产损失、农业损失、工商业损失、道路损失来反映研究区域洪灾损失情况。

（1）各方案洪灾损失统计。统计不同计算洪水方案时房屋、家庭财产、农业、工业、商业等损失指标，具体各方案不同淹没水深洪灾经济损失，见表 5.6-22，各方案所涉及乡镇经济损失见表 5.6-23～表 5.6-38。

（2）不同行政区划的洪灾损失统计。据洪水方案计算得出洪水对不同行政区划的洪灾损失情况，统计分析各行政区的洪灾损失统计见表 5.6-23～表 5.6-33。

（3）各水深等级的洪灾损失统计。据洪水方案计算得出洪水对各水深等级的洪灾损失情况，统计分析各水深等级的洪灾损失见表 5.6-34～表 5.6-38。

表 5.6-22　　胖头泡蓄滞洪区洪水风险方案经济损失计算表　　单位：万元

方案编码	溃口	居民房屋损失	家庭财产损失	农业损失	工业资产损失	工业产值损失	商贸业资产损失	商贸业主营收入损失	道路损失	铁路	合计
1998 年典型	老龙口	36683.16	28633.79	136504.9	7568.06	36371.18	3008.11	6710.52	7814.94	1677.68	264972.22
1957 年典型		37115.95	28980.33	150127.6	7997.24	79795.62	3075.53	14939.63	7942.08	1754.39	331728.34
LKZ-20	肇源堤溃口	4219.57	3311.28	61441.16	196.04	3044.42	1126.15	7250.96	1102.44	60.18	81752.15
LKZ-50		8653.26	6788.64	68513.59	495.62	6437.95	1538.35	8309.03	2116.99	197.92	103051.31
LKZ-100		17291.83	13553.25	90257.75	2019.66	27982.99	2074.18	10844.11	4092.87	638.03	168754.67
LLYZ-20	勒勒营子溃口	1230.61	965.71	3864.13	37.09	718.11	59.28	360.64	81.87	0.00	7317.46
LLYZ-50		3907.18	3066.16	23801.91	108.28	1875.11	364.83	2191.73	484.76	0.00	35799.88
LLYZ-100		11491.07	9017.52	76607.05	440.96	6826.39	1418.13	8682.67	2117.34	112	116713.16

表 5.6-23　　20 年一遇肇源堤不同淹没水深胖头泡蓄滞洪区洪水风险方案乡镇经济损失计算表　　单位：万元

行政区名称	居民房屋损失	家庭财产损失	农业损失	工业资产损失	工业产值损失	商贸业资产损失	商贸业主营收入损失	道路损失	铁路损失	合计
茂兴镇	2.04	1.6	256.01	5.37	88.58	1.95	10.89	15.92	0	382.35
新站镇	17.47	13.71	350.83	49.41	739.71	14.79	68.13	3.99	60.18	1318.22
头台镇	168.24	132.03	16026.39	3.59	56.78	442.74	2762.13	0	0	19591.91
古恰乡	1158.65	909.25	22801.82	18.03	379.81	245.31	1886.61	102.74	0	27502.19
超等乡	1056.28	828.9	7537.56	1.62	30.19	108.06	724.17	161.06	0	10447.83
义顺乡	0	0	179.82	24.53	388.03	0.92	4.37	11.66	0	609.33
浩德乡	1667.76	1308.76	6983.35	25.04	340.71	117.48	648.51	567.32	0	11658.93
大兴乡	149.13	117.03	7305.38	68.45	1020.61	194.9	1146.15	239.75	0	10241.39

表 5.6-24 50年一遇肇源堤不同淹没水深胖头泡蓄滞洪区洪水风险方案乡镇经济损失计算表

单位：万元

行政区名称	居民房屋损失	家庭财产损失	农业损失	工业资产损失	工业产值损失	商贸业资产损失	商贸业主营收入损失	道路损失	铁路损失	合计
茂兴镇	33.49	26.28	530.15	25.3	396.08	8.79	48.69	40.42	0	1109.2
新站镇	159.7	125.32	799.25	206.63	2873.41	53.11	264.63	18.49	144.5	4645.03
头台镇	316.55	248.41	17298.18	5.89	60.58	565.28	2946.72	9.11	0	21450.7
古恰乡	2101.4	1649.05	23963.2	26.48	396.1	318.82	1967.57	159.73	0	30582.35
超等乡	2028.95	1592.21	9150.69	2.72	35.34	150.65	847.68	306.81	0	14115.04
义顺乡	5.37	4.22	256.08	74.92	1013.74	2.29	11.41	27.24	53.42	1448.7
浩德乡	3615.01	2834.91	8196.2	42.73	455.05	174.79	866.13	1149.35	0	17334.16
大兴乡	392.79	308.24	8319.84	110.95	1207.65	264.62	1356.2	405.84	0	12366.13

表 5.6-25 100年一遇肇源堤不同淹没水深胖头泡蓄滞洪区洪水风险方案乡镇经济损失计算表

单位：万元

行政区名称	居民房屋损失	家庭财产损失	农业损失	工业资产损失	工业产值损失	商贸业资产损失	商贸业主营收入损失	道路损失	铁路损失	合计
古恰乡	3007.45	2360.08	24916.35	45.59	452.33	402.01	2246.88	287.07	0	33717.74
超等乡	5191.49	4074	15393.3	5.29	50.48	234.55	1210.7	806.98	0	26966.76
民意乡	27.02	21.21	255.53	0.06	1.78	9.97	82.06	7.28	0	404.93
义顺乡	389.71	305.83	2771.51	1090.43	17554.02	34.29	197.67	122.89	383.4	22849.75
浩德乡	6033.3	4734.6	9464.67	65.69	582.78	224.15	1109.26	1836.08	0	24050.52
大兴乡	792.71	622.06	8989.39	167.57	1508.71	335.42	1694.29	716.41	0	14826.57
太阳升镇	9.6	0	0	0	0	0	0	0	0	9.6
茂兴镇	1009.21	783.1	3610.1	158.97	2063.11	50.59	253.65	247.15	0	8175.9
古龙镇	0	0	5363.02	0.26	5.19	18.59	124.22	0	0	5511.28
新站镇	356.71	279.89	1238.91	477.43	5694.67	104.4	524.45	49.1	254.63	8980.19
头台镇	474.63	372.48	18254.97	8.37	69.92	660.21	3400.93	19.91	0	23261.43

表 5.6-26 20年一遇勒勒营子堤不同淹没水深胖头泡蓄滞洪区洪水风险方案乡镇经济损失计算表

单位：万元

行政区名称	居民房屋损失	家庭财产损失	农业损失	工业资产损失	工业产值损失	商贸业资产损失	商贸业主营收入损失	道路损失	铁路损失	合计
茂兴镇	788.13	618.48	3079.98	36.73	712.17	13.08	87.56	35.04	0	5371.19
民意乡	442.48	347.23	784.15	0.36	5.94	46.2	273.08	46.83	0	1946.27

表 5.6-27 50年一遇勒勒营子堤不同淹没水深胖头泡蓄滞洪区洪水风险方案乡镇经济损失计算表

单位：万元

行政区名称	居民房屋损失	家庭财产损失	农业损失	工业资产损失	工业产值损失	商贸业资产损失	商贸业主营收入损失	道路损失	铁路损失	合计
茂兴镇	1410.98	1107.26	3228.42	91.03	1560.01	30.52	191.81	175.33	0	7795.32
头台镇	10.67	8.38	7966.78	0.82	17.6	134.14	856.39	0	0	8994.78
超等乡	1148.36	901.16	5970	1.05	17.88	67.9	428.79	151.93	0	8687.03
民意乡	1303.15	1022.65	1491.72	0.56	6.98	60.12	320.69	87.76	0	4293.61
浩德乡	31.74	24.92	3046.52	7.09	112.57	40.12	214.29	59.41	0	3536.66
大兴乡	2.28	1.79	2098.47	7.73	160.07	32.03	179.76	10.33	0	2492.48

表 5.6-28 100年一遇勒勒营子堤不同淹没水深胖头泡蓄滞洪区洪水风险方案乡镇经济损失计算表

单位：万元

行政区名称	居民房屋损失	家庭财产损失	农业损失	工业资产损失	工业产值损失	商贸业资产损失	商贸业主营收入损失	道路损失	铁路损失	合计
茂兴镇	2158.09	1693.56	6604.43	178.3	2467.94	49.65	303.43	299.51	0	13754.92
新站镇	80.38	63.08	537.08	84.3	1600.96	23.44	147.45	10.69	103.8	2651.18
头台镇	208.49	163.6	16623.66	4.25	58.33	487.87	2837.3	4.14	0	20387.66
古恰乡	1221.61	958.64	23194.99	19.99	359.42	264.16	1785.34	111.54	0	27915.71
超等乡	3039.24	2385.03	13168.87	2.72	44.94	162.16	1077.95	404.3	0	20285.18
民意乡	2316.61	1817.93	1043.61	0.85	8.92	76.86	409.95	163.98	0	5838.71
义顺乡	0	0	266.54	41.2	706.35	1.36	7.96	19.74	8.2	1051.36
浩德乡	2228.2	1748.57	7704.53	30.78	434.99	138.09	827.97	775.59	0	13888.7
大兴乡	238.45	187.11	7463.34	78.57	1144.54	214.54	1285.32	327.85	0	10939.74

表 5.6-29　1957 年典型洪水老龙口人工扒口不同淹没水深胖头泡蓄滞洪区洪水风险方案经济损失计算表

单位：万元

行政区名称	居民房屋损失	家庭财产损失	农业损失	工业资产损失	工业产值损失	商贸业资产损失	商贸业主营收入损失	道路损失	铁路损失	合计
茂兴镇	2172.51	1695.61	9779.84	264.54	3710.24	75.94	456.19	360.73	0	18515.58
古龙镇	10558.17	8225.82	47179.99	12.22	96.23	480.09	2301.28	1839.61	0	70693.42
新站镇	1725.19	1342.8	7497.65	2121.56	23952.52	379.05	2205.95	430.57	352.79	40008.05
头台镇	940.1	737.72	18261.76	9.26	62.01	692.83	3016.32	50.66	0	23770.68
古恰乡	3317.49	2603.37	24832.76	53.18	385.83	426.75	1916.54	368.44	0	33904.35
超等乡	6074.7	4767.07	15938.46	6.22	51.68	256.5	1239.68	984.38	0	29318.69
民意乡	1024.51	803.97	771.92	0.39	5.6	43.83	257.56	97.63	0	3005.43
义顺乡	2940.95	2241.68	6914.67	5252.76	49314.54	106.47	555.34	698.52	1400.6	69426.53
浩德乡	7435.11	5774.24	9862.89	78.23	642.11	248.06	1222.2	2210.32	0	27396.15
大兴乡	1004.22	788.05	9087.68	198.88	1574.86	366.01	1768.57	901.22	0	15689.46

表 5.6-30　1998 年典型洪水老龙口人工扒口不同淹没水深胖头泡蓄滞洪区洪水风险方案经济损失计算表

单位：万元

行政区名称	居民房屋损失	家庭财产损失	农业损失	工业资产损失	工业产值损失	商贸业资产损失	商贸业主营收入损失	道路损失	铁路损失	合计
茂兴镇	2145.43	1674.36	5870.15	259.02	1566.44	74.89	192.59	352.49	0	12135.35
古龙镇	10813.12	8418.97	47184.78	12.02	47.47	474.44	1135.09	1886.66	0	69972.53
新站镇	1618.2	1258.84	3406.49	1911.85	9324.4	326.48	858.74	371.17	336.88	19413.02
头台镇	940.1	737.72	17863.15	9.26	27.82	693.33	1352.82	50.66	0	21674.86
古恰乡	3317.49	2603.37	25238.9	53.16	172.95	426.68	859.13	368.44	0	33040.12
超等乡	6009.84	4716.18	8424.37	6.18	23.08	255.68	553.8	975.11	0	20964.25
民意乡	941.61	738.91	962.86	0.38	2.14	43.19	98.37	91.7	0	2879.14
义顺乡	2741.08	2084.84	9418.7	5042.09	24180.02	103.9	272.29	663.78	1340.8	45847.51
浩德乡	7152.44	5612.84	9056.78	76.49	300.53	244.76	572.03	2158.68	0	25174.54
大兴乡	1003.85	787.76	9078.69	197.61	726.33	364.76	815.66	896.25	0	13870.9

表 5.6-31　　20年一遇肇源堤不同淹没水深胖头泡蓄滞洪区洪水风险方案经济损失计算表

淹没水深/m	直接经济损失/万元									合计/万元
	居民房屋损失	家庭财产损失	农业损失	工业资产损失	工业产值损失	商贸业资产损失	商贸业主营收入损失	道路损失	铁路损失	
0.05～0.5	454.52	356.68	2120.13	27.57	667.74	66.15	535.98	103.54	7.35	4339.7
0.5～1.0	3063.24	2403.86	6586.19	47.18	862.83	252.71	2155.03	324.03	52.83	15747.86
1.0～2.0	653.71	512.99	32848.92	89.3	1261.22	634.97	3764.68	659.46	0	40425.23
2.0～3.0	48.1	37.75	19831.79	31.63	250.63	171.31	791.47	15.41	0	21178.07
>3.0	0	0	54.13	0.36	2	1.01	3.8		0	61.29
合计	4219.57	3311.28	61441.16	196.04	3044.42	1126.15	7250.96	1102.44	60.18	81752.15

表 5.6-32　　50年一遇肇源堤不同淹没水深胖头泡蓄滞洪区洪水风险方案经济损失计算表

淹没水深/m	直接经济损失/万元									合计/万元
	居民房屋损失	家庭财产损失	农业损失	工业资产损失	工业产值损失	商贸业资产损失	商贸业主营收入损失	道路损失	铁路损失	
0.05～0.5	1040.96	814.93	3054.4	81.87	1500.73	89.39	647.73	178.29	75.23	7483.54
0.5～1.0	411.04	322.57	1085.04	37.85	712.67	42.34	189.97	93.45	21.38	2916.28
1.0～2.0	6521.41	5117.63	21762.88	207.77	2945.76	666.52	4039.91	856.26	101.31	42219.43
2.0～3.0	639.19	501.6	30415.35	154.13	1193.2	657.49	3077.83	988.99	0	37627.81
>3.0	40.66	31.91	12195.92	14	85.59	82.61	353.59	0	0	12804.25
合计	8653.26	6788.64	68513.59	495.62	6437.95	1538.35	8309.03	2116.99	197.92	103051.31

表 5.6-33　100 年一遇肇源堤不同淹没水深胖头泡蓄滞洪区洪水风险方案经济损失计算表

淹没水深/m	直接经济损失/万元									合计/万元
	居民房屋损失	家庭财产损失	农业损失	工业资产损失	工业产值损失	商贸业资产损失	商贸业主营收入损失	道路损失	铁路损失	
0.05～0.5	731.52	571.16	3230.41	137.58	3757.32	49.45	253.43	118.07	54.09	8903.01
0.5～1.0	1909.08	1489.77	8796.96	359.93	6372.07	87.39	462.55	259.64	110.88	19848.24
1.0～2.0	4979.67	3902.63	9664.36	867.86	12544.13	287.71	1685.43	764.8	295.99	34992.64
2.0～3.0	9085.06	7129.46	29437.2	492.27	4204.86	963.85	5118.55	1835.74	177.07	58444.07
>3.0	586.5	460.23	39128.82	162.02	1104.61	685.78	3324.15	1114.62	0	46566.71
合计	17291.83	13553.25	90257.75	2019.66	27982.99	2074.18	10844.11	4092.87	638.03	168754.67

表 5.6-34　20 年一遇勒勒营子堤不同淹没水深胖头泡蓄滞洪区洪水风险方案经济损失计算表

淹没水深/m	直接经济损失/万元									合计/万元
	居民房屋损失	家庭财产损失	农业损失	工业资产损失	工业产值损失	商贸业资产损失	商贸业主营收入损失	道路损失	铁路损失	
0.01～0.5	158.34	124.26	342.98	3.3	115.49	3.96	20.4	12.97	0	781.69
0.5～1.0	239.76	188.15	373.95	5.2	98.06	7.27	37.17	21.75	0	971.32
1.0～2.0	832.51	653.3	3135.73	28.58	504.48	47.28	299.27	47.15	0	5548.32
2.0～3.0	0	0	11.47	0.01	0.08	0.77	3.8	0	0	16.13
>3.0	0	0	0	0	0	0	0	0	0	0
合计	1230.61	965.71	3864.13	37.09	718.11	59.28	360.64	81.87	0	7317.46

表 5.6-35　　50 年一遇勒勒营子堤不同淹没水深胖头泡蓄滞洪区洪水风险方案经济损失计算表

淹没水深/m	直接经济损失/万元									合计/万元
	居民房屋损失	家庭财产损失	农业损失	工业资产损失	工业产值损失	商贸业资产损失	商贸业主营收入损失	道路损失	铁路损失	
0.05～0.5	438.51	344.13	5801.15	11.63	300.63	105.48	724.42	72.83	0	7798.74
0.5～1.0	819.73	643.29	9267.84	23.01	487.25	108.81	690.98	168	0	12208.93
1.0～2.0	2258.19	1772.1	6892.77	60.04	969.2	116.26	610.71	192.04	0	12871.28
2.0～3.0	348.11	273.18	1618.53	13.56	117.79	32.91	159.87	40.88	0	2604.81
>3.0	42.64	33.46	221.62	0.04	0.24	1.37	5.75	11.01	0	316.12
合计	3907.18	3066.16	23801.91	108.28	1875.11	364.83	2191.73	484.76	0	35799.88

表 5.6-36　　100 年一遇勒勒营子堤不同淹没水深胖头泡蓄滞洪区洪水风险方案经济损失计算表

淹没水深/m	直接经济损失/万元									合计/万元
	居民房屋损失	家庭财产损失	农业损失	工业资产损失	工业产值损失	商贸业资产损失	商贸业主营收入损失	道路损失	铁路损失	
0.05～0.5	894.87	702.23	2348.43	27.62	950.96	61.69	533.61	126.85	29.79	5676.03
0.5～1.0	3975.56	3119.79	6024.15	81.29	1603.71	204.5	1654.03	389.8	38.2	17091.09
1.0～2.0	4115.65	3229.73	32170.18	181.17	2859.17	749.54	4502.20	968.32	44.01	48819.97
2.0～3.0	2413.97	1894.35	35364.57	147.33	1387.10	389.35	1928.48	609.32	0	44134.46
>3.0	91.02	71.42	699.72	3.55	25.45	13.05	64.35	23.05	0	991.61
合计	11491.07	9017.52	76607.05	440.96	6826.39	1418.13	8682.67	2117.34	112.00	116713.16

表 5.6－37　1998 年典型洪水老龙口人工扒口不同淹没水深胖头泡蓄滞洪区洪水风险方案经济损失计算表

淹没水深/m	直接经济损失/万元									合计/万元
	居民房屋损失	家庭财产损失	农业损失	工业资产损失	工业产值损失	商贸业资产损失	商贸业主营收入损失	道路损失	铁路损失	
0.05～0.5	8405.77	6586.03	9109.98	1170.92	9535.51	346.12	943.32	1224.86	437.60	37760.09
0.5～1.0	12124.99	9470.70	17628.61	2560.65	11363.13	775.75	1701.78	2085.42	1056.06	58767.01
1.0～2.0	11774.60	9159.30	104827.06	3502.73	12108.34	1754.65	3621.30	3992.76	130.38	150871.11
2.0～3.0	1206.80	947.00	2000.64	88.24	1087.83	49.31	174.08	206.63	5.76	5766.29
>3.0	3171.00	2470.76	2938.58	245.52	2276.37	82.28	270.04	305.27	47.88	11807.72
合计	36683.16	28633.79	136504.87	7568.06	36371.18	3008.11	6710.52	7814.94	1677.68	264972.22

表 5.6－38　1957 年典型洪水老龙口人工扒口不同淹没水深胖头泡蓄滞洪区洪水风险方案经济损失计算表

淹没水深/m	直接经济损失/万元									合计/万元
	居民房屋损失	家庭财产损失	农业损失	工业资产损失	工业产值损失	商贸业资产损失	商贸业主营收入损失	道路损失	铁路损失	
0.05～0.5	8690.23	6791.72	14035.32	1143.64	18898.18	339.17	1987.46	1183.35	442.13	53511.19
0.5～1.0	12167.10	9528.18	20637.64	2474.77	22481.41	770.53	3649.43	2162.64	1068.61	74940.33
1.0～2.0	11757.59	9145.95	106272.13	3956.90	27544.64	1798.34	7946.14	4032.70	194.01	172648.38
2.0～3.0	1049.76	823.78	5013.55	166.83	6080.02	81.01	744.52	178.52	13.35	14151.33
>3.0	3451.27	2690.70	4168.98	255.10	4791.37	86.48	612.08	384.87	36.29	16477.11
合计	37115.95	28980.33	150127.62	7997.24	79795.62	3075.53	14939.63	7942.08	1754.39	331728.34

5.6.2.4 洪灾经济损失分析

（1）溃口方案洪灾影响洪灾损失随着洪水重现期的增大而增加。

（2）由于现状工况防洪标准为20～35年一遇，溃堤方案在20年一遇洪水量级时洪灾损失相对较小，随着洪水量级增大而洪灾影响陡增。当洪水量级20年以内，现状工况下可以起到有效的保护作用，当洪水量级超过20年一遇，已经不能起到很好的保护作用，随着洪水量级增大而洪灾损失陡增。

（3）从不同淹没方案的灾情统计结果来看，造成洪灾损失最大的是1957年典型洪水现状工况溃堤方案，洪灾损失合计33.17亿元，其中居民房屋损失3.71亿元、家庭财产损失2.90亿元、农业损失15.01亿元、工业资产损失0.80亿元、工业产值损失7.98亿元、商贸业资产损失0.31亿元、商贸业主营收入损失1.49亿元、道路损失0.79亿元，铁路损失0.18亿元。

5.7 避洪转移成果分析

5.7.1 危险区确定

本次洪水风险避险转移评估分别选取胖头泡蓄滞洪区主动分洪的1957年典型年和被动分洪的100年一遇洪水两个洪水量级进行分析。根据胖头泡蓄滞洪区1957年典型年和100年一遇洪水量级的所有溃口淹没分析的计算结果，选取最大水深值和最短到达时间值，形成水深分布到达时间包络，同时将各方案淹没范围叠加得到相应洪水量级的可能最大淹没范围水深分布及到达时间包络，以这些包络信息为基础，结合区域内的地形特征分析，确定洪水淹没区域和洪水围困区域。从综合分析结果来看，胖头泡蓄滞洪区1957年典型洪水的危险面积为1102.79km²，100年一遇洪水的危险面积为816.26km²。

5.7.2 转移单元确定

根据确定的危险区范围，利用胖头泡蓄滞洪区内居民地分布数据，通过叠加分析得出需要转移的人员空间分布，进而确定转移单元。胖头泡蓄滞洪区需要避洪转移的区域包括肇源县的茂兴镇、民意乡、古恰乡、超等乡、新站镇、义顺乡、浩德乡、大兴乡、头台镇的9个乡镇，其中1957年典型年需要避险转移126个单元，100年一遇洪水需要避险转移82个转移单元。

5.7.3 避洪转移方案

5.7.3.1 避洪转移人口分析

以胖头泡蓄滞洪区转移单元范围内的全部人口作为需转移人口进行避洪转移人口分析。1957年典型年共需避险转移75个转移单元，100年一遇洪水共需要避险转移56个转移单元，转移单元为村屯。根据调查收集蓄滞洪区内各村的人口数量，统计避洪转移人口。蓄滞洪区 1957 年典型年避洪转移人口总计为 83709 人，100 年一遇洪水避洪转移人口总计为 52973 人。

5.7.3.2 避洪方式选择

从现场调查情况来看，胖头泡蓄滞洪区内各乡镇镇政府所在地具有较多的坚固钢筋混凝土楼房，可作为避水建筑，具备就地安置的条件；蓄滞洪区内农村钢筋混凝土楼房数量较少，居民住房多为砖瓦结构住房，具备较强的抗冲刷能力。随着经济的发展，农村住宅质量水平会逐渐提高，危险区内农村地区人员采取何种避洪方式与今后经济的发展、基础条件的变化等有关。

淹没区内部分村屯淹没水深和流速小，对胖头泡蓄滞洪区危险区避洪人口的避洪方式与当地防办进行了沟通和咨询。从咨询情况来看，可以参考历史淹没时抗洪抢险办法，对于淹没水深和流速小的危险区村屯，可以采用利用村屯周边道路、自然土坎等沿村屯周边修建临时挡水围堰，防止危险区村屯进水，从而达到较好的避洪效果。综合考虑避洪人口多、转移实施面广且难度大等多方面因素，建议对水深小于 1.0m、流速小于 0.5m/s 的区域采取就地安置方式，对水深大于 1.0m 区域内村屯采取转移安置方式。建议在实际开展避险转移工作时，主管部门可结合今后发展变化情况，确定采取适宜的安置方式。

通过对淹没范围内水深的分布分析，胖头泡蓄滞洪区 1957 年典型年淹没范围内水深小于 0.5m、流速小于 0.5m/s 的有 36 个单元，水深处于 0.5～1.0m 之间、流速小于 0.5m/s 的有 15 个单元，采取就地安置方式的共有 51 个转移单元，就地安置人口 33241 人。淹没范围内水深不小于 1.0m 区域的有 75 个单元，采取转移安置方式的共有 75 个转移单元，转移安置人口 50468 人。

胖头泡蓄滞洪区 100 年一遇淹没范围内水深小于 0.5m、流速小于 0.5m/s 的有 18 个单元，水深处于 0.5～1.0m 之间、流速小于 0.5m/s 的有 8 个单元，采取就地安置方式的共有 26 个转移单元，就地安置人口 19176 人。淹没范围内水深不小于 1.0m 区域的有 56 个单元，采取转移安置方式的共有 56 个转移单元，转移安置人口 33797 人。

胖头泡蓄滞洪区洪水淹没范围广泛，对某一居民点而言，洪水前锋演进达到时间较长，根据洪水到达时间分 3 个转移批次，小于 12h 为第一批次，12～24h 为第二批次，大于 24h 为第三批次。对于 1957 年典型洪水淹没情况而言，第一批次转移 9 个村屯，转移人口 7241 人；第二批次转移 2 个村屯，转移人口 3838 人；第三批次转移 65 个村屯，转移人口 39654 人。对于 100 年一遇洪水淹没情况而言，第一批次转移 11 个村屯，转移人口 8388 人；第二批次转移 3 个村屯，转移人口 3972 人；第三批次转移 42 个村屯，转移人口 21437 人。

5.7.3.3 安置区划定

根据前面确定的安置区选择原则，通过居民地图层、交通道路图层、地形数据图层、最大洪水淹没范围图层的叠加分析，结合现场调查和收集的防汛预案、行政区划、居民点信息、滑坡和泥石流易发区等资料，可以划定安置区的可选择范围。在此基础上，根据安置区可选择范围内居民点分布信息、居民点高程和路网数据选择安置区，估算各安置区的容纳能力；最后根据转移单元的分布、各转移单元的避洪转移人口数量、行政隶属关系、空间距离关系等，采用就近避难优先原则，进行各转移单元避洪转移安置匹配，确定最终选择的安置区。从最终分析结果来看，胖头泡蓄滞洪区1957年典型避险转移共需要20个安置区，可以容纳131262万人，满足避洪转移人口50733人的需要，具体分布见表5.7-1。100年一遇避险转移共需要11个安置区，可以容纳74902万人，满足避洪转移人口33797人的需要，具体分布见表5.7-2。

表5.7-1　1957年典型安置区划定成果表

序号	乡（镇）	安置区名称	安置区面积/km²	可安置面积/km²	可安置人口/人	实际安置人口/人
1	茂兴镇	茂兴镇安全区	1.02	0.31	15347	15287
2	古恰乡	古恰乡安全区	0.30	0.09	4471	4345
3	新站镇	新站镇安全区	0.96	0.29	14441	2836
4		卧龙岱	0.13	0.04	2000	914
5	义顺乡	革志村义顺乡安全区	0.40	0.12	5993	3092
6		长青屯	0.15	0.05	2250	219
7		羊营子	0.13	0.04	1950	205
8	浩德乡	西浩得屯	0.95	0.29	14250	7605
9	大兴乡	大庆市热力希望小学	0.37	0.11	5550	368
10		东敖包岗子北侧高地	0.24	0.07	3600	715
11		汤家围子	0.15	0.05	2250	695
12		大兴学校	0.23	0.07	3450	203
13	古龙镇	腰地房子	0.11	0.03	1650	387
14		古龙村	1.78	0.53	26700	1631
15		立陡山村	0.47	0.14	7050	673
16		东山	0.36	0.11	5400	1516
17	民意乡	建民村	0.084	0.03	1260	134
18	超等乡	自由村	0.09	0.03	1350	264
19		超等乡	0.28	0.08	4200	2396
20	腰兴乡	腰新乡兴龙小学	0.54	0.16	8100	7248

表5.7-2　100年一遇洪水安置区划定成果表

序号	乡（镇）	安置区名称	安置区面积/km²	可安置面积/km²	可安置人口/人	实际安置人口/人
1	茂兴镇	茂兴镇安全区	1.02	0.31	15347	13348
2	古恰乡	古恰乡安全区	0.30	0.09	4471	4345

续表

序号	乡（镇）	安置区名称	安置区面积/km²	可安置面积/km²	可安置人口/人	实际安置人口/人
3	新站镇	新站镇安全区	0.96	0.29	14441	2076
4	义顺乡	顺乡安全区	0.40	0.12	5993	2067
5	浩德乡	西浩得屯	0.95	0.29	14250	7318
6	大兴乡	大庆市热力希望小学	0.37	0.11	5550	370
7		东敖包岗子北侧高地	0.24	0.07	3600	715
8		汤家围子	0.15	0.05	2250	695
9		大兴学校	0.23	0.07	3450	203
10	超等乡	自由村	0.09	0.03	1350	264
11		超等乡	0.28	0.08	4200	2396

5.7.3.4 转移路线确定

根据收集的胖头泡蓄滞洪区道路基础地理信息情况，制作路网数据集。按照转移单元与安置区匹配成果，建立每个转移单元与安置区的对应关系，结合路网数据，建立转移单元、安置区、路网数据的网络拓扑关系，形成点、线结合的地理网络系统。利用GIS软件的网络分析功能对路网进行分析，为每个转移单元确定最佳的转移路径。蓄滞洪区内转移单元较密集，采用静态路径分析法得出的最佳转移路径往往出现多个村屯共用一条转移道路问题，实际避险转移时可能会发生拥堵。考虑此项因素，实际制定避险转移路径时，对有多个转移单元共用一条转移道路，且该转移道路附近有其他道路可供选择时，调整部分转移单元的转移路径，实行转移人员的分流通行。

每条转移路线所需转移时间根据转移交通工具和转移道路情况确定。根据现场调查情况，蓄滞洪区内农村每百户家庭拥有生活用汽车15台、拖拉机20台、摩托车74台，区域平均每100户人口约350人。从调查掌握的资料情况看，避洪转移时，以每台汽车搭载4人、每台拖拉机平均搭载8人、每台摩托车平均搭载2人计算，基本可以满足避洪转移交通工具需要。从转移路线的统计分析结果来看，1957年洪水过程的最长转移距离为24.98km，最长转移所需时间为1.67h；100年一遇洪水过程的最长转移距离为22.84km，最长转移所需时间为1.52h。

由此可以看出，避险转移方案和转移路线均具有实际可操作性。

参 考 文 献

[1] 王艳艳，李娜，王杉，等. 洪灾损失评估系统的研究开发及应用[J]. 水利学报，2019(9)：1103-1110.

[2] 黑龙江省水利水电勘测设计研究院. 胖头泡蓄滞洪区风险图[R]. 哈尔滨：黑龙江省水利水电勘

测设计研究院，2016.
[3] 中华人民共和国水利部. 中国“98”大洪水［M］. 北京：中国水利水电出版社，1999：16-17.
[4] 李炜. 水利计算手册［M］. 2版. 北京：中国水利水电出版社，2006.
[5] 傅湘，纪昌明. 洪灾损失评估指标的研究［J］. 水科学进展，2000（4）：432-435.
[6] 嫩江尼尔基水利水电有限责任公司. 尼尔基水库调度手册［M］. 北京：中国水利水电出版社，2014.
[7] 华东水利学院. 水工设计手册［M］. 北京：水利电力出版社，1983.
[8] 黑龙江省水利水电勘测设计研究院. 黑龙江省嫩江干流治理工程初步设计［R］. 哈尔滨：黑龙江省水利水电勘测设计研究院，2015.
[9] 水利部松辽水利委员会. 松花江流域防洪规划［R］. 长春：水利部松辽水利委员会，2006.
[10] 黑龙江省水利水电勘测设计研究院. 黑龙江省嫩江干流治理工程可行性研究［R］. 哈尔滨：黑龙江省水利水电勘测设计研究院，2014.
[11] 黑龙江省水利水电勘测设计研究院. 黑龙江省松花江干流治理工程可行性研究［R］. 哈尔滨：黑龙江省水利水电勘测设计研究院，2014.
[12] 水利部科学技术司. “八五”全国水利科技重点成果汇编（上册）［M］. 郑州：黄河水利出版社，1998.
[13] 丁大发，石春先，宋红霞，等. 黄河下游防洪工程体系减灾效益计算模型研究［J］. 水利科学进展，2002，13（4）：450-455.
[14] 韦风华，孙振坤，柳萍. 城市洪水灾害损失的经济评估［C］//全国水利水电工程青年学术讨论会. 北京：中国水利学会，中国水力发电工程学会，2000：489-492.

第6章 胖头泡蓄滞洪区分洪优化调度方案研究

6.1 蓄滞洪区调度运用研究进展

6.1.1 洪水演进研究

蓄滞洪区的合理运用能够使当地甚至整个流域洪灾发生时的灾害损失降到最低，对城市防洪是非常有利的。洪水演进模拟研究能够对蓄滞洪区洪水调度的方案选择、洪灾损失预报等进行技术支撑，是各项防洪工作和蓄滞洪区调度运用的基础，国内外很多学者在这方面研究取得许多成果。

随着我国经济社会和城镇化发展，人类活动对蓄滞洪区的干预和影响越来越大，使得土地及其下垫面结构发生了一定的变化，而这些变化对于洪水的演进过程有着重要的影响。武晟[1]结合蓄滞洪区硬化面积增多、阻水建筑增多这一变化情况，利用二维浅水流动的基本假设和数学形态学方法结合 GIS 技术对洪水淹没进行了动态和静态模拟，提出了简化的洪水演进思想并应用实际进行了成功模拟。

EFDC 模型是一种常见的二维水动力、水质模型，经常用来模拟洪水演进过程。刘蒙泰等[2]利用这一模型以恩县洼蓄滞洪区为研究对象进行了洪水演进模拟，运用 GIS SDK 提供的可视化控件，实现了 GIS 可视化效果展示，此外，他们还根据实际需要增加了洪水淹没历时、最大流速分布、最大水深分布等展示项，改进了 EFDC 模型原有展示效果，为蓄滞洪区制定安全撤退路线、防洪评价、制作防洪风险图等提供了有力的保障。此外，段扬等[3]也利用 EFDC 和 GIS 可视化技术，对漳卫河流域的大名蓄滞洪区进行了洪水演进模拟，二者的理论基础、网格剖分基本原理一致，不同的是后者提出了三种不同的泄水方案进行了对比分析，考虑了干湿边界的动态变化等，可以为蓄滞洪区的防洪决策和抗灾抢险提供参考。

洪水演进是洪涝灾害评估的基础，我国在这方面有大量的研究成果，而洪灾损失评估又是制定防洪规划、洪水灾害风险管理、洪水保险、洪灾防灾效益评估、法律法规制定等多方面工作的基础。杨建朋[4]利用水深、面积、容积设计了洪水演进模型，利用 RS 分类提取方法及 GIS 矢量提取方法对社会经济数据进行空间化处理，建立了社会经济数据模型；提供了两种针对不同洪灾评估类型及损失率获取的方式，从而提出一种了全新的地理分析模型。林毅[5]在大清河蓄滞洪区采用有限体积法建立了河道与蓄滞洪区洪水演进的一维、二维衔接数学模型，结合蓄滞洪区复杂的地形地质条件，采用了与之相适应的河道地形网格与洼淀地形网格镶嵌衔接多点、多面连接模型网格；利用建立的这一模型，作者对各频率洪水的调度方案进行了数值模拟，并进行洪水风险分区、洪水风险图绘制及洪灾损失评估等工作，建立了集模型计算、方案模拟和风险评估于一体的洪水预报及实时调度系统。

6.1.2　洪水调度研究

尽管胖头泡蓄滞洪区的优化调度研究不多，但在我国其他流域的水库、蓄滞洪区却有过相应的研究。早在1995年，梅亚东等[6]就采用水文模型、水力学模型和优化模型对汉江下游的杜家台分蓄洪区进行了分洪频率分析和各围垸淹没过程的模拟。倪晋仁等[7]对洪湖分蓄洪区分洪口门位置进行了分析、比较、选择，指出了工程中存在的不同问题，并提出了相应的对策。何琦[8]对不同洪水频率下蒙洼蓄洪区的运用时机进行了研究。

除了单一蓄滞洪区的调度研究，对于多个蓄滞洪区的联合运用国内也开展了相关研究，要威[9]从行蓄洪区的开启时机和行洪区的开启方式等开展工作，对淮河中游多个行蓄洪区联合运用的开启时机进行了优化研究。陈良柱[10]对长江中游钱粮湖、共双茶、大通湖东及洪湖东分块等4个蓄滞洪区的分洪运用方案进行过研究，通过建立一维SOBEK水力学模型，总结出蓄滞洪区分洪运用的一般规律，并提出了合理性建议。

陈守煜等[11]将模糊集理论与神经网络相结合，提出了模糊优选BP神经网络模型，为改善其收敛速度慢的问题，引入加速遗传算法，提出了基于遗传算法优化模糊神经网络权重的RAGA－BPNN职能决策模型，并利用这一模型解决了松花江流域蓄滞洪区不同方案的优选问题。李禔来等[12]通过对黄墩湖滞洪区启用和洪水演进的研究，将黄墩湖洪水调度与骆马湖洪水调度系统集成，为防汛决策提供了更为系统的技术支持。丁伟[13]从洪水资源化利用出发，研究了淮河流域城西湖蓄滞洪区的蓄水研究方案。李玉臣[14]不仅概括总结了蓄滞洪区综合利用的管理问题，同时还从水文角度定量评价了城市蓄滞洪区综合利用的效果，为今后进一步开展水文模型验证与优化、蓄滞洪区优化调度、泥沙淤积模拟预测等工作奠定了基础。上述研究成果基本没有考虑蓄滞洪区运用后的经济损失及生态环境等问题。刘云等以洞庭湖蓄滞洪区的洪水调度原则为基础，利用模糊优化理论建立了蓄滞洪区洪水调度优选模型，在洞庭湖三种设计典型年的6种调度方案中优选出最佳方案，同时还对洪灾风险的内容和程序进行了总结分析，识别了洪水调度的风险，建立了蓄滞洪区洪水调度风险模型，对蓄滞洪区洪水优化调度后的风险性进行了分析研究，开发了基于GIS技术的洪水优化调度和风险分析系统[15-17]。

6.1.3　其他水工建筑物调度研究

除了单一蓄滞洪区、多个蓄滞洪区以及城市蓄滞洪区等不同蓄滞洪区的调度研究之外，水库、堤防体系等其他工程的调度研究成果对于蓄滞洪区的优化调度研究也同样具有借鉴意义。李雨[18]以三峡水库及清江梯级水库组成的水库群为研究背景，开展了水库防洪和蓄水优化调度方法的研究。徐冬梅[19]围绕水库群防洪调度与洪水资源化问题，对洪水退水规律、汛期变化规律及水库群防洪优化调度等问题开展了研究，并结合滦河流域潘家口、大黑汀、桃林口水库群开展了应用研究。陈晓辉[20]利用水力学模型对永定河流域进行了洪水调度研究，得到了不同频率洪水下四条支流的合理调度方式。傅春等[21]对鄱阳湖单退圩堤防的防洪优化调度进行了研究，作者选取1998年为典型代表年，将万亩以下单退圩堤和万亩以上单退圩堤依据湖口不同水位进行计算分析，并对提出的四个方案采用可变模糊优选理论确定出优选方案。此外，谢秋菊[22]对江河防洪系统的优化调度方法也进行了较为系统的总结。

总体而言，我国的防洪调度在认识上经历了单一水库调度、水库群联合调度、河库联合调度、河库单一滞洪区调度、河库多个滞洪区联合调度以及流域防洪体系联合调度的发展历程；在方法上经历了从常规调度、优化调度以及防洪调度决策系统建设的过程[23]。

6.1.4 优化调度技术研究进展

优化方法是一种在有限种或无限种可行方案中挑选最优方案，构造寻求最优解的计算方法。主要运用数学方法研究各种系统的优化途径及方案，为决策者提供科学决策的依据。最优化方法包含内容十分广泛，常用的主要有线性规划法（LP）、动态规划法（DP）、逐次优化算法（POA）、模糊综合评价法（FDP）、遗传算法（GA）、粒子群算法（PSO）和人工神经网络（ANN）等。

传统的线性规划法应用较多，尤其在梯级水库联合调度领域。但是线性规划限定了求解目标及其约束条件均为线性表达，而水库调度多为非线性模型，因此会导致求解精度降低，需要与其他算法结合求解问题[24]。

动态规划法对于模型约束条件没有要求在工程中广泛应用，梅亚东[25-26]针对梯级水库的后效性动态规划问题提出了多维动态规划近似解法和有后效性动态规划逐次逼近法，提高了求解的精度和算法收敛速度。但动态规划法“维数灾”的问题限制了其应用，逐次优化算法改善了这一问题。POA算法不需对状态变量进行离散，计算效率相对更高。

相较于传统的优化方法，一类基于生物学、物理学和人工智能的具有全局优化性能、通用性强且适用于并行处理的现代启发式算法逐渐出现，加上计算数学及计算机处理能力的提高，更进一步促进了遗传算法、蚁群算法以及人工神经网络法等优化算法的出现[27-28]。模糊综合评价法弥补了在方法和模型上出现的一些问题，可以在复杂防洪体系调度中得以应用。

随着科学技术的不断发展，蓄滞洪区的优化调度研究条件及技术水平也有了极大的改善。李大鸣等[29]建立了河道与蓄滞洪区联合计算的一维、二维衔接洪水演进模型，考虑了道路、堤防等阻水建筑物的复杂边界条件，运用GIS技术建立了能够模拟蓄滞洪区内任意位置洪水演进过程的一维、二维洪水演进仿真系统。很多成熟商业软件的开发应用也对模型建立和计算提供了极大的帮助，应用较为广泛的主要有荷兰的Delft3D模型、英国的Infoworks RS模型、丹麦的MIKE 21模型等。郭凤清等[30]、魏凯等[31]利用MIKE 21模型分别计算了湛江蓄滞洪区和濛洼蓄滞洪区洪水演进的过程，计算了蓄滞洪区内水深、流速、淹没条件及到达时间等，进行了快速风险评价。

李卫东等[32]对海河流域蓄滞洪区通信预警系统的建设思路进行过探讨，针对蓄滞洪区通信设备使用长、通信方式单一、抗灾能力弱、公众通信覆盖面差等问题，提出了结合水利通信专网和通信基础设施，采用LTE移动通信系统建设方案，其思路对于其他流域通信预警系统的建设也具有借鉴意义。

6.2 胖头泡蓄滞洪区运用方案研究

6.2.1 前期规划分洪原则

《松花江流域防洪规划》和《胖头泡蓄滞洪区安全建设规划》规定的蓄滞洪区启用条件均为“当预报哈尔滨水文站洪峰流量达到堤防设计流量17900m³/s，而且水位还将上涨时，启用蓄滞洪区分洪”。

蓄滞洪区分洪对哈尔滨的作用是削减洪峰流量2600m³/s。由于蓄滞洪区至哈尔滨的洪水传播时间为7d左右，在目前技术条件下难以提前7d做出准确预报，不同的人、使用不同的预报方案能有不同的预报数据，洪峰流量预报误差为1000～2000m³/s均属正常，预报误差的量级与分洪削减洪峰的量级相接近，使得能否满足蓄滞洪区启用条件的判断变得复杂和困难，存在着决策的不确定性。

6.2.2 蓄滞洪区调度运用方案

由于前期规划时胖头泡蓄滞洪区启用条件的准确程度存在较大的不确定性，2008年东北勘测设计研究院有限公司进行了胖头泡和月亮泡蓄滞洪区运用方式的研究。

6.2.2.1 启用条件

本次研究按照哈尔滨洪水与嫩江和二松合成洪水同频率的设想，将蓄滞洪区的启用条件进行了调整，当嫩江大赉水文站与二松扶余水文站的合成流量达到18200m³/s，且合成流量还有继续增大的趋势时，启用蓄滞洪区分洪。新、旧启用条件实质内容是相同的，只是表示方式有所区别，旧启用条件使用的是预报判断方式，新启用条件采用的是上游干流控制水文站的实测流量，蓄滞洪区是否达到启用条件比较客观明确。

6.2.2.2 分洪预报

为了达到给哈尔滨削峰的目的，蓄滞洪区启用应该在大赉、扶余合成流量的洪峰到达分洪口之前进行。考虑到分洪准备需要一定时间，因此，必须根据江桥洪水和丰满出库流量进行分洪预报。由于当时模拟技术条件的限制，调度方案研究的合成流量主要采用江桥、丰满出库合成洪峰流量-大赉、扶余合成洪峰流量相关关系预报方案和江桥、丰满出库合成洪峰流量-哈尔滨洪峰流量相关关系预报方案进行分洪预报，主要遵循的预报原则为：根据江桥流量、丰满出库流量及流域洪水情况，当预测哈尔滨流量可能超过17900m³/s或江桥、丰满出库合成流量达到19300m³/s时，应做好启用胖头泡蓄滞洪区的各种准备，4d后可能开始分洪。

6.2.2.3 运用方式

胖头泡蓄滞洪区的运用规则参照水库防洪的“砍平头”调度方式，设计了蓄滞洪区“砍平头”运用方式。对于一般年型（如1957年、1960年、1969年、1998年型）200年一遇洪水，下游区间洪峰流量为1550～2430m³/s，确定“砍平头”下泄流量为16000m³/s。

当大赉、扶余合成流量超过18200m³/s后，蓄滞洪区开始分洪，分洪流量为合成流量与“准砍平头”下泄流量16000m³/s之差；根据分洪流量计算分洪口门宽度，如果实际口门宽度低于计算宽度，则扩宽口门，但最大不超过510m，如果实际口门宽度超过计算宽度，则口门宽度不做调整，允许向蓄滞洪区多分洪；当大赉、扶余合成流量洪峰出现5d后（含第5天），并且松花江老坎子断面流量已小于15000m³/s时，便可在老坎子处扒堤排水；当胖头泡蓄滞洪区容积达到42.0亿m³时，也应在老坎子处扒堤排水；排水时分洪口继续进水，蓄滞洪区采取“上吞下吐”方式开始退水。按“准砍平头”方式运用的计算成果见表6.2-1。从表6.2-1中可以看出，按照“准砍平头”方式运用，5个典型年蓄滞洪区最大分洪流量为4787～5345m³/s；最大进水口门宽度510m；需要的胖头泡最大容积为35.94亿～42.00亿m³；分洪后哈尔滨200年一遇洪峰流量为17132～17997m³/s，最多超堤防设计流量97m³/s，基本可以满足哈尔滨防洪要求。

表6.2-1　各典型年分洪成果表

典 型 年	1956年	1957年	1960年	1969年	1998年
开始分洪时间	8月2日	8月27日	8月1日	9月9日	8月16日
分洪最大流量/(m³/s)	5345	4859	4787	4855	4823
蓄滞洪区最大容积/亿m³	42.00	38.55	35.94	42.00	42.00
分后哈尔滨流量/(m³/s)	17997	17132	17997	17728	17491
与17900m³/s差值/(m³/s)	97	−768	97	−172	−409
退水最大流量/(m³/s)	4620	4590	4275	4800	4990
进口口门最大开度/m	510	490	510	380	370
出口口门最大开度/m	550	550	550	550	550

6.2.2.4 蓄滞洪区启用顺序

关于月亮泡、胖头泡蓄滞洪区的启用顺序，原则上先启用月亮泡蓄滞洪区，当月亮泡蓄滞洪区分洪量无法满足哈尔滨市防洪要求时，再启用胖头泡蓄滞洪区。

月亮泡、胖头泡各有优势和劣势。月亮泡蓄滞洪区的优势是周边的围堤工程基本形成，蓄水条件已经具备；进、出水有闸门控制，分洪过程可以根据需要进行控制调节；淹没区内人口少、经济存量小，启用时淹没损失相对较小；月亮泡蓄滞洪区的劣势是分蓄洪水的能力相对较小，只能部分承担哈尔滨100～200年一遇的防洪任务；由于洮儿河来水需要占用蓄滞洪区一定的容量，剩余可用于分蓄嫩江、二松洪水的容量难以控制，月亮泡的利用存在着不确定性；月亮泡位于吉林省境内，如为哈尔滨分洪，决策时协调难度大。

胖头泡蓄滞洪区的优势是蓄滞洪水的容量大，可独立全部承担哈尔滨100～200年一遇的防洪任务；胖头泡与哈尔滨都位于黑龙江省境内，调度、指挥、协调、补偿等工作便于统一安排。胖头泡蓄滞洪区的劣势是不能有效对分洪过程进行控制，一旦启用，整个蓄滞洪区都要使用；区内人口、耕地、资产多，淹没损失大。

根据两个蓄滞洪区的特点，结合前期规划确定的运用顺序，建议蓄滞洪区原则上只使用一个蓄滞洪区分洪，一次洪水尽量不要启用两个蓄滞洪区；当用月亮泡或胖头泡都能完成分洪任务时，优先运用月亮泡蓄滞洪区，以尽可能减少淹没损失。

6.3　胖头泡蓄滞洪区防洪度汛方案

6.3.1　防洪方案的调度原则

国家防汛抗旱指挥部依据2012年国务院批复的《松花江防御洪水方案》，结合松花江流域的防洪状况，于2014年以国汛〔2014〕15号文批复了《松花江洪水调度方案》。其中胖头泡蓄滞洪区的调度原则为：当预报大赉站与扶余站流量之和将超过18200m^3/s时，做好胖头泡、月亮泡蓄滞洪区运用准备工作。在松花江洪水上涨期间，若预报哈尔滨站流量可能超过17900m^3/s（即大赉站与扶余站流量之和达到18200m^3/s）并继续增大时，视情况启用胖头泡、月亮泡蓄滞洪区分滞洪水，控制哈尔滨站流量不超过17900m^3/s，确保哈尔滨城区防洪安全。胖头泡蓄滞洪区以蓄滞嫩江干流洪水为主，月亮泡蓄滞洪区以蓄滞嫩江支流洮儿河洪水为主，具体启用原则：①若只运用月亮泡蓄滞洪区，可控制哈尔滨站流量不超过17900m^3/s时，启用月亮泡蓄滞洪区分洪；②若只运用月亮泡蓄滞洪区，难以控制哈尔滨站流量不超过17900m^3/s时，破胖头泡蓄滞洪区临时分洪口门分洪，月亮泡蓄滞洪区视情控制洮儿河洪水，减轻下游防洪压力；③若破胖头泡蓄滞洪区临时分洪口门分洪，难以控制哈尔滨站流量不超过17900m^3/s时，月亮泡蓄滞洪区分洪闸配合分蓄嫩江洪水，必要时破堤加大胖头泡分洪流量；④启用胖头泡蓄滞洪区和月亮泡蓄滞洪区充分分滞洪水后，预报哈尔滨站流量仍超过17900m^3/s时，进一步加强哈尔滨市城市堤防防守，并视情采取应急措施加大河道行洪能力，或扩大蓄滞洪区分洪范围增加分洪量；⑤当蓄滞洪区退洪口处的河道断面水位开始回落，且能保证蓄滞洪区排洪入江后哈尔滨站的流量低于 17900m³/s 时，胖头泡、月亮泡蓄滞洪区适时退洪，尽早腾出蓄洪容积。

6.3.2 现有工程度汛分析

胖头泡蓄滞洪区分洪口门处的围堰工程现状防洪标准较低，只能防御 20 年一遇洪水标准；三江工程建设局完成围堰临时度汛方案之后，最高标准可以达到 50 年一遇设计洪水；当发生超过 50 年一遇洪水时，围堤安全会产生较大危险。按照超过 50 年一遇洪水围堰溃决来计算胖头泡蓄滞洪区的分洪情况，计算结果见表 6.3-1。从表 6.3-1 中可以看出，当围堰工程破坏以后，胖头泡蓄滞洪区开始自动进水时，由于宽度有限，分洪流量较小，1998 年实际最大分洪流量仅有 2377m³/s，对哈尔滨流量削减有限，最大流量可以达到 19778m³/s，相当于 170 年一遇。

表 6.3-1　　胖头泡蓄滞洪区被动分洪计算结果

进口宽度/m	典型年	频率	最大分洪流量/(m³/s)	区内最高水位/m	退水流量/(m³/s)	最大库容/亿 m³	有效分洪量/亿 m³	哈尔滨流量/(m³/s)
200	1998 年	$P\approx0.33\%$	2377	130.73	1802	31.9	21.6	19778
		$P=0.5\%$	2307	130.41	1574	27.5	20.0	18903
		$P=1\%$	2175	130.36	1541	26.9	19.0	16307

6.3.3 防洪度汛方案

6.3.3.1 方案分析条件

(1) 典型年。按照实际发生的年份选取。从 1983 年至 2015 年，较大的洪水年份主要为 1991 年和 1998 年，其中 1991 年洪水在嫩江干流大赉断面不足 10 年一遇，松花江干流哈尔滨断面不足 30 年一遇；1998 年洪水在嫩江干流大赉断面超过 300 年一遇，松花江干流哈尔滨断面相当于 300 年一遇，作为本次分析的实际典型年份。

(2) 洪水频率。胖头泡蓄滞洪区本身的任务是完成哈尔滨断面 100～200 年一遇洪水的分洪任务，故洪水频率考虑 100 年一遇、200 年一遇和 1998 年实际年洪水。

(3) 工况。考虑两种工程情况：一是设计工况，宽度考虑两个，分别为裹头 175m＋分洪闸 200m 和裹头 175m＋分洪闸 100m（不利工况）；二是考虑蓄滞洪区为满足哈尔滨的防洪要求，保证胖头泡蓄滞洪区在启用前不能产生破坏。

(4) 判别条件。确保哈尔滨洪峰流量不超过 100 年一遇 17900m³/s。

(5) 启用时机。以国务院批复的设计调度方案为准，即预报哈尔滨 17900m³/s 时（嫩干大赉站＋二松扶余站实测流量 18200m³/s）开始分洪。

6.3.3.2 分洪效果分析

按照前述边界条件和方案计算的分洪结果见表 6.3-2 和表 6.3-3。可以看出，当发生 200 年一遇洪水时，在现状工况条件下，分洪口按照设计宽度计算时，最大分洪流量为3766m³/s，老龙口启用分洪时间为8月14日，老坎子启用退洪时间为8月26日，最大退洪流量达2304m³/s，蓄滞洪区最高水位出现在8月30日，蓄洪量35.5亿m³；哈尔滨洪峰流量为17442m³/s，基本为100年一遇。按照宽度270m计算时，最大分洪流量为3059m³/s，哈尔滨洪峰流量为18030m³/s，略高于100年一遇。因此，当发生1998年型200年一遇及以下洪水时，主动启用胖头泡蓄滞洪区，在分洪退洪调度较为合理和充分时，基本可以达到哈尔滨由100年一遇提高到200年一遇的防洪标准。当发生1998年实际洪水时，按照设计宽度进行分洪时，最大分洪流量为3922m³/s，分洪后哈尔滨流量为18437m³/s，相当于120年一遇洪水。如果分洪条件不能达到设计条件，则分洪能力减弱，最大分洪流量为3160m³/s，分洪后哈尔滨流量为19085m³/s，相当于140～150年一遇洪水。

表6.3-2　胖头泡蓄滞洪区主动分洪计算结果（200年一遇及以下）

频率	进口宽度/m	最大分洪流量/(m³/s)	区内最高水位/m	最大退洪流量/(m³/s)	最大库容/亿m³	有效分洪量/亿m³	哈尔滨洪峰流量/(m³/s)
$P=0.5\%$	375	3766	131.38	2304	41.6	25.0	17442
	270	3059	131.01	2008	35.8	24.0	18030
$P=1\%$	375	3497	131.17	2132	38	23.1	15195
	270	2876	130.80	1852	32.9	22.5	15698

表6.3-3　胖头泡蓄滞洪区主动分洪计算结果（1998年）

典型年	进口宽度/m	最大分洪流量/(m³/s)	区内最高水位/m	最大退洪流量/(m³/s)	最大库容/亿m³	有效分洪量/亿m³	哈尔滨流量/(m³/s)
1998年	375	3922	131.50	2389	43.3	28.5	18437
	270	3160	131.43	2327	42.0	26.6	19085

由此可以看出，当发生1998年实际洪水时，胖头泡蓄滞洪区在现状工况下，不能满足哈尔滨流量不超过100年一遇洪峰流量17900m³/s的需求。为保证哈尔滨安全，需要增加分洪口门宽度约80m，最大分洪流量为4595m³/s，有效分洪库容为30.8亿m³，分洪后哈尔滨流量17866亿m³，基本达到100年一遇洪峰流量。但该方案的蓄滞洪区最高水位超过设计水位0.23m，需要对胖头泡围堤进行临时的加高培厚措施。

6.3.4　非常分洪口方案

根据前述计算成果，为保证哈尔滨安全，需要新增分洪口，依据工程上下游位置、分洪条件和工程条件，可以分洪的位置初步有4个位置：一是原设计口门处即老龙口，扩宽原有设计口门的同时，扩宽下游新开分洪通道；二是在1998年实际溃口位置处，破除胖头泡堤防，同时疏通林肇公路的卡口；三是破除西北岔下段堤防桩号

3+900左右；四是在勒勒营子堤防桩号0+540左右。比较上述4个位置，在老龙口处和胖头泡处虽然增加了分洪能力，但两者最终的泄流通道均是鸭木蛋格泡，分洪流路基本一致，分洪后水流仍进入一区。西北岔和勒勒营子分洪后水流分别进入二区和三区，从充分利用库容，尽快分洪的角度来讲，老龙口和胖头泡处分洪相对要弱，并且胖头泡处现在已经加固，全段防渗，不适宜分洪；西北岔和勒勒营子两者在库容利用角度来讲，没有相对的优劣，但勒勒营子处的地势较高，堤防高度较低，分洪能力和分洪效果要弱一些；西北岔处的地形条件相对较低，对于分洪较为有利，且分洪后水流直接进入二区，可以充分利用蓄滞洪区的库容，通道打开后流路通畅。

因此，推荐在西北岔下段堤防3+900桩号处作为非常分洪口方案，分洪宽度在80m左右。

6.4 胖头泡蓄滞洪区实时分洪调度系统研究

胖头泡位于嫩江干流上，哈尔滨位于胖头泡下游约200km处，胖头泡至哈尔滨之间大的支流包括第二松花江和拉林河，因此胖头泡至哈尔滨之间洪水来源多，洪水组成复杂，需要根据实际发生洪水过程及时、科学地制定老龙口相应的分洪过程，既要保障哈尔滨的行洪安全，也要尽量减少蓄滞洪区的分洪量以及不必要的淹没损失，因此有必要研发胖头泡蓄滞洪区实时分洪调度系统，该系统可以根据嫩干、二松和拉林河的当天来水过程，实时给出分洪建议以及具体的分洪流量过程。

6.4.1 系统架构

蓄滞洪区实时分洪调度系统主要包含前处理（文件输入和参数设置）、核心计算（采用水动力学模型计算洪水过程、试算分洪流量）以及后处理（输出文本结果并进行图形显示）三大块。整个模型的架构如图6.4-1所示。

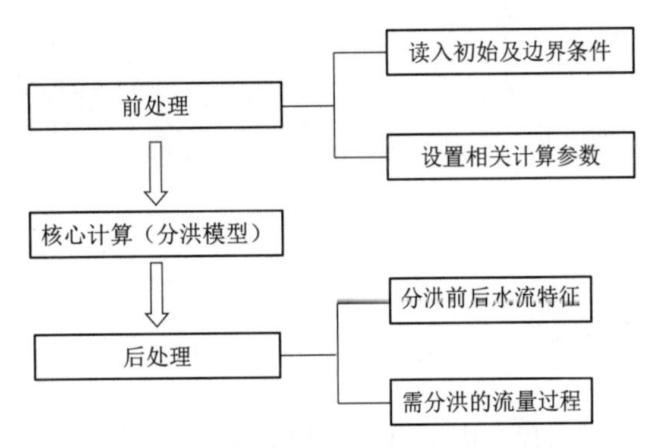

图6.4-1 胖头泡蓄滞洪区实时分洪调度系统架构

（1）前处理。前处理部分需要输入初始地形条件，干、支流及节点上的水沙过程，河床的泥沙级配，下游出口边界的水位流量关系等文件，设置包括计算时间步长、糙率等关键参数，为后续计算设定条件。

（2）胖头泡分洪口位于嫩江干流老龙口处，距离哈尔滨市区约200km，考虑到计算河段的长度以及分洪的实时要求，分洪模型的核心计算部分采用一维非恒定流模型，采用隐式格式进行离散。

（3）后处理。后处理部分主要是对计算得到的大量数据结果进行图形化处理，使结果能够更加清楚，一目了然。后处理主要是采用Java程序将结果以图形格式显示给用户，用户可以快速对计算结果进行判断，后处理可以得到的图形主要包括：各断面流量过程线、水位过程线、需要分洪的流量过程线。

6.4.2　分洪模型基本原理

6.4.2.1　控制方程

水流连续方程：

$$\frac{\partial Q}{\partial x} + B\frac{\partial Z}{\partial t} = 0 \tag{6.4-1}$$

水流运动方程：

$$\frac{\partial Q}{\partial t} + \frac{\partial}{\partial x}\left(\frac{Q^2}{A}\right) + gA\left(\frac{\partial Z}{\partial x} + J_f\right) = 0 \tag{6.4-2}$$

6.4.2.2　离散方法

采用四点时空偏心Preissmann格式进行离散，控制点布置如图6.4-2所示，其具体表达式为[33]

$$\frac{\partial f}{\partial x} = \frac{\delta f}{\delta x} = \frac{1}{\Delta x}[\theta(f_{j+1}^{n+1} - f_j^{n+1}) + (1-\theta)(f_{j+1}^n - f_j^n)] \tag{6.4-3}$$

$$\frac{\partial f}{\partial t} = \frac{\delta f}{\delta t} = \frac{1}{\Delta t}[\varphi(f_{j+1}^{n+1} - f_{j+1}^n) + (1-\varphi)(f_j^{n+1} - f_j^n)] \tag{6.4-4}$$

$$f(M) = f_{j+\varphi}^{n+\theta} = \varphi[\theta f_{j+1}^{n+1} + (1-\theta)f_{j+1}^n] + (1-\varphi)[\theta f_j^{n+1} + (1-\theta)f_j^n] \tag{6.4-5}$$

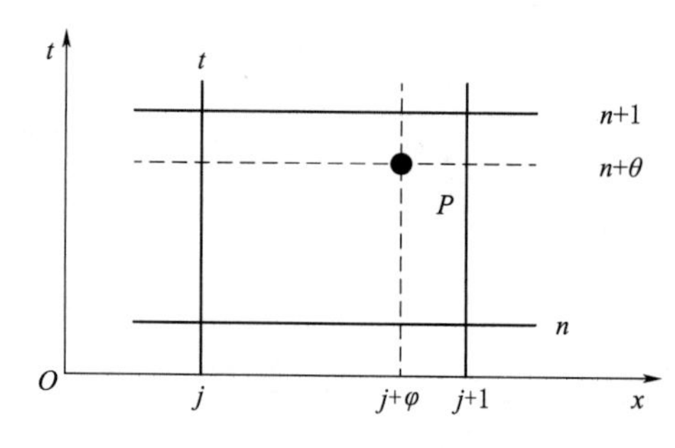

图6.4-2　四点偏心格式网格示意图

式中：f为任意函数；n为计算时段序号；j为计算断面序号；φ和θ为时间和空间权重因子；x为空间坐标；t为时间坐标。

由于水流连续方程和水流运动方程为非线性方程，直接求解需要迭代，计算量大，耗时多，因此Preissmann建议，提出将非线性方程组中的系数进行线性化的求解方法，即将所有未知函数项展开为Taylor级数，采用一级简化，仅保留一次幂项，而省去高次幂项。如：$f_j^{n+1} = f_j^n + \frac{\partial f_j}{\partial Z}\Delta Z_j + \frac{\partial f_j}{\partial Q}\Delta Q_j + \cdots$，更为一般的是$f^{n+1} = f^n + \Delta f$，研究表明，当$\frac{\Delta f}{f} < 1$时，线性化的求解精度与非线性方程迭代求解的精度相当，且线性化求解不需迭代，因而可以大量减少工作量。这种简化的前提是$\frac{\Delta f}{f} \ll 1$，这样的话，$f^{n+1} = f^n + \Delta f$才会成立；而对于变化剧烈，短波形函数f，很难做到$f^{n+1} = f^n + \Delta f$成立时，应采用二级简化。二级简化，基本思想是在Δt范围内，通过试算找到f^{*n}，使得$f^{n+1} = f^{*n} + \Delta f$成立，这样线性化的结果才能比较满意，所以在这种情况下，往往要通过减

小时间步长来实现。

一级简化线性化的 Preissmann 四点偏心格式的表达式为

$$\frac{\partial f}{\partial x}=\frac{1}{\Delta x}[\theta(\Delta f_{j+1}^{n}-\Delta f_{j}^{n})+(f_{j+1}^{n}-f_{j}^{n})] \tag{6.4-6}$$

$$\frac{\partial f}{\partial t}\frac{1}{\Delta t}[\varphi\Delta f_{j+1}^{n}+(1-\varphi)\Delta f_{j}^{n}] \tag{6.4-7}$$

$$f(M)=\varphi(\theta\Delta f_{j+1}^{n}+f_{j+1}^{n})+(1-\varphi)(\theta\Delta f_{j}^{n}+f_{j}^{n}) \tag{6.4-8}$$

其中，时、空权重因子 φ 和 θ 的取值，当 $\theta>0.5$ 且 $\varphi>0.5$ 时，缓流计算为无条件稳定，为兼顾计算稳定性和质量守恒性，φ 和 θ 均取 0.8。

采用 Preissmann 格式将水流连续方程和运动方程按格式离散并线性化，得

$$a_j\Delta Z_{j+1}+b_j\Delta Q_{j+1}=c_j\Delta Z_j+d_j\Delta Q_j+t_j \tag{6.4-9}$$

$$a'_j\Delta Z_{j+1}+b'_j\Delta Q_{j+1}=c'_j\Delta Z_j+d'_j\Delta Q_j+t'_j \tag{6.4-10}$$

式中：a_j、b_j、c_j、d_j、t_j 和 a'_j、b'_j、c'_j、d'_j、t'_j 为系数，仅与第 n 时间层的水力要素有关，具体表达式如下：

$$a_j=\varphi-\frac{\varphi\theta\Delta t}{\Delta x}\cdot\frac{Q_{j+1}^{n}-Q_{j}^{n}}{[\varphi B_{j+1}^{n}+(1-\varphi)B_{j}^{n}]^{2}}\cdot\frac{\mathrm{d}B_{j+1}}{\mathrm{d}Z_{j+1}} \tag{6.4-11}$$

$$b_j=\frac{\theta\Delta t}{\Delta x}\cdot\frac{1}{\varphi B_{j+1}^{n}+(1-\varphi)B_{j}^{n}} \tag{6.4-12}$$

$$c_j=-(1-\varphi)+\frac{(1-\varphi)\theta\Delta t}{\Delta x}\cdot\frac{Q_{j+1}^{n}-Q_{j}^{n}}{[\varphi B_{j+1}^{n}+(1-\varphi)B_{j}^{n}]^{2}}\cdot\frac{\mathrm{d}B_{j}}{\mathrm{d}Z_{j}} \tag{6.4-13}$$

$$d_j=\frac{\theta\Delta t}{\Delta x}\cdot\frac{1}{\varphi B_{j+1}^{n}+(1-\varphi)B_{j}^{n}} \tag{6.4-14}$$

$$t_j=-\frac{\theta\Delta t}{\Delta x}\cdot\frac{Q_{j+1}^{n}-Q_{j}^{n}}{\varphi B_{j+1}^{n}+(1-\varphi)B_{j}^{n}} \tag{6.4-15}$$

$$a'_j=\frac{-\theta}{\Delta x}\cdot\frac{(Q_{j+1}^{n})^{2}B_{j+1}^{n}}{(A_{j+1}^{n})^{2}}+\frac{g\theta}{\Delta x}[\varphi B_{j+1}^{n}(Z_{j+1}^{n}-Z_{j}^{n})+\varphi A_{j+1}^{n}+(1-\varphi)A_{j}^{n}]+g\varphi\theta B_{j+1}^{n}\times \left[\frac{\varphi\theta Q_{j+1}^{n}|Q_{j+1}^{n}|}{(k_{j+1}^{n})^{2}+2k_{j+1}^{n}\Delta k_{j+1}^{n}}+\frac{\varphi(1-\theta)Q_{j+1}^{n}|Q_{j+1}^{n}|}{(k_{j+1}^{n})^{2}}+\frac{(1-\varphi)\theta Q_{j+1}^{n}|Q_{j}^{n}|}{(k_{j}^{n})^{2}+2k_{j}^{n}\Delta k_{j}^{n}}+\frac{(1-\varphi)(1-\theta)Q_{j}^{n}|Q_{j}^{n}|}{(k_{j}^{n})^{2}}\right] \tag{6.4-16}$$

$$b'_j=\frac{\varphi}{\Delta t}+\frac{2\theta}{\Delta x}\cdot\frac{Q_{j+1}^{n}}{A_{j+1}^{n}}+g\varphi\theta\frac{2|Q_{j+1}^{n}|}{(k_{j+1}^{n})^{2}+2k_{j+1}^{n}\Delta k_{j+1}^{n}}[\varphi A_{j+1}^{n}+(1-\varphi)A_{j}^{n}] \tag{6.4-17}$$

$$c'_j=\frac{-\theta}{\Delta x}\cdot\frac{(Q_{j}^{n})B_{j}^{n}}{(A_{j}^{n})^{2}}+\frac{g\theta}{\Delta x}[\varphi A_{j+1}^{n}-(1-\varphi)B_{j}^{n}(Z_{j+1}^{n}-Z_{j}^{n})+(1-\varphi)A_{j}^{n}]-g(1-\varphi)\theta B_{j}^{n}\times \left[\frac{\varphi\theta Q_{j+1}^{n}|Q_{j+1}^{n}|}{(k_{j+1}^{n})+2k_{j+1}^{n}\Delta k_{j+1}^{n}}+\frac{\varphi(1-\theta)Q_{j+1}^{n}|Q_{j+1}^{n}|}{(k_{j+1}^{n})^{2}}+\frac{(1-\varphi)\theta Q_{j+1}^{n}|Q_{j}^{n}|}{(k_{j+1}^{n})^{2}+2k_{j}^{n}\Delta k_{k}^{n}}+\frac{(1-\varphi)(1-\theta)Q_{j}^{n}|Q_{j}^{n}|}{(k_{j}^{n})^{2}}\right] \tag{6.4-18}$$

$$d'_j=-\frac{1-\varphi}{\Delta t}+\frac{2\theta Q_{j}^{n}}{\Delta xA_{j}^{n}}-g(1-\varphi)\theta\frac{2|Q_{j}^{n}|}{(k_{j}^{n})^{2}+2k_{j}^{n}\Delta k_{j}^{n}}[\varphi A_{j+1}^{n}+(1-\varphi)A_{j}^{n}] \tag{6.4-19}$$

$$t'_j=\frac{1}{\Delta x}\left[\frac{(Q_j^n)^2}{A_j^n}-\frac{(Q_{j+1}^n)^2}{A_{j+1}^n}\right]-\frac{g}{\Delta x}(Z_{j+1}^n-Z_j^n)[\varphi A_{j+1}^n+(1-\varphi)A_j^n]-g[\varphi A_{j+1}^n+(1-\varphi)A_j^n]\times$$
$$\left[\frac{\varphi\theta Q_{j+1}^n\,|Q_{j+1}^n|}{(k_{j+1}^n)^2+2k_{j+1}^n\Delta k_{j+1}^n}+\frac{\varphi(1-\theta)Q_{j+1}^n\,|Q_{j+1}^n|}{(k_{j+1}^n)^2}+\frac{(1-\varphi)\theta Q_{j+1}^n\,|Q_j^n|}{(k_j^n)^2+2k_j^n\Delta k_j^n}+\frac{(1-\varphi)(1-\theta)Q_j^n\,|Q_j^n|}{(k_j^n)^2}\right] \tag{6.4-20}$$

上述方程组可按追赶法求解，具体过程如下[34]：

假定 ΔZ_j 与 ΔQ_j 之间存在以下线性关系：

$$\Delta Q_j=E_j\Delta Z_j+F_j \tag{6.4-21}$$

假如这个假定是真，且 j 点任意，则同样可以写出

$$\Delta Q_{j+1}=E_{j+1}\Delta Z_{j+1}+F_{j+1} \tag{6.4-22}$$

将式（6.4－21）、式（6.4－22）代入水流连续方程和运动方程的离散方程可得

$$a_j\Delta Z_{j+1}+b_j\Delta Q_{j+1}=(c_j+d_jE_j)\Delta Z_j+(t_j+d_jE_j) \tag{6.4-23}$$

$$a'_j\Delta Z_{j+1}+b'_j\Delta Q_{j+1}=(c'_j+d'_jE_j)\Delta Z_j+\Delta Q_j+(t'_j+d'_jE_j) \tag{6.4-24}$$

从而可以得到

$$\Delta Z_j=L_j\Delta Z_{j+1}+M_j\Delta Q_{j+1}+N_j \tag{6.4-25}$$

式中：系数 L_j、M_j、N_j 均是系数 a_j、b_j、c_j、d_j、t_j 和 a'_j、b'_j、c'_j、d'_j、t'_j、E_j、F_j 的函数，其表达式为

$$L_j=\frac{a_j}{c_j+d_jE_j},M_j=\frac{b_j}{c_j+d_jE_j},N_j=\frac{d_jF_j+t_j}{c_j+d_jE_j} \tag{6.4-26}$$

然后解出 ΔQ_{j+1} 与 ΔZ_{j+1} 的关系如下：

$$\Delta Q_{j+1}=\frac{a'_j(c_j+d_jE_j)-a(c'_j+d'_jE_j)}{(c'_j+d'_jE_j)b_j-(c_j+d_jE_j)b'_j}\Delta Z_{j+1}+\frac{(t_j+d_jF_j)(c'_j+d'_jE_j)-(t'_j+d'_jF_j)(c_j+d_jE_j)}{(c'_j+d'_jE_j)b_j-(c_j+d_jE_j)b'_j} \tag{6.4-27}$$

求出的 ΔQ_{j+1} 的表达式，则可以求得系数 E_{j+1}、F_{j+1}，即

$$\begin{cases}E_{j+1}=\dfrac{a'_j(c_j+d_jE_j)-a_j(c'_j+d'_jE_j)}{(c'_j+d'_jE_j)b_j-(c_j+d_jE_j)b'_j}\\ F_{j+1}=\dfrac{(t_j+d_jF_j)(c'_j+d'_jE_j)-(t'_j+d'_jF_j)(c_j+d_jE_j)}{(c'_j+d'_jE_j)b_j-(c_j+d_jE_j)b'_j}\end{cases} \tag{6.4-28}$$

式中：系数 E_{j+1}、F_{j+1} 也是系数 a_j、b_j、c_j、d_j、t_j 和 a'_j、b'_j、c'_j、d'_j、t'_j、E_j、F_j 的函数。

求解过程分为两大步：

第一步：对任意两点 j、$j+1$，计算水流连续方程和运动方程的离散线性方程中的系数，利用上游边界条件确定 E_1 和 F_1，进而计算 E_j 和 F_j，再计算 L_j、M_j、N_j 并储存起来，这个过程称为追的过程，也是前扫描。

第二步：一旦求得 E_n 和 F_n（n 为下游出口断面编号），利用下游边界条件，比如下游水位已知，则可求得 ΔQ_n，$\Delta Q_n=E_n\Delta Z_n+F_n$；求出 ΔQ_n 后，加上 ΔZ_n，利用已求得的系数 L_n、M_n、N_n，求得断面 $n-1$ 的 ΔZ_{n-1}，这样依次类推，可以求得整个河

道各个断面的 ΔQ_j、ΔZ_j（$j=1, 2, \cdots, n$），这个过程被称为赶的过程，即后扫描。

6.4.2.3 支流入汇处理

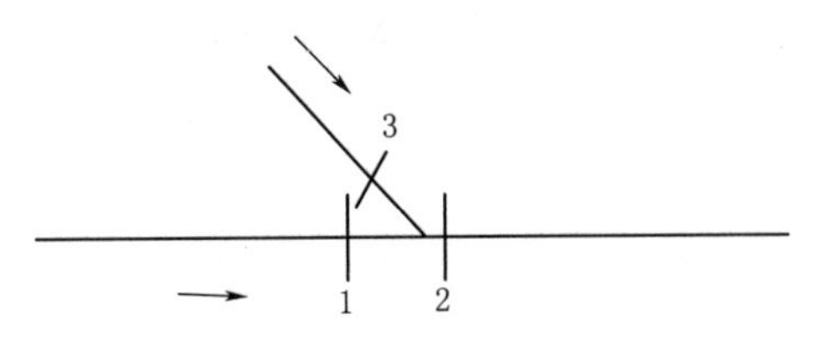

图 6.4-3 干支流交界示意图
（箭头代表水流方向）

图 6.4-3 为干、支流交界示意图。

交汇段控制方程：

物质守恒方程：

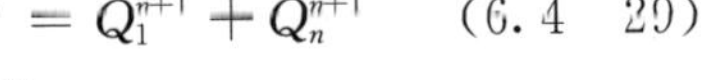

$$Q_3^{n+1} = Q_1^{n+1} + Q_n^{n+1} \qquad (6.4-29)$$

能量守恒方程：

$$\begin{cases} z_1^{n+1} + \dfrac{1}{2g}\left(\dfrac{Q_1^{n+1}}{A_1^{n+1}}\right)^2 = z_3^{n+1} + \dfrac{1}{2g}\left(\dfrac{Q_3^{n+1}}{a_3^{n+1}}\right)^2 \\ z_2^{n+1} + \dfrac{1}{2g}\left(\dfrac{Q_2^{n+1}}{A_2^{n+1}}\right)^2 = z_3^{n+1} + \dfrac{1}{2g}\left(\dfrac{Q_3^{n+1}}{A_3^{n+1}}\right)^2 \end{cases} \qquad (6.4-30)$$

式中：下标 1、2、3 分别代表断面 1、2、3 上的物理量；上标 $n+1$ 代表所要预测的未来时刻的物理量。

假设三个断面相距很近，能量守恒方程中能量损失可以忽略。

仍然按照 $f^{n+1}=f^n+\Delta f$ 的方式将以上三个方程进行线性化处理，得到如下结果：

$$\begin{cases} Q_3 + \Delta Q_3 = Q_1 + \Delta Q_1 + Q_2 + \Delta Q_2 \\ Z_1 + \Delta Z_1 + \dfrac{1}{2g}\left(\dfrac{Q_1 + \Delta Q_1}{A_1 + \Delta A_1}\right)^2 = Z_3 + \Delta Z_3 + \dfrac{1}{2g}\left(\dfrac{Q_3 + \Delta Q_3}{A_3 + \Delta A_3}\right)^2 \\ Z_2 + \Delta Z_2 + \dfrac{1}{2g}\left(\dfrac{Q_2 + \Delta Q_2}{A_2 + \Delta A_2}\right)^2 = Z_3 + \Delta Z_3 + \dfrac{1}{2g}\left(\dfrac{Q_3 + \Delta Q_3}{A_3 + \Delta A_3}\right)^2 \end{cases} \qquad (6.4-31)$$

将式（6.4-31）合并后得

$$\begin{cases} Q_3 - Q_1 - Q_2 = \Delta Q_1 + \Delta Q_2 - \Delta Q_3 \\ a_0 \Delta Z_1 + b_0 \Delta Q_1 = c_0 \Delta Z_3 + d_0 \Delta Q_3 + t_0 \\ a_1 \Delta Z_2 + b_1 \Delta Q_2 = c_1 \Delta Z_3 + d_1 \Delta Q_3 + t_1 \end{cases} \qquad (6.4-32)$$

为了避免混乱，式（6.4-31）、式（6.4-32）中上标 n 省略了。

其中

$$\begin{cases} a_0 = 1 \\ b_0 = \dfrac{Q_1}{gA_1^2} \\ c_0 = 1 \\ d_0 = \dfrac{Q_3}{gA_3^2} \\ t_0 = \dfrac{1}{2g}\left[\left(\dfrac{Q_3}{A_3}\right)^2 - \left(\dfrac{Q_1}{A_1}\right)^2\right] + (Z_3 - Z_1) \end{cases} \qquad \begin{cases} a_1 = 1 \\ b_1 = \dfrac{Q_2}{gA_2^2} \\ c_1 = 1 \\ d_1 = \dfrac{Q_3}{gA_3^2} \\ t_1 = \dfrac{1}{2g}\left[\left(\dfrac{Q_3}{A_3}\right)^2 - \left(\dfrac{Q_2}{A_2}\right)^2\right] + (Z_3 - Z_2) \end{cases}$$

假设，$\Delta Q = E\Delta Z + F$，则式（6.4-32）可转化为

$$\begin{cases} E_1\Delta Z_1 + F_1 + E_2\Delta Z_2 + F_2 - \Delta Q_3 = Q_3 - Q_1 - Q_2 \\ (a_0 + b_0 E_1)\Delta Z_1 = c_0\Delta Z_3 + d_0\Delta Q_3 + (t_0 - b_0 F_1) \\ (a_1 + b_1 E_2)\Delta Z_2 = c_1\Delta Z_3 + d_1\Delta Q_3 + (t_1 - b_1 F_2) \end{cases} \tag{6.4-33}$$

按照追赶法的求解过程，式（6.4-33）中 E_1、F_1 和 E_2、F_2 是已知的，从式（6.4-33）中可以求得

$$E_3 = \frac{c_0 E_1(a_1 + b_1 E_2) + c_1 E_2(a_0 + b_0 E_1)}{-[(d_0 E_1 - a_0 - b_0 E_1)(a_1 + b_1 E_2) + d_1 E_2(a_0 + b_0 E_1)]}$$

$$F_3 = \frac{(t_1 - b_1 F_2)(a_0 + b_0 E_1)E_2 + [(t_0 - b_0 F_1)E_1 - (a_0 + b_0 E_1)(Q_3 - Q_2 - Q_1 - F_2 - F_1)](a_1 + b_1 E_2)}{-[(d_0 E_1 - a_0 - b_0 E_1)(a_1 + b_1 E_2) + d_1 E_2(a_0 + b_0 E_1)]} \tag{6.4-34}$$

从能量守恒方程中可以分别求出

$$\begin{cases} \Delta Z_1 = L_{31}\Delta Z_3 + M_{31}\Delta Q_3 + N_{31} \\ \Delta Z_2 = L_{32}\Delta Z_3 + M_{32}\Delta Q_3 + N_{32} \end{cases} \tag{6.4-35}$$

其中

$$\begin{cases} L_{31} = \dfrac{c_0}{a_0 + b_0 E_1} \\ M_{31} = \dfrac{d_0}{a_0 + b_0 E_1} \\ N_{31} = \dfrac{t_0 - b_0 F_1}{a_0 + b_0 E_1} \end{cases} \qquad \begin{cases} L_{32} = \dfrac{c_1}{a_1 + b_1 E_2} \\ M_{32} = \dfrac{d_1}{a_1 + b_1 E_2} \\ N_{32} = \dfrac{t_1 - b_1 F_2}{a_1 + b_1 E_2} \end{cases}$$

算出 ΔZ_1 和 ΔZ_2 后将结果代入到连续方程中进行检验，以校正能量守恒方程中未考虑能量损失所引起的误差。

6.4.2.4　节点分汇

节点是指可考虑该分汇流的流量过程，而不需要考虑其水位过程，因此其算法不同于支流入汇或分出，计算中也不需要将汇流和分流分别考虑，只需要知道流量大小，入汇为正，分出为负。

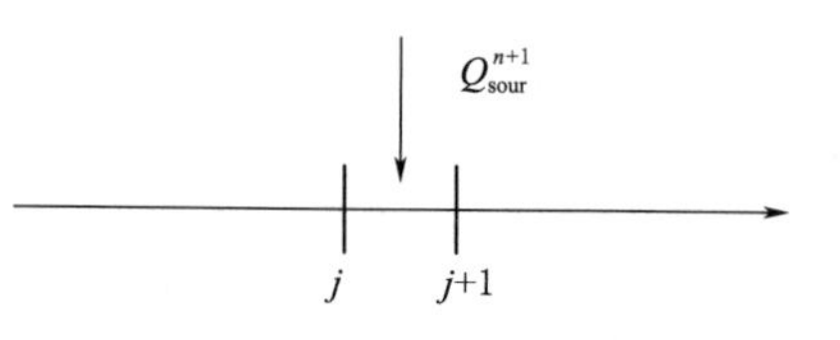

图 6.4-4　节点分汇示意图

如图 6.4-4 所示，节点位于 j 和 $j+1$ 断面之间，根据物质守恒定律和能量守恒定律可以分别写出节点上下游的控制方程，具体如下。

水流连续方程（忽略两断面间的流量差）：

$$Q_{j+1}^{n+1} = Q_j^{n+1} + Q_{sour}^{n+1} \tag{6.4-36}$$

能量守恒方程（忽略阻力造成的能量损失）：

$$Z_{j+1}^{n+1} + \frac{1}{2g}\left(\frac{Q_{j+1}^{n+1}}{A_{j+1}^{n+1}}\right) = Z_j^{n+1} + \frac{1}{2g}\left(\frac{Q_j^{n+1}}{A_j^{n+1}}\right) \tag{6.4-37}$$

采用线性化假定后得到

$$\begin{cases} Q_{j+1}+\Delta Q_{j+1}=Q_j+\Delta Q_j+Q_{sour}^{n+1} \\ Z_{j+1}+\Delta Z_{j+1}+\frac{1}{2g}\left[\left(\frac{Q_{j+1}}{A_{j+1}}\right)^2+\frac{2Q_{j+1}}{A_{j+1}^2}\right]=Z_j+\Delta Z_j+\frac{1}{2g}\left[\left(\frac{Q_j}{A_j}\right)^2+\frac{2Q_j}{A_j^2}\right] \end{cases} \tag{6.4-38}$$

假设 $\Delta Q=E\Delta Z+F$，则式（6.4－38）可转化为

$$\begin{cases} Q_{j+1}+\Delta Z_{j+1}=Q_j+E_j\Delta Z_j+F_j+Q_{sour}^{n+1} \\ Z_{j+1}+\Delta Z_{j+1}+\frac{1}{2g}\left[\left(\frac{Q_{j+1}}{A_{j+1}}\right)^2+\frac{2Q_{j+1}}{A_{j+1}^2}\Delta Q_{j+1}\right]=Z_j+\Delta Z_j+\frac{1}{2g}\left[\left(\frac{Q_j}{A_j}\right)^2+\frac{2Q_j}{A_1^2}(E_j\Delta Z_j+F)\right] \end{cases} \tag{6.4-39}$$

将式（6.4－39）中两式相减消掉 ΔZ_j 后得

$$\Delta Q_{j+1}=\frac{E_j}{1+\frac{E_j}{g}\left(\frac{Q_j}{A_j^2}-\frac{Q_{j+1}}{A_{j+1}^2}\right)}\Delta Z_{j+1}+$$
$$\frac{(Q_j-Q_{j+1}+Q_{sour}^{n+1}+F_j)\left(1+\frac{Q_j}{gA_j^2}\right)-E_j\left\{\frac{1}{2g}\left[\left(\frac{Q_j}{A_j}\right)^2-\left(\frac{Q_{j+1}}{A_{j+1}}\right)^2\right]+(Z_j+Z_{j+1})+\frac{Q_1F_1}{gA_j^2}\right\}}{1+\frac{E_j}{g}\left(\frac{Q_j}{A_j^2}-\frac{Q_{j+1}}{A_{j+1}^2}\right)} \tag{6.4-40}$$

所以

$$\begin{cases} E_{j+1}=\frac{E_j}{1+\frac{E_j}{g}\left(\frac{Q_1}{A_j^2}-\frac{Q_{j+1}}{A_{j+1}^2}\right)} \\ F_{j+1}=\frac{(Q_j-Q_{j+1}+Q_{sour}^{n+1}+F_j)\left(1+\frac{Q_jE_j}{gA_j^2}\right)-E_j\left\{\frac{1}{2g}\left[\left(\frac{Q_j}{A_j}\right)^2-\left(\frac{Q_{j+1}}{A_{j+1}}\right)^2\right]+(Z_j-Z_{j+1})-\frac{Q_jF_j}{gA_j^2}\right\}}{1+\frac{E_j}{g}\left(\frac{Q_j}{A_j^2}-\frac{Q_{j+1}}{A_{j+1}^2}\right)} \end{cases} \tag{6.4-41}$$

以上是在追的过程中如何从上断面推到下断面；在赶的过程中，同以前的思路，从以上方程还可以解出

$$\Delta Z_j=L_j\Delta Z_{j+1}+M_j\Delta Q_{j+1}+N_j \tag{6.4-42}$$

其中

$$\begin{cases} L_j=\frac{1}{1+\frac{Q_jE_j}{gA_j^2}} \\ M_j=\frac{\frac{Q_{j+1}}{gA_{j+1}^2}}{1+\frac{Q_jE_j}{gA_j^2}} \\ N_j=\frac{\frac{1}{2g}\left[\left(\frac{Q_{j+1}}{A_{j+1}}\right)^2-\left(\frac{Q_j}{A_j}\right)^2\right]+(Z_{j+1}-Z_j)-\frac{Q_jF_j}{gA_j^2}}{1+\frac{Q_jE_j}{gA_j^2}} \end{cases}$$

6.4.3　分洪模型计算框架

分洪调度模型的基本原理是基于洪水传播的时空特性，以嫩江干流江桥站和第二松花江扶余站的实时观测数据为入流边界，考虑了老龙口分洪、老坎子退水和拉林河等支流入汇等要素，利用上游洪水传播到老龙口的时间差以及洪水从老龙口洪水传播到哈尔滨的时间差，可以采用水动力学模型模拟河道中洪水演进的时空过程，提前预测老龙口是否需要分洪，通过水动力和调洪演算最终得到能够满足哈尔滨流量控制条件且分洪量最小的老龙口分洪过程以及河道中的洪水过程，给出建议的分洪流量过程，为老龙口分洪提供技术支撑，详细优化思路方案如图6.4-5所示。

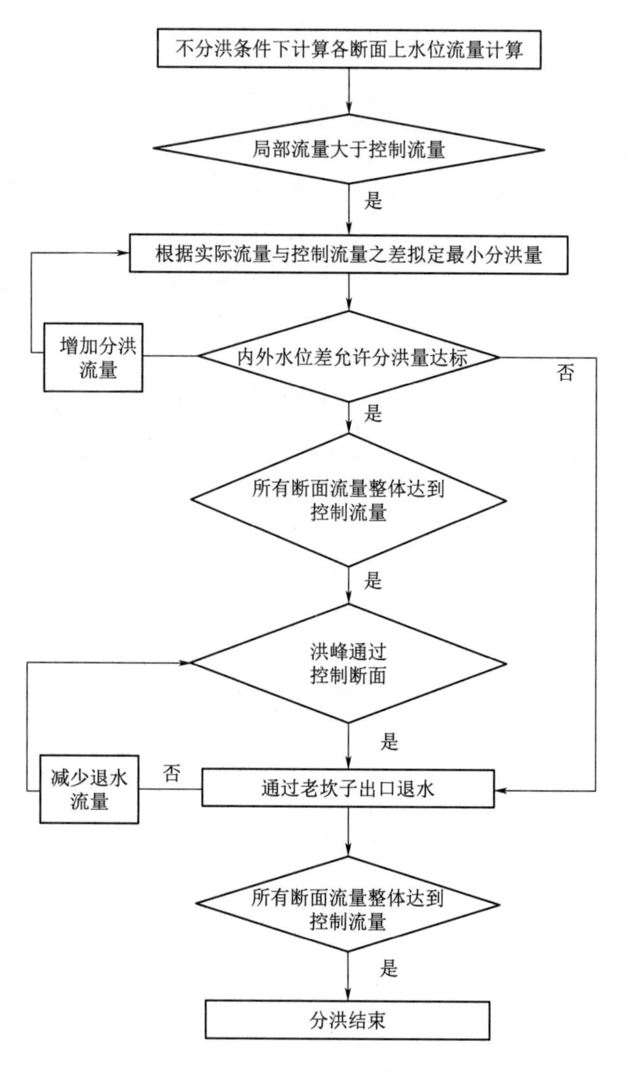

图6.4-5　胖头泡蓄滞洪分洪方案优化思路

6.4.4　模型率定及验证

6.4.4.1　模型率定

采用实测洪水流量和水位资料率定了糙率，该参数是影响洪水计算准确性的关键参数，率定结果见表6.4-1。计算中对于不同流量糙率采用率定的糙率进行线性插值确定。

表6.4-1　糙率率定结果

流量/(m^3/s)	500	3500	4000	5000	7000	10000	28000
糙率	0.0645	0.0505	0.0520	0.0573	0.0616	0.0581	0.037

6.4.4.2　模型验证

（1）验证条件。采用1999年实测大断面资料，考虑到洪水的典型性以及地形变化等因素，分别采用1960年和2003年实测洪水过程对模型计算结果进行了验证，实测资料及验证项见表6.4-2和表6.4-3。

表 6.4-2　　1960 年实测资料及验证项

实测资料	江桥站		大赉站		扶余站		哈尔滨站	
	流量	水位	流量	水位	流量	水位	流量	水位
输入项	√				√			√
验证项		√	√	√			√	

表 6.4-3　　2003 年实测资料及验证项

实测资料	江桥站		扶余站	
	流量	水位	流量	水位
输入项	√		√	
验证项		√		

(2) 验证结果。嫩江、第二松花江和松花江均属于平原河流，其含沙量相对较小，河床变形相对较小。本次计算采用 1999 年实测大断面资料，但 1999 年并未发生较大洪水。因为 1998 年松花江发生了特大洪水，因此 1998 年之前的地形与 1999 年可能会有较大差别。1999 年之后距离最近的大水年是 2003 年，1999—2003 年没有太大洪水过程，而且两者时间间隔不远，因此可以认为这两年之间的地形差别基本可以忽略，因此此次验证首选 2003 年实测资料。

由于 2003 年资料有限，仅对江桥站的计算和实测水位进行了对比，结果如图 6.4-6 和图 6.4-7 所示。由图可见，计算结果与实测资料基本吻合，两者最大误差约为 5cm，说明模型计算的水位结果较为准确。

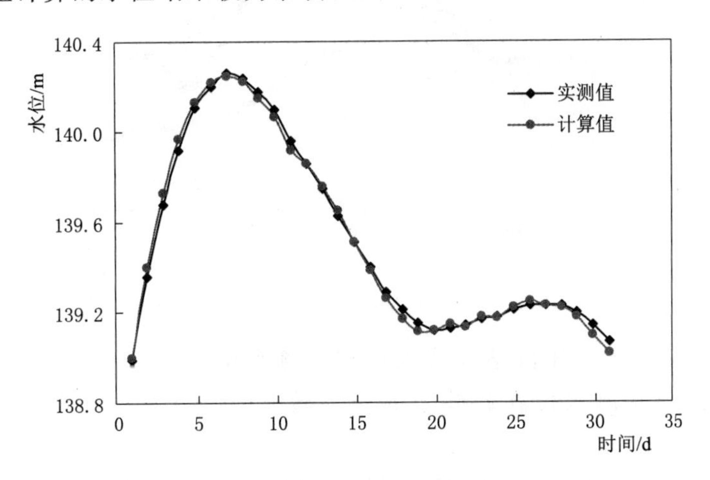

图 6.4-6　采用 2003 年资料验证水位结果

1999 年资料只能用于验证水位计算结果，流量计算结果上无法验证。通过查找资料发现，1960 年实测资料较为齐全，且当年发生了较大洪水，但是由于水沙与地形时间间隔太远，两者难以完全匹配，因此，用 1960 年实测资料主要是观察模型计算得

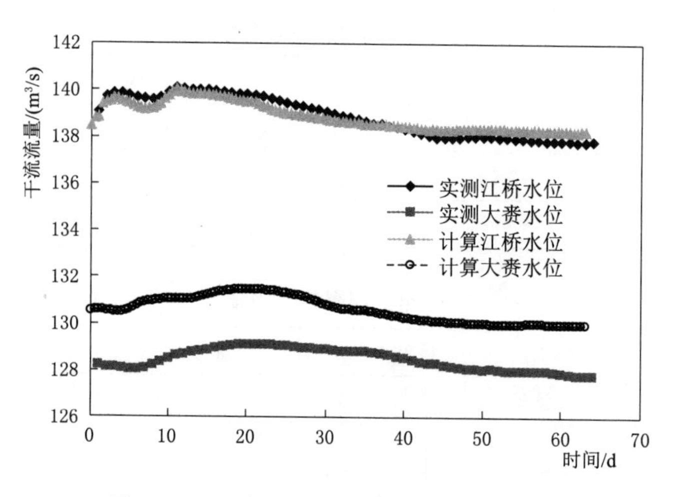

图 6.4－7　采用 1960 年资料验证水位结果

到的流量过程的趋势与实测资料是否一致，以检验模型计算得到的流量是否具有合理性。验证结果如图 6.4－8 所示。从验证结果来看，计算流量与 1960 年实测流量在趋势上完全一致，江桥站流量较为接近，而大赉站计算流量则与实测流量差别相对较大，这主要是由于 1999 年地形与 1960 年地形的差异所造成的。

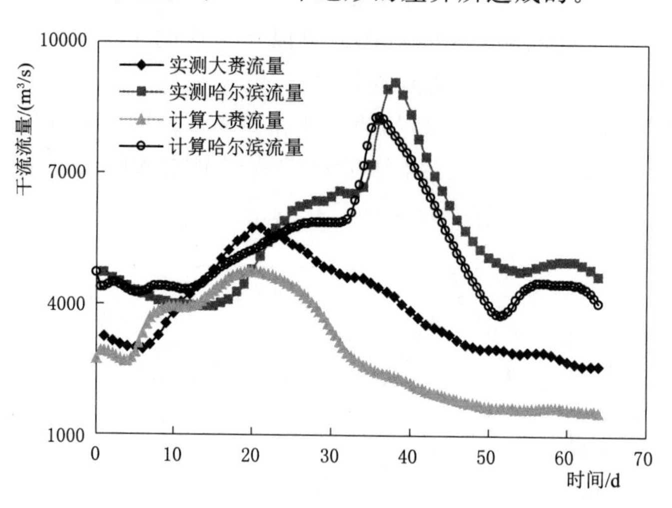

图 6.4－8　采用 1960 年资料验证流量结果

水位验证结果显示，江桥站计算水位与实测水位基本一致，最大误差约 0.6m。大赉站计算水位与实测水位在趋势上完全一致，但是计算水位整体高出实测水位约 2m。

上、下游流量变化不大的情况下，根据实测资料计算得到江桥站至哈尔滨站之间的平均水面比降约为 0.55/10000，大赉站至哈尔滨之间的平均水面比降约为 0.43/10000，江桥站至大赉站之间的平均水面比降约为 0.73/10000，两段的水面比降差别较大。

根据计算结果得到江桥站至哈尔滨站之间的平均水面比降约为 0.53/10000，大赉站至哈尔滨之间的平均水面比降约为 0.53/10000，江桥站至大赉站之间的平均水面比降约为 0.53/10000，两段的水面比降基本一致。由此可见，计算结果符合水位分布规律。

造成计算与实测水位差别可能的原因有两个方面：①1999 年地形与 1960 年地形的差别；②大赉站高程基准与哈尔滨和江桥不同。

总体来看，验证结果与实测结果在趋势上符合良好，具体数值上的差异由于地形以及高程系统存在差异造成的，此结果证明了模型计算结果的合理性。

(3) 模型适用条件。该模型采用半隐式求解，稳定性较好，时间步长无限制，可以根据模拟需要具体取值。以一场一个月的洪水过程为例，时间步长为 12h，计算一次分洪过程约需要 3min，对于实时预报来说这种效率是能够满足需求的，可以根据后续洪水的来流过程对预报结果不断进行修正，增加了分洪的灵活度和可靠性。

由于嫩干和松干河道断面形态复杂，断面上支汊较多，水流不上滩时难以识别具体流路，此时水流计算结果的准确度相对较低，不建议采用该模型计算小流量水流的演进过程。模型对于漫滩洪水的预报精度较高，因此对于洪水预报和分洪调度是适用的。

6.4.5 设计典型洪水条件下的分洪计算

设计典型年洪水过程分别为 1957 年、1960 年、1969 年、1998 年和 1956 年。设计洪水过程及设计分洪过程见表 6.4-4～表 6.4-8。模型以这 5 种典型洪水过程边界条件，计算典型洪水条件下蓄滞洪区的分洪过程以及分洪量。

6.4.5.1 1957 年典型洪水分洪结果

1957 年典型洪水中嫩干江桥站的洪峰流量为 12686m^3/s，第二松花江扶余站最大来流量为 7758m^3/s，洪水组成以嫩干为主，但二松洪水占比较大。整个洪水过程中洪峰流量虽不大，但是大流量持续时间较长，因此计算得到的分洪量较大，为 54.562 亿 m^3。

在不分洪条件下，如图 6.4-9 (a) 和图 6.4-10 (a) 所示，江桥站洪水约 3d 后到达老龙口断面，9d 左右到达哈尔滨水文站断面。由于洪水在河道中的调蓄和坦化，洪峰传播到老龙口时洪峰消减为 12608m^3/s，下游加入二松和拉林河的区间入汇流量后，到达哈尔滨时的洪峰流量为 22457m^3/s，超过了哈尔滨洪水设防标准，所以必须在老龙口实施分洪。

按照模型设计的分洪思路，采用试算方法逐渐增加老龙口的分洪流量来试算哈尔滨流量，直到哈尔滨过流量满足要求。本案例中为了安全起见，将哈尔滨控制流量设定为 17000m^3/s，以消除可能出现的计算误差带来的防洪风险。通过多次试算后成功将哈尔滨流量减小至控制流量以下，整个洪水期哈尔滨断面的最大流量为 17000m^3/s，非常接近控制流量，洪峰水位消落较大，如图 6.4-9 (b)、图 6.4-10 (b) 所示。

表6.4-4　　1957年型设计典型洪水过程

时间/(月-日)	嫩江流量/(m³/s)	第二松花江流量/(m³/s)	拉林河流量/(m³/s)	时间/(月-日)	嫩江流量/(m³/s)	第二松花江流量/(m³/s)	拉林河流量/(m³/s)
08-07	1696	3841	1711	08-26	12557	7564	2016
08-08	2303	3750	1707	08-27	11810	7752	2053
08-09	3090	3549	1687	08-28	10540	7758	2061
08-10	3653	3342	1679	08-29	10534	7725	2041
08-11	7088	1307	1659	08-30	10644	7308	1988
08-12	8045	1300	1642	08-31	10867	6837	1939
08-13	8919	1353	1659	09-01	10595	7348	1878
08-14	9416	1648	1679	09-02	10331	7194	1728
08-15	10104	1764	1724	09-03	10063	6744	1886
08-16	10565	2007	1740	09-04	9762	6030	1906
08-17	9747	2669	1752	09-05	9573	5181	2068
08-18	10577	2052	1780	09-06	11040	3541	2004
08-19	11086	1877	1793	09-07	10462	3405	1880
08-20	12520	4685	1829	09-08	9945	3262	1670
08-21	12644	5610	1846	09-09	9440	3133	1830
08-22	12614	6232	1874	09-10	8917	3031	1643
08-23	12557	6694	1894	09-11	8448	2898	1578
08-24	12686	7093	1935	09-12	8108	2717	1336
08-25	12622	7248	1967	最大值	12686	7758	2068

表6.4-5　　1960年型设计典型洪水过程

时间/(月-日)	嫩江流量/(m³/s)	第二松花江流量/(m³/s)	拉林河流量/(m³/s)	时间/(月-日)	嫩江流量/(m³/s)	第二松花江流量/(m³/s)	拉林河流量/(m³/s)
08-05	11795	1791	496	08-13	10180	7969	3092
08-06	10078	2130	621	08-14	9988	7759	3998
08-07	9702	2869	849	08-15	9778	7943	4100
08-08	9676	6092	1052	08-16	9673	7840	3850
08-09	10691	5823	1384	08-17	9263	8400	2639
08-10	10378	6605	1702	08-18	8913	8391	2254
08-11	10273	7186	2335	08-19	8573	8197	2200
08-12	10271	7584	2600	08-20	8212	7794	2217

续表

时间/(月-日)	嫩江流量/(m³/s)	第二松花江流量/(m³/s)	拉林河流量/(m³/s)	时间/(月-日)	嫩江流量/(m³/s)	第二松花江流量/(m³/s)	拉林河流量/(m³/s)
08-21	7883	7174	2261	09-01	7006	8772	2232
08-22	7679	6463	2300	09-02	6877	8952	2159
08-23	7541	5792	2327	09-03	6820	8745	2049
08-24	9003	4496	2341	09-04	6758	8229	1932
08-25	8557	4604	2349	09-05	6631	7540	1826
08-26	8165	4801	2349	09-06	6462	6800	1691
08-27	7997	5226	2349	09-07	6160	6145	1537
08-28	7834	5996	2334	09-08	5943	5514	1431
08-29	7546	6928	2320	09-09	5791	4946	1358
08-30	7343	7660	2290	最大值	11795	8952	4100
08-31	7109	8329	2268				

表 6.4-6　　1969 年型设计典型洪水过程

时间/(月-日)	嫩江流量/(m³/s)	第二松花江流量/(m³/s)	拉林河流量/(m³/s)	时间/(月-日)	嫩江流量/(m³/s)	第二松花江流量/(m³/s)	拉林河流量/(m³/s)
08-11	2935	3161	836	08-27	20896	1008	1036
08-12	2933	3287	906	08-28	21485	1125	790
08-13	2872	3391	971	08-29	21223	889	504
08-14	2713	3542	1032	08-30	20873	1234	267
08-15	2582	3647	1070	08-31	20198	1255	195
08-16	2409	3803	1121	09-01	19428	1190	91
08-17	2165	3930	1153	09-02	19474	996	68
08-18	1917	3955	1161	09-03	19304	880	52
08-19	1808	3898	1496	09-04	18819	1361	52
08-20	1869	3705	1764	09-05	17863	2235	65
08-21	2805	3034	1809	09-06	17509	2456	80
08-22	5690	1250	1706	09-07	16316	2903	98
08-23	8771	1245	1618	09-08	15654	2675	150
08-24	13803	2633	1541	09-09	14760	2483	240
08-25	17195	3407	1432	09-10	12237	3162	322
08-26	19373	2090	1265	09-11	11351	2745	410

续表

时间/(月-日)	嫩江流量/(m^3/s)	第二松花江流量/(m^3/s)	拉林河流量/(m^3/s)	时间/(月-日)	嫩江流量/(m^3/s)	第二松花江流量/(m^3/s)	拉林河流量/(m^3/s)
09-12	10545	2429	566	09-15	9971	1444	1120
09-13	9742	2229	748	最大值	21485	3955	1809
09-14	10987	1040	976				

表 6.4-7　　**1998年型设计典型洪水过程**

时间/(月-日)	嫩江流量/(m^3/s)	第二松花江流量/(m^3/s)	拉林河流量/(m^3/s)	时间/(月-日)	嫩江流量/(m^3/s)	第二松花江流量/(m^3/s)	拉林河流量/(m^3/s)
08-07	7893	909	1120	08-26	12685	3662	1140
08-08	7914	917	1120	08-27	11855	3806	1230
08-09	7953	934	1120	08-28	11448	3452	1040
08-10	7979	1018	1120	08-29	11107	3078	1330
08-11	7975	1193	1120	08-30	10752	2795	1040
08-12	7944	1435	1120	08-31	11718	1526	1140
08-13	8691	1056	1120	09-01	11068	1979	1420
08-14	10154	1289	1120	09-02	10829	1997	1520
08-15	11662	1192	1240	09-03	10623	1972	1610
08-16	13050	1332	1990	09-04	10426	1946	1610
08-17	14649	1143	2840	09-05	10292	1878	1520
08-18	18406	960	2280	09-06	10134	1854	1610
08-19	19106	1700	3220	09-07	9787	1993	1610
08-20	17919	2251	2370	09-08	9852	1756	1520
08-21	17243	2519	1420	09-09	9883	1622	1330
08-22	16273	2582	1330	09-10	9842	1600	1350
08-23	15113	2684	1330	09-11	9827	1574	1210
08-24	14309	2736	1230	09-12	9811	1560	1150
08-25	13532	3255	1140	最大值	19106	3806	4906

表 6.4-8　　**1956年型设计典型洪水过程**

时间/(月-日)	嫩江流量/(m^3/s)	第二松花江流量/(m^3/s)	拉林河流量/(m^3/s)	时间/(月-日)	嫩江流量/(m^3/s)	第二松花江流量/(m^3/s)	拉林河流量/(m^3/s)
07-11	2011	5080	950	07-13	2375	6350	1440
07-12	2196	5770	1230	07-14	2518	6680	1520

续表

时间/(月-日)	嫩江流量/(m^3/s)	第二松花江流量/(m^3/s)	拉林河流量/(m^3/s)	时间/(月-日)	嫩江流量/(m^3/s)	第二松花江流量/(m^3/s)	拉林河流量/(m^3/s)
07-15	2611	6930	1610	08-03	7357	11010	1710
07-16	2661	7040	1690	08-04	7380	9130	1650
07-17	2687	7010	1650	08-05	7382	7750	2010
07-18	2722	6600	1560	08-06	7342	6980	2120
07-19	2800	5680	1480	08-07	7215	5960	1990
07-20	2946	4740	1460	08-08	6956	5570	1750
07-21	3176	4050	1460	08-09	6584	6220	1900
07-22	3489	4120	1500	08-10	6186	6620	2350
07-23	3871	4780	1520	08-11	5843	6430	2980
07-24	4290	5910	1500	08-12	5580	6760	3040
07-25	4716	6820	1480	08-13	5377	7240	2980
07-26	5127	7790	1250	08-14	5199	7210	3150
07-27	5530	8940	1230	08-15	5024	7120	4530
07-28	5948	10070	1250	08-16	4841	6800	4250
07-29	6371	10700	1230	08-17	4646	6120	3680
07-30	6746	11200	1230	08-18	4436	4680	3190
07-31	7025	11830	1330	08-19	4207	3520	3020
08-01	7204	12830	1610	最大值	7382	12830	4530
08-02	7305	12510	1650				

分洪流量过程以及分洪前后老龙口流量过程的对比如图 6.4-9（c）所示。由图可见，分洪流量过程呈现双峰形态，最大分洪流量约为 7846m^3/s，占老龙口河段最大流量的 60%以上，对于老龙口河道流量影响较大，造成此处流量变化幅度较为剧烈，分洪后老龙口外江的最大流量减小至 5760m^3/s。分洪造成老龙口处水位也发生了相应的大幅变化，最高水位从 134.32m 减小到 132.61m，最大减少 1.71m，如图 6.4-10（c）所示。

分洪流量过程以及分洪前后哈尔滨流量过程的对比如图 6.4-9（d）所示。由图可见，老龙口分洪正好削平了哈尔滨超标洪水部分流量，哈尔滨洪水位也相应回落，如图 6.4-10（d）所示。保障了哈尔滨的防洪安全，同时最大限度地减小了分洪流量。如此则既可减少蓄滞洪的淹没面积和淹没水深，也可减少蓄滞洪区的财产损失，同时还可以科学少量的分洪为后续分洪留足了空间，避免出现前期分洪过多造成后期蓄滞洪区水位抬高，后期需要分洪而难以达到需要的分洪流量的问题。

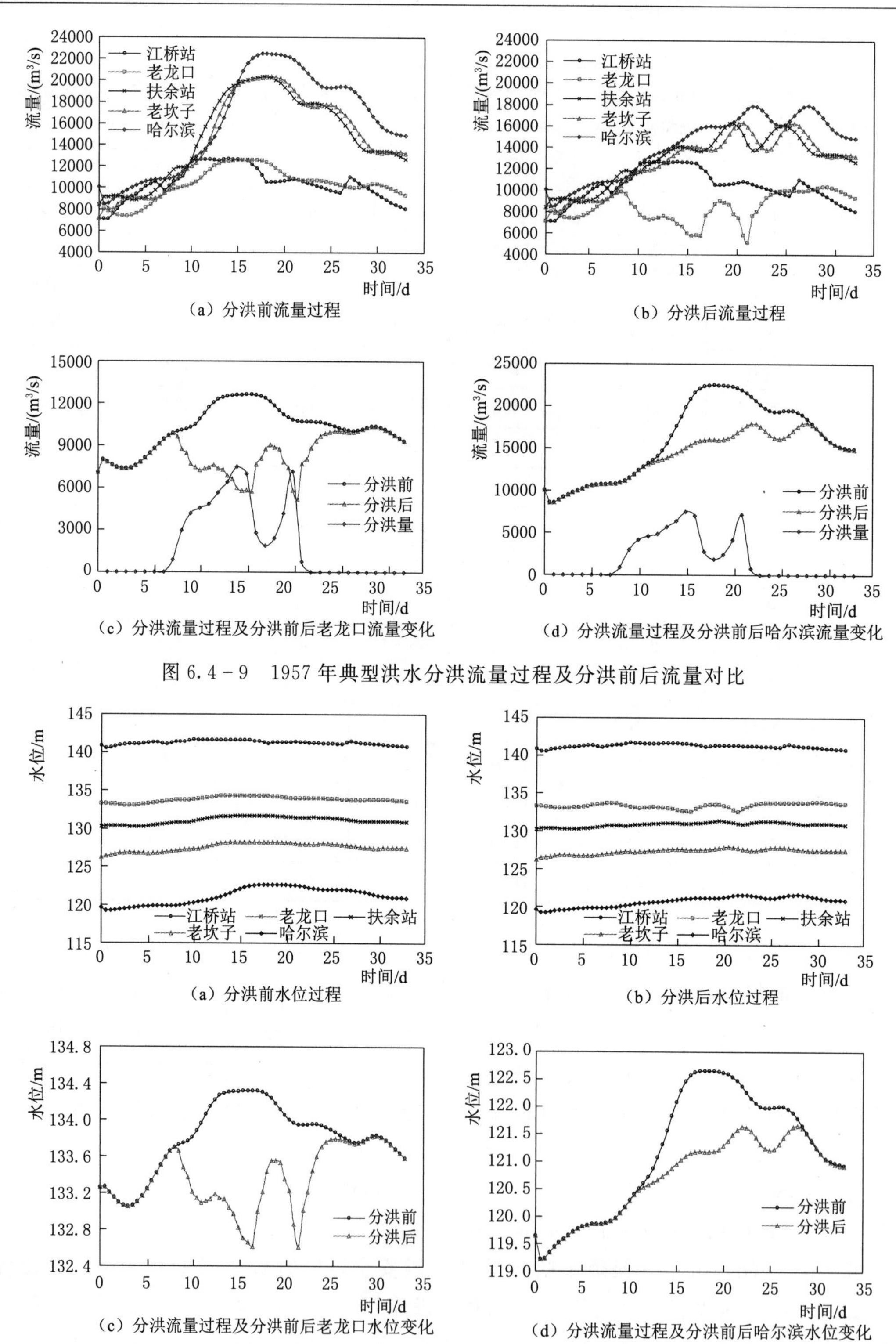

(a) 分洪前流量过程

(b) 分洪后流量过程

(c) 分洪流量过程及分洪前后老龙口流量变化

(d) 分洪流量过程及分洪前后哈尔滨流量变化

图 6.4-9　1957 年典型洪水分洪流量过程及分洪前后流量对比

(a) 分洪前水位过程

(b) 分洪后水位过程

(c) 分洪流量过程及分洪前后老龙口水位变化

(d) 分洪流量过程及分洪前后哈尔滨水位变化

图 6.4-10　1957 年典型洪水分洪流量过程及分洪前后水位对比

6.4.5.2 1960 年典型洪水分洪结果

1960 年典型洪水中嫩干江桥站的洪峰流量为 11795m³/s，第二松花江扶余站最大来流量为 8952m³/s，拉林河最大来流量为 4100m³/s，洪水组成以嫩干为主，但二松和拉林河洪峰流量之和已超过嫩干洪峰流量。

在不分洪条件下，如图 6.4－11（a）和图 6.4－12（a）所示，江桥站洪水约 3d 后到达老龙口断面，9d 左右到达哈尔滨水文站断面。到达哈尔滨时的洪峰流量为 22826m³/s，超过了哈尔滨洪水设防标准，所以必须在老龙口实施分洪。

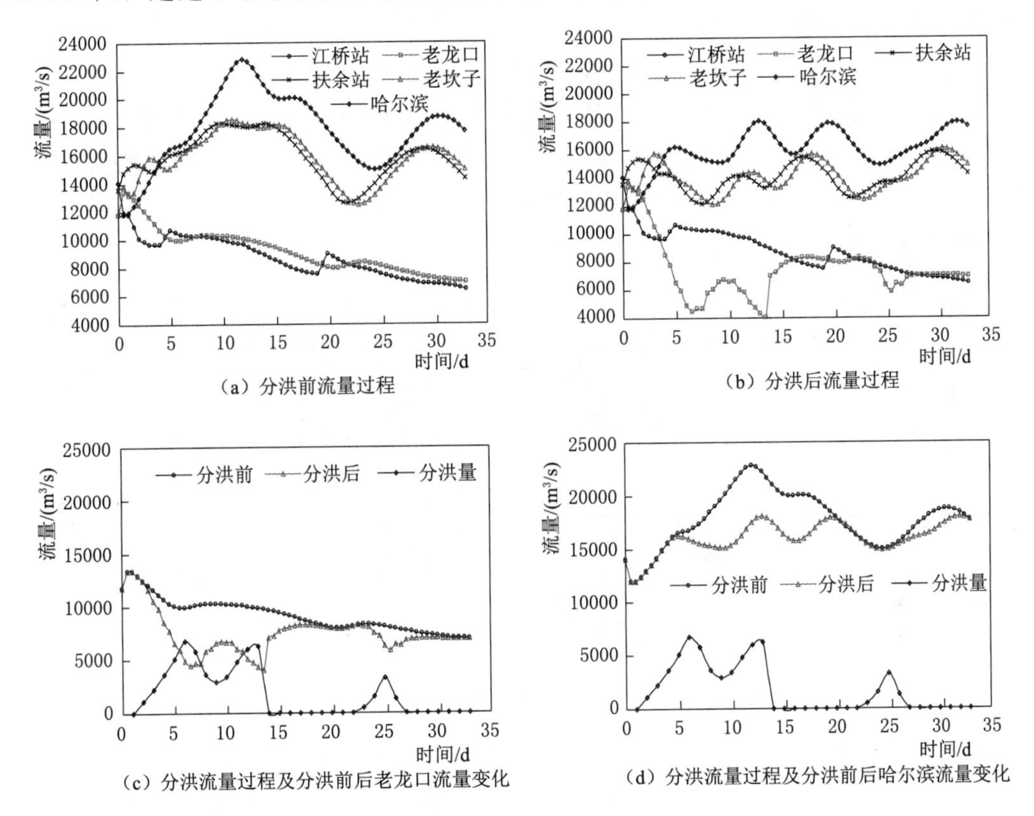

图 6.4－11 1960 年典型洪水分洪流量过程及分洪前后流量对比

通过多次试算后将哈尔滨流量减小至控制流量以下，整个洪水期哈尔滨断面的最大流量为 17000m³/s，洪峰水位也有较大削落，如图 6.4－11（b）、图 6.4－12（b）所示。

分洪流量过程以及分洪前后老龙口流量过程的对比如图 6.4－11（c）所示。由图可见，分洪流量过程呈现多峰形态，分洪总量为 50.339 亿 m³，最大分洪流量约为 6743m³/s，约占老龙口当时外江流量的 70％。此次洪水组成中嫩干来流占比相对较小，因此分洪的流量过程并未与老龙口外江流量过程对应，分洪对于老龙口河道流量影响较大，造成老龙口处水位也发生了相应的大幅变化，水位最大减少 1.68m，如图 6.4－12（c）所示。

分洪流量过程以及分洪前后哈尔滨流量过程的对比如图 6.4－11（d）所示。由图可见，老龙口分洪使哈尔滨洪峰流量从 22825m³/s 减小到 17886m³/s，哈尔滨流量最大降幅约为 5000m³/s，哈尔滨洪水位也相应回落，洪水水位降低约 1.07m，如图 6.4－12（d）所示。

6.4.5.3　1969 年典型洪水分洪结果

1969 年典型洪水中嫩干江桥站的洪峰流量为 21485m³/s，第二松花江扶余站最大来流量 3955m³/s，拉林河最大来流量为 1809m³/s，洪水组成以嫩干为主，但二松和拉林河洪峰占比较小。

洪水量大峰陡，在不分洪条件下，如图 6.4－13（a）和图 6.4－14（a）所示，江桥站洪水约 3d 后到达老龙口断面，到达老龙口时洪水形态未发生明显变化，洪峰流量基本没有变化。老龙口处的洪水经过 6d 左右到达哈尔滨水文站断面，叠加上第二松花江和拉林河的区间来流，到达哈尔滨时的洪峰流量为 23558m³/s，远超哈尔滨洪水设防标准，所以必须在老龙口实施分洪。

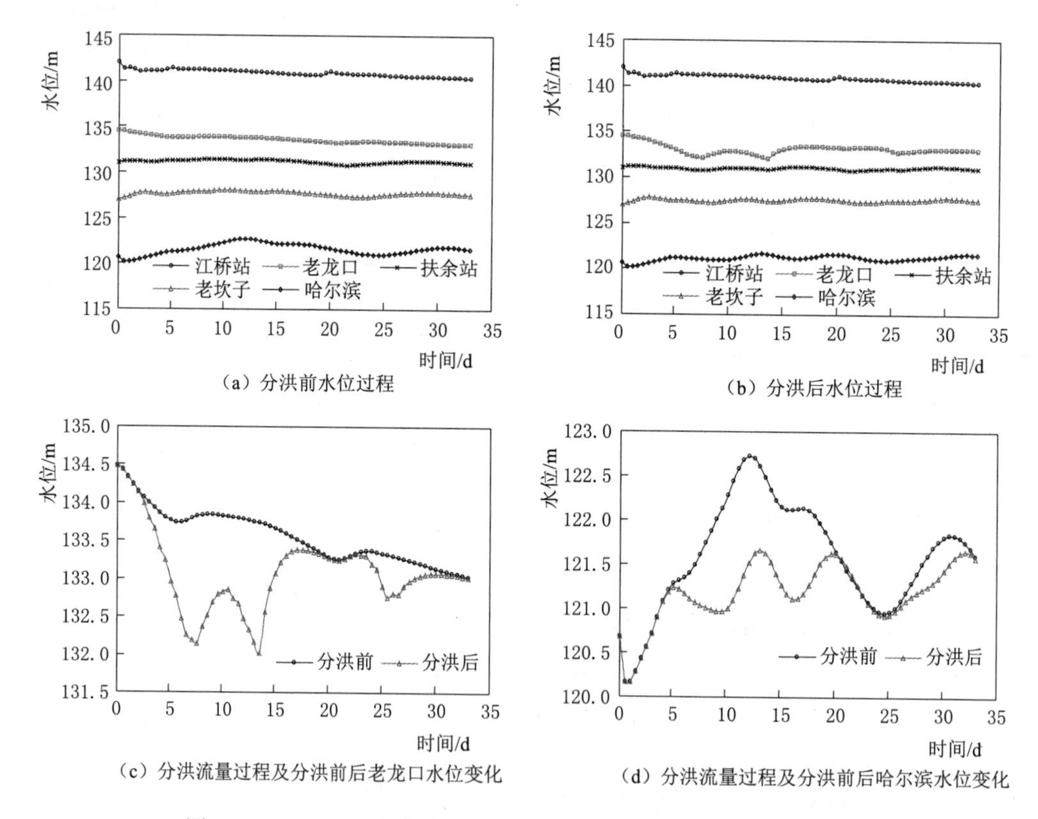

图 6.4－12　1960 年典型洪水分洪流量过程及分洪前后水位对比

通过多次试算后将哈尔滨流量减小至控制流量以下，整个洪水期哈尔滨断面的最大流量为 17897m³/s，洪峰水位也有较大削落，如图 6.4－13（b）、图 6.4－14（b）所示。

分洪流量过程以及分洪前后老龙口流量过程的对比如图 6.4－13（c）所示。由图可见，分洪流量过程呈现双峰形态，分洪总量为 44.141 亿 m^3，最大分洪流量约为 7000m^3/s，约占老龙口当时外江流量的 40%。此次洪水组成中嫩干来流占比相对较大，分洪的流量过程与老龙口外江流量过程基本对应，分洪后老龙口最大流量从 21435m^3/s 减小到 17467m^3/s，造成老龙口处水位也发生了相应的大幅变化，水位最大减少 1m，如图 6.4－14（c）所示。

分洪流量过程以及分洪前后哈尔滨流量过程的对比如图 6.4－13（d）所示。由图可见，老龙口分洪使哈尔滨洪峰流量从 23558m^3/s 减小到 17897m^3/s，哈尔滨流量最大降幅约为 5700m^3/s，哈尔滨洪水位也相应回落，洪水水位降低约 0.9m，如图 6.4－14（d）所示。

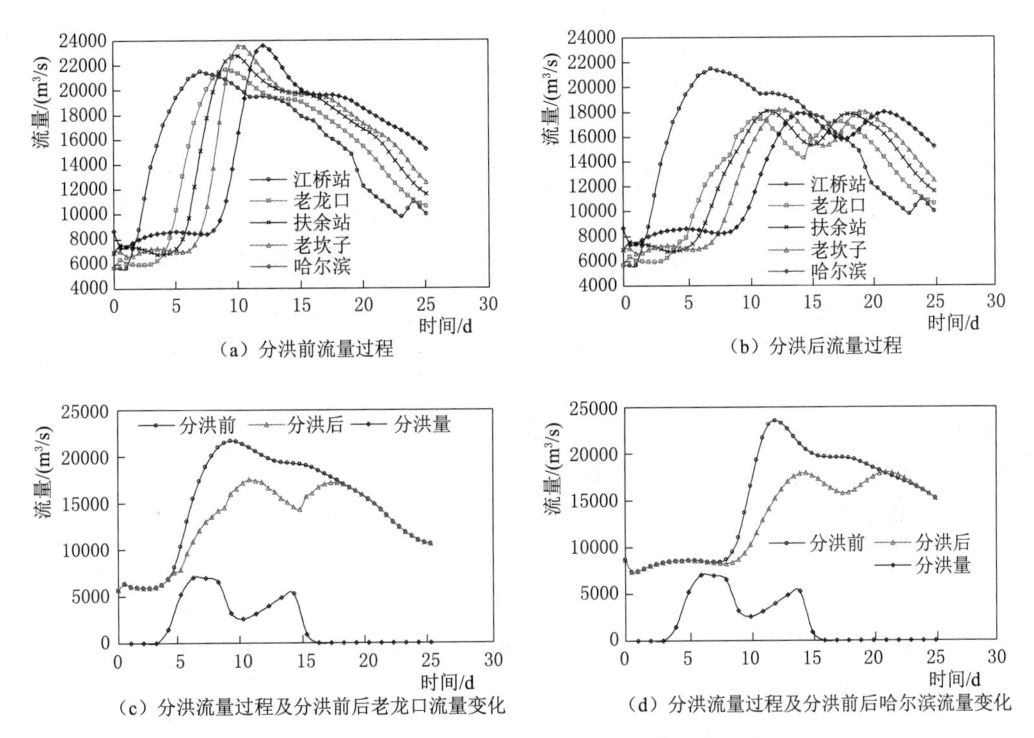

（a）分洪前流量过程　（b）分洪后流量过程

（c）分洪流量过程及分洪前后老龙口流量变化　（d）分洪流量过程及分洪前后哈尔滨流量变化

图 6.4－13　1969 年典型洪水分洪流量过程及分洪前后流量对比

6.4.5.4　1998 年典型洪水分洪结果

1998 年典型洪水中嫩干江桥站的洪峰流量为 19106m^3/s，第二松花江扶余站最大来流量 3806m^3/s，拉林河最大来流量为 4906m^3/s，洪水组成以嫩干为主，但二松和拉林河洪峰占比较小。

洪水量大峰陡，在不分洪条件下，如图 6.4－15（a）和图 6.4－16（a）所示，江桥站洪水约 3d 后到达老龙口断面，到达老龙口时洪水形态未发生明显变化，洪峰流量从 19106m^3/s 减小到 18466m^3/s。老龙口处的洪水经过 6d 左右到达哈尔滨水文站断面，叠加上第二松花江和拉林河的区间来流，到达哈尔滨时的洪峰流量为 20525m^3/s，超过了哈尔滨洪水设防标准，所以必须在老龙口实施分洪。

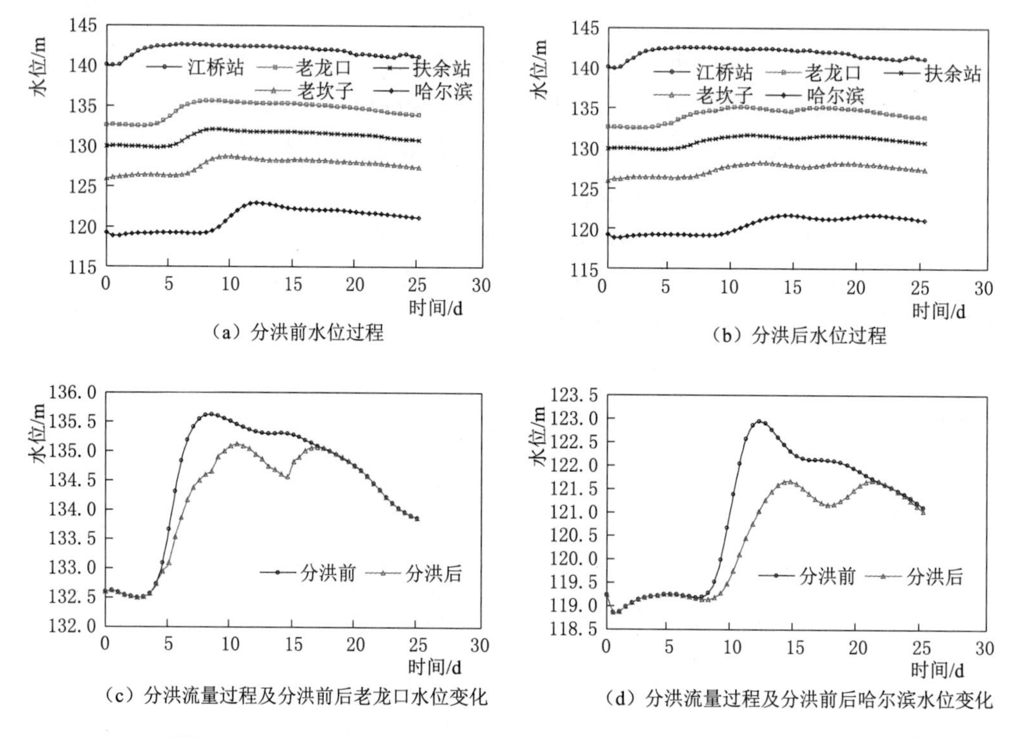

(a) 分洪前水位过程

(b) 分洪后水位过程

(c) 分洪流量过程及分洪前后老龙口水位变化

(d) 分洪流量过程及分洪前后哈尔滨水位变化

图 6.4-14　1969 年典型洪水分洪流量过程及分洪前后水位对比

通过多次试算后将哈尔滨流量减小至控制流量以下，整个洪水期哈尔滨断面的最大流量为 17916m^3/s，洪峰水位回落明显，如图 6.4-15 (b)、图 6.4-16 (b) 所示。

分洪流量过程以及分洪前后老龙口流量过程的对比如图 6.4-15 (c) 所示。由图可见，分洪流量过程呈现单峰形态，分洪总量为 21.633 亿 m^3，最大分洪流量约为 5150m^3/s，约占老龙口当时外江流量的 30%。此次洪水组成中嫩干来流占比相对较大，分洪的流量过程与老龙口外江流量过程基本对应，分洪后老龙口最大流量从 18466m^3/s 减小到 15258m^3/s，造成老龙口处水位也发生了相应的大幅变化，水位最大减少 0.76m，如图 6.4-16 (c) 所示。

分洪流量过程以及分洪前后哈尔滨流量过程的对比如图 6.4-15 (d) 所示。由图可见，老龙口分洪使哈尔滨洪峰流量从 20525m^3/s 减小到 17916m^3/s，哈尔滨流量最大降幅约为 2600m^3/s，哈尔滨洪水位也相应回落，洪水水位降低约 0.98m，如图 6.4-16 (d) 所示。

6.4.5.5　1956 年典型洪水分洪结果

1956 年典型洪水中嫩干江桥站的洪峰流量为 7382m^3/s，第二松花江扶余站最大来流量 12830m^3/s，拉林河最大来流量为 4530m^3/s，洪水组成以二松为主，洪峰占比达 50%以上，嫩干来水占比较小。

该典型洪水条件下嫩江来流量相对较小，且洪水较为平坦，持续时间相对较长，二松洪水量大、峰陡，哈尔滨洪水主要来自二松，在不分洪条件下，如图 6.4-17

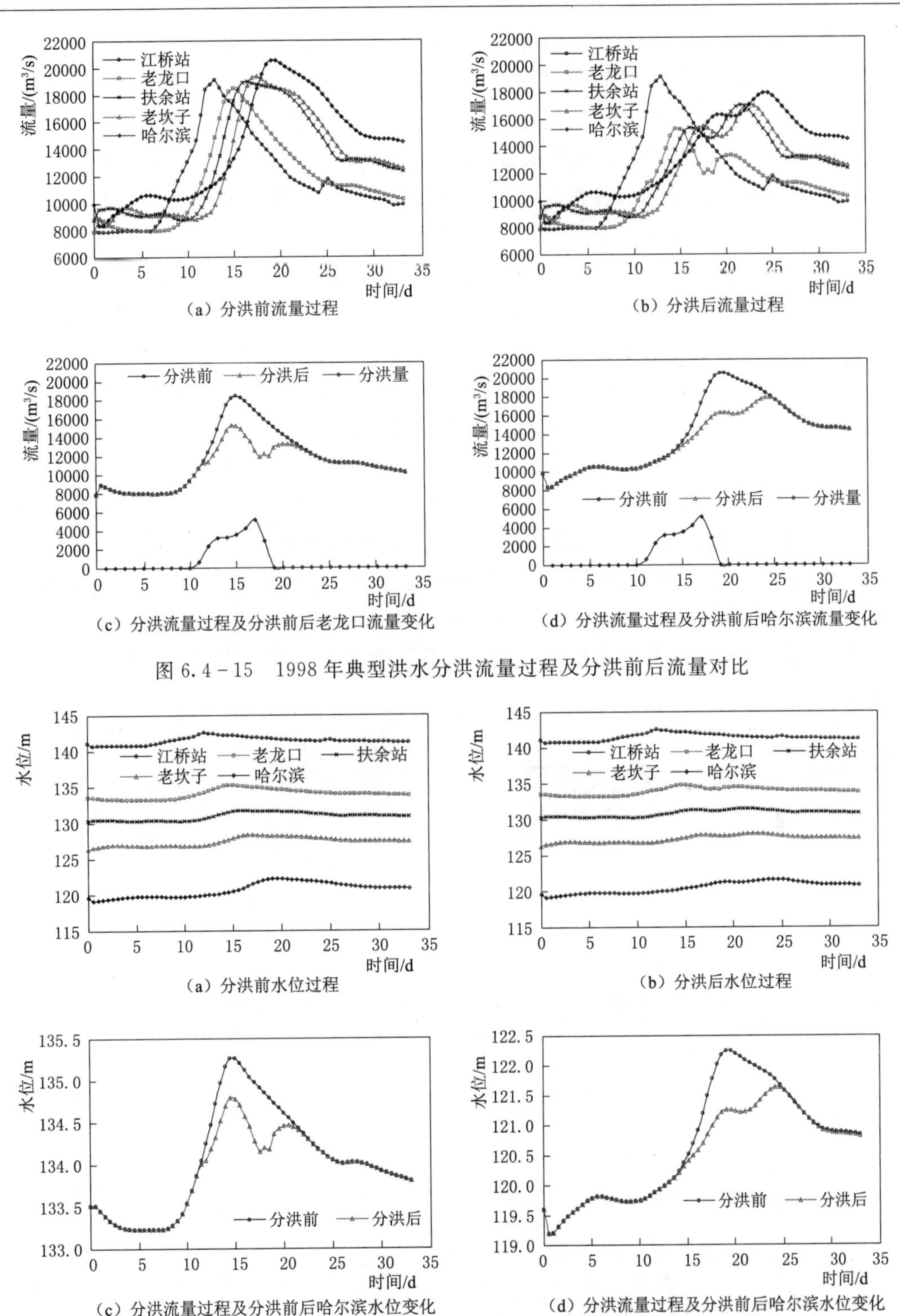

图 6.4-15 1998 年典型洪水分洪流量过程及分洪前后流量对比

图 6.4-16 1998 年典型洪水分洪流量过程及分洪前后水位对比

(a) 和图 6.4-18 (a) 所示，江桥站洪水约 4d 后到达老龙口断面，到达老龙口时洪水形态未发生明显变化，洪峰流量基本没有变化。老龙口处的洪水经过 5d 左右到达哈尔滨水文站断面，叠加上第二松花江和拉林河的区间来流，到达哈尔滨时的洪峰流量为 19739m³/s，超出了哈尔滨洪水设防标准，所以必须在老龙口实施分洪。

哈尔滨流量在此次洪水过程的第 24 天超过了设防标准，根据老龙口断面洪水传播到哈尔滨的时间，老龙口处需要在洪水过程的第 19 天开始分洪，通过模型多次自动试算后将哈尔滨流量减小至控制流量以下，整个洪水期哈尔滨断面的最大流量为 17900m³/s，洪峰水位最大消落 0.67m，如图 6.4-17 (b)、图 6.4-18 (b)、图 6.4-17 (d)、图 6.4-18 (d) 所示。

分洪流量过程以及分洪前后老龙口流量过程的对比如图 6.4-17 (c) 所示。由图可见，分洪流量过程呈现单峰形态，分洪总量为 9.803 亿 m³，最大分洪流量为 4280m³/s，约占老龙口当时外江流量的 85%。此次洪水组成中嫩干来流占比相对较小，分洪的流量过程与老龙口外江流量过程不同步，老龙口处外江的洪峰流量出现在第 29 天，而分洪的洪峰流量出现在第 21 天。分洪后老龙口处外江最小流量仅剩余 271m³/s，这种条件下实际分洪可能会存在困难，因为外江流量在 2000m³/s 基本就已经归槽，主槽距离老龙口分洪口约 7km，此时将洪水引入蓄滞洪区存在一定困难。分洪造成老龙口处水位也发生了相应的大幅变化，水位最大减少 1.33m，如图 6.4-18 (c) 所示。

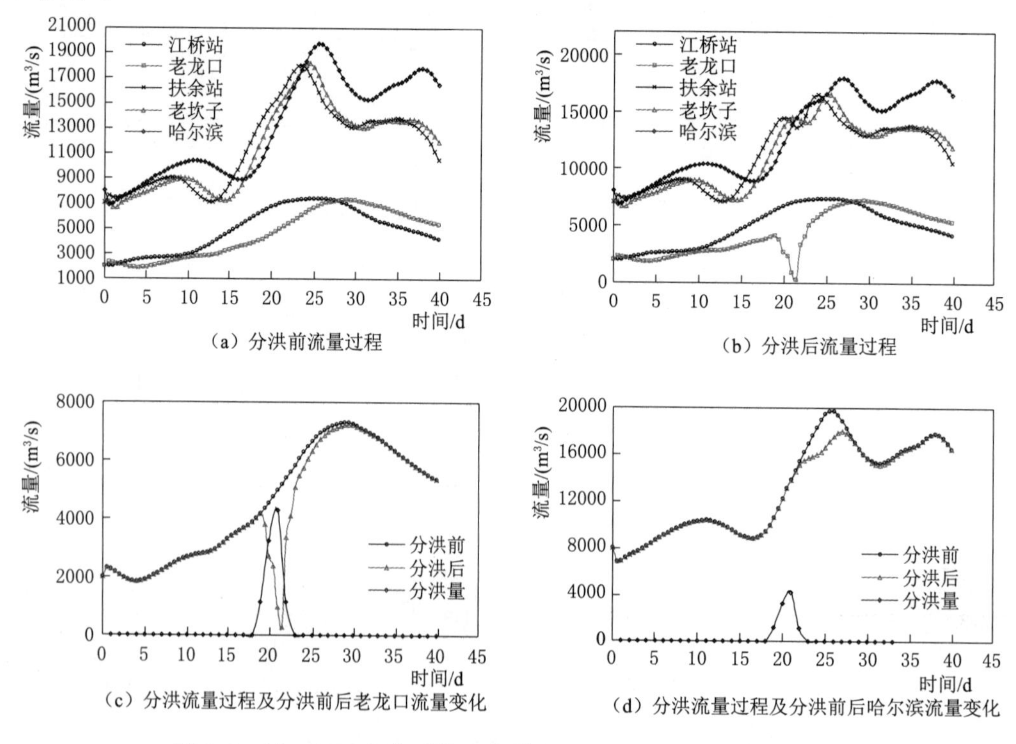

图 6.4-17　1956 年典型洪水分洪流量过程及分洪前后流量对比

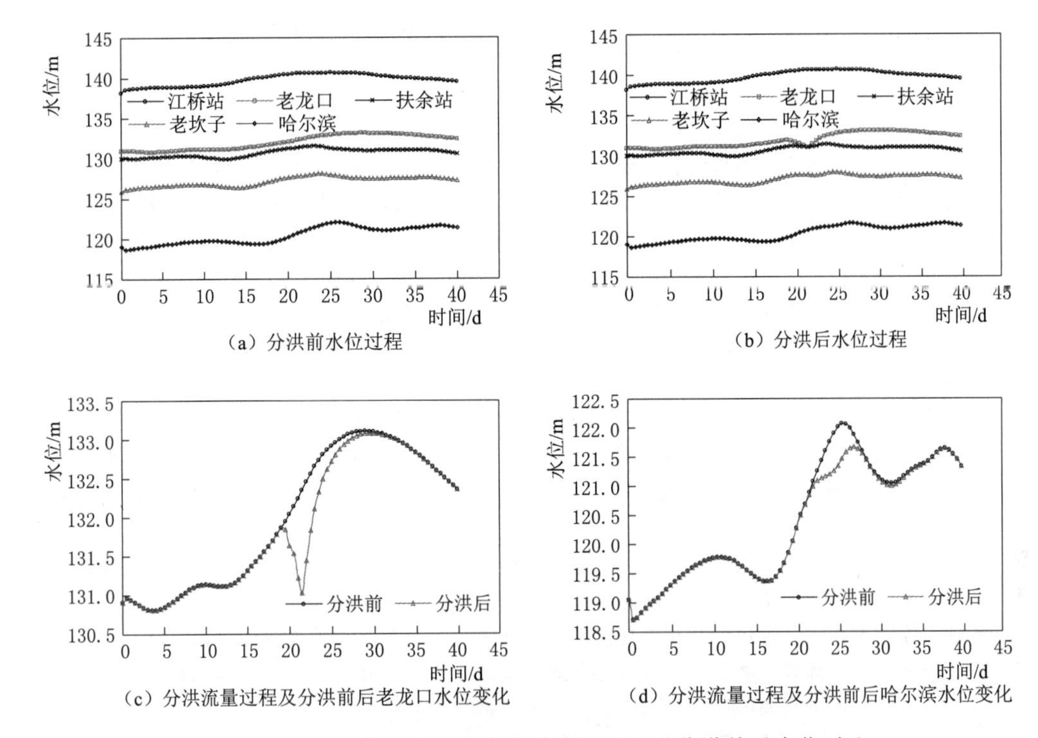

图 6.4-18 1956 年典型洪水分洪流量过程及分洪前后水位对比

6.4.6 不同设计洪水过程的分洪结果比较

采用实时分洪调度模型计算一次分洪过程所需时间约为 2～5min，能够迅速根据来水过程得到分洪过程和分洪量，其计算的分洪量与胖头泡蓄滞洪区设计时计算得到的分洪量进行对比，见表 6.4-9。由表中数据可见，模型计算的分洪量与设计分洪量基本比较接近，最大相对误差约为 20%，出现在 1998 年，当年的分洪量较小；最小相对误差约为 2%，出现在 1957 年。模型计算与方案设计的结果相互验证较好，说明了采用蓄滞洪区实时分洪调度系统可以较为可靠地给出分洪过程，且不受设计洪水的约束，可以根据来流量实时给出分洪建议，为科学、有效地进行蓄滞洪区分洪管理提供了坚实的技术支撑。

表 6.4-9 实时调度系统计算分洪量与设计分洪量的对比

洪水年型	1957 年	1960 年	1969 年	1998 年	1956 年
设计分洪量/亿 m³	53.513	59.617	47.404	16.950	—
计算分洪量/亿 m³	54.562	50.339	44.141	21.663	9.803

参 考 文 献

[1] 武晟．洪水管理的几个关键问题研究［D］．西安：西安理工大学，2008：18-35.

[2] 刘蒙泰，廖卫红，宋万祯，等．EFDC模型的可视化研究［J］．中国农村水利水电，2014，11：55-58.
[3] 段扬，廖卫红，杨倩，等．基于EFDC模型的蓄滞洪区洪水演进数值模拟［J］．南水北调与水利科技，2014，12（5）：160-165.
[4] 杨建朋．洪灾损失评估地理分析方法研究［D］．北京：北京建筑大学，2014.
[5] 林毅．河道、滞洪区洪水演进数值模拟与风险评估的研究［D］．天津：天津大学，2007：83-111.
[6] 梅亚东，冯尚友．蓄滞洪区利用与减灾研究［J］．水科学进展，1995，6（2）：145-149.
[7] 倪晋仁，王光谦，李义天．洪湖分蓄洪区启用的若干问题研究［J］．自然灾害学报，1999，3（8）：14-21.
[8] 何琦．浅析蒙洼蓄洪区运用时机［J］．治淮，2003（12）：8-9.
[9] 要威．行蓄洪区开启优化的研究［D］．武汉：武汉大学，2004：1-7.
[10] 陈良柱．长江中游蓄滞洪区分洪运用方案研究［J］．水利水电快报，2008，29（8）：11-14.
[11] 陈守煜，于义彬，马用祥．松花江流域蓄滞洪区方案优选智能决策研究［J］．大连理工大学学报，2003，43（3）：362-371.
[12] 李褆来，陈黎明，谢自银．黄墩湖滞洪区洪水调度系统合成研究［C］//第十六届中国海洋（岸）工程学术讨论会论文集．北京：海洋出版社，2013：1396-1403.
[13] 丁伟．城西湖蓄洪区洪水资源化优化调度的研究［D］．合肥：合肥工业大学，2015：59.
[14] 李玉臣．北京西郊砂石坑蓄滞洪区综合利用模式研究［D］．北京：清华大学，2015：54.
[15] 刘云．蓄滞洪区洪水调度优化和风险分析［D］．武汉：武汉大学，2005：73.
[16] 刘云，李义天，谈广鸣，等．洞庭湖分蓄洪区实时洪水调度系统的研制［J］．武汉大学学报（工学版），2008，41（2）：46-51.
[17] 刘云，李义天，谈广鸣，等．蓄滞洪区洪水调度优化研究［J］．长江科学院院报，2010，27（7）：22-24.
[18] 李雨．水库防洪和蓄水优化调度方法及应用［D］．武汉：武汉大学，2014：136.
[19] 徐冬梅．水库群防洪调度与洪水资源化相关问题研究［D］．大连：大连理工大学，2014：110.
[20] 陈晓辉．永定河流域洪水调度问题的研究［D］．天津：天津大学，2005：52.
[21] 傅春，晏洪．鄱阳湖单退圩堤防洪优化调度研究［J］．人民长江，2009，40（24）：9-11.
[22] 谢秋菊．江河防洪系统优化调度研究［D］．南京：河海大学，2007：48
[23] 钟平安．流域实时防洪调度关键技术研究与应用［D］．南京：河海大学，2006：150.
[24] 王赢．梯级水库群优化调度方法研究与系统实现［D］．武汉：华中科技大学，2012.
[25] 梅亚东．梯级水库优化调度的有后效性动态规划模型及应用［J］．水科学进展，2000，11（2）：194-198.
[26] 梅亚东．梯级水库防洪优化调度的动态规划模型及解法［J］．武汉水利电力大学学报，1999，32（5）：10-12.
[27] 李继伟．梯级水库多目标优化调度与决策方法研究［D］．北京：华北电力大学，2014.
[28] 马军建，王春霞，董增川．复杂防洪体系联合优化调度理论与方法研究进展［J］．水力发电，2005，31（3）：13-21.
[29] 李大鸣，林毅，周志华．蓄滞洪区洪水演进一、二维数值仿真及其在洼淀联合调度中的应用［J］．中国工程科学，2010，12（3）：82-89.
[30] 郭凤清，屈寒飞，曾辉，等．基于MIKE 21的湛江蓄滞洪区洪水危险性快速预测［J］．自然灾害学报，2013，22（3）：144-152.
[31] 魏凯，梁忠民，王军．基于MIKE 21的蒙洼蓄滞洪区洪水演算模拟［J］．南水北调与水利科技，2013，11（6）：16-19.

［32］ 李卫东，王云昭，田宇．海河流域蓄滞洪区通信预警系统现状与建设思路探讨［J］. 海河水利，2015（12）：28－29.
［33］ 杨国录．四点时空偏心 Preissmann 格式的应用问题［J］. 泥沙研究，1991（4）：88－98.
［34］ 杨国录．河流数学模型［M］. 北京：海洋出版社，1993.

第7章　胖头泡蓄滞洪区运行管理预案研究

7.1　蓄滞洪区运行管理措施综述

7.1.1　蓄滞洪区运行管理现状

蓄滞洪区规划建设工作完成后，其后期的运行管理、优化调度等问题仍是蓄滞洪区能够实时安全地完成防汛任务的关键。在这方面我国各大流域都有学者进行了较多的研究，提出了很多宝贵意见，对新时期我国蓄滞洪区的管理应用提供了很好的借鉴，其主要工作集中在管理思路、政策、模式、社会经济及生态管理等方面。

7.1.1.1　区内运行管理政策研究

对于蓄滞洪区而言，洪水演进研究是基础，安全建设是一方面的应用，而区内日常运行管理与调度则是另一方面的应用。李罗刚等[1]以可持续发展思想为立足点，探讨了我国蓄滞洪区可持续发展的问题。对于可持续发展思想在蓄滞洪区中的内涵，主要从三方面进行理解：一是公平性，一方面蓄滞洪区的发展不应制约防洪工作的正常开展，另一方面蓄滞洪区有谋求自身发展的权利和要求；二是协调性，蓄滞洪区作为一个系统，系统内的人口、经济、资源和环境等要素需要与防洪任务协调相适应；三是持续性，从时间角度描绘蓄滞洪区的发展图景，要求资源的持续再生与环境的持续优化组合，经济发展与环境保护同步进行。蓄滞洪区的可持续发展面临诸多矛盾与困难，为了解决好这些矛盾和困难，首先要控制区内人口增长，鼓励人口外迁；其次要引洪放淤，降低堤防相对高度；最后还需要调整产业结构，开展洪水保险。

与李罗刚类似，宋豫秦等[2]也从可持续发展思想为起点，探讨了我国蓄滞洪区可持续发展的途径。不同的是后者将这一思想具体化，并提出了未来蓄滞洪区发展的3种情景：维持现状、部分水库化和部分湿地化，并以我国7个典型蓄滞洪区为研究目标，选取代表防洪效益、社会经济效益、生态效益等9个指标，利用数据包络分析法（DEA）计算蓄滞洪区的投入产出矩阵，从而客观评价不同发展情景的相对效率，最终优选出不同设计启用频率的蓄滞洪区的发展途径。研究结果显示，我国70%的蓄滞洪区的最优发展途径是部分湿地化，设计启用频率50年一遇是发展途径选择的临界值，当高于50年一遇时，维持现状是最优途径；当低于或等于50年一遇时，部分湿地化是其最优途径。

沈和等[3]立足于我国蓄滞洪区的现实需求，构建了蓄滞洪区管理制度与政策系统，涉及领域较为全面。首先从蓄滞洪区管理制度变迁的诱导因素进行分析，认为其影响因素主要有政府偏好、公众偏好、社会背景因素、管理制度需求趋势以及管理制度供给能力等五个方面，并对后三者进行了细化；其次，对于我国蓄滞洪区分类管理政策工具的选择，他们借鉴了加拿大学者霍莱特-拉梅什的“自愿性—混合性—强制性”政策工具的三分法原理，依据蓄滞洪区的运用标准高低以及其损失程度高低，将蓄滞洪区分为四大类；最后对于政策框架的建立，主要以“人水和谐”思想为主导，强调统一性与特殊性，将这一框架划分为社会发展、经济发展、生态环境、防洪安全4个重点，在此基础上细分了人口管理、土地管理、安全管理等10类，针对不同类别工作对不同蓄滞洪区、不同分区采取合适的政策措施。这种工作框架完整细致，对蓄滞洪区的管理工作具有较好的启发作用。

陈长柏等[4]针对淮河流域蓄滞洪区的建设管理提出了具体目标，建议利用10年时间解决重度风险区内居民安置，用20年时间建立较为完善的蓄滞洪区管理体制和运行机制，这一目标与《全国蓄滞洪区建设与管理规划》的要求一致，具体建议和对策包括：一是调整行洪区功能；二是做好工程建设，合理确定围堤等工程标准；三是加快安全设施建设；四是加强社会管理，发挥各级政府与职能部门的领导作用。

王艳艳等[5]对蓄滞洪区综合利用多目标情景分析模型进行了研究。为了达到蓄滞洪区防洪、经济发展、水资源利用以及生态恢复等目标，利用情景分析技术，从影响未来的主要驱动因素入手，合理勾勒出未来发展的多种情景，在每种情景下，进行蓄滞洪区综合利用的多目标分析；并将这一模型理论成功应用于大黄堡洼蓄滞洪区。案例研究表明，通过蓄滞洪区的合理规划，充分发挥蓄滞洪区的调蓄功能，在保障防洪安全的前提下，蓄滞洪区能够取得较好的综合利用效益，可以达到防洪、经济发展、供水、景观、娱乐和恢复生态环境的多重目标的统一。

王跃武等[6]在分析了胖头泡蓄滞洪区的基本情况后，对区内防洪标准由100年一遇提高到200年一遇后的工程管理提出了些许思考，认为首先应进行风险区划分，划分为可能危险区、基本危险区及洪水主流区，这一想法与分区管理的思想基本一致；其次应尽早建立蓄滞洪区管理，这方面可参考国内做得较好的荆江蓄滞洪区；其后还应建立补偿机制，鼓励参加社会保险、洪水保险等；最后要调整区内产业结构，建立适当的安全措施。

7.1.1.2 区内运行管理模式研究

由于蓄滞洪区的问题不仅仅涉及水利，还涉及各级政府、国土、农业、林业、工业、教育、城建等多个部门，蓄滞洪区作为一个完整的社会单元，区内的管理涉及领域广、协调关系复杂，因而对其研究是十分必要的。

许多学者针对我国蓄滞洪区整体管理，或是区域管理中存在的一些问题提出了相关建议。早在2000年，方国华[7]在肯定开辟蓄滞洪区的必要性和重要性的基础上，指出我国蓄滞洪区建设与管理中存在的一些问题，主要包括区内安全设施不全、经济发展水平不合理、管理机制不健全、管理水平低、缺失政策法规等，并针对这些问题提出了相应对策，主要包括重新核定蓄滞洪区，明确继续保留或新辟的蓄滞洪区范围；健全管理机构，设置实体办事机构；进一步研究适用于不同蓄滞洪区特点的补偿政策、经济发展政策、洪水保险政策等，并制定相关政策；建立有效的洪水警报系统，实现多元化信息传递方式；适当限制区内人口增长，对区内土地使用进行指导限制，依据洪水特点调整产业结构，鼓励区内居民自发修建安全措施或外迁，达到鼓励发展与限制发展相结合。

侯传河等[8]结合我国蓄滞洪区在流域防洪形势、经济社会状况、流域综合治理和开发保护三方面的形势变化，指出我国目前蓄滞洪区存在的分洪问题、环境问题以及涉及的“三农”问题，提出了结合以人为本的区内居民避水安置思路，并对蓄滞洪区的规划与安全建设模式进行了探索，依据不同启用概率及其对流域防洪能力做出的贡献，对不同的蓄滞洪区划分类别进行处置：首先进行蓄滞洪区整体调整，对运用频率较高、区内居民生活极其不稳定而面积较小的蓄滞洪区全部退建，恢复其作为行洪通道或天然蓄洪场所；其次对蓄滞洪区进行分类与风险分区，将其分为重要、一般与规划保留三类和重度风险、中度风险、轻度风险三区；最后在分类分区的基础上进行安全建设。这些研究成果为我国后期蓄滞洪区的建设与规划工作提供了较好的思路。

周勇[9]对我国河南省蓄滞洪区的发展进行了研究，提出和谐发展的理念，并将这一理念应用于实际，在复合系统论、和谐发展论、协调发展论的基础上，首次构建了河南省蓄滞洪区和谐度的评价指标体系，在规范化处理数据的基础上，构建了蓄滞洪区和谐发展模型，利用层次分析法和模糊评价法分析了各子系统所占权重以及复合系统的和谐度，结合计算出的和谐度提供了相应的对策建议。沈艳[10]也对我国蓄滞洪区管理进行了初步探讨，主张针对我国蓄滞洪区分散现状，建立专业管理与群众管理相结合的管理机制，对于群管人员，进行层层承包责任制，使群管人员的责、权、利有机结合。在这方面，我国湖北荆江分洪区做得比较成功，实行从省到市再到蓄滞洪区管理局再到管理所的分级管理体制，承担了蓄滞洪区内的日常管理、安全监督、灾后恢复生产等职责。此外，对蓄滞洪区的发展模式也进行了探讨，认为应当以人一水和谐发展为统筹思想，依据其运用频率启用不同的发展模式，对于频率较高的蓄滞洪区，调整为生态修复型或以规模化养殖业和农业相结合的形式；对于启用频率较低的蓄滞洪区，可将其调整为一般保护区。

随着北京人口增长、暴雨等极端天气频繁出现，杨鸣婵等[11]对北京市蓄滞洪区的建设管理进行了规划思考，首次提出将蓄滞洪区划分为国家级、市级、区县级三类，三者分别由国家防汛抗旱总指挥部、北京市防汛抗旱指挥部、区县防汛抗旱指挥部负责管理，明确洪水调度权限，同时划分风险等级，绘制蓄滞洪区风险图进行风险管理。这种思路与美国等发达国家洪水分级管理的思想基本一致。

在长江流域蓄滞洪区，张晓红[12]针对三峡工程投入使用后流域蓄滞洪区的规划问题，提出动态分析研究长江中下游的超额洪量，将遇1954年洪水不需分洪运用的蓄滞洪区列为保留区，对仍需使用的蓄滞洪区，依据其使用概率、分洪效果等划分为重要与一般蓄滞洪区。对蓄滞洪区进行分类建设，对保留区基本不限制其发展，对重要和一般蓄滞洪区进行围堤加高加固，同时限制人口增长，调整产业布局。此外，徐国新等[13]还对上述研究工作进行了补充，依据《长江流域防洪规划》《关于加强蓄滞洪区建设与管理的若干意见》以及《全国蓄滞洪区建设与管理规划》中的分类，根据蓄滞洪区在防洪体系中的地位作用、运用概率、调度权限等将长江流域蓄滞洪区分为三类：保留区、重要蓄滞洪区和一般蓄滞洪区；在分析运用概率时，选择典型洪水年进行超额洪量计算，对三峡工程修建前后四大蓄滞洪区的运用概率进行了计算分析，最终确定蓄滞洪区的数量分别为 15 处、14 处、13 处。在此基础上，对不同类别的蓄滞洪区的安全建设模式也提出了不同的建设思路：对于重要蓄滞洪区，按照调度方案灵活调度，确保区内居民生命和财产安全，调整产业结构，鼓励人口外迁；对于一般蓄滞洪区，采取类似“单退”的移民建镇方式；对于保留区，以安全转移道路、通信预警系统建设为主[14]。

在黄河流域，李远发等[15]研究了小浪底工程投入使用后黄河流域蓄滞洪区在防洪中的作用问题。小浪底水库建成后，黄河中下游大洪水出现大洪水的概率大幅度减小，但也带来了二级悬河的问题。小浪底建成后，黄河下游防洪工程进一步完善，北金堤滞洪区运用概率近乎 1000 年一遇，尽管东平湖蓄滞洪区运用期由原来 7 年一遇提高到了 30 年一遇，但是运用概率依然较高，仍然是保证山东窄河段防洪安全的关键工程，对其仍需进行安全措施加固。

随着蓄滞洪区分区管理思想逐步明确，国内不少学者开展了相关应用研究。张娜等[16]对黄河下游蓄滞洪滩区进行了分区管理研究，以遏制“二级悬河”作为切入点，充分发挥滩区行洪及游荡性河段“淤滩刷槽”等功能，实行分区管理，其思路主要为：废除花园口—孙口河段内的小滩区和影响行洪的生产堤，以河道整治控导工程为基础，设置由河道规划防护堤控制 1～2.5km 的河槽，作为中常洪水的主行洪区；防洪堤以外的滩区划分为 20 个蓄洪蓄滞洪区，有计划地进行分洪沉沙淤滩；在主行洪区和蓄滞洪区，分别实行不同的管理方式，主行洪区清除一切行洪障碍，确保行洪畅通，蓄滞洪区可以现有的生产堤为基础，通过调整改造，建成行洪流量为 6000～8000m^3/s（东坝头以上为 8000m^3/s，东坝头以下为 6000m^3/s）标准的防护堤。

于翚等[17]对海河流域贾口洼蓄滞洪区进行了分区运用研究，以路堤、闸等自然或人工挡水建筑物为界限，结合调度方案和分洪原则，将贾口洼蓄滞洪区划分为六个区，按相应的分洪标准启用各区，分区前，由于挡水建筑物年久失修难以发挥蓄滞作用，分区后，作者利用二维水力学模型进行了 100 年一遇洪水演进模拟，发现分区后洪水最大淹没水位和最大淹没面积均明显小于分区前。由此可以看出，分区运用蓄滞洪区能够更好地发挥蓄滞洪区的作用，减少淹没范围，延长洪水演进时间，在同等时间下为人民群众的生命财产安全转移提供了宝贵时间。

王艳艳等[18]对我国蓄滞洪区经济社会发展情况进行了调研分析。在调查的蓄滞洪区中，约70%区内人均GDP低于2000年全国平均水平，有36%尚未达到平均水平的一半；就区内产业结构而言，主要以第一产业为主，截至2000年有91%的蓄滞洪区的第二、第三产业对其GDP贡献比例低于全国平均水平；此外，有70%以上的蓄滞洪区在校学生人数低于所在省份的平均水平。因此，我国蓄滞洪区内经济社会发展水平普遍存在较低的现象，而造成这一现象的原因主要有以下几方面：①蓄滞洪区缺乏区位优势，城市化程度低；②受区位影响，经济发展结构不合理，第二、第三产业所占比重太小；③部分蓄滞洪区开发漫无目的，缺乏秩序；④科技教育不到位，人力资源缺乏；⑤现有法规落实不到位。在我国人口与土地资源之间矛盾难以解决的大背景下，想要一次性解决蓄滞洪区的问题是难以实现的。对于蓄滞洪区，一方面要加强管理；另一方面，在保证其防洪功能的前提下，也要促进区内的产业发展。

这些对我国蓄滞洪区运行管理及分区分级管理等的实例研究，不仅符合我国国情，同时也指出了我国蓄滞洪区的共性问题，对开展松花江流域蓄滞洪区相关问题研究具有很好的借鉴作用。洪文彬等[19]和李权[20]先后对松花江流域胖头泡和月亮泡蓄滞洪区的运用方式进行了探讨。新中国成立以来，哈尔滨发生的前8位的洪水中有5场洪水的嫩江和二松来水比重占90%以上，而嫩江的大赉站、二松的扶余水文站二者的合成流量与哈尔滨的洪峰流量相关系数达到0.98。当合成流量达到18200m^3/s时，对应哈尔滨洪峰流量17900m^3/s，因此，建议选择这一合成流量作为蓄滞洪区启用的判别条件。对于两个蓄滞洪区的启用顺序，原则上一次洪水尽量只启用一个蓄滞洪区，在二者都能完成分洪任务时，优先启用月亮泡。在分洪和退洪阶段均采用阶段运用的方式，根据实时合成流量的变化分别采取不同的措施加以应对。

7.1.1.3　区内经济社会发展研究

为了适应科学发展观，需要不断调整人与洪水、人与自然的关系。当前，我国仍处于社会主义初级阶段，人口与自然资源之间的矛盾仍然存在，蓄滞洪区内仍有大量的人口居住和生产活动，从防洪角度而言，这是十分危险，保障这些人口的生命和财产安全也是蓄滞洪区调度的重要影响因素之一，目前针对这方面的研究主要集中在法制建设、人口安置、推行保险制度、风险评价等方面。

（1）蓄滞洪区与外部环境间的关系。张彬等[21]以淮河流域为例，利用系统工程理论对蓄滞洪区进行识别，将蓄滞洪区划分为自然资源子系统、社会子系统、经济子系统、防洪子系统四个系统，用定量方法对蓄滞洪区系统的组成及各因子之间的内部结构和逻辑关系进行分析，总结出蓄滞洪区具有整体性、多变量、多目标、多属性、多措施的特点；选取多组能够表达蓄滞洪区自然、经济、社会发展因果关系的六个指标进行相关性分析，论证了蓄滞洪区系统发展与外部环境之间的因果关系；认为良好的外部文明环境与自然环境、先进的科学技术以及合理的政策制度环境对于带动蓄滞洪区的社会环境、政治环境和经济环境的良好发展将起到至关重要的作用。

除了外部环境对区内社会经济的影响，蓄滞洪区的运用同样也会对当地的社会经济发展产生一定的影响。王晓宁[22]就对这一问题进行了深入探究，以洪灾损失评估和经济评价理论为基础，运用资料统计法计算防洪工程损失和多年平均防洪经济效益，引入影响区域经济发展的影响因子（资源、效率等直接因素和技术、制度等间接因素），进行蓄滞洪区运用补偿和家庭承灾能力分析，从而分析出蓄滞洪区发展的独特模式，并列出国家与地方之间因启用蓄滞洪区而产生的效益矩阵，从而认为地方政府不希望蓄滞洪区被应用，但从国家宏观角度出发，只有蓄滞洪区合理运用才能使效益最大化。

尽管蓄滞洪区的建设十分重要，但在建设过程中，很可能对历史遗留下的宝贵财富造成一定的影响。肖红[23]将胖头泡蓄滞洪区的防洪工程与周边环境敏感点（包括湿地自然保护区、大庙风景名胜区、白金宝遗址）的关系及影响进行了分析。研究表明，尽管湿地自然保护区、大庙风景名胜区和白金宝遗址都在蓄滞洪区内，但影响情况却有所不同，保护区是泄洪时的退水承载区，风景区道路是转移道路，遗址地势较高，不受影响。总体而言，工程建设期间的噪声可能会对区域内的鸟类、游客等造成一定的困扰，但这些都是暂时的，工程结束后这些不利影响随即也消失了。

（2）蓄滞洪区社会经济的分区管理。向立云[24]针对我国蓄滞洪区存在的防洪、人口及发展问题，通过对未来社会经济发展趋势、城市化进程进行了分析。按照是否位于大堤之间将蓄滞洪区进行第一级分类，分为行洪型和蓄洪型；按照运用频率进行第二级分类，分为10年一遇、10～20年一遇、20～50年一遇和50年以上一遇。同时，提出了未来蓄滞洪区管理的几种模式：湿地修复型、规模经营型、一般防洪区，其中将运用频率高的蓄洪型以及行洪区调整为生态修复型，将运用频率较高的调整为规模化经营的蓄滞洪区，将运用频率低的不做调整。此外，他还介绍了国外密西西比河蓄滞洪区（规模经营型）、日本渡良濑蓄滞洪区（湿地修复型）以及国内董峰湖蓄滞洪区（湿地修复型）、大黄铺洼蓄滞洪区（湿地修复与规模经营相结合）等管理应用实例，为我国其他蓄滞洪区管理应用提供了很好借鉴。此外，胡坚[25]对蓄滞洪区损失的快速评估和补偿机制进行了研究，对后续的立法、灾害管理、洪水保险等工作奠定了基础。徐超[26]针对洞庭湖蓄滞洪区提出了建立专门的管理机构、鼓励人口外迁、控制区内人口增长和禁止区外人口内迁等措施，最大程度上实现“人给水让地”的管理思想。刘庆红[27]对蓄滞洪区的保险政策、制度、实施方式、存在问题及对策等进行了研究，提出了适应于蓄滞洪区的合理保险制度。

（3）蓄滞洪区灾害预警系统研究。目前国内在蓄滞洪区人身财产安全保障方面的研究多集中在灾害发生后的补偿机制等，对于灾前的预防措施研究较少。张行行[28]结合大清河流域文安洼蓄滞洪区的洪水风险图对洪水灾害进行特征分析。研究表明该蓄滞洪区所属的灾害链类型为雨-洪灾害链，并对其进行划分和各阶段防御措施探讨，为使洪涝灾害在孕育阶段就得到有效的控制，应积极建立灾害预警系统；而在洪水灾害链潜在期应尽量以避让为主，进行组织搬迁；在“诱发阶段”，人为能力已不可控制其发展，应当在灾害发生后尽快排泄洪水，在最短的时间内完成生态修复与家园重建。该项研究将分析与避难行为结合，对蓄滞洪区避难转移路线进行规划和可达性进行分析，以50年一遇洪水为例，对不同淹没水深区域制定了不同的避难方案，利用点线结合型洪灾分析方法进行了避难路径规划[29]。这些研究成果为建立蓄滞洪区灾前避难迁安系统提供了良好的思路。

针对胖头泡蓄滞洪区，王立志等[30]结合美国先进的洪水保险制度，从“大数定理”、经济利益和历史经验三方面对建立胖头泡蓄滞洪区洪水保险制度的可行性进行了分析。研究认为在胖头泡蓄滞洪区推行洪水保险是可行的，针对影响其推行的制约因素如投保积极性、财政负担问题、洪水保险配套法规等限制因素提出了相应的改善意见。高宇等[31]对胖头泡蓄滞洪区洪水风险的控制和管理进行了分析，构建了详细的蓄滞洪区洪水风险控管方案架构，主要包括洪水风险区划、社会经济区划、洪水灾害经济损失评估、洪水保险方案研究及综合管理条例等内容。利用区域洪水及蓄洪区特征分析建立洪水风险区划，并结合社会经济区划，进行洪水灾害经济损失评估，最终确定洪水保险方案及综合管理条例。

周庆滨[32]对胖头泡地区居民避洪预警机制进行了研究，明确了在拥有防洪建筑物、流域水文条件、不同淹没区风险的基础上，还需要做好以下几方面的工作：①有计划地坡堤，保护下游；②通过大坝低分水口分泄洪水；③用沙袋护坝；④有计划地撤离；⑤实施营救工作。同时，将预警预报站点选在了二松的扶余站和嫩江的大赉站，为提高精度和延长预报期，增加了拉林河的蔡家沟站和嫩江的江桥水文站，通过分析历史洪水从各水位站传播到哈尔滨的时间来达到预报的目的。

高志文等[33]对胖头泡蓄滞洪区预警反馈系统建设进行过探讨，认为该系统的完整组成应由畅通的通信系统、预报和洪水演进系统、远程监视系统和警报发布系统四部分组成，整个系统实现的目标应是实用、稳定、安全、便捷地完成蓄滞洪区洪水的预警预报工作。系统建立应该划分为规划阶段、设计阶段和实施阶段，分别明确各阶段的工作和目标。

程立波等[34]对胖头泡蓄滞洪区二级通信网进行过设计，进一步完善了洪水预警系统。在预报时间的分析上，由于洪水传播从江桥到老龙口不足6d时间，考虑到决策与撤离时间，将江桥站作为发出警报的主要控制站，因而对其进行一定的改造，以GPRS作为二级通信网的主要通信信道，并以有线网络、有线电话为备用通道。在蓄滞洪区的老龙口分洪口和老坎子退水口都设计了现场检测站，能够向指挥中心传送实时视频。这一系统设计对于信息传输有重要作用，是蓄滞洪区预警预报系统的重要组成部分。

（4）蓄滞洪区人口安置研究。于景弘[35]对胖头泡蓄滞洪区启用时不安全人口的安置方案进行过研究，提出了三种人口安置方案：就地永久安置（安全区）、就地临时安置（后靠）、临时转移安置，对区内各户的具体安置情况进行了说明，后又对安置保障措施进行了探讨，提出除了需要组织保障以外，还需要撤退道路、安全保卫、卫生防疫、物资供给等保障。李晓波[36]也对胖头泡地区撤退道路布设方案进行过探讨，认为在布设撤退道路时，应该结合现有道路和行政区划，优先规划便于组织协调和管理的道路，满足人口安置方案对道路的要求；同时将整个区域 11 条干路 74 条支路的起终点及里程做出了详细的规划。

（5）蓄滞洪区风险模型研究。目前针对蓄滞洪区管理方面，国内还有一些学者开展了蓄滞洪区启用风险方面的评价研究，选取的模型或方法包括混合模型、多层次熵权模型以及 BP 人工神经网络模型等。

包君等[37]利用混合模型对行蓄洪区运用进行了风险评价，主要利用行洪风险、经济风险、社会风险、承灾能力等四个指标构建了行蓄洪区运用风险评价指标体系，考虑到行蓄洪区经济、自然等条件的复杂性，研究将模糊优选模型和基于模糊一致矩阵的决策优选方法结合，构建了混合模型，对定性和定量指标进行选择，对风险等级进行了划分。董春卫等[38]在分析行蓄洪区启用风险特点的基础上，利用多层次熵权模型完成了相关风险评价工作，在选取指标和构建评价体系上，将熵权法与层次分析法结合形成模型，经过对淮河干流 21 处行蓄洪区的实证分析，指出淹没面积、人口密度和平均淹没水深是造成行蓄洪区启用风险的主要因素。李绍飞[39]也开展过类似的研究，在评价指标体系上，选择致灾因子、孕灾环境、承灾体属性、社会承灾能力等四个方面；在模型上，选择了更具有客观性和确定性的 BP 人工神经网络模型；同时将建立的模型应用于海河流域大黄浦洼蓄滞洪区，对整个区域的洪灾风险进行了分析和评价，验证了 BP 神经网络模型用于洪灾风险综合评价的合理性与可信性。此外，李绍飞等[40]还在洪灾风险评价中尝试运用突变理论评价法和模糊综合评价法，并将其运用于大黄浦洼蓄滞洪区，在计算过程中根据目标在归一公式中的内在矛盾地位和机制确定其指标的重要程度，无须计算不同因素的影响权重，减少了人为主观性，为洪灾风险评价提供了一个新的途径。

（6）蓄滞洪区灾后损失研究。在探讨蓄滞洪区内社会经济制度管理之外，开展灾后蓄滞洪区区内损失评估也具有十分重要的意义。洪水灾害损失的评估既可以反映致灾因子和孕灾环境特性的洪水自然特征，也可以反映承灾体状况的洪水灾害社会特征。正确而又合理地计算灾后损失，能够对蓄滞洪区安全建设规划、防洪优化调度、防洪策略制定等提供重要的指导。王晓磊[41]在对蓄滞洪区进行洪水演进的基础上，对蓄滞洪区洪水损失评估做了相关研究，通过模糊分析法对灾害进行等级划分，利用洪水风险图，对不同频率洪水进行灾前洪水损失评估，针对宁晋泊和大陆泽蓄滞洪区对洪灾造成的经济损失和生命损失进行了估算。余萍等[42]在建立了大黄堡蓄滞洪区洪水演进模型后，还建立了洪灾经济损失评估模型，运用洪水损失分类估算法分别估算了洪灾对农业、林业、企事业单位及各类设施等造成的经济损失；研究结果表明，随着洪水频率的减少，其所造成的洪灾直接经济损失会不断增大；与同频率洪水相比，建水库后所造成的经济损失会有较大减少，表明水库建设对中小洪水可以起到很好的调节作用，对减轻洪水灾害是非常有帮助的。

7.1.1.4　区内生态环境研究

目前我国对蓄滞洪区的研究中，主要集中在对蓄滞洪区的建设、运用、管理方面，对区内生态环境建设的研究较少。高占举等[43]对胖头泡蓄滞洪区的生态环境影响进行过相关研究工作。胖头泡地区在修筑堤防后，在挡住洪水的同时，也造成大量河泡干枯，鱼虾绝迹，芦苇退化，生态环境持续恶化；研究成果对需要补水的三块草地和泡沼提出了两个补水方案：方案一利用南部引嫩工程引水，方案二利用老龙口的生态引水进水闸引水。而从管理权、引水量等两方面对两个方案进行比选，推荐选择方案二进行生态补水。

7.1.2　蓄滞洪区的分类分区管理

我国蓄滞洪区众多，虽然存在一些共性问题，但是由于地区差异，不同蓄滞洪区在流域防洪体系中所起作用和功能不尽相同，各区内经济社会发展情况差异较大。随着我国对蓄滞洪区研究工作的不断深入，蓄滞洪区的分类分区管理逐渐成为一种适应于我国国情的管理模式。明确不同蓄滞洪区的分类，不仅有利于进一步加快蓄滞洪区的建设和管理，还有利于蓄滞洪区的经济发展，促进区内人与自然和谐相处。

7.1.2.1　基本类型

目前我国主要按照国务院转发的水利部、国家发展和改革委员会、财政部提出的《关于加强蓄滞洪区建设与管理的若干意见》的精神对蓄滞洪区进行分类，考虑以下4个方面的因素：

(1) 蓄滞洪区在流域防洪体系中的作用和地位。结合蓄滞洪区设立的目的，蓄滞洪区在流域防洪体系中的地位、防洪保护对象的重要性决定了其重要程度，是蓄滞洪区分类的主要因素。

(2) 蓄滞洪区所处的地理位置。蓄滞洪区所处位置不同，对流域防洪的保护目标也不同，保护目标之间的差异某种程度上决定了蓄滞洪区的重要性。

(3) 管理调度权限。蓄滞洪区的调度权限反映了蓄滞洪区对流域防洪体系影响程度，与其作用、地位以及地理位置密切相关，是蓄滞洪区分类的因素之一。

(4) 蓄滞洪区的运用标准。运用标准的高低一方面反映蓄滞洪区在防洪体系中所起作用，另一方面反映洪水对区内居民生活的影响。

综合以上4个方面因素，我国将蓄滞洪区分为重要蓄滞洪区、一般蓄滞洪区和蓄滞洪保留区3类。

(1) 重要蓄滞洪区。在保障流域和区域整体防洪安全中地位和作用十分突出，涉及省际间防洪安全，对保护重要城市、地区和重要设施极为重要，由国务院、国家防汛抗旱总指挥部或流域防汛抗旱总指挥部调度，运用概率较高的蓄滞洪区。

(2) 一般蓄滞洪区。对保护重要支流、局部地区或一般地区的防洪安全有重要作用，由流域防汛抗旱总指挥部或省级防汛指挥机构调度，运用概率相对较低的蓄滞洪区。

(3) 蓄滞洪保留区。为防御流域超标准洪水而设置的蓄滞洪区，以及运用概率低、但暂时还不能取消仍需要保留的蓄滞洪区。

7.1.2.2 类型分布

2009年，我国对规划的94处蓄滞洪区进行了分类。在规划的94处蓄滞洪区中，重要蓄滞洪区为33处，占35%；一般蓄滞洪区为41处，占44%；蓄滞洪保留区为20处，占21%。我国蓄滞洪区分类及分类蓄滞洪区基本情况见表7.1-1和表7.1-2。

表7.1-1　　我国蓄滞洪区分类表

流域	数量/处	重要蓄滞洪区		一般蓄滞洪区		蓄滞洪区保留区	
		名录	处	名录	处	名录	处
长江	40	荆江分洪区、洪湖、钱粮湖、共双茶、大通湖东、民主、西官、围堤湖、城西、澧南、杜家台、康山、建设	13	建新、九垸、屈原、江南陆城、西凉湖、武湖、张渡湖、白潭湖、华阳河、珠湖、黄湖、方州斜塘	12	涴市扩大区、人民大垸、虎西备蓄区、君山、集成安合、南汉、和康、安澧、安昌、安化、南顶、六角山、义合、北湖、东西湖	15
黄河	2	东平湖	1			北金堤	1
淮河	21	蒙洼、城西湖、城东湖、邱家湖、姜唐湖、寿西湖、荆山湖、汤渔湖、花园湖	9	南润段、董峰湖、瓦埠湖、泥河洼、杨庄、老王坡、蛟停湖、老汪湖、黄墩湖、大逍遥、南四湖湖东滞洪区、洪泽湖周边圩区（含鲍集圩）	12		
海河	28	永定河泛区、小清河分洪区、白洋淀、东淀、大陆泽、宁晋泊、献县泛区、恩县洼、文安洼、贾口洼	10	兰沟洼、大名泛区、白寺坡、青甸洼、大黄堡洼、黄庄洼、盛庄洼、永年洼、柳围坡、广润坡、良相坡、长虹渠、共渠西、崔家桥	14	小滩坡、任固坡、三角淀、团泊洼	4
松花江	2			月亮泡、胖头泡	2		
珠江	1			湛江	1		
合计	94	33		41		20	

表7.1-2　　分类蓄滞洪区基本情况统计表

分类	处数	面积/万 km^2	容积/亿 m^3	人口/万人	耕地/万亩	GDP/亿元
重要	33	1.43	505.8	671.6	1199.4	565.2
一般	41	1.33	385.4	602.5	887.0	330.5
保留	20	0.61	182.2	382.2	503.5	194.1
合计	94	3.37	1073.5	1656.2	2589.9	1089.8

7.1.2.3　风险评判

蓄滞洪区作为一种特殊的洪水风险区域，其启用概率和洪水风险度是制定蓄滞洪区各项建设管理方案、政策，甚至法律法规的依据，因此，蓄滞洪区的洪水风险分析是十分必要的。这也是未来我国蓄滞洪区能够分区运用的主要依据和基础。

（1）评价方法及判别标准。目前我国蓄滞洪区风险分析主要依据2009年国务院颁布的《全国蓄滞洪区建设与管理规划》。这不仅综合考虑了蓄滞洪区运用标准和蓄洪淹没深度，同时还考虑蓄洪淹没历时的长短、启用标准与运用标准之间的差异等因素，确定洪水风险度（R），基本风险度见表7.1-3。

根据洪水风险度的区别，将洪水风险程度分为重度、中度和轻度三个等级。经分析测算后确定了洪水风险程度的评价标准：$R \geqslant 1.5$为重度风险区，$0.5 \leqslant R < 1.5$为中度风险区，$R < 0.5$为轻度风险区。

（2）分类蓄滞洪区风险评价。利用上述方法和评判标准，根据蓄滞洪区分类方案，《全国蓄滞洪区建设与管理规划》对不同类型蓄滞洪区的风险状况进行了评价，总体上重要蓄滞洪区的风险相对较大，重度风险区的面积和人口所占的比例在各类蓄滞洪区中最大。分类蓄滞洪区风险分析成果表见表7.1-4。

表7.1-3　　蓄滞洪区基本风险度表

运用标准（重现期）/年	蓄洪淹没水深/m									
	0.5	1	1.5	2	2.5	3.0	3.5	4	4.5	5
10	0.50	1.00	1.50	2.00	2.50	3.00	3.50	4.00	4.50	5.00
20	0.25	0.50	0.75	1.00	1.25	1.50	1.75	2.00	2.25	2.50
30	0.17	0.33	0.50	0.67	0.83	1.00	1.17	1.33	1.50	1.67
40	0.12	0.25	0.38	0.50	0.63	0.75	0.88	1.00	1.13	1.25
50	0.10	0.20	0.30	0.40	0.50	0.60	0.70	0.80	0.90	1.00
100	0.05	0.10	0.15	0.20	0.25	0.30	0.35	0.40	0.45	0.50

注　基本风险度为不考虑淹没历时、启用标准与运用标准不同等因素影响的风险标准。

表7.1-4　　分类蓄滞洪区风险分析成果表

分类	处	风险区面积/km²				风险区人口/万人			
		轻度	中度	重度	小计	轻度	中度	重度	小计
重要	33	2710	4953	5581	13244	126	269	227	622
一般	41	4180	3903	4537	12619	152	192	225	569
保留	20	2857	2160		5017	176	125		301
合计	94	9747	11015	10118	30880	454	586	452	1492

7.2　胖头泡蓄滞洪区管理研究进展

国务院已批复的《松花江流域防洪规划》确定哈尔滨市防洪标准为 200 年一遇，按照哈尔滨防洪目标的要求，确定了哈尔滨市防洪工程体系包括“白山、丰满、尼尔基水库，胖头泡、月亮泡蓄滞洪区”。胖头泡、月亮泡蓄滞洪区承担了哈尔滨市 100～200 年一遇之间的部分防洪任务，是为哈尔滨市达到 200 年一遇防洪标准而设置的。《松花江流域防洪规划》将胖头泡列为一般蓄滞洪区，而由于胖头泡蓄滞洪区是 2009 年刚规划设立的蓄滞洪区，使用概率也不高，针对其研究成果还比较有限。

7.2.1　胖头泡蓄滞洪区管理现状

7.2.1.1　管理现状

胖头泡蓄滞洪区范围内有三家水利工程管理机构：一是大庆市松嫩工程管理处，负责管理南部引嫩工程；二是大庆防洪工程管理处，负责管理安肇新河下游泄洪工程；三是肇源县河道管理处，负责管理松嫩干堤防。2009 年在这三家管理机构的基础上成立了胖头泡滞洪区管理处，核定管理处编制 16 人，下设工程、质检、财务、综合四个科室。

7.2.1.2　运用情况

胖头泡、月亮泡蓄滞洪区是为哈尔滨市达到 200 年一遇标准而设置的，承担了哈尔滨市 100～200 年一遇之间的部分防洪任务，使用概率不高，曾因漫滩、决口而进行过多次被动分洪。1998 年嫩江发生特大洪水，嫩江江桥到大赉区间的堤防多处决口，胖头泡蓄滞洪区范围内蓄滞了近 65 亿 m^3 的洪水，区内经济损失 23 亿元。由于胖头泡和月亮泡地区的分洪，哈尔滨市断面的洪峰流量由 $21300m^3/s$ 降至 $16600m^3/s$（当时哈市的防洪设计流量为 $15700m^3/s$）。

7.2.1.3　研究现状

针对胖头泡蓄滞洪区，已有相关研究人员从不同方面、多角度分析了建设和管理松花江流域蓄滞洪区的必要性和迫切性。张桂芳[44]详细介绍了松花江流域的防洪体系及布局，包括嫩江、二松、松干等三大干流，其中有水库、蓄滞洪区，还包括齐齐哈尔、大庆、吉林、哈尔滨等大城市在内，因而设置蓄滞洪区对提高下游重大城市的防洪安全显得尤为重要；针对流域中典型的白山、丰满水库、尼尔基水库及胖头泡和月亮泡蓄滞洪区，利用四个典型代表年水量计算了它们各自的分洪效果，其中仅胖头泡蓄滞洪区就承担了哈尔滨市城区 200 年一遇洪水防洪任务的 50%，在整个松花江流域防洪系统中具有不可替代的作用。孙忠等[45]从工程防洪和经济社会角度论述了在哈尔滨上游设置胖头泡蓄滞洪区的必要性。韩友邦等[46]也将胖头泡蓄滞洪区作为嫩江松花江防洪体系的重要组成部分，强调了构成松花江流域防洪工程体系各组成部分的重要性。廖晓玉等[47]利用 1：50000 数字地形图（等高距 5m），进行胖头泡蓄滞洪区地形数据的采集与编辑；在消除定位、拓扑、图层及属性等错误后，利用ANU-DEM算法差值产生数字高程模型DEM，提取到的河网、流域边界及坡度等参数更为准确。2016年黑龙江省三江工程建设管理局也起动了胖头泡蓄滞洪区建设工程科学研究的相关工作。

7.2.1.4　月亮泡蓄滞洪区研究现状

许经宇等[48]对月亮泡的分洪口门裹头工程进行过相关研究[48]。对于启用频率较低、投资较大的蓄滞洪区，分洪口门裹头临时爆破的分洪形式选择显得尤为重要；针对6号坝将分洪口门选择1998年洪水冲开位置，运用宽顶堰过流公式进行了泄流能力、稳定、冲刷深度、抗滑稳定、抗倾稳定计算，最终选定高压旋喷桩城墙形式的裹头，采用扒口型式进行分洪。李树军等[49]对月亮泡蓄滞洪区分洪闸门的规模进行过分析研究；由于嫩江洪水系列加入1998年特大洪水后，同频率洪水增大29%，月亮泡总库容增加了9.87亿m^3，原有闸门已不能满足泄洪要求；在原有6孔闸门基础上，拟定了6孔、8孔、10孔、12孔及14孔等5个方案，采用1957年、1960年、1969年、1998年四个典型年进行各方案分洪前后的水位、库容、最大分洪流量、最大泄水流量的计算，综合比较经济投入与泄洪效果，最终选定8孔方案，宽顶堰堰顶高程为127m，设计流量1457m^3/s。

陈晓更等[50]利用MIKE21模型对月亮泡蓄滞洪区进行过洪水演进的模拟计算。在模拟一维、二维水力学的建模过程、参数率定及模拟计算过程后，利用2013年实测洪水资料进行了模型验证，验证结果具有较高精度，表明该模型可以用于蓄滞洪区的洪水演进计算。由于月亮泡蓄滞洪区启用频率较低，缺乏相关技术资料，因此这一模型可以为该区后续研究提供技术支撑。

杨世友等[51]对月亮泡蓄滞洪区的防洪效益进行过分析。月亮泡蓄滞洪区位于洮儿河与嫩江交汇处，先通过对月亮泡水库修建前后采用1986年、1998年等典型年洪水数据进行计算分析，发现月亮泡水库对洮儿河流域不具有防洪作用，反倒有副作用，而对嫩江洪水具有调蓄作用。一方面可以蓄滞洮儿河洪水，与嫩江错峰；另一方面也可以分出嫩江水量，削减嫩江洪峰。然而仅靠月亮泡水库的调洪能力是较差的，参照1998年洪水过程，利用莫莫格攻略作为回水堤，形成月亮泡蓄滞洪区却具有可观的防洪效益，可以将嫩江100年一遇洪峰削至50年一遇；同时分洪增加的水资源量利于发展水产养殖业和改善局域生态环境。

2011年，邹景臣等[52]对月亮泡蓄滞洪区的建设提供过基本思路。作为具有防洪效益和生态效益的月亮泡蓄滞洪区，由于与胖头泡蓄滞洪区所处地理位置接近，同属一流域，月亮泡缺乏区位优势，其未来发展可以借鉴胖头泡蓄滞洪区已有的研究和经验，结合月亮泡蓄滞洪区内居民分散且都为小规模屯的特点，调整区内产业结构，引导鼓励居民在区外居住，促进蓄滞洪区与所在区域的协调发展。

7.2.2　胖头泡蓄滞洪区运行管理的主要认识

胖头泡蓄滞洪区承担着滞蓄松花江流域超额洪水的任务，又是当地十几万居民生产发展的基地，是一个特殊的社会单元，除了需要对蓄滞洪设施进行管理外，更重要的是要加强与蓄滞洪密切相关的社会管理。崔桂凤等[53]针对胖头泡蓄滞洪区补偿机制、预警机制和区内管理等薄弱问题，提供了解决区内矛盾的基本思路，对其管理规划提供了宏观上的想法，包括运行管理方面对各堤防工程维护检修、与防汛部门做好区内外的预警工作、研究制定洪水保险工作等，在社会公共管理方面建立人口管理制度、生产管理制度和制定补偿机制等，在工程管理方面进行设施管理工作，在调度运用管理方面编制分洪预警、人员撤退安置预案等。

总结现有蓄滞洪区管理体制、模式和经验，主要体现在以下三个方面：

（1）完善政策法规，细化管理责任。在贯彻落实《中华人民共和国水法》《中华人民共和国防洪法》《全国蓄滞洪区建设管理规划》等国家关于蓄滞洪区各项制度法规的同时，应结合黑龙江省和松花江流域防洪的实际情况，尽快制定包含蓄滞洪区建设管理、运用补偿、洪水保险、移民安置等各项政策的《胖头泡蓄滞洪区管理办法》。将责任细化，落实到单位，甚至每一个岗位，为有效运用蓄滞洪区，发挥蓄滞洪区作用，确保区内国家和人民生命财产安全提供法律依据。

（2）加大投入力度，加快建设步伐。国家、各省、各地市都应加大对蓄滞洪区的财政和人力投入，加快蓄滞洪区的建设步伐，增修进退洪控制工程，提高堤防防洪标准，加高加固原有堤防，修建安全台、避水楼等安全设施，增添预警、预报设备，建立完备的预警预报制度，保障蓄滞洪区开启后人民群众的生命财产安全，将分蓄洪水可能带来的损失降到最低。蓄滞洪区的建设单位，应主动提交建设管理计划，积极争取资金；监督单位，应确保建管资金用到实处，并督促建设单位的建设进度。同时加强建管结合，树立“建管结合、建管并重”的思想，落实维管经费，确保蓄滞洪区实时有效运用。建立和完善灾害补偿机制，可适时推行洪水保险制度，对分蓄洪水后区内居民的生产自救提供保障。

（3）树立全局观念，提高综合效益。胖头泡蓄滞洪区内人口集中，有丰富的耕地和油气资源，分布了许多集镇和公司企业，是区内居民生产和发展的基础，依据其实际情况，区内居民不可能全部迁出，他们的经济社会发展还要依赖于蓄滞洪区内的资源利用。因此，应根据区内的具体条件，结合乡村城镇规划布局、资源环境特点，调整产业结构，发展经济，努力提高蓄滞洪区基础设施的社会经济效益，实现经济与生态可持续发展。

7.2.3 胖头泡蓄滞洪区存在的主要问题

胖头泡蓄滞洪区具有我国大部分蓄滞洪区普遍性存在问题[54]：

（1）工程体系不完善，启用困难。在胖头泡蓄滞洪区工程措施中，围堤工程还不完善，围堤高程不够，断面不足，险情隐患多，且部分地区围堤设计标准不足以满足现状防洪要求。除此之外，进退洪控制措施也不完善，一旦应急启用，蓄泄洪水量不可控制，难以达到适时适量启用的要求。

（2）安全建设滞后，区内居民缺乏安全保障。滞洪区内安全设施不到位，应急避险设施严重不足，区内安全区（围村埝）、安全台、避水楼等设施少，通信、预警设施数量非常少，预警预报机制不完善，撤退道路和临时避洪场所不足，不仅组织疏散困难，也会影响防洪政策，很可能会因此错失最佳分洪时机。胖头泡蓄滞洪区仅按应急度汛的要求进行了建设，应急度汛的水位为131.5m，与蓄滞洪区正常设计水位132.76m还有较大的差距，区内大部分居民的生命和财产安全得不到保障。

（3）政策法规不到位。蓄滞洪区的特殊性，使得区内的土地利用、人口管理、经济发展等均需要针对其特点制定相应的管理制度或政策。但是目前针对胖头泡蓄滞洪区的地方性政策法规体系还不够完善，不仅缺乏与国家法律法规相适应的地方法规，也缺少针对区内社会经济行为的具有法律效力的规定和约束条例。

（4）社会管理薄弱。蓄滞洪区独特的泄洪功能和相对落后的经济社会状况，必然对蓄滞洪区内的经济社会活动有更高的要求，管理任务与其他地区也存在较大的差别，不仅要对区内社会活动进行管理，还要对防洪工程进行管理。由于胖头泡蓄滞洪区规划时间较晚，胖头泡蓄滞洪区管理处是在大庆市松嫩工程管理处、大庆防洪工程管理处和肇源县河道管理处三家管理机构基础上建立的，工作协调难度相对较大，资金投入不足，缺乏运用补偿机制等强有力的政策手段，区内经济发展无序、开发和建设盲目、人口增长过快等现象较为严重，蓄滞洪区的启用难度进一步加大。同时，区内缺乏生态环境保护的思想及措施，不能充分发挥和利用蓄滞洪区的生态环境效益。

7.3 胖头泡蓄滞洪区运用管理技术研究

7.3.1 胖头泡蓄滞洪区运用管理技术的基本思路

胖头泡蓄滞洪区运用与调控关键技术研究应该体现出“分得准、分得走、分得稳”三个方面的基本原则：“分得准”主要是针对嫩江、第二松花江及松花江典型洪峰的行洪过程进行研究，主要以确保哈尔滨市200年一遇洪水安全兼顾沿江堤防安全为原则，执行特大洪水的分洪，准确把握胖头泡蓄滞洪区分洪与退水时机；“分得走”主要是针对蓄滞洪区分洪口及退水口过流能力的研究，主要为行水口门宽度及控制方式、干流水位及蓄滞洪区内水位等方面的研究；“分得稳”是针对特大洪水分洪之后，胖头泡蓄滞洪区内部行洪路径及淹没区域等方面的研究，平稳有序地实现分洪，确保淹没区人畜生命安全及降低淹没损失。运用管理基本思路如图7.3-1所示。

7.3.1.1 “分得准”

本次研究主要通过建立嫩江、第二松花江及松花江干流的一维非恒定水动力学河网数学模型，经过实测水位、流量及地形数据的率定验证，计算不同典型洪峰过程（实测洪峰、设计洪峰及洪峰组合）在嫩松干流的行洪过程，在确保哈尔滨市200年一遇洪水安全的情况下，统筹兼顾沿江干流的防洪标准，确定胖头泡蓄滞洪区的分洪

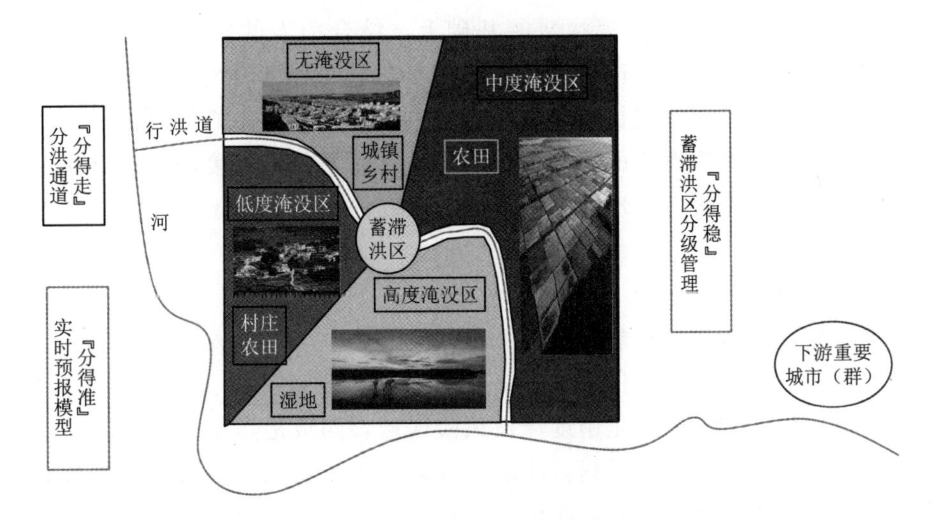

图 7.3-1　蓄滞洪区运用管理基本思路示意图

和退水时机。

7.3.1.2 “分得走”

胖头泡蓄滞洪区能否实现分洪，主要取决于老龙口分洪口的过流能力，从前面实体模型的试验结果可以看出，老龙口泄洪闸及裹头的泄洪能力与嫩江干流水位和泄洪通道的水位密切相关，在嫩江干流洪水位确定的情况下，降低泄洪道的水位有助于提高分洪口的过流能力。从现有的研究结果来看，胖头泡蓄滞洪区内存在诸多卡口壅水的地方，随着分洪流量及洪量的增加，泄洪通道内壅水现象比较明显，从而影响了老龙口的分洪能力。因此，在蓄滞洪区内规划一条快速分洪通道来提高分洪能力就显得非常必要。此外，该分洪通道也可以与老坎子退水口衔接，在松花江干流满足退水条件时，提高蓄滞洪区的退水能力。

7.3.1.3 “分得稳”

胖头泡蓄滞洪规划面积大，区域内地形复杂，城镇、厂房、村庄、农田及道路分布比较密集，如何确保淹没区内人畜生命安全以及降低淹没财产损失是一件非常具有挑战性的工作。本次研究在准确把握蓄滞洪区内地形地貌及社会经济发展状况的基础上，提出在蓄滞洪区内进行区域分级与泄洪快速通道相结合的分洪措施，实现不同洪量超大洪峰的分级管理，达到人畜安全与淹没损失最小的目的。

7.3.2 胖头泡蓄滞洪区运用建设方案研究

7.3.2.1 基本方法

有关胖头泡蓄滞洪区运行管理方面的研究，现有成果更多的是从宏观角度提出了一些构想，但随着国家城镇和农村建设方针政策的调整和蓄滞洪区运行管理措施研究的不断深化，蓄滞洪区应该依据这些国家宏观政策和蓄滞洪区已有成果制定适当的管理方案，蓄滞洪区内实现分区管理应该是较为合理的选择。本次研究在准确把握蓄滞洪区内地形地貌及社会经济发展状况的基础上，结合前人的研究成果和依据风险分析，提出在胖头泡蓄滞洪区内进行区域分级，在几乎没有淹没风险的区域进行小城镇建设，在淹没等级低的区域进行美丽乡村建设，在淹没风险高的区域作为农田或湿地湖泊建设，通过适当景观设施的营造，实现非分洪时期的旅游度假。通过快速分洪通道与高风险淹没区的连接，实现不同洪量超大洪峰的分级管理，达到人畜安全与淹没损失最小的目的。

7.3.2.2　初步规划方案

蓄滞洪区建设运行规划初步方案如下：

（1）在等级划分上，可以根据淹没程度划分为四级：一级是无淹没风险的区域，二级是低淹没风险区域，三级是中度淹没风险区域，四级是高度淹没风险区域。

（2）在划分方法上，可以根据蓄滞洪区内地形地貌特点及社会经济发展状况，结合风险分析和分洪通道规划，对蓄滞洪区进行不同等级的划分。分洪通道应该以平面二维水动力学模型和溃决洪水模型为基础，结合蓄滞洪区居民、道路等分布情况进行规划，确保分洪时老龙口具备应有的分洪能力和洪水快速到达规划的淹没区域。

（3）在淹没区域的使用次序上，分洪时应该根据分洪量的大小，按照高度淹没区、中度淹没区及低度淹没区的先后次序利用快速行洪通道由老龙口分洪口完成分洪；退水时正好与分洪时相反，按照低度淹没区、中度淹没区及高度淹没区的先后次序利用快速行洪通道由老坎子退水口完成退水。

（4）在管理措施上，依据划分的高度、中度、低度不同淹没区域以及无淹没区域，分别进行分区建设和管理。

1）高度淹没区域。对于高度淹没区域的人口管理，应鼓励原有居民外迁，同时严格控制人口增长；在功能上，可以采取“单退”方式，退人不退地，可继续发展本区域的农业、林业；但更倾向于建议将这一区域湿地化，进行旅游开发，分洪时优先蓄滞洪水，充分发挥其蓄洪、生态环境保护、湿地恢复、生物多样化和旅游等功能，利用这一块天然湿地调节区域小气候和生态环境，为美丽乡村建设提供基础条件。

2）中度淹没区域。中度淹没区域的管理，应以建设人口较为稀疏的乡村为主，严格控制人口过快增长，同时要建设相应的安全设施，建立完善的预报预警系统，修建畅通的避难迁安道路，一旦发生大量级的洪水，需要保证区内居民快速撤离。功能规划上，可将其定位为规模化的农业或养殖业生产，可以建设部分休闲度假设施，与高度淹没区湿地相互配套，实现高层次的美丽乡村建设，在实现区域生态环境改善的基础上，增加服务性收入。

3）低度淹没区域。低度淹没区域，可作为城镇发展的拓展区域和农业发展区域，同时也可作为高度淹没区人口外迁的迁入地，积极发展农业和第二、三产业，促进蓄滞洪区域内的经济发展。

4）无淹没区域。该区域应该规划为乡镇等小城镇建设的核心区域，也是区域经济发展的重点区域。

除了上述分区管理措施之外，可同时实行不同区域的分级管理，将高度、中度、低度淹没区分别纳入省、市、县三级防汛体系中，提高整个流域的防洪效率，尽可能确保区域内居民生命财产的安全。

7.3.2.3 分析结果

目前针对胖头泡蓄滞洪区的DEM数字地图比较缺乏，本次规划分析数据主要从GoogleEarth上提取，区域内高程分布情况如图7.3-2所示，区域内高程分布基本集中为118～172m；考虑到蓄滞洪区进口处100年一遇设计洪水位为134.17m，蓄滞洪区内按照可能淹没深度9m以上、2～9m、0～2m及0m等四个等级划分高度、中度、低度及无淹没四个分区，在高程上分别对应118～125m、125～130m、132～134m以及134～172m，如图7.3-3所示。城镇村庄分布情况如图7.3-4所示。

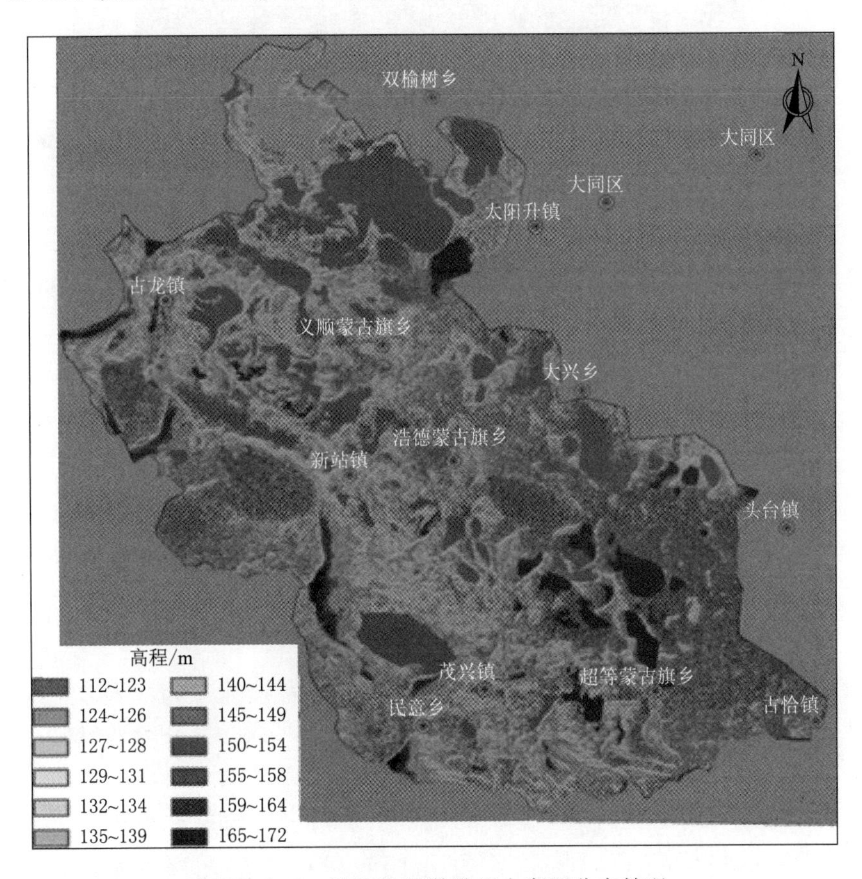

图7.3-2 胖头泡蓄滞洪区内高程分布情况

行洪通道的规划应该以胖头泡蓄滞洪区二维水动力学数学模型的计算结果作为依据，但由于缺乏高精度的地形数据和计算成本的限制，本次行洪通道的规划主要按照地形条件、乡村城镇分布及低洼地分布等因素进行初步规划，基本原则是行洪通道尽量走低高程路线、尽量避开乡村城镇以及尽可能连接现有低洼地，初步分析结果如图7.3-5所示。

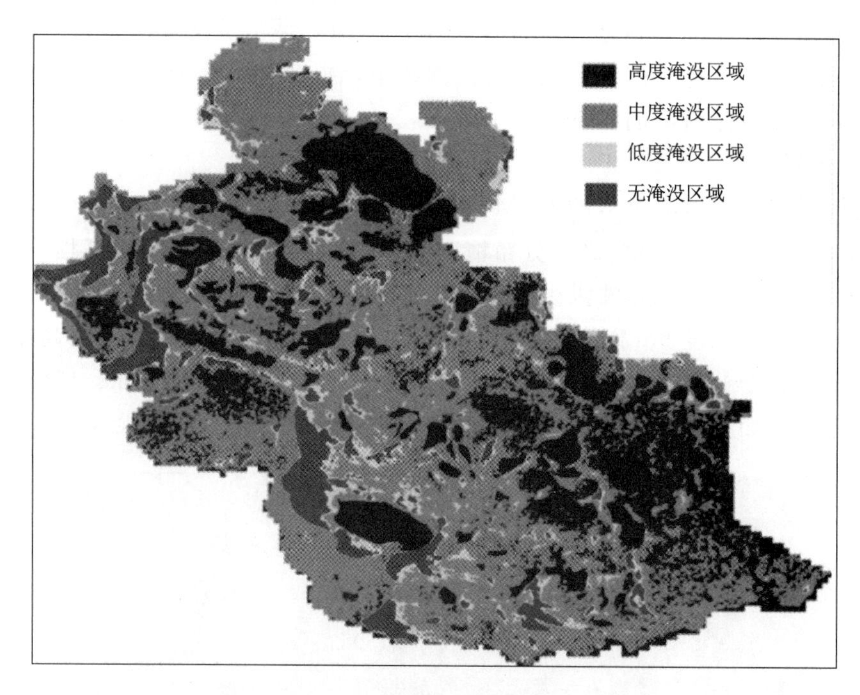

图 7.3-3　胖头泡蓄滞洪区淹没程度图

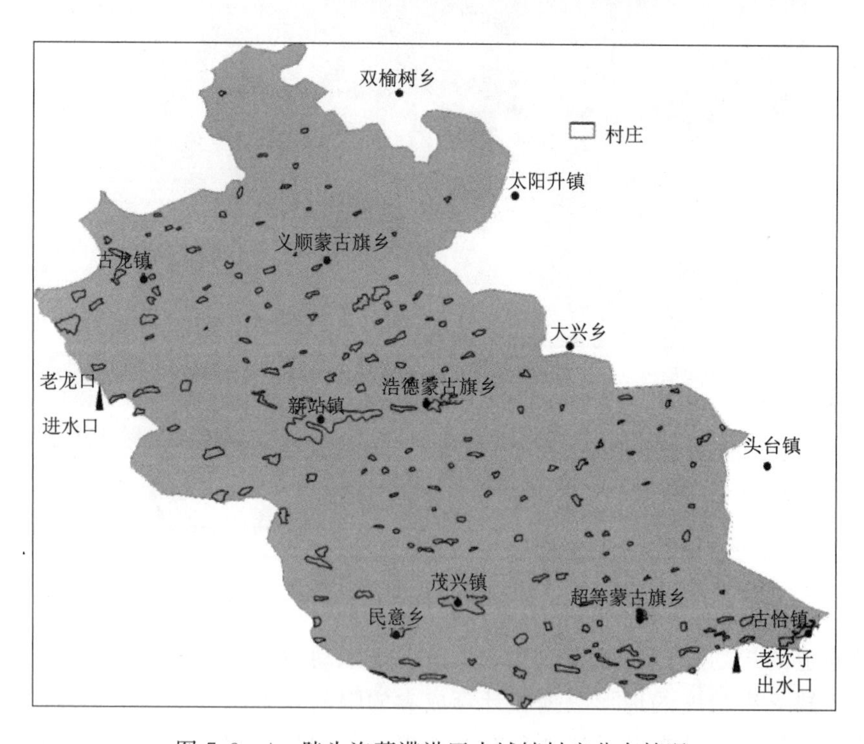

图 7.3-4　胖头泡蓄滞洪区内城镇村庄分布情况

胖头泡蓄滞洪区内洪水淹没程度初步划分为：高淹没区主要规划为湿地或少量农地，面积为295.62km^2，约占蓄滞洪区总面积的14.83%；中度淹没区主要规划为农地，面积为 1201.73km²，约占蓄滞洪区总面积的 60.26%；低度淹没区主要规划为乡村或少量农地，面积为 290.11km²，约占蓄滞洪区总面积的 14.55%；无淹没区域主要规划城镇及乡村建设，面积为 206.54km²，约占蓄滞洪区总面积的 10.36%，初步分析结果见 7.3-5 所示。

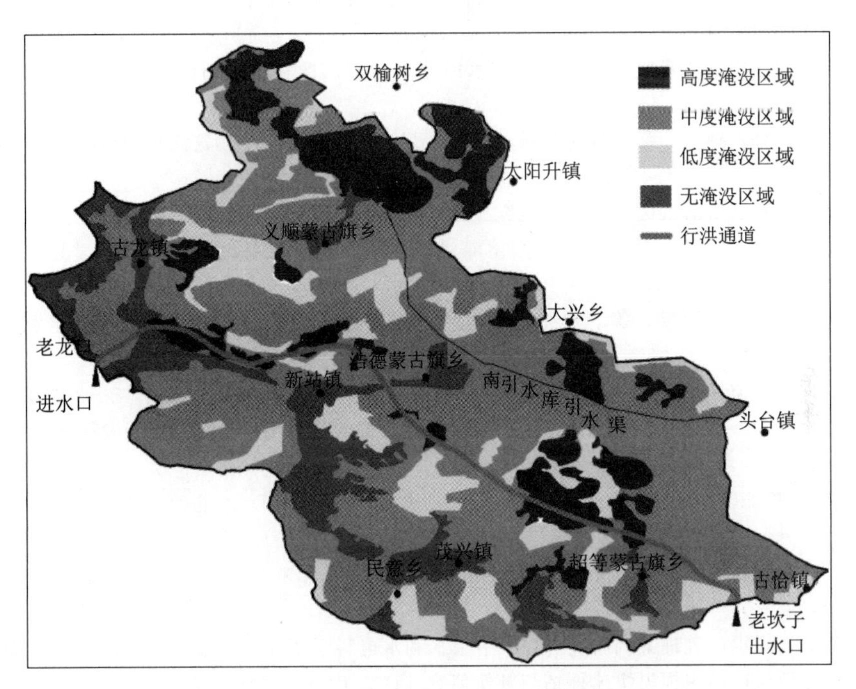

图 7.3-5 胖头泡蓄滞洪区内洪水淹没分区及行洪通道规划初步分析结果

参 考 文 献

[1] 李罗刚，周静静，叶继业．蓄滞洪区可持续发展问题探讨 [J]. 海河水利，2007 (6)：33-39.

[2] 宋豫秦，张晓蕾．中国蓄滞洪区洪水管理与可持续发展途径 [J]. 水科学进展，2014，25 (6)：888-896.

[3] 沈和，陈蓉，邓敏，等．我国蓄滞洪区管理制度与政策创新研究 [J]. 水利经济，2011，29 (4)：36-40.

[4] 陈长柏，刘玲，齐克，等．蓄滞洪区建设与管理的对策研究 [J]. 治淮，2011 (4)：15-16.

[5] 王艳艳，刘树坤，向立云．蓄滞洪区综合利用多目标情景分析模型研究 [J]. 自然资源学报，2009，24 (2)：209-217.

[6] 王跃武，王志成．胖头泡蓄滞洪区安全管理问题思考 [J]. 黑龙江水利科技，2011，39 (2)：218-219.

[7] 方国华．加强蓄滞洪区建设与管理的对策研究 [J]. 水利经济，2000 (6)：56-60.

[8] 侯传河，沈福新．我国蓄滞洪区规划与建设的思路 [J]. 中国水利，2010 (20)：40-44.

[9] 周勇．河南省蓄滞洪区和谐发展研究 [D]. 郑州：郑州大学，2011：32-62.

[10] 沈艳．关于蓄滞洪区的管理模式与发展探讨 [J]. 工程管理，2009，23 (5)：754-756.

[11] 杨鸣婵，陈峰，刘光东．关于北京市蓄滞洪区工程建设与管理规划的思考 [J]. 水利发展研究，

2016 (3)：35-39.

[12] 张晓红．三峡工程投运后长江蓄滞洪区规划建设建议 [J]．人民长江，2010 (1)：11-13.

[13] 徐国新，杨卫宇，余启辉，等．长江流域蓄滞洪区分类的初步探讨 [J]．人民长江，2006，37 (11)：42-46.

[14] 徐国新，余启辉．长江流域蓄滞洪区建设与管理规划初步研究 [J]．人民长江，2006，37 (9)：24-26.

[15] 李远发，武士国，武彩萍，等．小浪底水库建成后滞洪区在黄河防洪中的作用 [J]．人民黄河，2011，33 (7)：2-4，16.

[16] 张娜，王建楠，孙凯．关于黄河蓄滞洪区分区管理的研究 [J]．黑龙江水利科技，2010，38 (6)：116-117.

[17] 于犁，李建柱．蓄滞洪区分区运用研究 [J]．海河水利，2015 (6)：42-45.

[18] 王艳艳，向立云，杜晓鹤，等．我国蓄滞洪区经济社会发展状况分析与评价 [J]．中国防汛抗旱，2007 (5)：27-31.

[19] 洪文彬，臧永顺，蒋攀，等．胖头泡月亮泡蓄滞洪区运用方式探析 [J]．东北水利水电，2013 (4)：52-53.

[20] 李权．松花江流域蓄滞洪区启用条件及运用方式研究 [J]．东北水利水电，2012 (10)：45.

[21] 张彬，余文学．蓄滞洪区系统及其因子分析——以淮河流域为例 [J]．水利发展研究，2010 (3)：23-29.

[22] 王晓宁．蓄滞洪区运用对当地社会经济发展影响分析 [D]．北京：北京工业大学，2007：11-61.

[23] 肖红．胖头泡蓄滞洪区防洪工程与环境敏感点的关系及影响分析 [J]．黑龙江水利科技，2016，44 (6)：56-59.

[24] 向立云．蓄滞洪区管理案例研究 [J]．中国水利水电科学研究院学报，2003，1 (4)：260-265.

[25] 胡坚．蓄滞洪区运用损失快速评估与补偿研究 [D]．南京：河海大学，2005.

[26] 徐超．洞庭湖蓄滞洪区人口安置研究 [D]．长沙：湖南大学，2009：43.

[27] 刘庆红．蓄滞洪区洪水保险与再保险研究 [D]．武汉：武汉大学，2004.

[28] 张行行．洪水灾害避难行为及避难路径选择研究 [D]．天津：天津大学，2011：1-6，18.

[29] 李发文，张行行，宫爱玺，等．蓄滞洪区洪水灾害链式类型特征及防御措施研究 [J]．安全与环境学报，2011 (5)：252-255.

[30] 王立志，郝成春，张大伟．胖头泡蓄滞洪区建立洪水保险制度探析 [J]．黑龙江水专学报，2006，33 (2)：74-76.

[31] 高宇，戴长雷，王远明，等．胖头泡蓄滞洪区洪水风险控管分析 [J]．黑龙江水利，2016，8 (2)：36-39.

[32] 周庆滨．嫩江胖头泡蓄滞洪区居民安全避洪洪水预警机制 [J]．黑龙江水利科技，2007，35 (2)：92-93.

[33] 高志文，孙百万，王立志．胖头泡蓄滞洪区预警预报反馈系统建设探讨 [J]．黑龙江水利科技，2005，33 (1)：97.

[34] 程立波，杜君．胖头泡蓄滞洪区预警系统设计实例——二级通信网设计 [J]．黑龙江水利科技，2010，38 (3)：140.

[35] 于景弘．胖头泡蓄滞洪区启用时不安全人口安置方案剖析 [J]．黑龙江水利科技，2016，44 (4)：74-77.

[36] 李晓波．胖头泡蓄滞洪区撤退道路布设方案探讨 [J]．黑龙江水利科技，2016，44 (7)：68-70.

[37] 包君，王再明．混合模型在行蓄洪区运用风险评价中的应用 [J]．中国农村水利水电，2015 (3)：94-98.

[38] 董春卫，印凡成，包君，等．基于多层次熵权模型的行蓄洪区启用风险评价［J］．中国农村水利水电，2016（3）：139－143.
[39] 李绍飞．区域水资源水环境综合评价方法研究［D］．天津：天津大学，2006：102－141.
[40] 李绍飞，冯平，孙书洪．突变理论在蓄滞洪区洪灾风险评价中的应用［J］．自然灾害学报，2010，19（3）：132－138.
[41] 王晓磊．蓄滞洪区洪水演进模拟与洪灾损失评估研究［D］．天津：河北工业大学，2013：55－61.
[42] 余萍，冯平，周潮洪．蓄滞洪区洪灾损失的评估方法及其应用［J］．中国农村水利水电，2009（4）：15－17.
[43] 高占举，索真真．胖头泡蓄滞洪区生态环境建设方案浅析［J］．黑龙江水利科技，2016，44（3）：15－16.
[44] 张桂芳．胖头泡蓄滞洪区在哈尔滨市防洪体系中的地位与作用［J］．黑龙江水利科技，2016，44（7）：173－178.
[45] 孙忠，贾长青．松花江流域蓄滞洪区建设有关问题探讨［J］．东北水利水电，2007，10（25）：31－33.
[46] 韩友邦，韩晓君，李镇西．论嫩江松花江近期防洪对策［J］．黑龙江水利科技，2000（3）：1－3.
[47] 廖晓玉，王剑峰，刘媛媛．胖头泡蓄滞洪区水文地貌关系正确的DEM建立［J］．东北水利水电，2016（9）：56－58.
[48] 许经宇，韩冬梅，宗志聪，等．吉林省月亮泡蓄滞洪区分洪口门裹头工程设计初探［J］．东北水利水电，2015（7）：2－5.
[49] 李树军，夏友军，李鹏．月亮泡蓄滞洪区闸门规模研究［J］．东北水利水电，2009（5）：10.
[50] 陈晓更，贾俊杰．基于MIKE模型的月亮泡蓄滞洪区洪水演算模拟［J］．吉林水利，2015（11）：14－16.
[51] 杨世友，范国臣，付晓忠，等．月亮泡蓄滞洪区防洪效益分析［J］．东北水利水电，2009（4）：62－65.
[52] 邹景臣，王硕．月亮泡蓄滞洪区建设思路探讨［J］．东北水利水电，2011（12）：55－56.
[53] 崔桂凤，于景弘，李志平，等．胖头泡蓄滞洪区管理规划构建［J］．东北水利水电，2008，2（26）：28－29.
[54] 李兴勇，韩金山．胖头泡蓄滞洪区建设管理存在问题及对策分析［J］．黑龙江水利科技，2012，40（12）：149－151.

附录A　蓄滞洪区实时分洪系统界面及使用方法

A.1　运行环境

（1）硬件设备。①硬盘容量大于等于20GB；②内存大于等于512MB；③鼠标键盘。

（2）支持软件。①操作系统：Windows XP，Windows Vista，Windows 7，Windows 8，Windows 8.1，Windows 10；②界面采用Java编写，版本为1.8，运算部分采用Fortran编写，版本为Microsoft Power Station 4.0；③预装JDK1.8。

A.2　使用过程说明

A.2.1　安装与初始化

（1）JDK1.8安装指导：

1）根据操作系统选择对应安装文件，32位操作系统选择jdk-32，64位操作系统选择jdk-64（系统位数查看方法：右键点击“我的电脑”，点击“选择属性”，再点击“系统类型”）。

2）以32位JDK安装为例（64位JDK类似），双击运行安装程序，出现如图A-1界面。

3）点击“下一步”，如图A-2所示，开始安装JDK，完成后安装JRE。

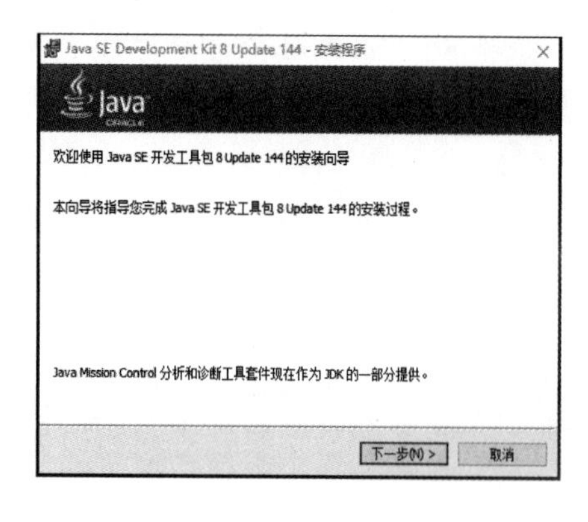

图A-1　JDK运行初始界面

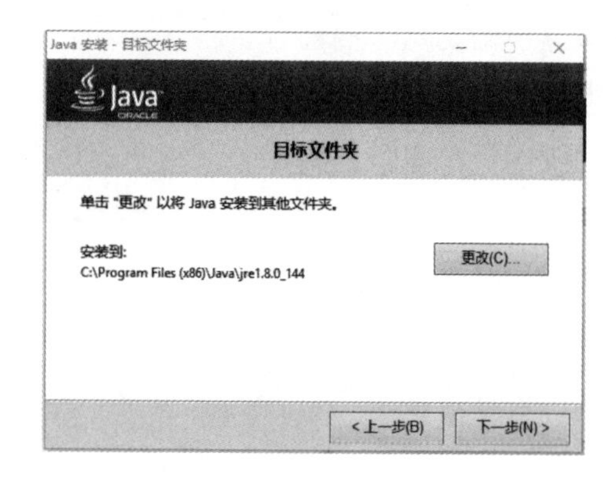

图A-2　JDK安装过程

4）点击“下一步”，安装JRE，点击“关闭”完成安装。

(2) 软件安装与初始化：本系统不需要进行安装，安装了 JDK 之后，直接双击运行即可。

A.2.2 操作步骤

(1) 双击运行本系统，第一次运行显示如图 A-3 所示。

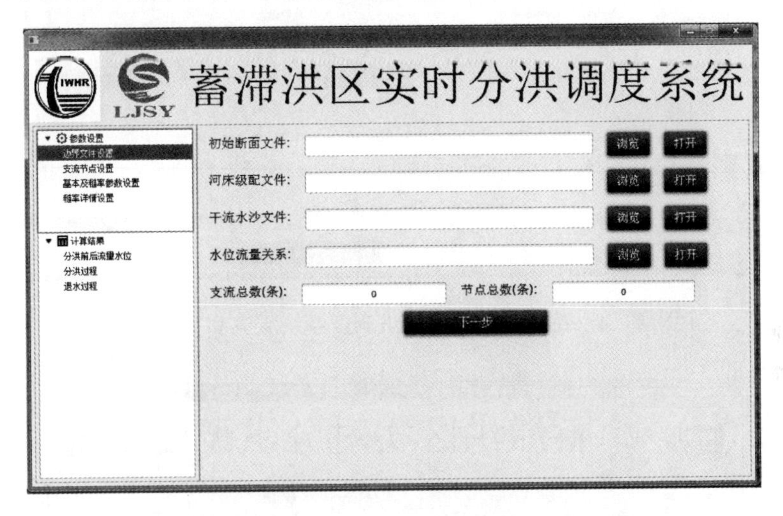

图 A-3　蓄滞洪区实时分洪调度系统运行初始界面

(2) 点击浏览选择文件，依次选择初始断面文件、河床级配文件、干流水沙文件、水位流量关系文件，以上 4 个文件必须都与本系统处于一个文件夹下，否则校验会不通过。点击打开相应 txt 文件，并进行修改。

支流总数和节点总数可以根据实际来填写，没有则填写 0。填写完成后，点击“下一步”保存本步的配置，进入支流节点设置。

(3) 上一步选择多少个支流、多少个节点，本步骤就会生成对应个数的支流和节点。

如图 A-4 所示，支流需要填写分汇类型，进口断面编号和出口断面编号，需要选择支流水沙文件，同样是点击浏览选择文件，点击打开能够编辑。

节点需要填写分汇类型、是否退水节点、下游断面编号，需要选择节点水沙文件，同样是点击浏览选择文件，点击打开能够编辑。

填写完成后，点击“下一步”保存本步的配置，进入基本参数及糙率参数设置。

(4) 基本参数设置需要填写最大计算时段步长、计算时段终止时间、死水位、正常蓄水位、控制流量（图 A-5）。

糙率参数设置需要填写河段数、河段分界断面起始、糙率插值方法、流量级个数、各流量级、预估平衡时间（图 A-5），其中河段分界断面起始个数应该等于河段数加 1，各流量级个数之和应该等于流量级个数。

填写完成后，点击“下一步”保存本步的配置，进入糙率详情设置。

(5) 上一步有多少河段，本步就有几列，上一步有多少流量级，本步就有几行

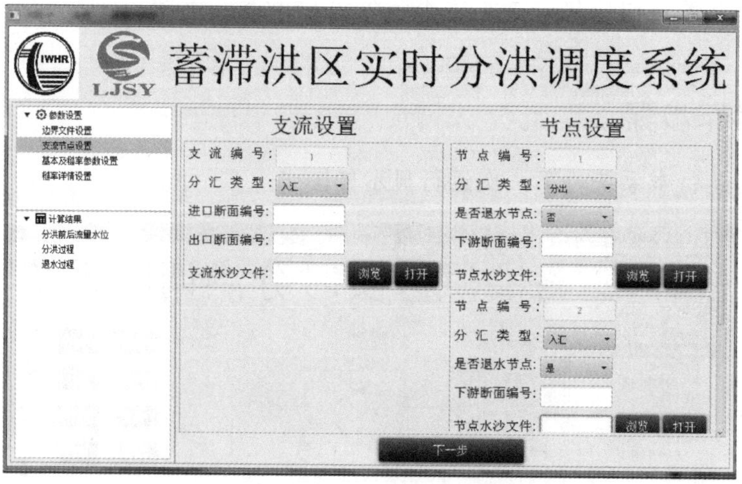

图 A-4　蓄滞洪区实时分洪调度系统支流和节点设置

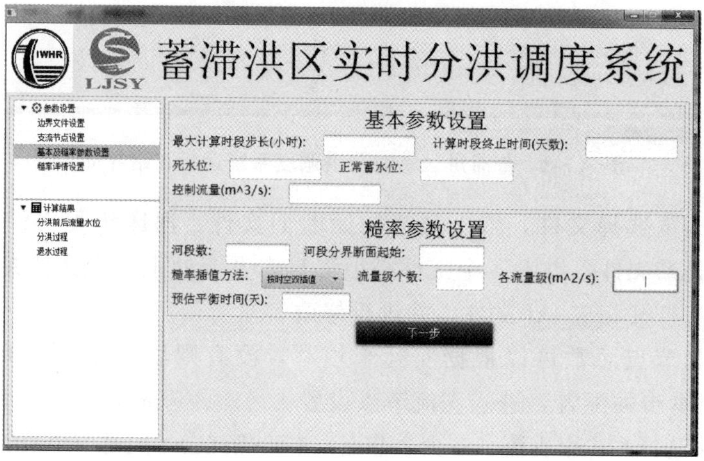

图 A-5　蓄滞洪区实时分洪调度系统参数设置界面

(图 A-6)。依次填写各河段的初始糙率和平衡糙率，默认平衡糙率等于初始糙率，也可以进行修改。

(6) 填写完成后，点击“开始计算”，系统会自动拷贝 Fortran 的计算程序到系统所在文件夹下，并开始运行计算程序，此时会出现 dos 运行界面（图 A-7)。

(7) 运行完成后，dos 界面会自动消失，此时可以在计算结果中查看，第一次点击会提示本次计算是否需要分洪（图 A-8)。

(8) 初始断面文件中有多少个断面，计算结果中就有多少个断面，每个断面可以查看分洪前流量、分洪前水位、分洪后流量、分洪后水位，可以查看整个分洪过程，退水过程是第二步节点中选择的退水节点来决定，每个计算结果都是以坐标图的形式来展现，如图 A-9 和图 A-10 所示。

(9) 本次运算结束，可以关闭程序，下次打开的时候，程序会根据上次的设置自

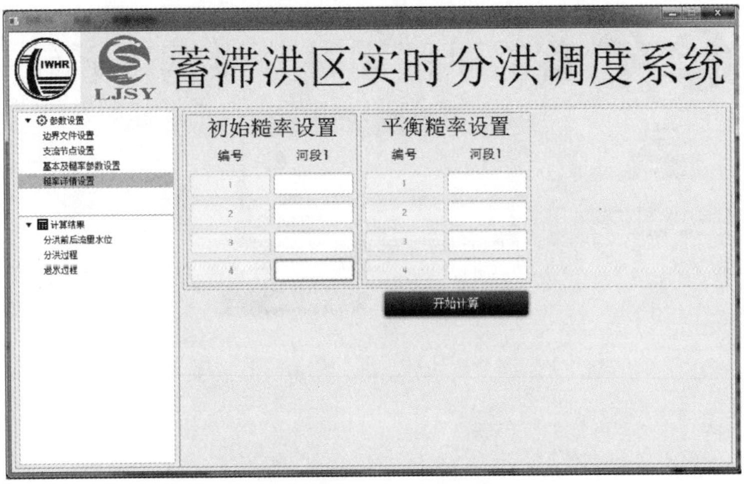

图 A-6 蓄滞洪区实时分洪调度系统糙率输入界面

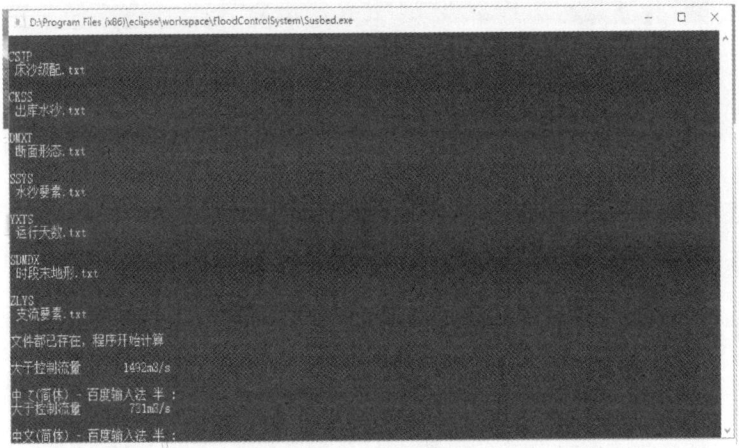

图 A-7 蓄滞洪区实时分洪调度系统模型计算过程

动读取，只需要进行修改即可，如图 A-12～图 A-15 所示。

A.2.3 输入参数说明

（1）边界文件设置。

初始断面文件：模型计算所需的河段断面数据文件，要求文件必须与系统在同一个文件夹下。

河床级配文件：模型计算所需的河道床面泥沙级配数据文件，要求文件必须与系统在同一个文件夹下。

干流水沙文件：用于确定模型上游边界条件，为干流进口的水沙过程，要求文件必须与系统在同一个文件夹下。

水位流量关系：用于确定模型下游边界条件，为计算区域下游边界上的水位流量

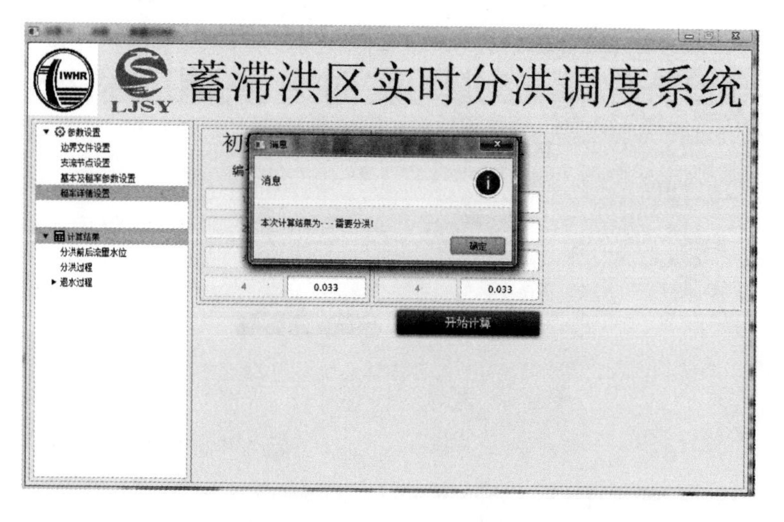

图 A-8 蓄滞洪区实时分洪调度系统结果展示界面

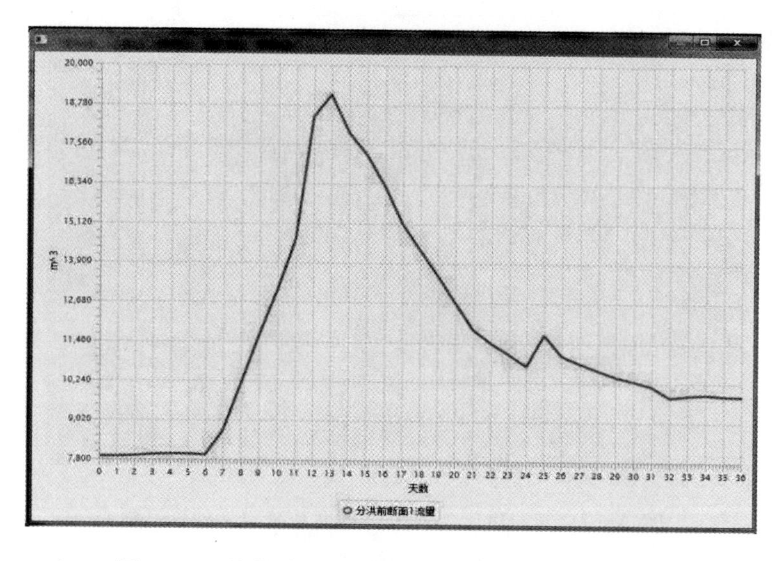

图 A-9 蓄滞洪区实时分洪调度系统流量结果展示

关系，要求文件必须与系统在同一个文件夹下。

支流总数：需要计算支流断面上水流过程的实际支流作为节点对待，本参数用于定义支流总数，下一步的支流个数以此为准，要求为不小于 0 的整数。

节点总数：不需要计算支流断面上水流过程的实际支流作为节点对待，本参数用于定义节点总数，下一步的节点个数以此为准，要求为不小于 0 的整数。

（2）支流节点设置。

分汇类型：用于定义支流和节点为入汇还是分出。

进口断面编号：用于定义支流进口的断面编号，要求为正整数。

出口断面编号：用于定义支流出口的断面编号，要求为正整数。

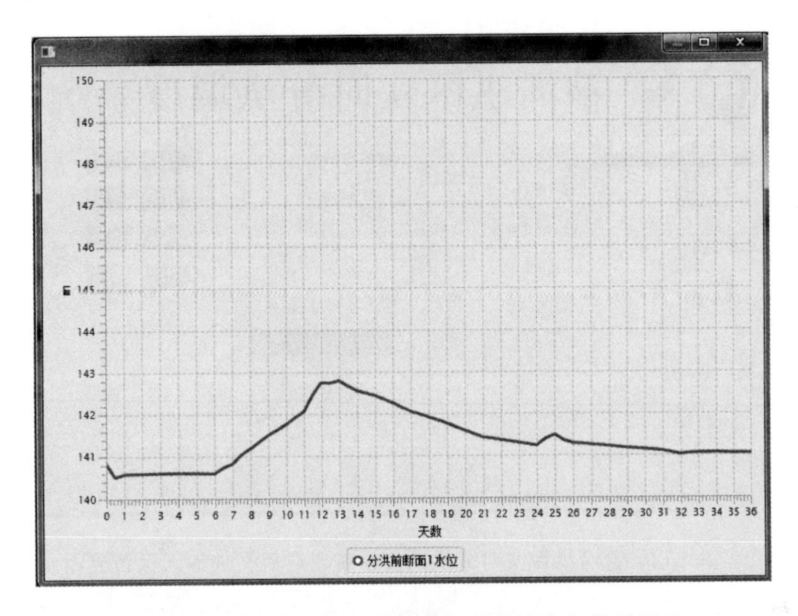

图 A-10 蓄滞洪区实时分洪调度系统水位结果展示

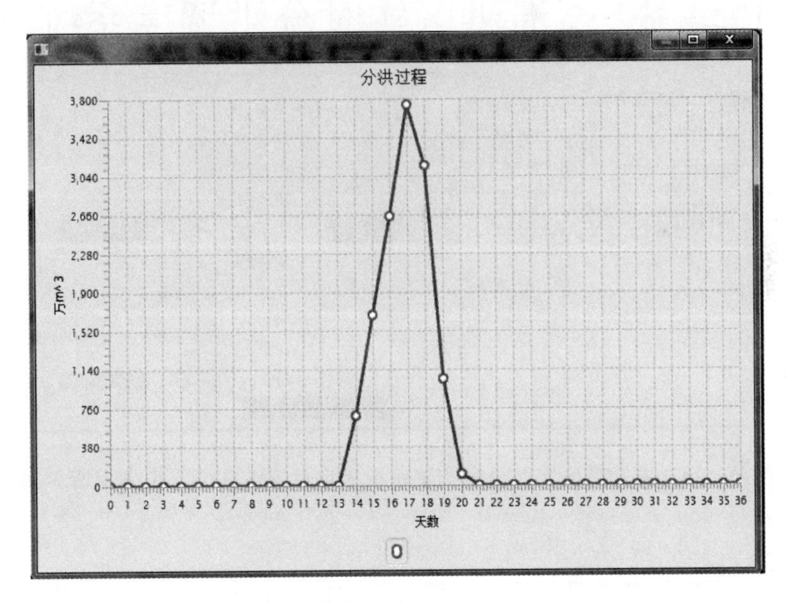

图 A-11 蓄滞洪区实时分洪调度系统分洪流量过程展示

支流水沙文件：支流的上边界条件，为支流入口的水沙过程，要求文件必须与系统在同一个文件夹下。

是否退水节点：用于定义该节点是否为退水节点，退水节点是指进入的蓄滞洪区的洪水通过此处进入到河道。

下游断面编号：用于确定节点位置，要求为正整数。

节点水沙文件：通过该出的水沙分汇过程，要求文件必须与系统在同一个文件

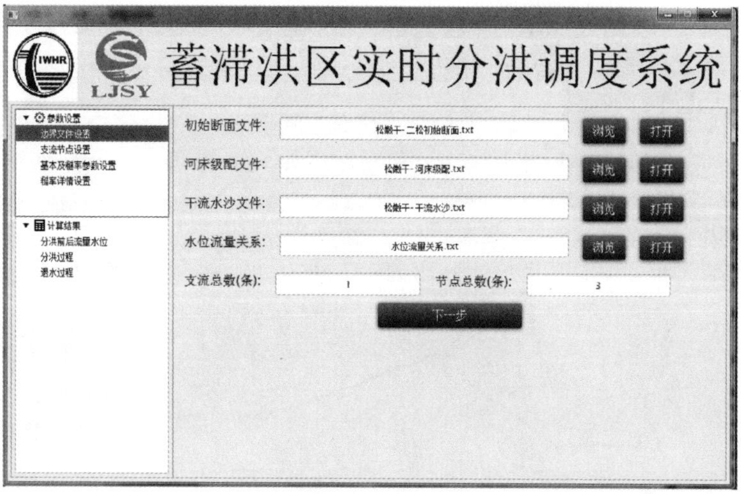

图 A-12 蓄滞洪区实时分洪调度系统重启后文件输入保留界面

图 A-13 蓄滞洪区实时分洪调度系统重启后支流和节点设置保留界面

夹下。

(3) 基本及糙率参数设置。

最大计算时段步长：确定计算效率、精度和稳定性，单位为 h，要求为数字。

计算时段终止时间：用于定义本次计算的实际时间，单位为 d，可以为任意整数。

死水位：如果存在水库的话用于确定水库的死水位，默认为初始断面第一个断面的最低点，用户可以根据实际情况自己定义。

正常蓄水位：如果存在水库的话用于确定水库的正常蓄水位，默认为初始断面第一个断面的最低点，用户可以根据实际情况自己定义。

控制流量：整个区域或重点部位的最大允许通过流量，要求为正实数。

河段数：用于分段确定河道的糙率数值，默认为 1，用户可以根据实际情况自行

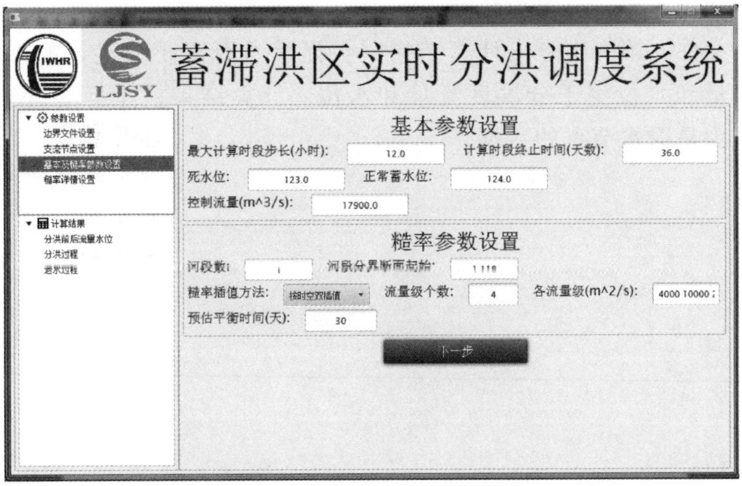

图 A-14 蓄滞洪区实时分洪调度系统重启后基本参数设置保留界面

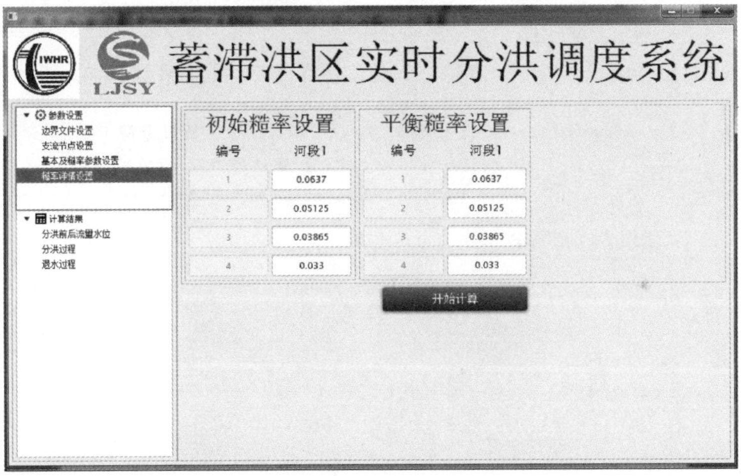

图 A-15 蓄滞洪区实时分洪调度系统重启后糙率输入保留界面

调整，要求为正整数。

河段分界断面起始：根据前述设定的河段相应设定，默认为第一个断面和最后一个断面，可填写多个正整数，用空格分隔，个数等于河段数加 1。

糙率插值方法：有时间插值和时空双差值两种方法，默认为时间插值法。

流量级个数：用于区分不同流量条件下的糙率值，糙率插值方法为按照时间插值时，必须为 1，糙率插值方法为按照时空双插值时，要求为正整数。

各流量级：根据流量级设定，有几个流量级就要对应几个流量，填写多个数字，用空格分隔，个数等于流量级个数。

预估平衡时间：用于糙率时间插值，默认为 365d，要求为数字。

(4) 糙率设置。河段数决定了本步的列数，流量级个数决定了本步的行数，默认平衡糙率等于初始糙率，要求为数字。

（5）输出文件。第一次点击计算结果，会提示是否需要分洪，如果不需要分洪，默认分洪前流量和水位等于分洪后流量和水位。计算结果横坐标为计算时段终止时间，退水过程为是退水节点的数据。